今すぐ使える かんたんEx

グーグル Google サービス

プロ技 BEST セレクション

GIHYO SELECTION PREMIUM

リンクアップ 著

技術評論社

目次

第1章 Googleサービスの基本

Googleの基本

Section 001 Googleサービスには何がある？……014
Section 002 Googleにアクセスする……016
Section 003 Googleの各サービスにアクセスする……017
Section 004 Googleアカウントを作成する……018

セキュリティ

Section 005 Googleアカウントのパスワードを変更／再設定する……020
Section 006 Googleアカウントの表示名をニックネームにする……024
Section 007 2段階認証でセキュリティを強化する……026
Section 008 2段階認証でログインする……028
Section 009 Googleアカウントにログインしているデバイスを確認する……029

ホームページ設定

Section 010 GoogleをWebブラウザのホームページに設定する……030

第2章 スゴ技満載！ Google検索

検索の基本技

Section 011 キーワードを入力してWeb検索する……032
Section 012 複数のキーワードを入力して検索精度を上げる……033
Section 013 複数のキーワードのいずれかを含むWebページを検索する……034
Section 014 特定のキーワードを除外して検索する……035
Section 015 一部分がわからないキーワードを検索する……036
Section 016 複数のキーワードを1つの単語として検索する……037
Section 017 天気や通貨換算、乗換案内などをすぐに調べる……038

検索の応用技

Section 018 Webページが更新された期間を指定して検索する……040
Section 019 PDFなどファイルの種類を指定して検索する……041
Section 020 特定サイト内をキーワードで検索する……042
Section 021 Googleに保存された過去のWebページを見る……043

画像や動画の検索
Section 022 キーワードに関連する画像を一覧表示する……044
Section 023 色を指定して画像を検索する……045
Section 024 手元の画像を使って検索する……046
検索履歴
Section 025 検索履歴からWebページを探す……047
Section 026 検索履歴を削除する／保存しないようにする……048
使いこなし
Section 027 検索結果のクリック先を新しいタブで開くようにする……049
Section 028 1ページに表示する検索結果を増やす……050
Section 029 最新のニュースを調べる……051
Section 030 他国語のWebページを翻訳する……052
Section 031 パソコンのトラブルの解決方法を検索する……053
Section 032 Google検索の隠しコマンドを使う……054
Section 033 気になる情報を定期的にメールで受け取る　～Googleアラート……056

第3章 Webメールの決定版！ Gmail

送信・受信
Section 034 Gmailの基本操作を覚える……058
Section 035 メール文を装飾して読みやすくする……060
Section 036 メールの一部を引用して送信する……061
Section 037 複数のメールを添付して転送する……062
Section 038 作成途中のメールを下書き保存する……063
Section 039 署名を自動的に挿入する……064
Section 040 よく使う文面を返信定型文として設定する……065
Section 041 英語のメールを自動翻訳する……066
Section 042 とっさのときに送信を取り消す……067
メールの検索
Section 043 重要なメールだけをまとめてチェックする……068
Section 044 同じ送信者からのメールを検索する……069
Section 045 期間や添付ファイルの有無などを指定してメールを検索する……070

整理・分類
Section 046 「アーカイブ」で受信トレイをすっきりさせる……071
Section 047 「スター」で重要度ごとにメールを仕分ける……072
Section 048 「ラベル」でメールを分類／整理する……074
Section 049 「フィルタ」で受信メールを自動的に振り分ける……076
Section 050 受信トレイのタブを設定／整理する……078
Section 051 メールの未読／既読を切り替える……080
Section 052 迷惑メールに指定する……081
Section 053 自分に無関係なスレッドをミュートにする……082
ビジネス
Section 054 長期休暇中は不在通知を送るように設定する……083
Section 055 Gmailに仕事先のメールアカウントを追加する……084
Section 056 別のメールアドレスに受信メールを自動転送する……086
連絡先
Section 057 連絡先を登録する……088
Section 058 Outlookなどから連絡先を取り込む……090
Section 059 連絡先からメールを送信する……092
Section 060 送信メールの連絡先を自動登録しないようにする……093
Section 061 メンバーをグループにまとめる……094
Section 062 グループのメンバーにメールを一括送信する……095
使いこなし
Section 063 Gmailの表示形式を変更して使いやすくする……096
Section 064 スレッド表示をオフにする……098
Section 065 相手に表示される「送信者名」を変更する……099
Section 066 ショートカットキーを利用してすばやく操作する……100

第4章 スケジュールを一括管理！ Googleカレンダー

予定の登録
Section 067 カレンダーに予定を登録する……102
Section 068 すばやく予定時間を入力する……103
Section 069 複数の日にまたがる予定を入力する……104

Section 070 定期的な予定をまとめて登録する……105
Section 071 予定にファイルを添付する……106
Section 072 カレンダーの表示形式を変更する……108
Section 073 予定に場所を登録して地図を表示する……109
Section 074 複数のカレンダーを使い分ける……110
Section 075 リマインダーでやるべき予定を登録する……112
Section 076 Gmailから予定を登録する……114
予定の分類・管理
Section 077 予定ごとに色分けして登録する……115
Section 078 予定を変更／削除する……116
予定の通知
Section 079 予定を事前に通知する……117
Section 080 通知のデフォルト設定を変更する……118
カレンダーの共有
Section 081 カレンダーを公開する……119
Section 082 複数人でカレンダーを共有する……120
Section 083 予定にゲストを招待する……122
使いこなし
Section 084 外国の祝日を表示する……124
Section 085 スポーツチームの試合日を表示する……125
Section 086 週の開始日を月曜日にする……126
Section 087 予定を検索する……127
Section 088 カレンダーや予定を印刷する……128
Section 089 過去の予定を薄い色で表示する……130
Section 090 ショートカットキーですばやく表示を切り替える……131
拡張機能
Section 091 必要なときにすばやくカレンダーを表示する……132
Section 092 カレンダーの文字色や背景色をカスタマイズする……133
Section 093 Webページのテキストをそのままカレンダーに登録する……134

第5章 最強地図サービス！ Googleマップ

マップの基本

Section 094 キーワードから目的地の地図を表示する……136
Section 095 航空写真などの表示に切り替える……137
Section 096 指定した場所付近のお店や施設を検索する……138

マップの活用

Section 097 指定した場所のクチコミを見る……140
Section 098 ストリートビューを表示する……141
Section 099 駅やデパートなどの館内図を見る……142
Section 100 指定した場所付近の写真を見る……143
Section 101 気になるスポットにスターを付ける……144
Section 102 2点間の距離を測定する……145

経路の検索

Section 103 目的地までの経路を検索する……146
Section 104 有料道路を除いた経路を表示する……148
Section 105 電車の乗り換え時間を検索する……149
Section 106 複数の乗り換え経路を比較する……150
Section 107 検索した経路をほかのデバイスと共有する……151
Section 108 検索した経路を印刷する……152
Section 109 自宅や職場の住所を登録する……153

マイマップ

Section 110 気になるスポットをまとめた自分だけのマップを作る……154
Section 111 ほかのユーザーとマイマップを共有する……156

使いこなし

Section 112 指定した場所をURLで送る……158

第6章 ファイルをオンラインに保存！ Googleドライブ

保存・閲覧

Section 113 Googleドライブにファイルをアップロードする……160
Section 114 ファイルを閲覧する……162
Section 115 Gmailの添付ファイルを直接保存する……163

整理・共有

Section 116 ファイルをフォルダで整理する……164
Section 117 よく使うファイルにスターを付ける……166
Section 118 リンクを知っているユーザーにファイルを公開する……167
Section 119 閲覧者がファイルをダウンロードできないようにする……168
Section 120 公開したファイルを非公開に戻す……169

パソコン連携

Section 121 エクスプローラーからGoogleドライブのファイルを操作する……170

ファイルの作成

Section 122 Googleドライブでファイルを新規作成する……172

ドキュメントの操作

Section 123 Googleドキュメントの基本操作を知る……174

スプレッドシートの操作

Section 124 Googleスプレッドシートの基本操作を知る……176

スライドの操作

Section 125 Googleスライドの基本操作を知る……178

共通の操作

Section 126 Office形式のファイルをGoogle形式に変換する……179
Section 127 ファイルをPDFに変換する……180
Section 128 画像やPDFの文字をOCR機能でテキストにする……181
Section 129 ファイル形式を指定してダウンロードする……182
Section 130 変更履歴からファイルを復元する……183
Section 131 ファイルをメンバー間で共有して閲覧／編集する……184
Section 132 コメントをメンバー間で共有する……186
Section 133 ファイルを印刷する……187

ストレージの追加

Section 134 ストレージの容量を追加する……188

第7章 写真の管理も編集も！Googleフォト

写真の取り込み・閲覧

Section 135 Googleフォトに写真を取り込む……190

Section 136 写真を閲覧する……192

Section 137 写真をキーワード検索で探す……193

Section 138 アルバムで写真を整理する……194

写真の加工

Section 139 写真にフィルタ効果を付ける……196

Section 140 写真をトリミングする……197

Section 141 写真の傾きを調整する……198

Section 142 写真の明るさや色味を調整する……199

スライドショーなどの作成

Section 143 スライドショーを作成する……200

Section 144 コラージュ写真を作成する……202

写真の共有・管理

Section 145 人物ラベルを付ける……204

Section 146 写真の日時を修正する……206

Section 147 写真をメンバー間で共有する……207

Section 148 写真をダウンロードする……208

Section 149 写真を削除する……209

Section 150 写真をアーカイブする……210

第8章 動画をトコトン楽しむ！YouTube

動画の視聴

Section 151 見たい動画を検索する……212

Section 152 動画の再生画質やサイズを変更する……213

Section 153 履歴から動画を探す……214

Section 154 字幕を付けて動画を見る……215

Section 155 倍速で動画を見る……216
Section 156 映画などの有料レンタルコンテンツを視聴する……217
Section 157 「後で見る」機能を利用する……218

再生リスト

Section 158 お気に入りの動画を再生リストにまとめる……220
Section 159 再生リストの動画を再生する……222

チャンネル

Section 160 好みのチャンネルを登録する……223
Section 161 登録したチャンネルの最新動画をチェックする……224

動画の投稿・編集

Section 162 撮影した動画を投稿する……226
Section 163 投稿した動画の公開範囲を変更する……228
Section 164 YouTube上で動画を編集する……230
Section 165 動画にBGMを追加する……232

第9章 快適Webブラウジング！ Google Chrome

Chromeの基本

Section 166 Google Chromeをパソコンにインストールする……234
Section 167 アドレスバーで検索／計算する……236
Section 168 画面上のテキストから検索する……238
Section 169 Webページ内のキーワードを検索する……239

タブの操作

Section 170 閉じたタブをもう一度開く……240
Section 171 起動時に開くWebページを設定する……241
Section 172 常に表示しておきたいWebページのタブを固定する……242

ブックマーク

Section 173 気に入ったWebページをブックマークに登録する……243
Section 174 開いているタブをまとめてブックマークに登録する……244

使いこなし

Section 175 履歴からWebページを開く……245
Section 176 ほかのWebブラウザのブックマークを移行する……246

Section 177 ほかの端末で開いていたWebページを閲覧する……248
Section 178 シークレットモードで履歴を残さず利用する……249
Section 179 Webページを翻訳する……250
Section 180 保存したパスワードを確認／管理する……252
Section 181 ダウンロードの保存先を変える……254
Section 182 ショートカットキーで快適に操作する……255
Section 183 URLをほかのデバイスと共有する……256
Section 184 拡張機能でGoogle Chromeをパワーアップする……257
Section 185 Google Chromeを既定のWebブラウザにする……258

第10章 外出先でも使える！スマートフォン活用テクニック

アカウント設定
Section 186 スマートフォンにGoogleアカウントを設定するには？……260
Gmailアプリ
Section 187 「Gmail」のメールをスマートフォンで送受信する……262
Section 188 「Gmail」のメールを検索・整理する……264
Section 189 「Gmail」の通知方法を変更する……265
Section 190 「Gmail」の連絡先と電話帳を同期する……266
Section 191 iPhoneの「メール」アプリでGmailを使う……267
カレンダーアプリ
Section 192 「Googleカレンダー」の予定を確認する……268
Section 193 「Googleカレンダー」の通知方法を変更する……270
Section 194 「Googleカレンダー」にGmailからの予定を取り込む……271
Section 195 「Googleカレンダー」でリマインダーを管理する……272
Section 196 iPhoneの「カレンダー」アプリでGoogleカレンダーを使う……273
マップアプリ
Section 197 「Googleマップ」でルート検索を行う……274
Section 198 「Googleマップ」でスポットの情報を見る……276
Section 199 「Googleマップ」で周辺のスポットを調べる……277
Section 200 「Googleマップ」をカーナビ代わりに使う……278

Section 201 「Googleマップ」で友達と居場所を共有する……279
Section 202 「Googleマップ」をオフラインで使う……280
Section 203 「Googleマップ」を履歴を残さず利用する……281

ドライブアプリ

Section 204 「Googleドライブ」のファイルを確認する……282
Section 205 「Googleドライブ」で資料をカメラスキャンして保存する……284
Section 206 「Googleドライブ」でファイルをオフライン保存する……285

ドキュメントアプリ

Section 207 「Googleドキュメント」のファイルを編集する……286

スプレッドシートアプリ

Section 208 「Googleスプレッドシート」のファイルを編集する……288

スライドアプリ

Section 209 「Googleスライド」でプレゼン資料を作る……290

フォトアプリ

Section 210 「Googleフォト」でスマートフォンの写真をバックアップする……292
Section 211 「Googleフォト」でスマートフォンの写真を閲覧・検索する……294
Section 212 「Googleフォト」でスマートフォンの写真を共有する……295

YouTubeアプリ

Section 213 「YouTube」で動画を楽しむ……296
Section 214 「YouTube」にスマートフォンで撮影した動画をアップロードする……298

Chromeアプリ

Section 215 「Google Chrome」をパソコンと連携する……300
Section 216 パソコンで閲覧したWebページを見る……302
Section 217 スマートフォンでGoogle検索をする……303
Section 218 検索結果をパソコンに送る……304
Section 219 手書き入力や音声入力で検索する……305

そのほかのアプリ

Section 220 「Google Keep」に思い付いたことをメモする……306
Section 221 「Google Playミュージック」で音楽を管理する……308
Section 222 「Google Playブックス」で電子書籍を読む……310
Section 223 「Google Playムービー＆TV」で映画を見る……311
Section 224 「Googleアシスタント」で何でも調べる……312
Section 225 「Googleレンズ」で目の前のものを調べる……313
Section 226 「Google翻訳」で外国人と会話する……314
Section 227 「Chromeリモートデスクトップ」でパソコンをリモート操作する……316

ご注意：ご購入・ご利用の前に必ずお読みください

●本書に記載された内容は、情報の提供のみを目的としています。したがって、本書を用いた運用は、必ずお客様自身の責任と判断によって行ってください。これらの情報の運用の結果について、技術評論社および著者はいかなる責任も負いません。

●ソフトウェアに関する記述は、特に断りのない限り、2020年4月現在での最新バージョンをもとにしています。ソフトウェアはバージョンアップされる場合があり、本書での説明とは機能内容や画面図などが異なってしまうこともあり得ます。あらかじめご了承ください。

●インターネットの情報については、URLや画面などが変更されている可能性があります。ご注意ください。

以上の注意事項をご承諾いただいた上で、本書をご利用願います。これらの注意事項をお読みいただかずに、お問い合わせいただいても、技術評論社は対応しかねます。あらかじめご承知おきください。

第 1 章

Googleサービスの基本

Googleは検索だけでなく、無料のメールサービスやスケジュール管理に役立つカレンダーなど、便利なサービスを数多く提供しています。それらのサービスを活用するために、まずはGoogleアカウントを取得しましょう。

Goooooooooogle >
1 2 3 4 5 6 7 8 9 10

Googleサービスには何がある？

検索エンジンとして利用されることが多いGoogleですが、ほかにもメールサービス「Gmail」やスケジュール管理サービス「Googleカレンダー」など、さまざまなサービスを提供しています。動画共有サイトの「YouTube」も、Googleサービスの1つです。

Googleは検索サービスだけではない！

検索エンジンとしてのGoogleは、キーワードを入力して該当するWebページを表示するだけでなく、画像や動画を検索したり、気になるニュースや天気を調べたりなど、さまざまな検索を行うことができます。
Googleには、検索エンジン以外にもさまざまなサービスがあります。たとえば、最近ではスマートフォンでも広く使われているメールサービス「Gmail」や、近年その利便性からシェアを拡大しているWebブラウザ「Google Chrome」、スケジュール管理サービス「Googleカレンダー」、動画共有サービス「YouTube」なども、Googleが提供するサービスです。ほかにも、行き先の場所を調べるのに便利な地図サービス「Googleマップ」、オフィス向けのツールとして有効な「Googleドキュメント」や「Googleスプレッドシート」、テキストやWebページを瞬時に翻訳する「Google翻訳」など、多彩なサービスを提供しています。

Gmail

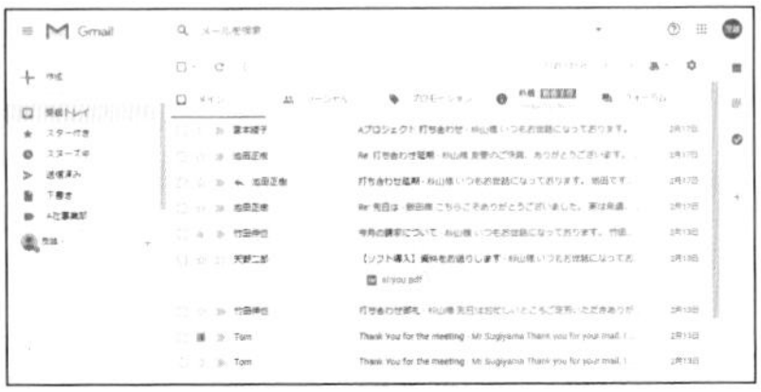

Googleカレンダー

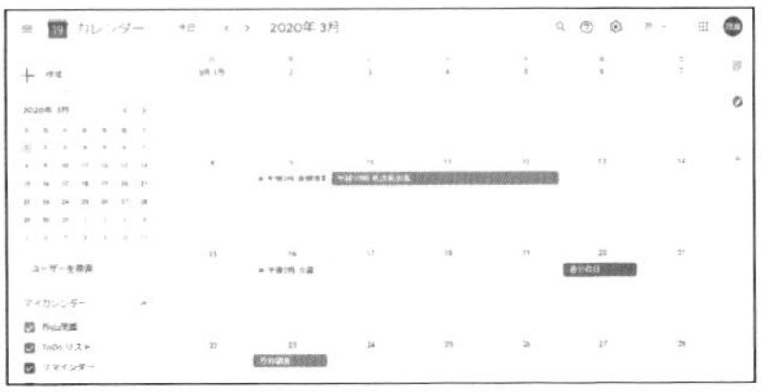

Google翻訳

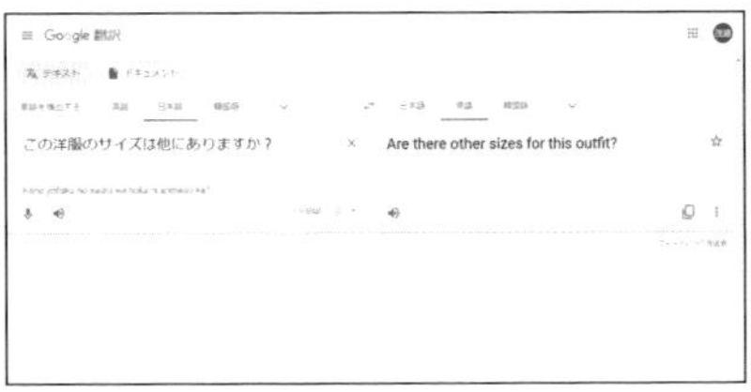

YouTube

このようにGoogleが提供するサービスには、多岐にわたる分野の数多くのサービスがあります。代表的なものを挙げてみると、以下のようなサービスがあります。

アイコン	サービス名	サービス内容
	画像検索	キーワードや画像を使用して、関連する画像をWeb全体から検索できる
	動画検索	キーワードから、関連する動画をWeb全体から検索できる
	Google ショッピング	Web上のショッピング情報を検索できるサービス
	Google Scholar	大学や学術団体の学術専門誌や論文などから、資料を検索できる
	Google トレンド	キーワードがどれくらい検索されているかがわかるツール
	Google Chrome	Googleが提供するWebブラウザ
	Googleマップ	世界中の地図情報を閲覧でき、周辺情報や移動経路も検索できる
	Google Earth	無料で利用できるバーチャル地球儀
	Gmail	Googleのフリーメールサービス
	Googleドライブ	Googleが提供する多機能オンラインストレージサービス
	Googleドキュメント	オンラインでファイルの作成・編集を行える文書作成ツール
	Googleスプレッドシート	オンラインでファイルの作成・編集を行える表計算ツール
	Googleカレンダー	Googleが提供するスケジュール・タスク管理サービス
	Google翻訳	100以上の言語に対応した翻訳サービス
	Googleフォト	写真や動画を保存、管理、編集できるオンラインサービス
	YouTube	誰でも動画を投稿・閲覧できる世界最大の動画投稿サービス

Googleアカウントを取得しよう

これらのGoogleサービスを便利に利用するために必要なのが、「Googleアカウント」です。Googleアカウントを取得することで、サービスを自分の好きなようにカスタマイズしたり、サービス間での連携を行ったり、複数のデバイスでデータを共有したりすることができます。Googleアカウントは無料で取得できるので、どのサービスを利用する場合でも、まずはGoogleアカウントの作成からはじめましょう（Sec.004参照）。

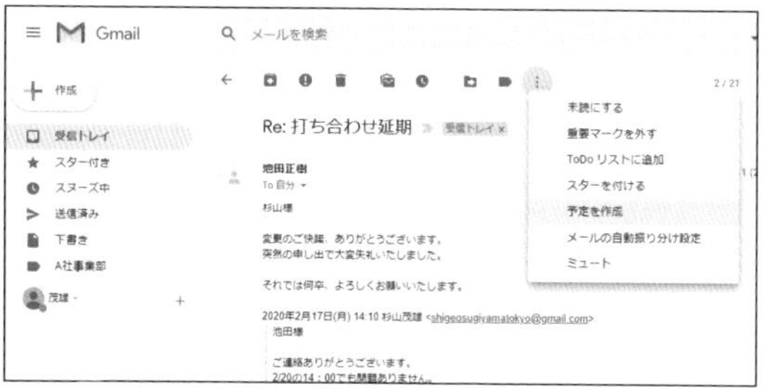

複数のサービスを1つのGoogleアカウントで利用することができます。そのため、受信メールの内容をそのままカレンダーに予定として登録するなど、サービス間での連携も可能です。

Section 002 Googleの基本

Googleにアクセスする

Googleが提供するさまざまなサービスを利用するためには、Webブラウザを起動してGoogleのWebサイトにアクセスする必要があります。まずは、Googleのトップページを開いてみましょう。

Googleのトップページにアクセスする

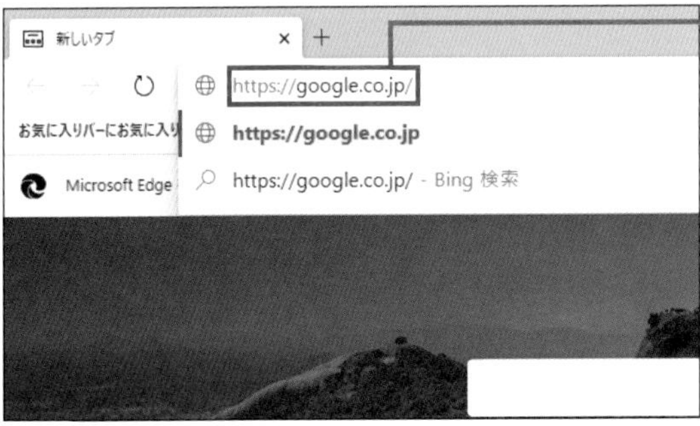

❶Web ブラウザのアドレスバーに「https://www.google.co.jp/」と入力し、

❷Enter キーを押します。

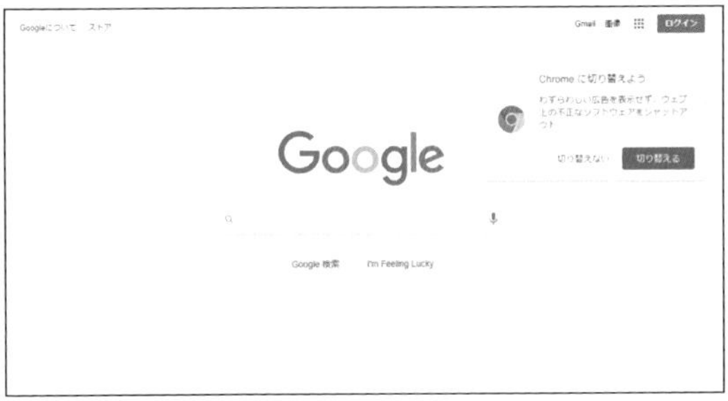

❸Google のトップページが表示されます。

Column

Webブラウザについて

本書では、2020年1月15日にリリースされた「新しいMicrosoft Edge」を使用して説明しています。これまでの「Microsoft Edge」やGoogleのWebブラウザ「Google Chrome」を使用した場合でも、基本的に表示される画面に違いはありませんが、Webブラウザの設定画面などは異なる場合があります。

003 Googleの基本

Googleの各サービスにアクセスする

Googleのトップページが表示されたら、さっそくGoogleが提供している各サービスを使ってみましょう。Googleの各サービスへは、Googleのトップページからアクセスできます。そのため、Googleのトップページをブックマークに追加しておくと便利です。

各サービスにアクセスする

❶Google のトップページで⠿をクリックすると、

❷利用できる Google のサービスが表示されます。

❸利用したいサービス（ここでは<マップ>）をクリックします。

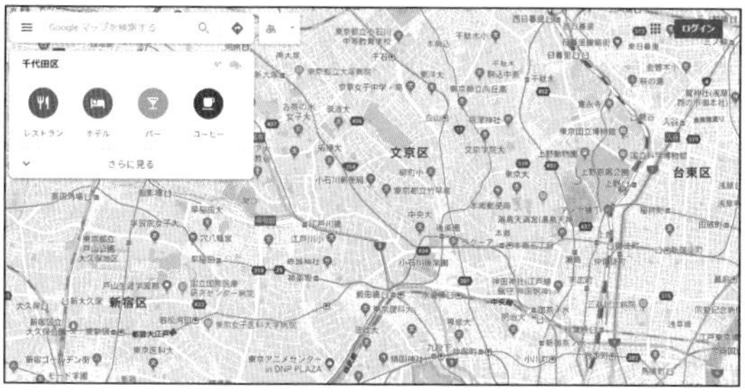

❹「マップ」にアクセスできます。

Column

Googleサービスの一覧を表示する

手順❷の画面には、Googleサービスの一覧が表示されています。各サービスをクリックすると、それぞれのサービスにアクセスすることができます。

004 Googleアカウントを作成する

Googleの基本

Googleのさまざまなサービスを便利に活用するには、Googleアカウントを取得する必要があります。Googleアカウントとは、Googleの各サービスにログインするために必要な、共通のアカウントのことです。

Googleアカウントを作成する

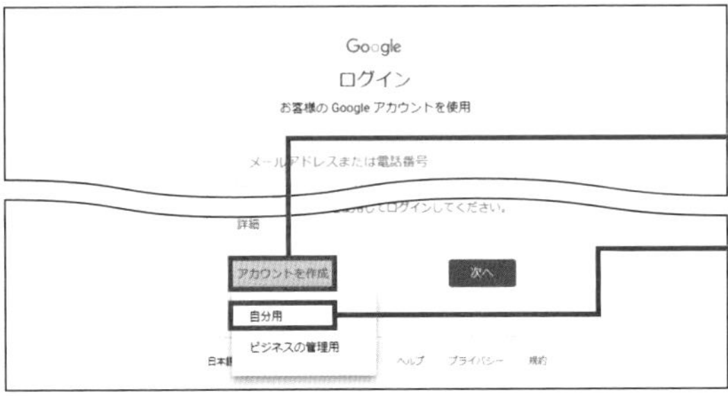

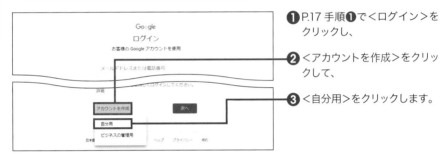

❶P.17 手順❶で＜ログイン＞をクリックし、

❷＜アカウントを作成＞をクリックして、

❸＜自分用＞をクリックします。

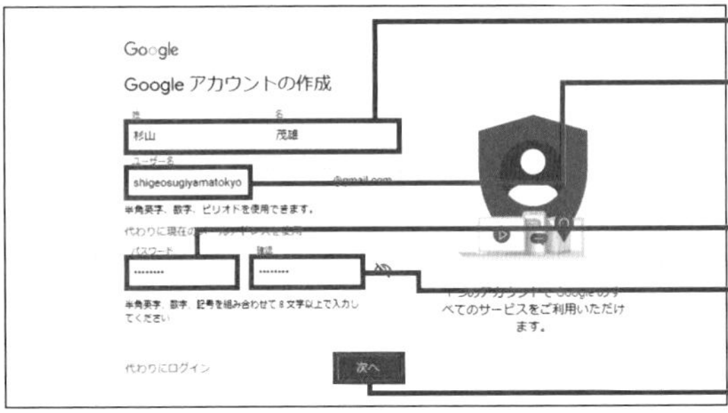

❹「姓」と「名」を入力し、

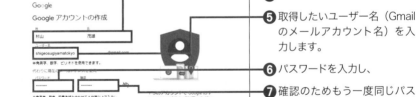

❺取得したいユーザー名（Gmailのメールアカウント名）を入力します。

❻パスワードを入力し、

❼確認のためもう一度同じパスワードを入力して、

❽＜次へ＞をクリックします。

❾携帯電話やスマートフォンの「電話番号」を入力し、

❿＜次へ＞をクリックします。

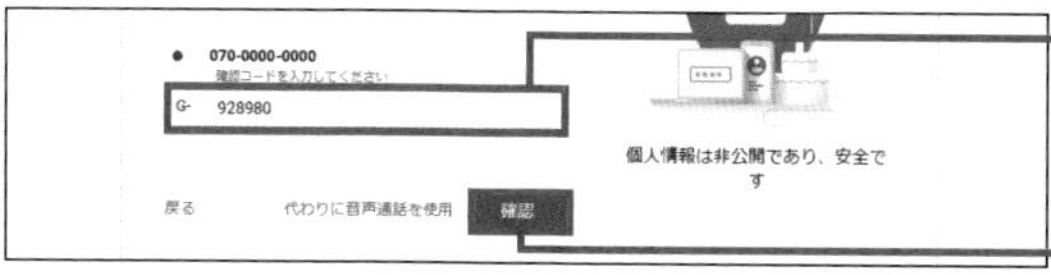

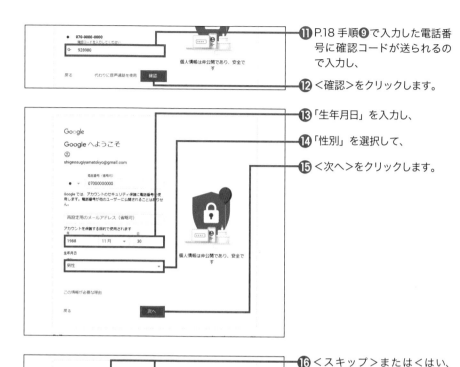

⓫ P.18 手順❾で入力した電話番号に確認コードが送られるので入力し、

⓬ <確認>をクリックします。

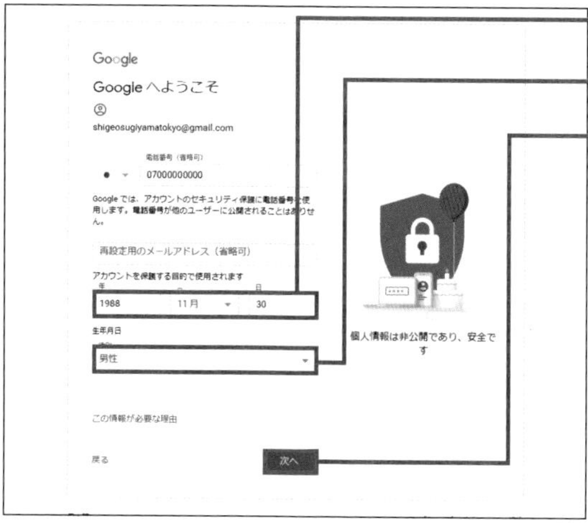

⓭「生年月日」を入力し、

⓮「性別」を選択して、

⓯ <次へ>をクリックします。

⓰ <スキップ>または<はい、追加します>をクリックし、

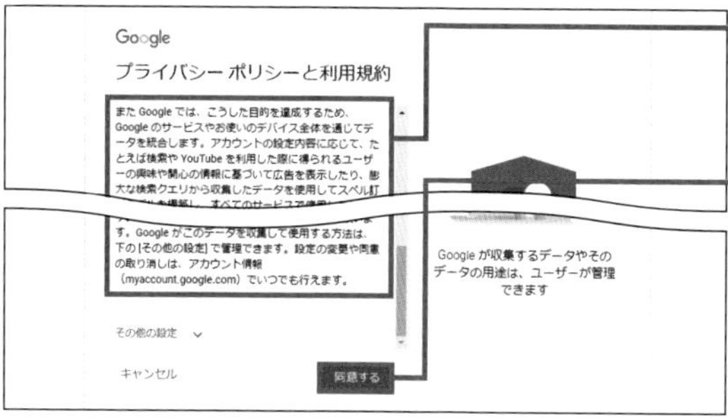

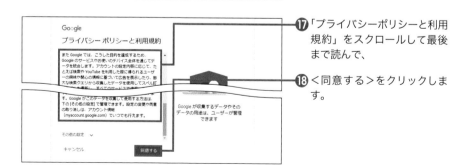

⓱「プライバシーポリシーと利用規約」をスクロールして最後まで読んで、

⓲ <同意する>をクリックします。

Section 005 セキュリティ

Googleアカウントのパスワードを変更/再設定する

Googleアカウントでログインする際に入力するパスワードは、あとから変更することができます。他人から推測されないように、できるだけ複雑なパスワードを設定しましょう。なお、パスワードを忘れてしまった場合は、再設定することができます。

Googleアカウントのパスワードを変更する

❶ Google のトップページにアクセスしてログインし、

❷ 画面右上のアカウントのアイコンをクリックして、

❸ <Google アカウントを管理>をクリックします。

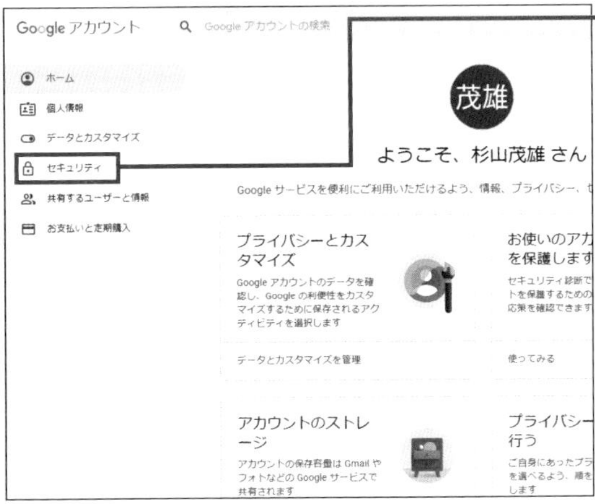

❹ 「Google アカウント」画面が表示されるので、<セキュリティ>をクリックします。

Memo 「Googleアカウント」画面

左の「Googleアカウント」画面は、パスワード変更以外にもさまざまな設定の際に利用するので、表示方法を覚えておきましょう。

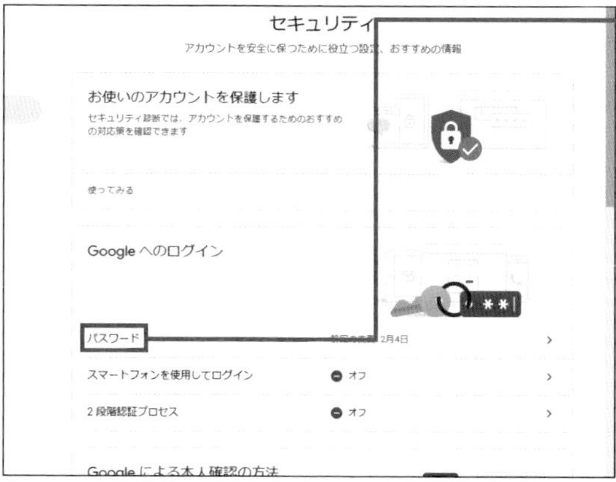

❺<パスワード>をクリックします。

Memo 2段階認証プロセス

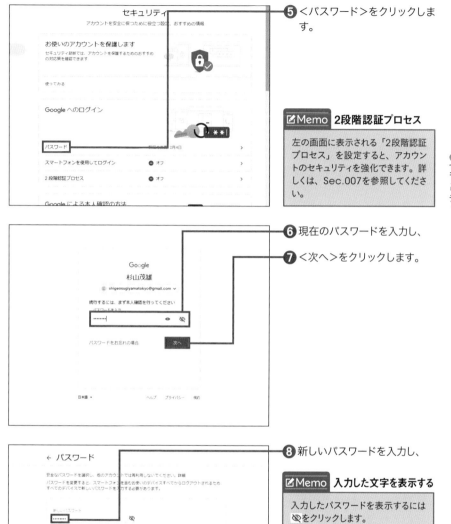

左の画面に表示される「2段階認証プロセス」を設定すると、アカウントのセキュリティを強化できます。詳しくは、Sec.007を参照してください。

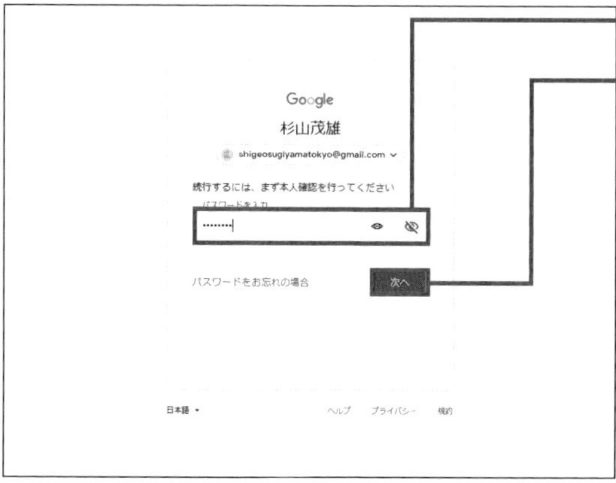

❻現在のパスワードを入力し、

❼<次へ>をクリックします。

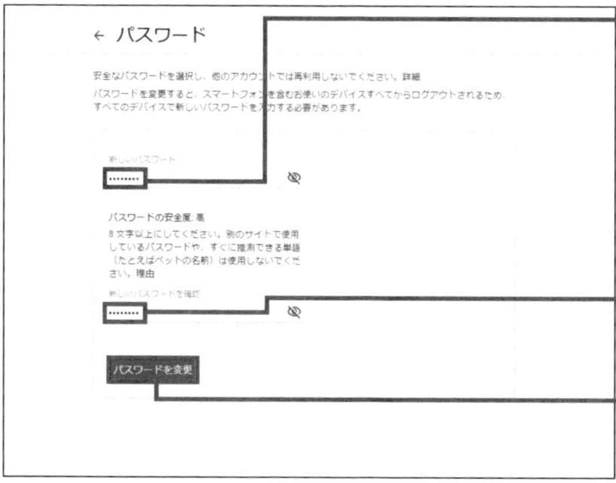

❽新しいパスワードを入力し、

Memo 入力した文字を表示する

入力したパスワードを表示するには をクリックします。

❾確認のため、もう一度同じパスワードを入力します。

❿<パスワードを変更>をクリックすると、パスワードが変更されます。

Googleアカウントのパスワードを再設定する

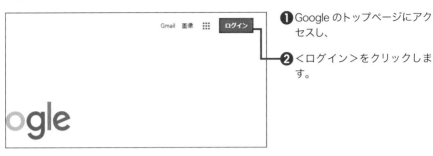

❶Googleのトップページにアクセスし、

❷<ログイン>をクリックします。

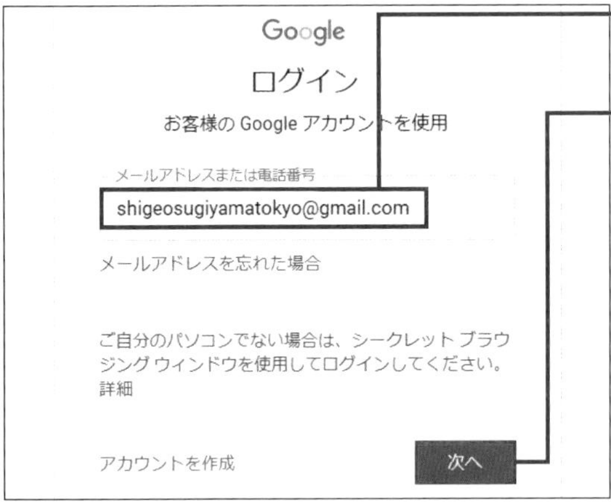

❸Googleアカウント名（Gmailのメールアドレス）を入力し、

❹<次へ>をクリックします。

❺<パスワードをお忘れの場合>をクリックします。

❻＜別の方法を試す＞をクリックし、

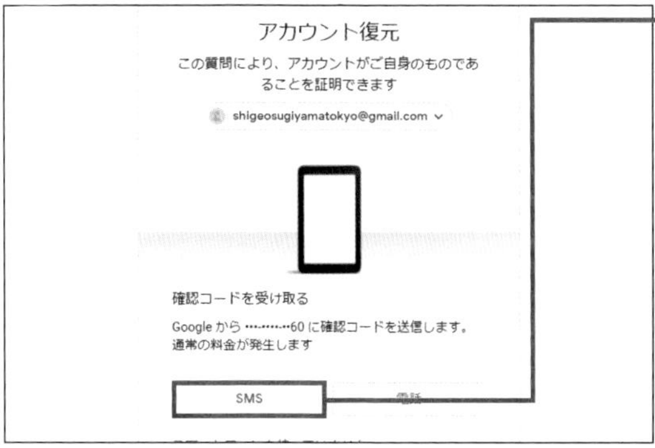

❼＜ SMS ＞をクリックします。

❽アカウント作成時に登録(P.18 手順❾)した電話番号に確認コードが送られるので入力し、

❾＜次へ＞をクリックします。

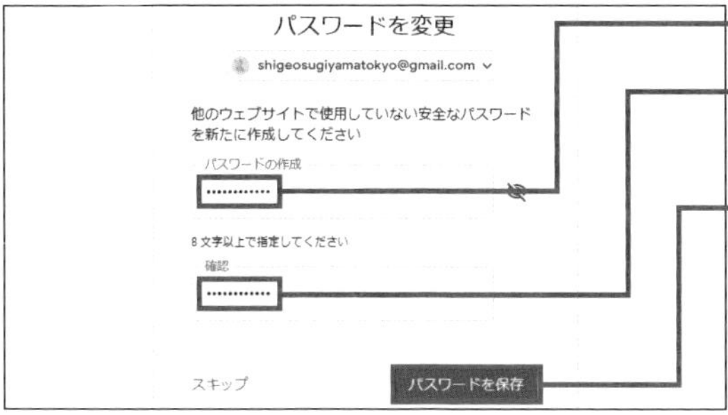

❿新しいパスワードを入力し、

⓫確認のためもう一度同じパスワードを入力して、

⓬＜パスワードを保存＞をクリックします。

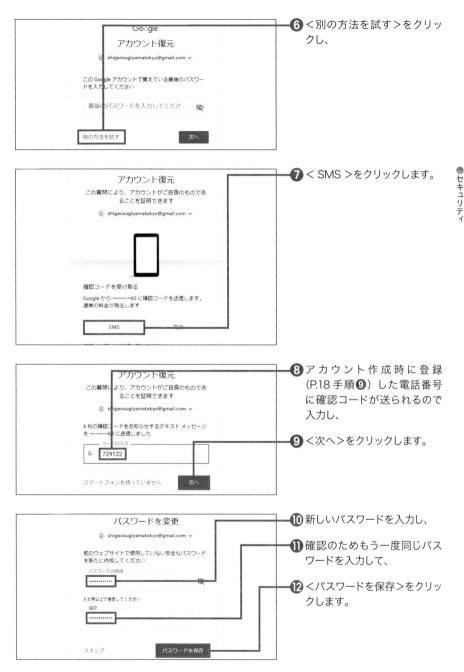

Section 006 セキュリティ

Googleアカウントの表示名をニックネームにする

Googleマップのレビューや YouTubeの動画へのコメントする際に、表示名を本名ではなくニックネームで表示することができます。本名でレビューやコメントを書きたくない場合は、ニックネームで表示されるように設定しておきましょう。

Googleアカウントの表示名を変更する

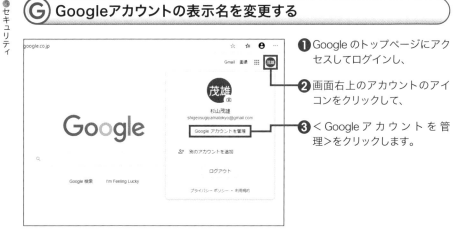

❶ Google のトップページにアクセスしてログインし、

❷ 画面右上のアカウントのアイコンをクリックして、

❸ <Google アカウントを管理>をクリックします。

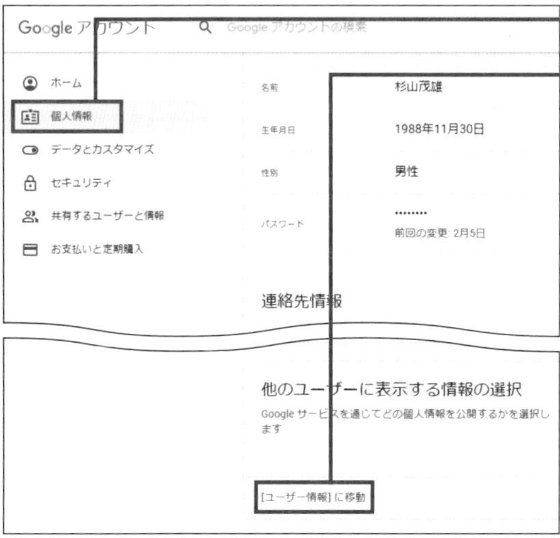

❹ <個人情報>をクリックし、

❺ <[ユーザー情報]に移動>をクリックします。

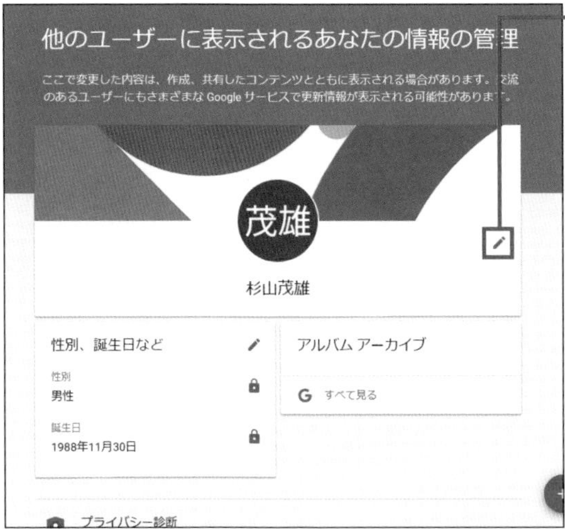

❻ ✏をクリックし、

❼「姓」「名」に入力していた文字を消して空白にし、

❽「ニックネーム」に表示したいニックネームを入力して、

❾＜ OK ＞をクリックします。

Memo 変更は1分間に3回まで

名前の変更は1分間に3回まで行うことができます。ただし、アカウントを作成して2週間に満たない場合は無制限です。

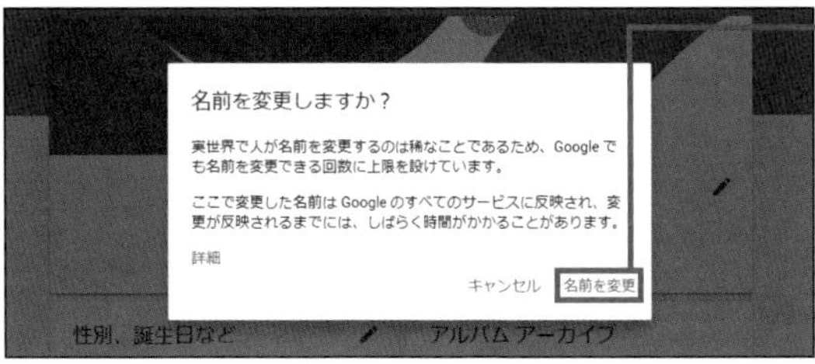

❿＜名前を変更＞をクリックします。

007 セキュリティ 2段階認証でセキュリティを強化する

パスワードによる認証のみでは、悪意のある第三者に不正アクセスされる危険性があります。ログイン時に電話番号またはメールアドレスでの本人認証を追加する「2段階認証」を有効にすれば、セキュリティを強化できます。

2段階認証を設定するとどうなる?

2段階認証を設定すると、Googleにログインする際に、通常のパスワードを入力したあと、さらに確認コードの入力が求められるようになります。確認コードはテキストメッセージか音声通話、モバイルアプリを介して携帯電話に送信されます。このコードは1回しか使用できません。

2段階認証を有効にする

❶ P.20 手順❶〜❹を参考に「セキュリティ」画面を表示して、＜2段階認証プロセス＞をクリックします。

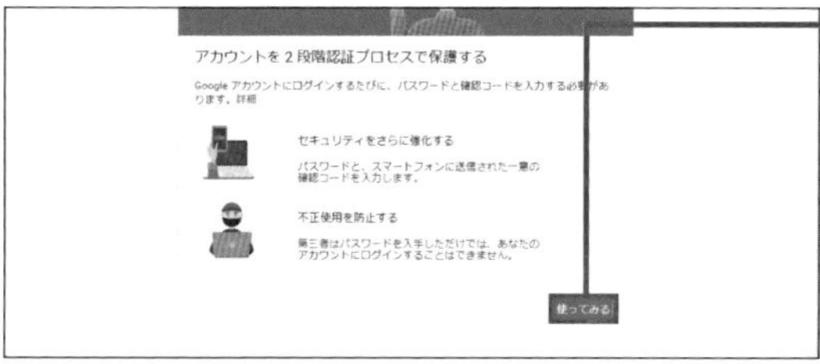

❷ ＜使ってみる＞をクリックします。

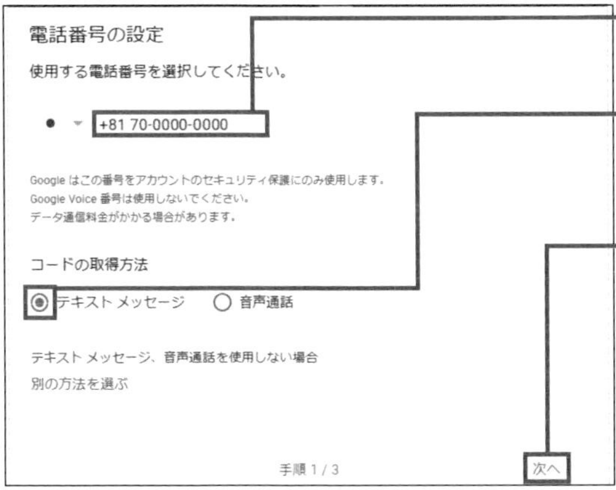

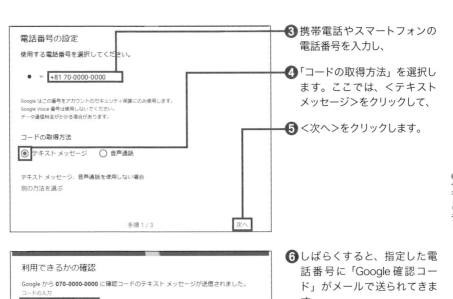

❸携帯電話やスマートフォンの電話番号を入力し、

❹「コードの取得方法」を選択します。ここでは、<テキストメッセージ>をクリックして、

❺<次へ>をクリックします。

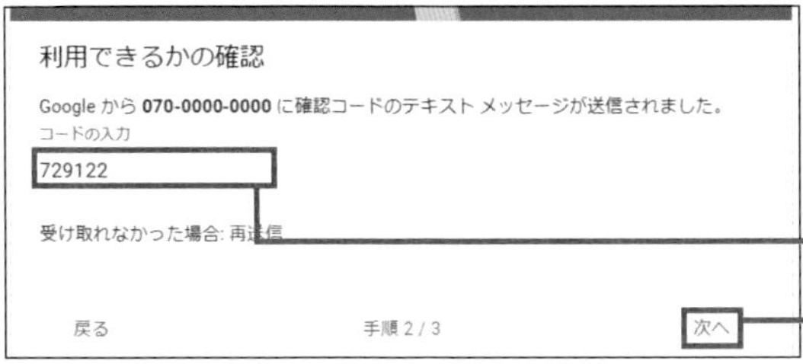

❻しばらくすると、指定した電話番号に「Google 確認コード」がメールで送られてきます。

❼確認コードを入力し、

❽<次へ>をクリックします。

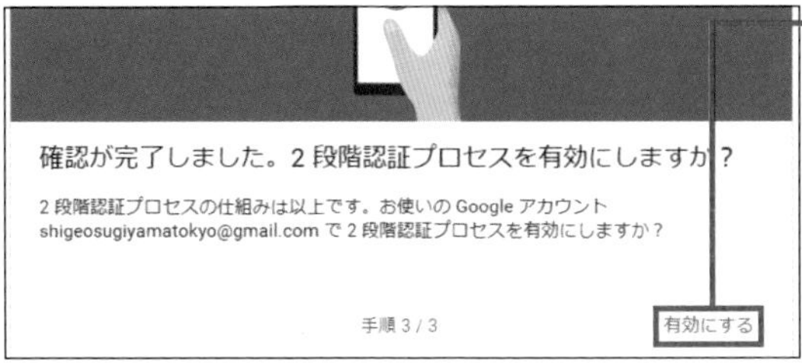

❾<有効にする>をクリックします。

❿これで 2 段階認証プロセスが使えるようになります。

2段階認証でログインする

2段階認証プロセスを有効にするとセキュリティが強化され、ユーザー名とパスワード入力だけではGoogleにログインができなくなり、さらに確認コードが必要になります。確認コードは、P.27手順❹で選択した方法によって送信されます。

確認コードを入力する

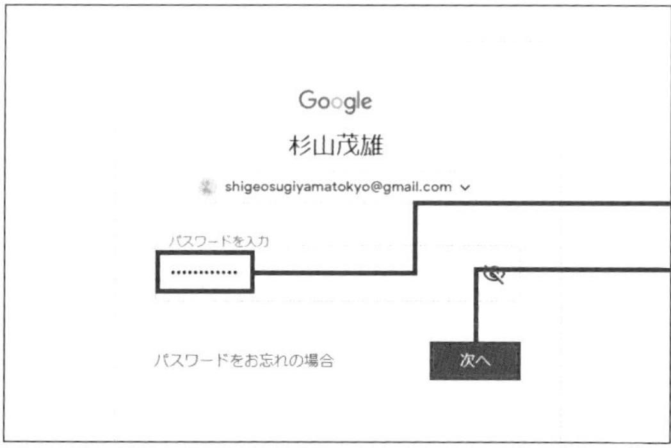

❶Google のトップページで＜ログイン＞をクリックし、メールアドレスを入力して＜次へ＞をクリックします。

❷パスワードを入力し、

❸＜次へ＞をクリックします。

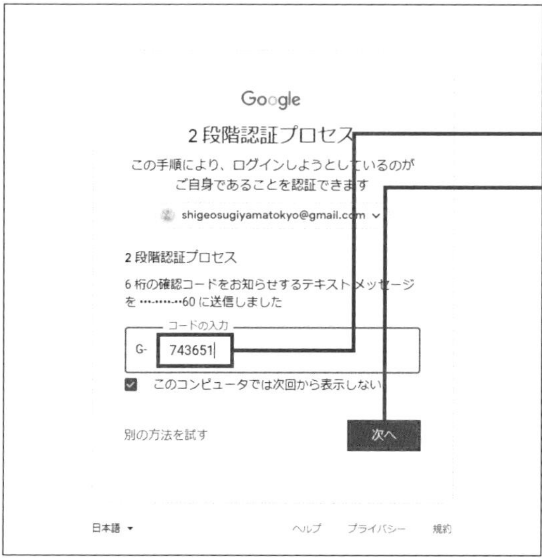

❹しばらくすると設定した受け取り方法で、確認コードが送られてきます。

❺確認コードを入力し、

❻＜次へ＞をクリックすると、ログインできます。

Section 009 セキュリティ

Googleアカウントにログインしているデバイスを確認する

Googleアカウントにログインしているパソコンやスマートフォンなどのデバイスを確認することができます。ログインした覚えのないデバイスがあったら、ログアウトをし、パスワードの変更などを行いましょう。

ログインしているデバイスを確認する

❶ Google のトップページにアクセスしてログインし、

❷ 画面右上のアカウントのアイコンをクリックして、

❸ ＜Google アカウントを管理＞をクリックします。

❹ ＜セキュリティ＞をクリックし、

❺ ＜デバイスを管理＞をクリックします。

❻「ログインしているデバイス」に Google アカウントにログインしているデバイスが表示されます。

Memo ログアウトする

ログインした覚えがないデバイスが表示されている場合は、⋮をクリックし、＜ログアウト＞をクリックします。

010
ホームページ設定

GoogleをWebブラウザのホームページに設定する

すぐにGoogleのトップページが開けるよう、Webブラウザのホームページに設定しておきましょう。ホームページに設定しておくと、ホームボタンをクリックすればGoogleのホームページが表示されるようになります。ここでは、新しいMicrosoft Edgeを例に解説します。

ホームページに設定する

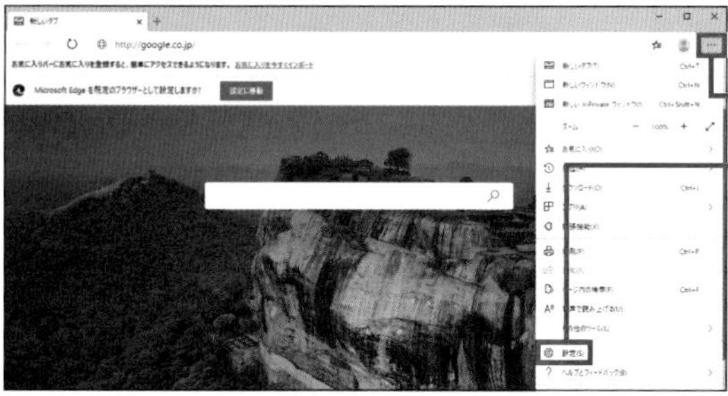

❶ Microsoft Edge を開きます。
❷ … をクリックし、
❸ <設定>をクリックします。

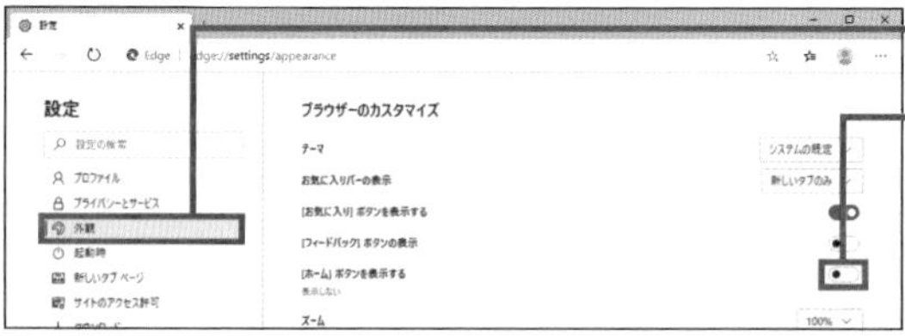

❹ <外観>をクリックし、
❺「[ホーム] ボタンを表示する」の ● をクリックします。

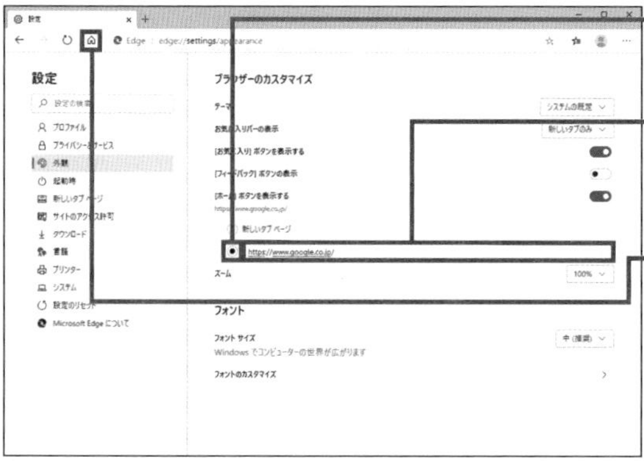

❻「新しいタブページ」の下にある○をクリックし、
❼ 入力欄に「https://www.google.co.jp/」と入力して<保存>をクリックします。
❽ ⌂ をクリックすると、Googleのトップページが表示されるようになります。

第 2 章

スゴ技満載！ Google検索

Googleのもっとも基本的なサービスは検索です。Webページの検索はもちろん、画像や動画だけの検索もできます。また、便利な検索テクニックを使いこなせば、よりすばやく正確に、目的の情報にたどり着くことができます。

011 検索の基本技 キーワードを入力してWeb検索する

Googleの代名詞ともいえるWeb検索機能を利用して、世界中のWebサイトの中から知りたい情報を調べてみましょう。検索の方法はとてもかんたんで、Googleのトップページにアクセスし、知りたいことのキーワードを検索ボックスに入力するだけです。

キーワード検索を行う

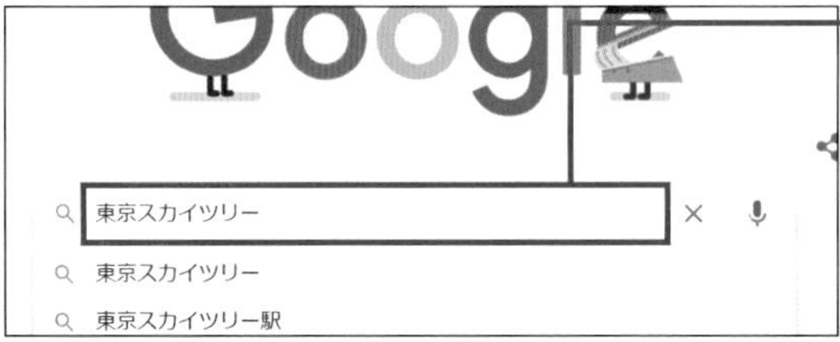

❶ Google のトップページの検索ボックスに、検索したいキーワードを入力して、

❷ Enter キーを押します。

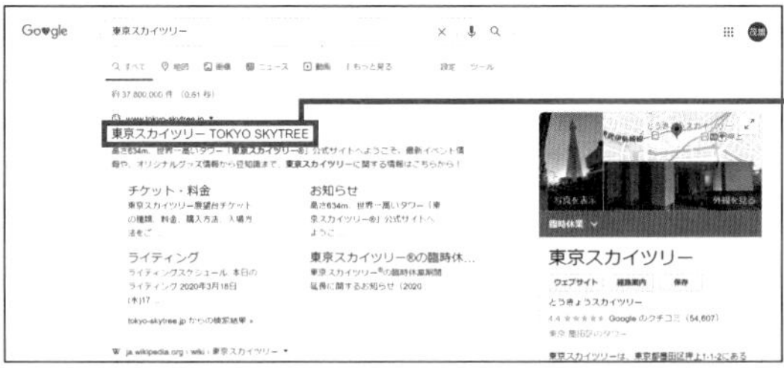

❸ 検索結果が表示されます。

❹ リンクをクリックすると、Webページが表示されます。

Column

プライベート検索結果を表示しないようにする

Googleでは、検索結果にGoogleサービスの内容を反映させる「プライベート検索結果」を、初期状態で使用する設定になっています。たとえばGmailで航空会社からフライトの情報のメールを受信している場合、「私のフライト」と検索すると、Gmailの内容をもとにしたフライト情報が検索の最上位に表示されます。このような設定を使用したくない場合は、Googleの検索結果ページ上部の<設定>をクリックし、<プライベート検索結果を表示しない>をクリックすると無効になります。有効に戻すには、検索結果ページで<設定>→<すべての結果を表示>の順にクリックします。

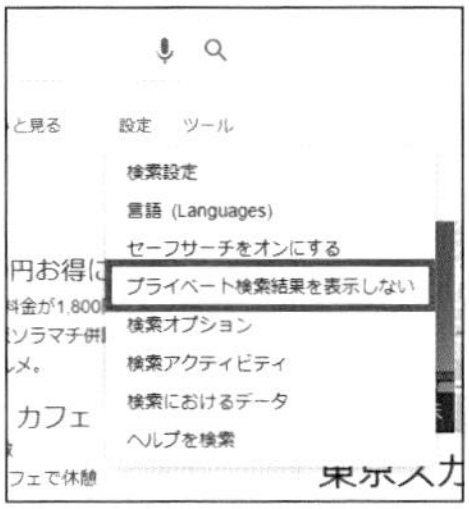

012 検索の基本技 複数のキーワードを入力して検索精度を上げる

知りたい情報を絞り込んで検索精度を向上させたいときは、複数のキーワードを指定する「AND検索」が便利です。AND検索とは複数のキーワードを指定して、その両方を含むWebページを検索する検索方法です。

AND検索を行う

❶検索ボックスに、複数のキーワードを入力（キーワードの間はスペースを入れる）して、

❷ Enter キーを押します。

❸複数のキーワードによって絞り込まれた検索結果が表示されます。

Memo AND検索のテクニック

自分が住んでいる場所など、特定の地域の情報を調べたいときは「ラーメン 市ヶ谷」のように「キーワード+地名」で検索しましょう。

Column

関連するキーワードから検索する

手順❸の画面の下部には、関連する検索キーワードが表示されます。関連する検索キーワードをクリックすると、そのキーワードの検索結果が表示できます。

複数のキーワードのいずれかを含むWebページを検索する

「OR検索」を利用すると、複数のキーワードのうちどれか1つが含まれるWebページを検索することができます。同じものを示す言葉が複数ある場合や、検索したい対象が複数のジャンルにまたがっているような場合に便利な検索方法です。

OR検索を行う

❶1つ目のキーワードを入力し、

❷スペースのあとに半角大文字で「OR」と入力します。

❸スペースのあとに2つ目のキーワードを入力し、

❹ Enter キーを押します。

❺入力したキーワードのうち、いずれかを含む検索結果が表示されます。

Memo OR検索のテクニック

「Web広告 OR ネット広告」のように、複数の呼び方が浸透しているようなジャンルについて調べたい場合は、OR検索を利用するとよいでしょう。

Column

OR検索とAND検索を組み合わせる

OR検索とAND検索（Sec.012参照）を組み合わせて検索することもできます。その場合、AND検索するキーワードは「()」（半角カッコ）で囲みます。

014 特定のキーワードを除外して検索する

検索の基本技

キーワード検索の検索結果から、特定の情報に関するWebページを除外したい場合は、「NOT検索」が便利です。NOT検索とは、検索したいキーワードの横に「-○○」と入力することで、指定したキーワードを含むWebページを除外して検索する機能のことです。

NOT検索を行う

❶検索したいキーワードを入力し、

❷スペースのあとに、除外するキーワードの先頭に「-」（半角ハイフン）を付けて入力します。

❸ Enter キーを押します。

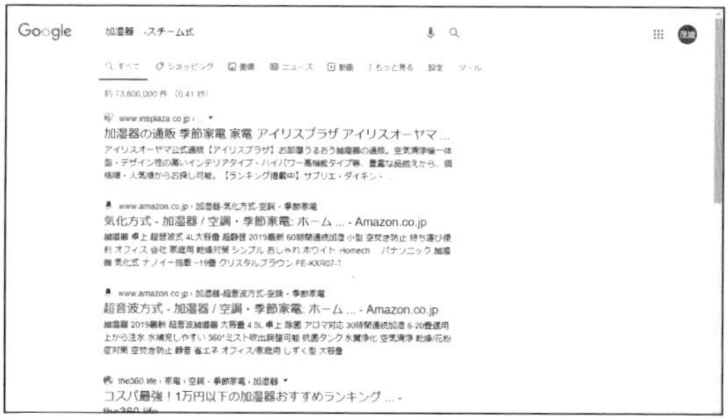

❹指定したキーワード（ここでは「スチーム式」）が除外された検索結果が表示されます。

Memo NOT検索のテクニック

NOT検索は、「スマートフォン -iPhone」のように特定の商品を除外して検索したい場合などに利用するとよいでしょう。

Column 複数のキーワードを除外する

除外するキーワードは1つだけでなく、検索したいキーワードに対して複数の「-」を付けた除外キーワードを指定することも可能です。

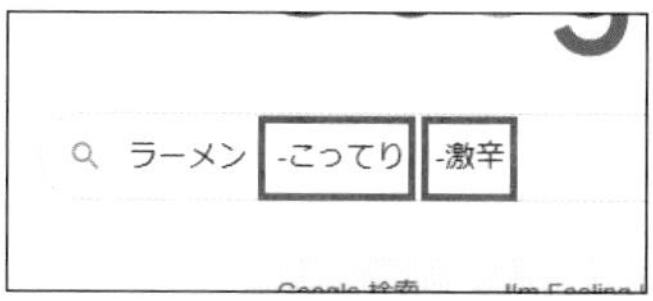

Section **015** 検索の基本技

一部分がわからないキーワードを検索する

調べたいことに関するキーワードが完全にはわからない場合や、一部を思い出せない場合などは、不明な箇所に「*」(アスタリスク)を入れて検索します。このように「*」を使用した検索を、「ワイルドカード検索」といいます。

ワイルドカード検索を行う

❶ キーワードのわからない箇所に「*」(アスタリスク)を入力し、

❷ Enter キーを押します。

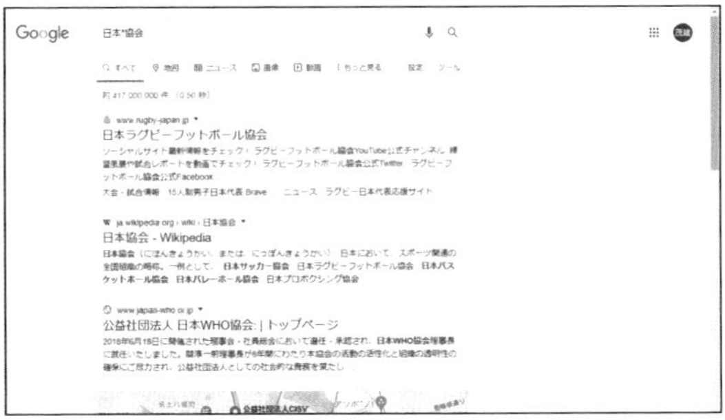

❸ Googleが自動的に「*」の部分を予測して、検索結果が表示されます。

Column

「*」を複数箇所に使用する

1つのキーワードに対して、複数の「*」を使用して検索を行うことも可能です。

複数のキーワードを1つの単語として検索する

複数のキーワードを「""」(引用符)で囲んで入力すると、1つの単語として認識され、完全に一致するWebページを検索することができます。たとえば複数の英単語を入力し、全体で1つの意味となるようなキーワードで検索する場合などに利用すると便利です。

完全一致検索を行う

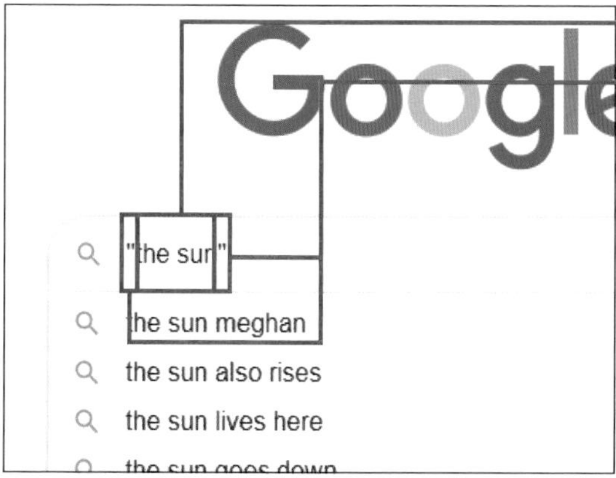

❶複数のキーワードを入力し、

❷前後に「"」(引用符)を入力して囲み、

❸ Enter キーを押します。

❹「""」で囲んだキーワードに、完全に一致する検索結果のみが表示されます。

Memo 完全一致検索のメリット

完全一致検索は、「""」内のキーワードに完全に一致するWebページを表示するため、キーワードの一部を含むWebページなどは、検索対象から除外できます。そのため、閲覧したいWebページがすでに決まっている場合や、特定の固有名詞のみを検索したい場合に利用すると、必要な情報にすばやくアクセスできます。

天気や通貨換算、乗換案内などをすぐに調べる

天気予報や通貨の換算、乗換案内、スポーツチームの情報などを調べるときは「特殊検索」を使うと便利です。特殊検索とは、特別な言葉とキーワードを組み合わせることで、通常の検索とは異なる検索結果を表示する検索方法のことです。

特殊検索を行う

天気予報

「天気」とスペースのあとに地名を入力して検索すると、その場所の天気予報が表示されます。

スポーツチーム情報

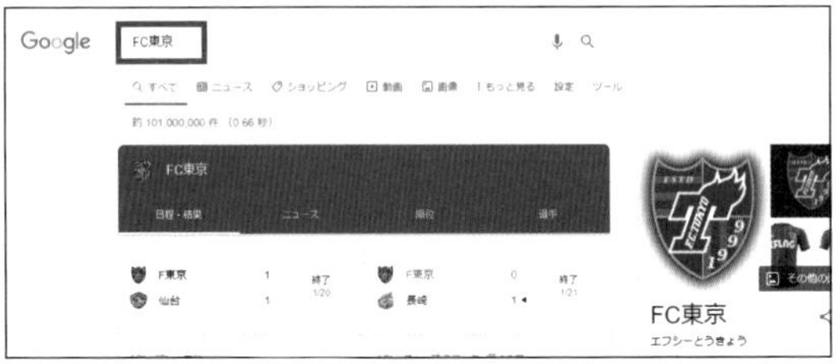

スポーツチームの名前で検索すると、そのスポーツチームの試合結果やスケジュールなどが表示されます。

世界の現地時刻

「時間」とスペースのあとに国または地域名を入力して検索すると、その国または地域の時刻が表示されます。

乗換案内

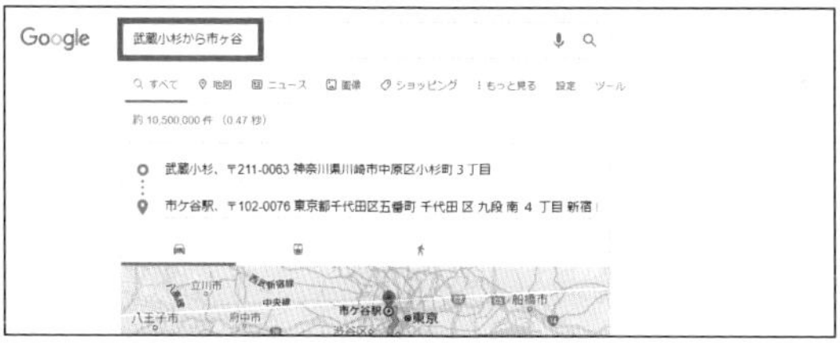

乗車駅と行き先駅の間に「から」を入力して検索すると、乗換案内の各情報が表示されます。

数値計算

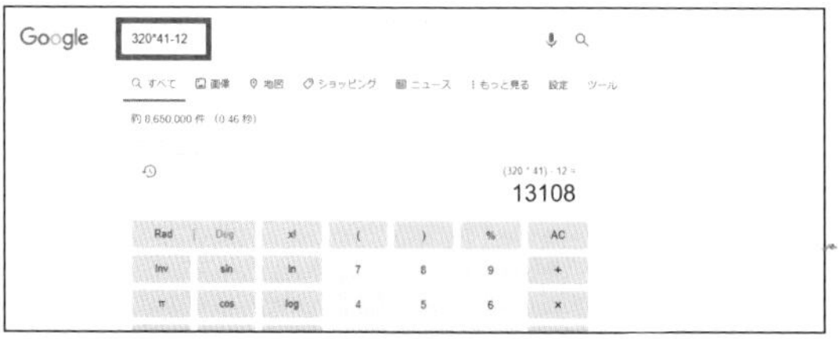

計算式を入力して Enter キーを押すと、計算結果が表示されます。

通貨換算

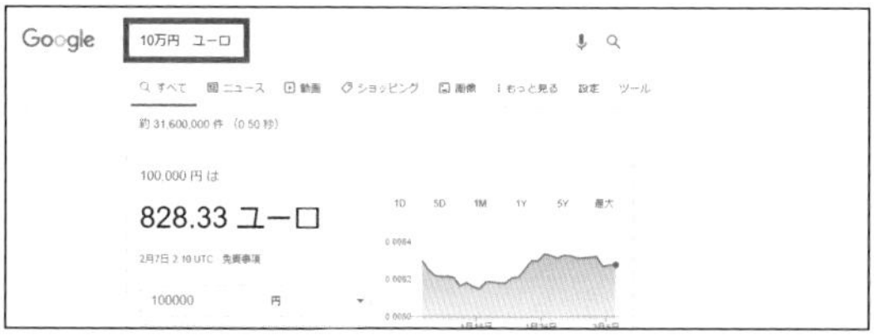

もとの金額とスペースのあとに変換したい通貨を入力して検索すると、指定した通貨で換算された金額が表示されます。

Column

その他の特殊検索

ここで紹介した検索以外にも、Googleでは以下の特殊検索を利用することができます。

荷物の配達状況	「ヤマト」「ヤマト運輸の問い合わせ番号」(入力例:「ヤマト 01234567891」など)
映画の上映検索	「映画」「場所」(入力例:「映画 日比谷」など)
企業の株価	「株価」「企業名」(入力例:「株価 ソニー」など)
郵便番号から住所検索	「郵便番号」「7桁の郵便番号」(入力例:「郵便番号 272-0033」など)
単位の変換	「単位を付けた数値」「単位名」(入力例:「100メートル ヤード」など)
国の人口	「人口」「国名」(入力例:「人口 中国」など)

018
検索の応用技

Webページが更新された期間を指定して検索する

ニュース系のWebページなどで、あるテーマについての最新情報だけを知りたいときは、期間を指定して検索しましょう。期間を指定すると、その期間内に更新されたWebページだけが、検索結果に表示されます。

Ⓖ 期間を指定して検索する

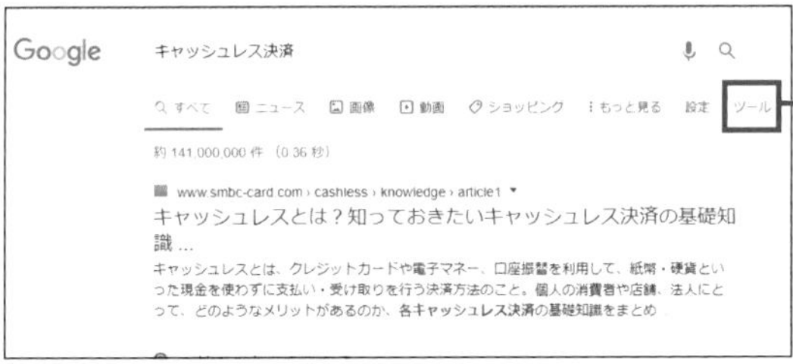

❶キーワード検索をしたら、<ツール>をクリックします。

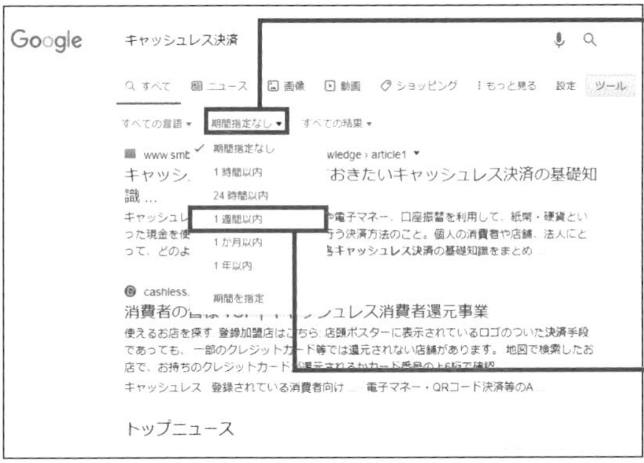

❷<期間指定なし>をクリックし、

❸検索したい期間を選んでクリックします。

Memo 日付を指定して検索する

<期間を指定>をクリックすると、具体的な日付を指定して検索できます。開始日と終了日を入力し、<選択>をクリックしましょう。

❹指定した期間内の検索結果だけが表示されます。

019 PDFなどファイルの種類を指定して検索する

検索の応用技

検索結果はWebページとは限りません。PDFなど特定のファイルの形で公開されていることも、しばしばあります。そのような場合は、ファイル形式を指定して検索することで、検索結果を絞り込むことができます。

ファイルの種類を指定して検索する

❶「filetype:」と入力し、

❷そのうしろにファイル形式（ここでは「pdf」）を入力します。

❸スペースのあとにキーワードを入力して、

❹ Enter キーを押します。

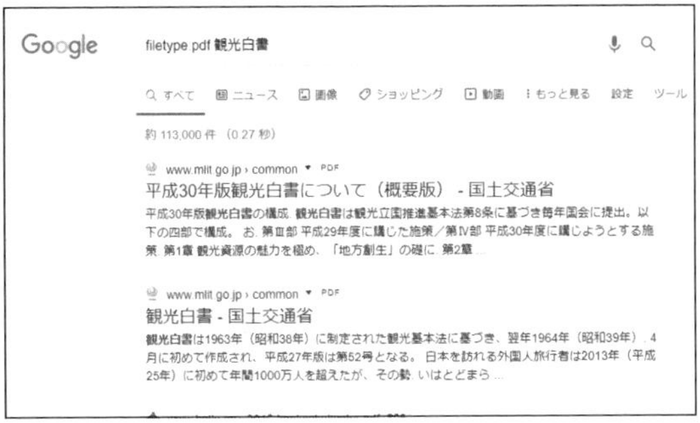

❺指定したファイル形式に絞った検索結果が表示されます。

Column
ファイル形式

ファイルの種類を指定する場合はファイル形式（拡張子）を入力します。たとえば、PDFファイルなら「pdf」、Excelの表計算ファイルは「xls」、PowerPointのプレゼンテーションファイルを検索したいときは「ppt」と入力します。

020 特定サイト内をキーワードで検索する

検索の応用技

特定のWebサイトの中から記事や情報を検索したい場合は、「site:」を利用して検索します。「site:」のあとにURLとキーワードを入力して検索すれば、指定したWebサイト内に絞って検索することができます。

特定サイト内のWebページを検索する

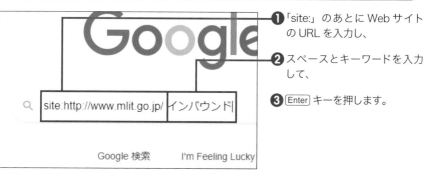

❶「site:」のあとにWebサイトのURLを入力し、

❷スペースとキーワードを入力して、

❸ Enter キーを押します。

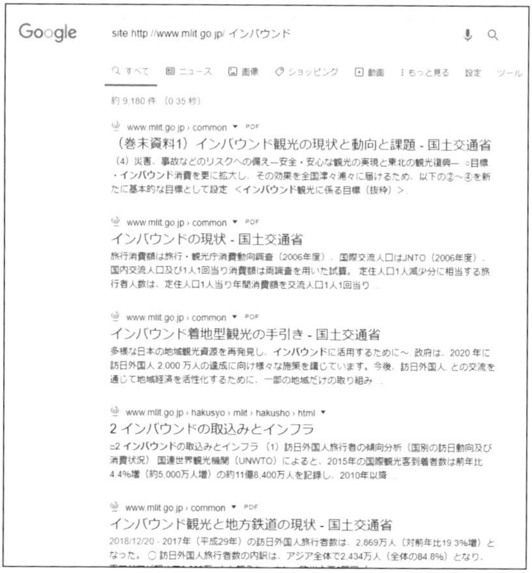

❹指定したWebサイト内での検索結果が表示されます。

Memo 「site:」検索のテクニック

「site:」検索は、特定のニュースサイト内の情報を検索したい場合などに利用するとよいでしょう。

第2章 ●検索の応用技

Googleに保存された過去のWebページを見る

インターネットでは日々情報が更新されるため、過去に見たWebページがなくなっていたり、見たい情報がなくなってしまうことがあります。キャッシュ検索を利用することで、そのような過去に見たWebページをもう一度表示することができます。

キャッシュ検索を行う

❶「cache:」と入力し、

❷そのあとにWebページのURLを入力して、

❸ Enter キーを押します。

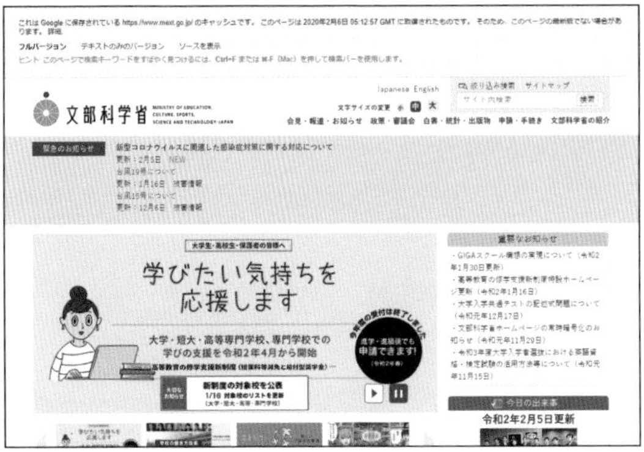

❹過去のWebページが表示されます。

Column 過去のWebページの保存期間

Googleのキャッシュが保存されている期間は、数日から数週間程度といわれています。そのため、たとえば何年も前になくなったWebページをもう一度表示する、といったことはできません。

Section 022 画像や動画の検索

キーワードに関連する画像を一覧表示する

Googleではキーワードに関連した画像だけを検索することもできます。画像検索は、Googleのトップページの右上にある<画像>をクリックして行います。なお、画像からその画像を含むWebページへ移動することもできます。

画像検索を行う

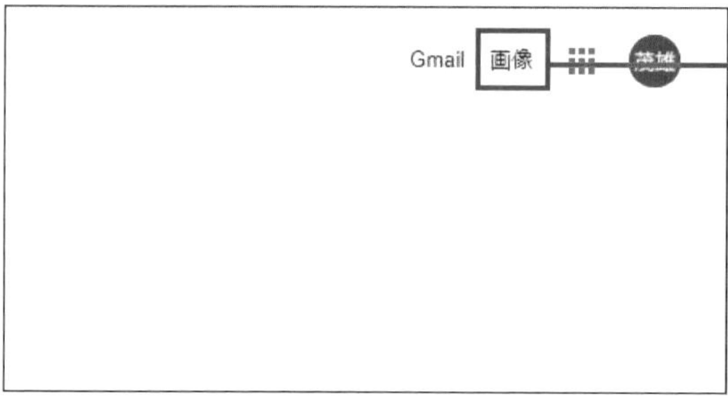

❶Google のトップページの右上の、<画像>をクリックします。

❷Google 画像検索のトップ画面が表示されるので、検索したいキーワードを入力し、

❸Enter キーを押します。

❹画像の検索結果が一覧表示されます。

Memo 画像の詳細を見る

画像をクリックすると概要説明の画面が表示され、関連画像を表示したり、画像を含むWebページへ移動したりすることができます。

Section 023 画像や動画の検索

色を指定して画像を検索する

Googleの画像検索では、キーワードに一致したすべての画像が一覧で表示されるため、中には目的と違う画像や解像度の低い画像も表示されます。色や解像度などを指定して検索すれば、検索結果を絞り込んで、目的に合った画像を効率よく見つけることができます。

色を指定して画像検索する

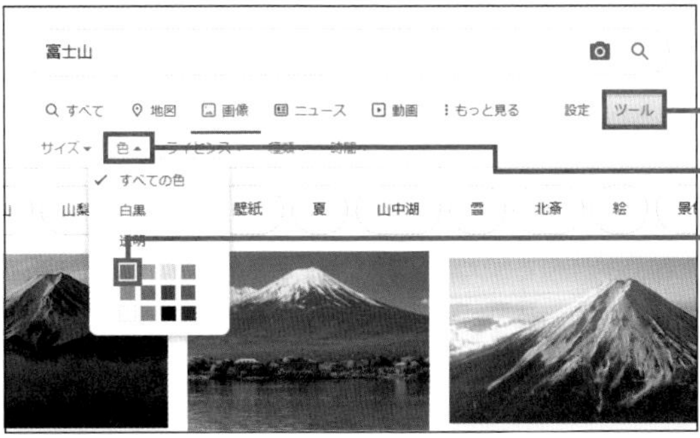

❶ Sec.022を参考に画像検索を行い、<ツール>をクリックします。

❷ <色>をクリックし、

❸ 絞り込みたい色をクリックします。

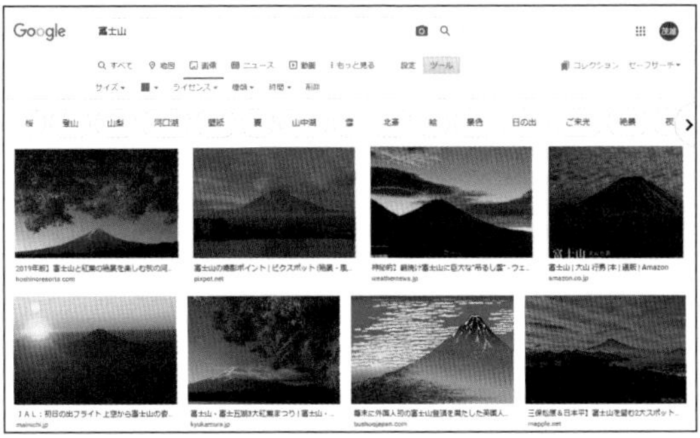

❹ 指定した色系統の画像が表示されます。

Column 指定できる項目の種類

色以外にも、画像の解像度やアップロードされた時間、ライセンス（再使用が許可された画像)、写真や線画などの種類によって絞り込むことができます。

Section 024 画像や動画の検索

手元の画像を使って検索する

Googleの画像検索では、自分が持っている画像を使って検索を行い、類似画像を探したり画像の情報を調べたりすることができます。インターネットから入手した画像の場合は、どのWebページに掲載されていたかを調べることもできます。

画像をアップロードして検索する

❶ Sec.022を参考にGoogle画像検索のトップ画面を表示し、📷をクリックします。

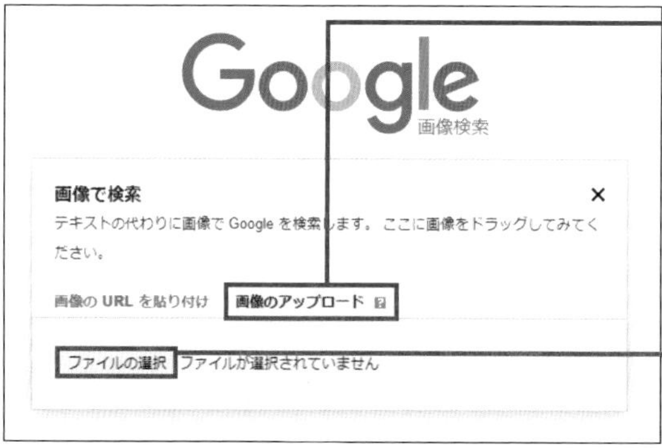

❷ <画像のアップロード>をクリックし、

❸ <ファイルの選択>をクリックしたら、パソコン内の画像を選択して<開く>をクリックします。

❹ アップロードした画像による検索結果が表示されます。

> **Memo ドラッグ&ドロップでアップロードする**
>
> Microsoft EdgeやGoogle ChromeなどのWebブラウザを使用している場合、手順❷の画面に画像をドラッグ&ドロップすることでも検索できます。

検索履歴から Webページを探す

Googleアカウントでログイン中に行った検索の記録は、検索履歴として保存されています。過去に見たWebページやキーワードを忘れてしまった場合などは、検索履歴からもう一度検索結果を表示できます。

検索履歴を表示する

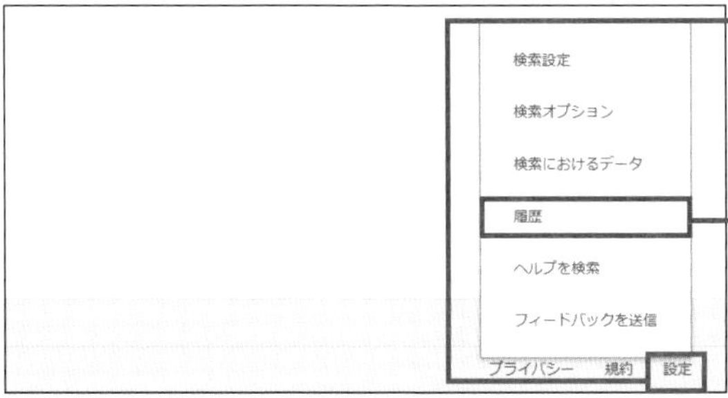

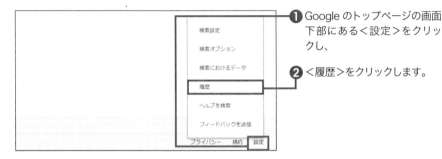

❶ Google のトップページの画面下部にある<設定>をクリックし、

❷ <履歴>をクリックします。

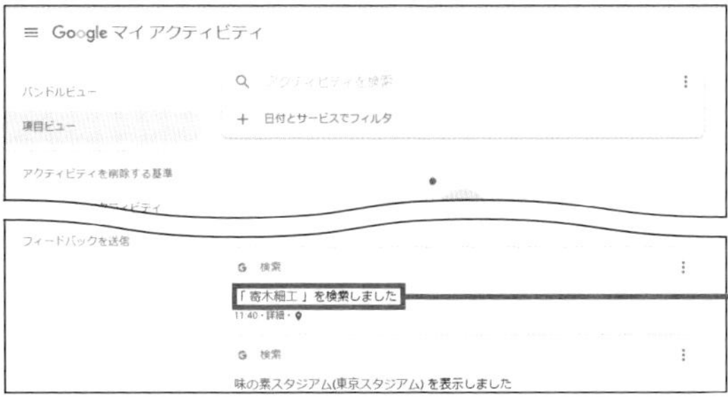

❸ 検索履歴を含んだアクティビティが一覧表示されます。

❹ 検索結果をクリックすると、過去に見た検索結果画面が表示されます。

Column

検索履歴を絞り込む

手順❸の画面で<アクティビティを検索>をクリックして検索ボックスにキーワードを入力したり、<日付とサービスでフィルタ>をクリックして日付を指定したりすることで、検索履歴を絞り込むことができます。

第1章 第2章 検索履歴 第3章 第4章 第5章

Section
026 検索履歴を削除する／保存しないようにする

検索履歴

Googleでは、残す必要のない検索履歴を削除したり、検索履歴を保存しないように設定したりすることができます。複数人でパソコンを使用しているときに検索履歴を一切残したくない場合などに便利な機能です。

検索履歴を個別に削除する

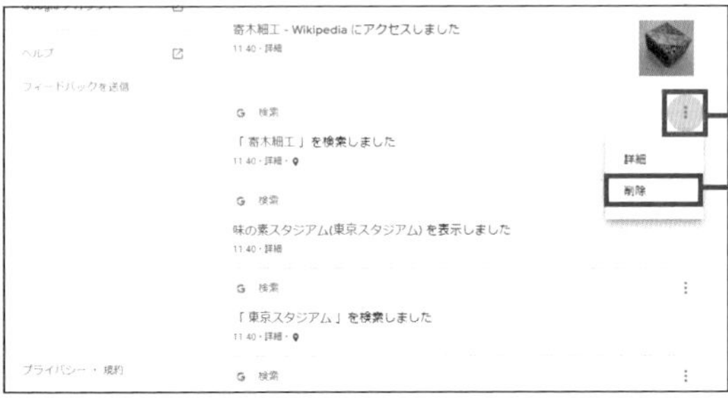

❶ Sec.025を参考に検索履歴を表示して、削除する検索結果の右にある ⋮ をクリックし、

❷ <削除>→<削除>の順にクリックすると検索履歴から削除されます。

検索履歴を保存しないようにする

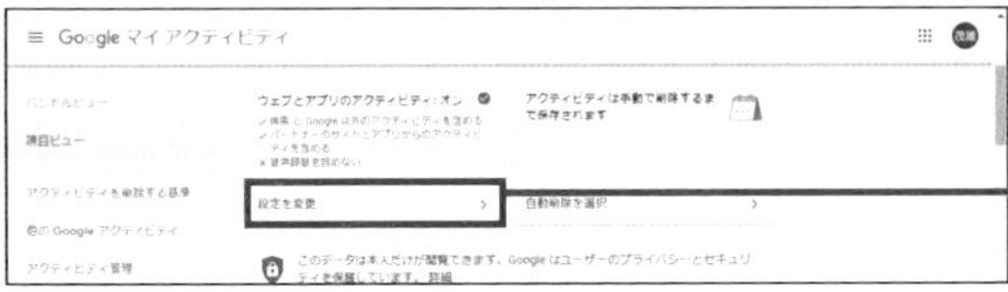

❶ Sec.025を参考に検索履歴を表示して、「ウェブとアプリのアクティビティ：オン」の下にある<設定を変更>をクリックし、

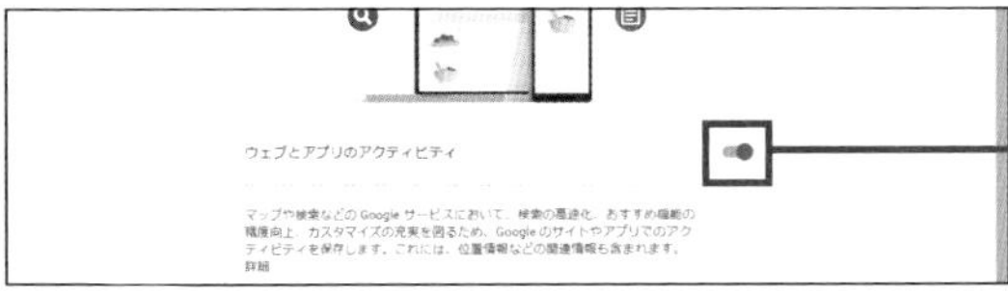

❷「ウェブとアプリのアクティビティ」の ●をクリックします。

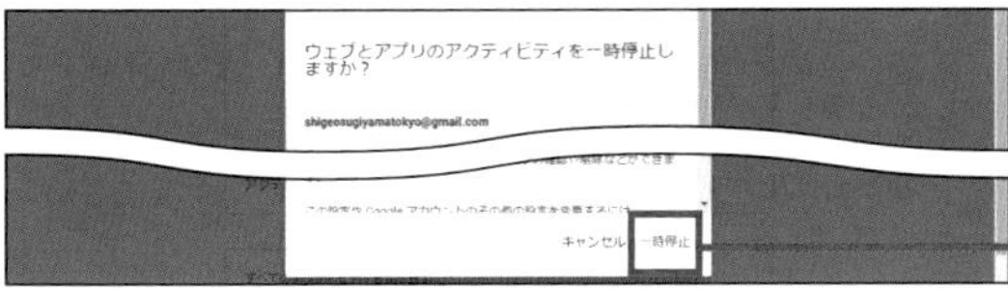

❸ <一時停止>をクリックすると、検索履歴を保存しないようになります。

検索結果のクリック先を新しいタブで開くようにする

検索結果から開いたWebページを複数表示しておきたい場合などは、検索結果の画面を表示するときに新しいタブで開くように設定しましょう。ウィンドウに複数のタブが並ぶので、タブを切り替えるだけで複数のWebページをすばやく閲覧できます。

検索結果を新しいタブで開くように設定する

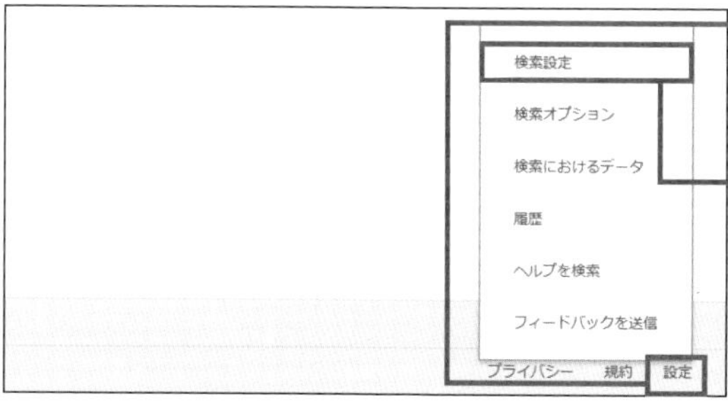

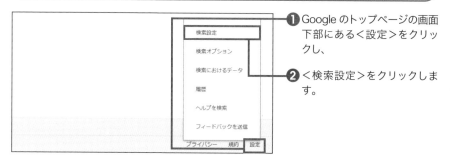

❶ Google のトップページの画面下部にある＜設定＞をクリックし、

❷ ＜検索設定＞をクリックします。

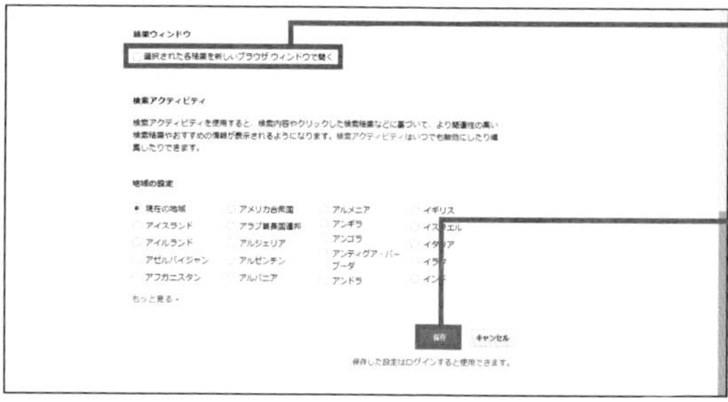

❸「結果ウィンドウ」の「選択された各結果を新しいブラウザウィンドウで開く」をクリックしてチェックを付け、

❹ ＜保存＞→＜ OK ＞の順にクリックします。

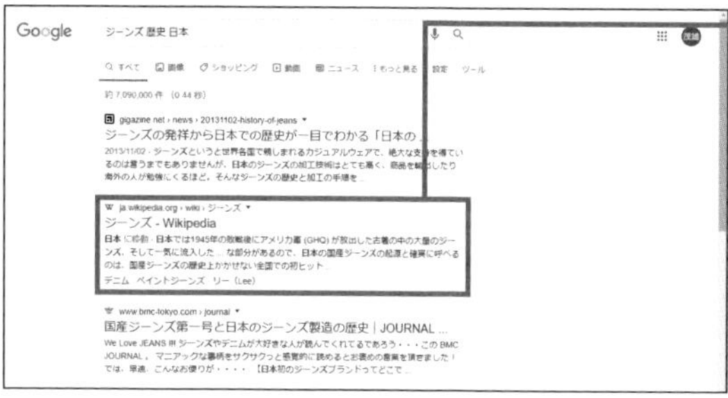

❺ 設定後、検索結果をクリックすると、

❻ クリック先のページが、新しいタブで開きます。

028 使いこなし

1ページに表示する検索結果を増やす

数多くの検索結果があるキーワードは、1ページあたりに表示される検索結果を増やすことで、目的のWebページを探しやすくなる場合があります。Googleでは1ページに表示する検索結果の数を、最大100件まで設定することができます。

G ページあたりの表示件数を増やす

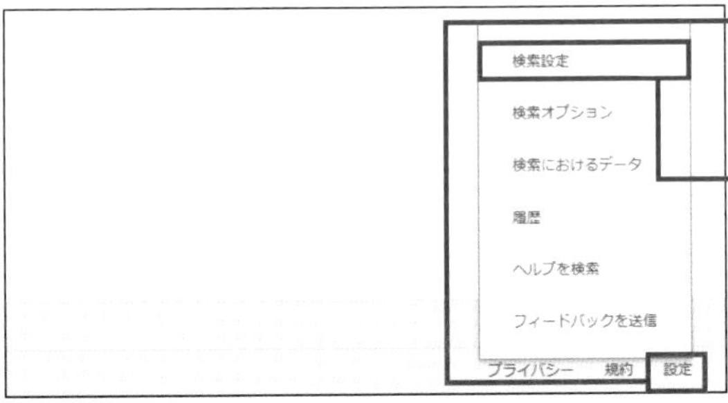

❶ Google のトップページの画面下部にある＜設定＞をクリックし、

❷ ＜検索設定＞をクリックします。

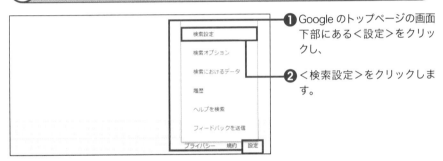

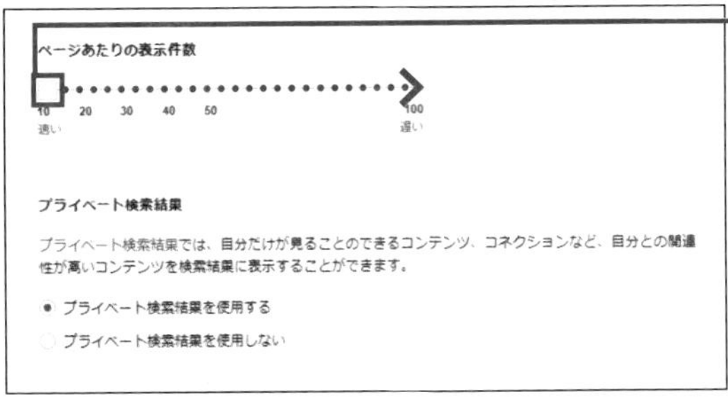

❸「ページあたりの表示件数」の□をスライドして設定します。

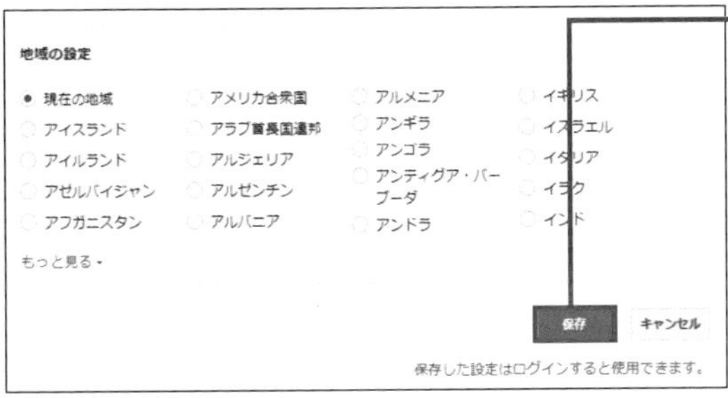

❹ 設定したら＜保存＞をクリックし、次の画面で＜ OK ＞をクリックします。

029 最新のニュースを調べる

使いこなし

キーワード検索後、そのキーワードに関する最新のニュースを検索することができます。ニュースを絞り込むと、ニュースサイトなどからキーワードに合致するWebページが検索されて表示がされます。

G キーワード検索からニュースを見る

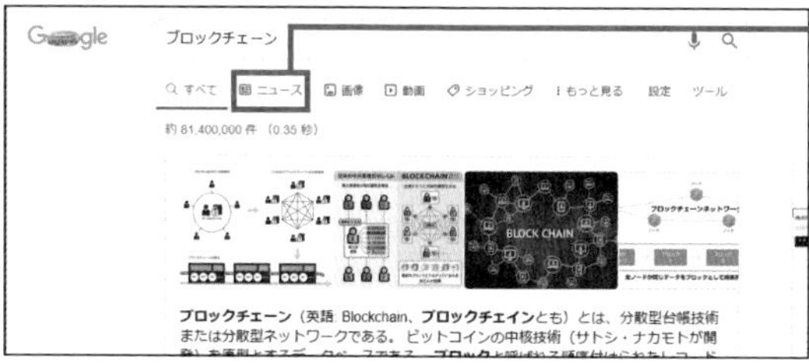

❶ Google の検索結果ページで<ニュース>をクリックします。

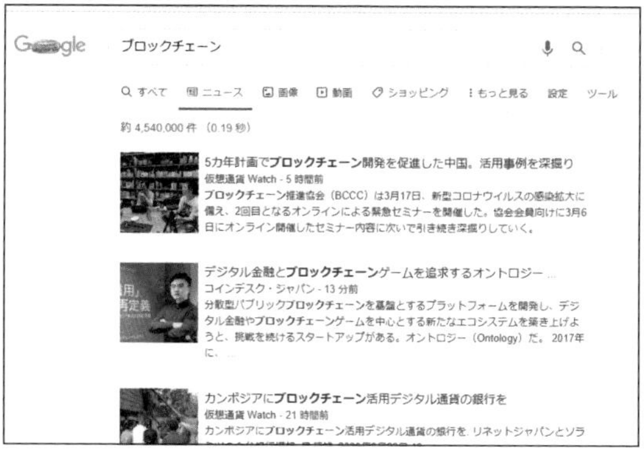

❷ キーワードに関する最新のニュース記事が一覧表示されます。

Column

Googleニュースでニュースを見る

Sec.003を参考にサービスの一覧から<ニュース>をクリックすると「Google ニュース」が表示され、カテゴリ別に最新のニュースを見ることができます。

030 使いこなし 他国語のWebページを翻訳する

検索結果ページに他国語のWebページが表示される際に、「このページを訳す」が合わせて表示される場合があります。これをクリックすると、日本語に翻訳されてそのWebページを見ることができます。

G 他国語のWebページを日本語で表示する

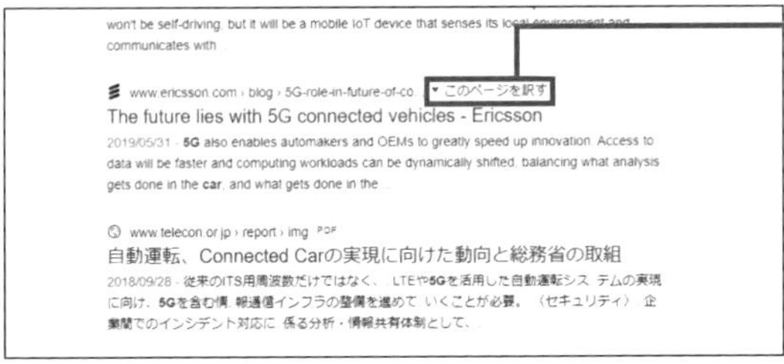

❶ Googleの検索結果ページで＜このページを訳す＞をクリックします。

❷ 日本語に翻訳された他国語のWebページが表示されます。

Column

Webページを翻訳する

Sec.003を参考に、サービスの一覧から＜翻訳＞をクリックすると「Google翻訳」が利用できます。Google翻訳で翻訳したいWebページのURLをコピーし、左側のボックスに入力すると、右側のボックスにURLが表示されます。表示されたURLをクリックすると、翻訳されたWebページが表示されます。

031 使いこなし パソコンのトラブルの解決方法を検索する

パソコンに何らかの理由によるトラブルが起きてしまったら、慌てずに表示されたエラーメッセージやエラーコードを検索してみましょう。スペースを入れて使用しているOSや機種名を入れるのもおすすめです。トラブル解決につながる手がかりが見つかるかもしれません。

パソコンのトラブル解決を検索する

エラーメッセージを検索

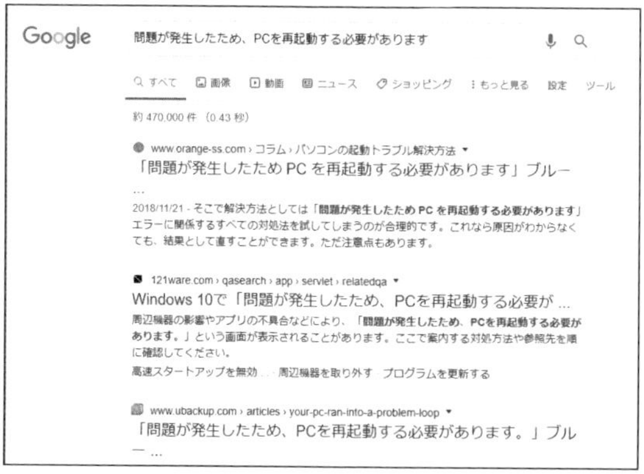

エラーメッセージが表示され、パソコンが思うように使えなくなった場合は、表示されたエラーメッセージを検索してみると解決の糸口が見つかります。

エラーコードを検索

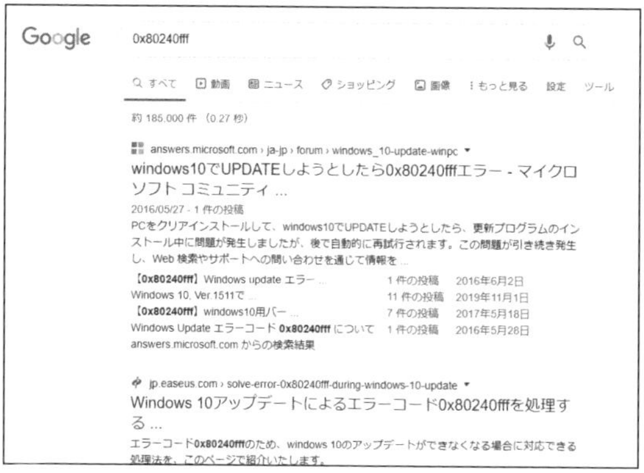

アップデートの際などに、エラーコードが表示された場合は、そのエラーコードを検索してみましょう。

032 使いこなし Google検索の隠しコマンドを使う

Google検索には、遊びの要素が濃い隠しコマンドと呼ばれるものが多数あります。これらは「イースターエッグ」と呼ばれ、検索ボックスに特定のキーワードを入力して検索することで楽しむことができます。

隠しコマンドを使う

一回転

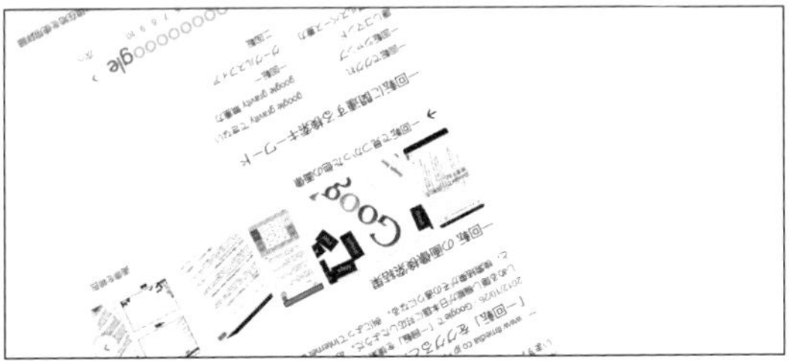

「一回転」と入力して検索すると、検索結果画面が一回転して表示されます。

人生、宇宙、すべての答え

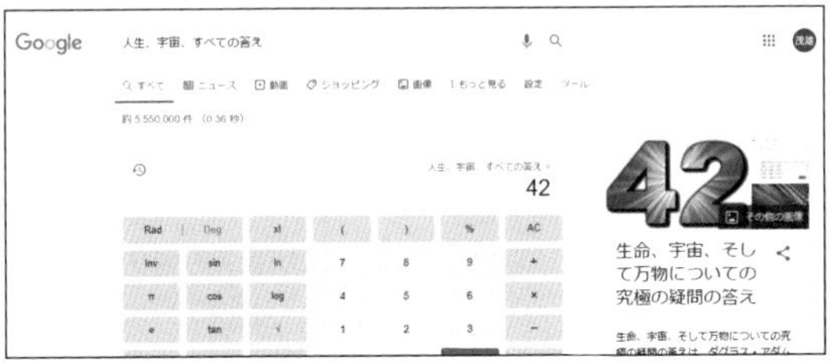

「人生、宇宙、すべての答え」と入力して検索すると、「42」と表示されます。これはダグラス・アダムズのSF作品「銀河ヒッチハイク・ガイド」のパロディです。

the loneliest number

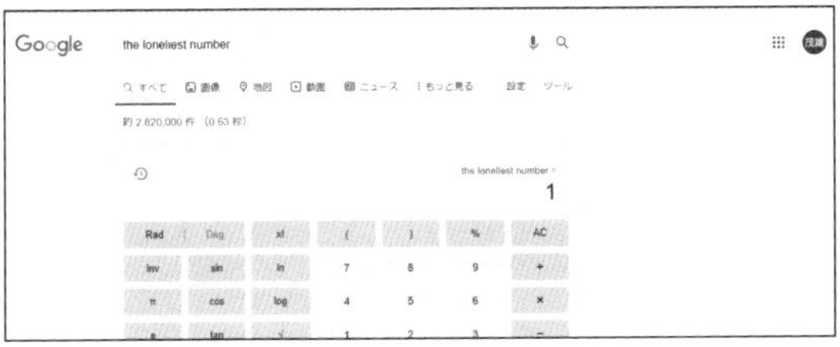

「the loneliest number」(もっとも孤独な数)と入力して検索すると、「1」と表示されます。

solitaire

「solitaire」と入力して検索すると、カードゲーム「ソリティア」をプレイすることができます。難易度は「簡単」「難しい」から選べます。

三目並べ

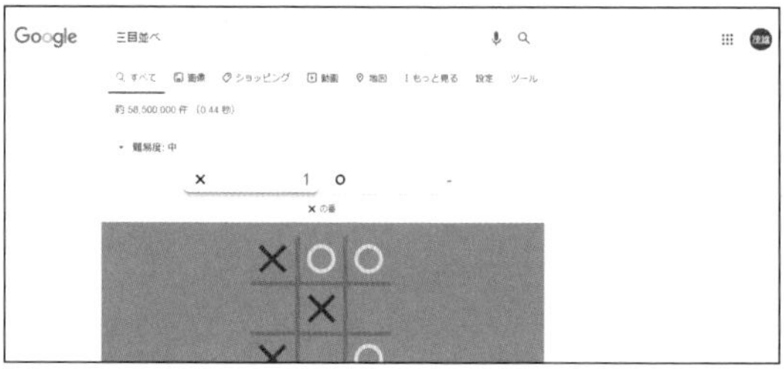

「三目並べ」と入力して検索すると、三目並べのゲームをプレイできます。難易度は3段階から選べます。

google gravity

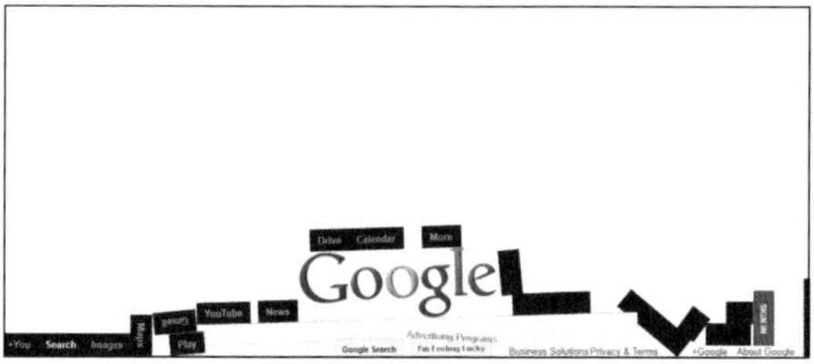

「google gravity」と入力して<I'm Feeling Lucky>をクリックすると、画面全体が下へ崩れ落ちます。

google binary

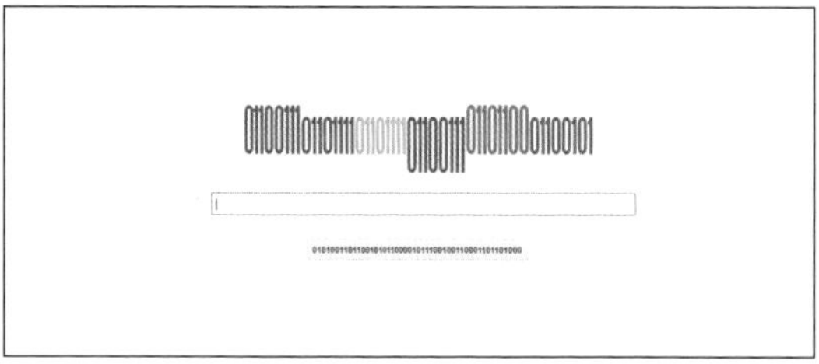

「google binary」と入力して<I'm Feeling Lucky>をクリックすると、文字がすべて「0」と「1」のみになります。

Section 033 使いこなし

気になる情報を定期的にメールで受け取る　~Googleアラート

「Googleアラート」は、注目しているニュースや日ごろからチェックしているテーマの最新情報などについて、新しい検索結果が見つかったときにメールで通知してくれるサービスです。自分で探さなくても、興味のあるテーマの最新情報を得ることができます。

Ⓖ Googleアラートで気になる情報をチェックする

❶「https://www.google.co.jp/alerts」にアクセスして、キーワードを入力し、

❷ Enter キーを押します。

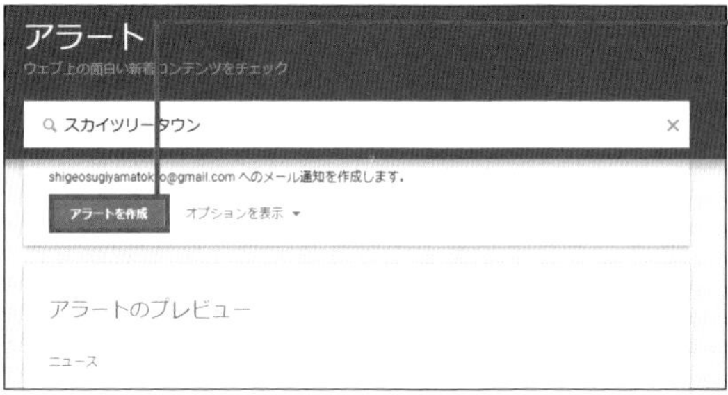

❸ ＜アラートを作成＞をクリックすると、アラートの設定が完了します。

Memo オプションを表示

＜オプションを表示＞をクリックすると、アラートの頻度やニュースの配信元などを設定できます。

❹ Google アカウント（Gmail）宛てに、検索された情報が届くようになります。

第3章

Webメールの決定版!
Gmail

Gmailは、世界中で利用されているフリーメールサービスです。無料で最大15GBのメールボックスを利用でき、フィルタやタブなどメール整理の機能も充実しています。仕事に、プライベートに、大活躍してくれるでしょう。

Goooooooooogle ›
1 2 3 4 5 6 7 8 9 10

034 送信・受信 Gmailの基本操作を覚える

Gmailとは、Googleが提供する無料のメールサービスです。Sec.004で作成したGoogleアカウントがメールアドレスとなります。Gmailにアクセスするには、Googleのトップページで<Gmail>をクリックします。ここでは、メールの基本操作を説明します。

受信メールを見る

❶ Google のトップページで画面右上の < Gmail > をクリックします。

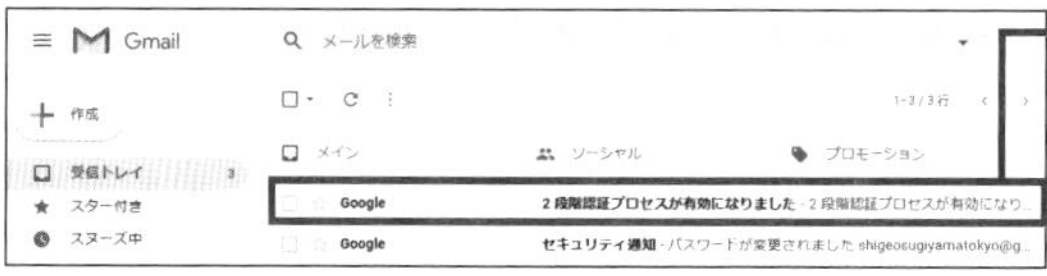

❷ 受信トレイが表示されるので、読みたいメールをクリックします。

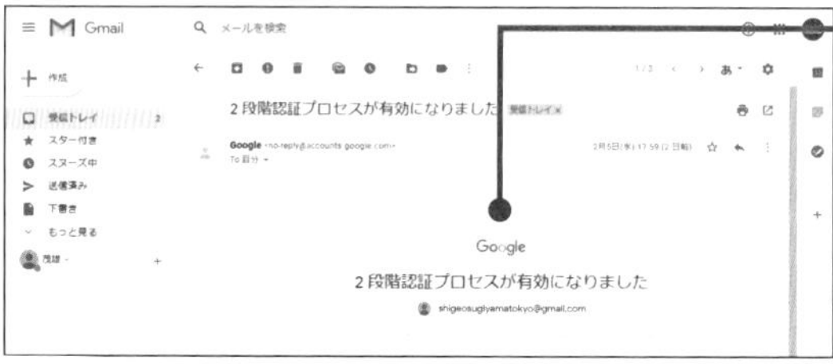

❸ メールの内容が表示されます。

Memo 受信トレイに戻る

受信トレイに戻るには、Webブラウザの ← または画面左側の<受信トレイ>をクリックします。

Column メールを削除する

受信メールを削除するには、受信トレイで削除したいメールをクリックしてチェックを付け、🗑をクリックします。または、手順❸の画面で🗑をクリックします。

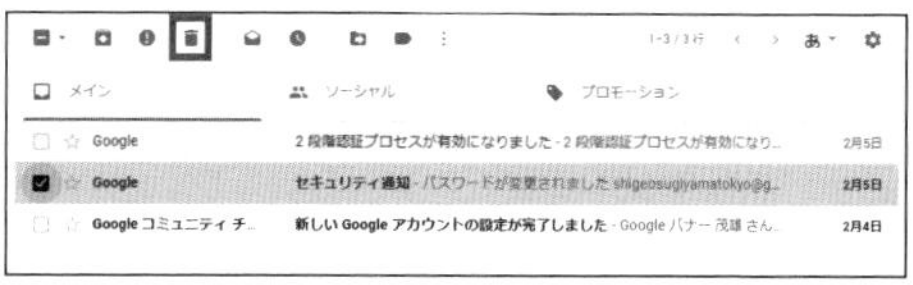

メールを送信する

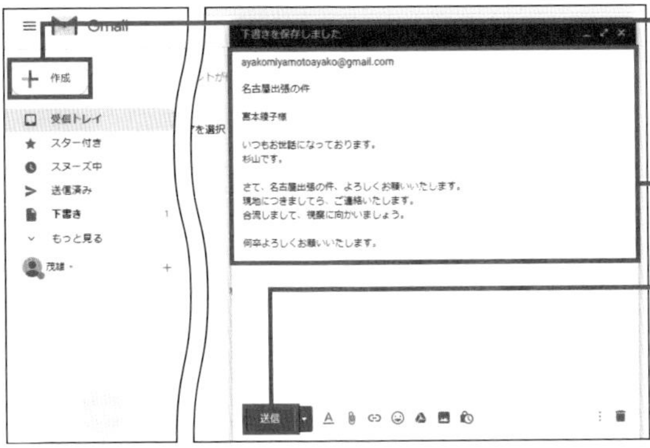

❶受信トレイで<作成>をクリックすると、

❷メール作成画面が開きます。

❸送信先メールアドレス、件名、本文を入力し、

❹<送信>をクリックすると、メールが送信されます。

メールを返信・転送する

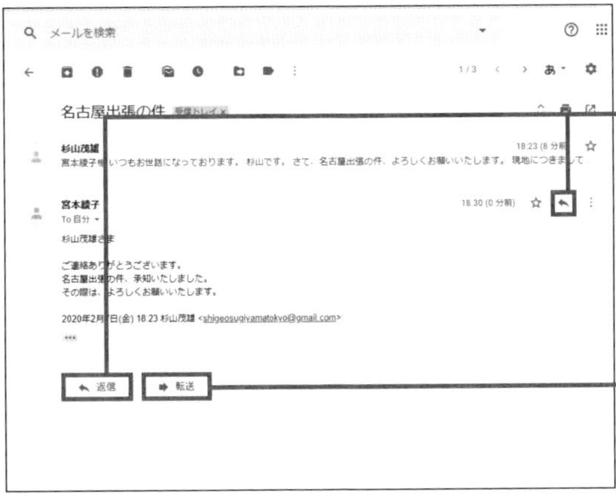

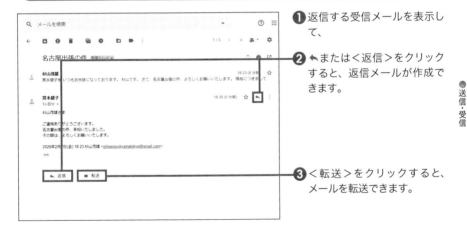

❶返信する受信メールを表示して、

❷↩または<返信>をクリックすると、返信メールが作成できます。

❸<転送>をクリックすると、メールを転送できます。

Column

メールにファイルを添付する

メールにファイルを添付するには、メール作成画面の下部にある📎をクリックします。添付するファイルを選択して<開く>をクリックすると、メールにファイルが添付されます。

035 送信・受信

メール文を装飾して読みやすくする

メール本文の中で強調したい箇所や絶対に見てほしい部分があれば、文字を装飾して目立たせることができます。とくに長文の場合は読みにくくなり、大切な情報を相手が見逃してしまう恐れもあります。そのようなときは、フォントや文字サイズを変えて目立たせましょう。

メールの文字を装飾する

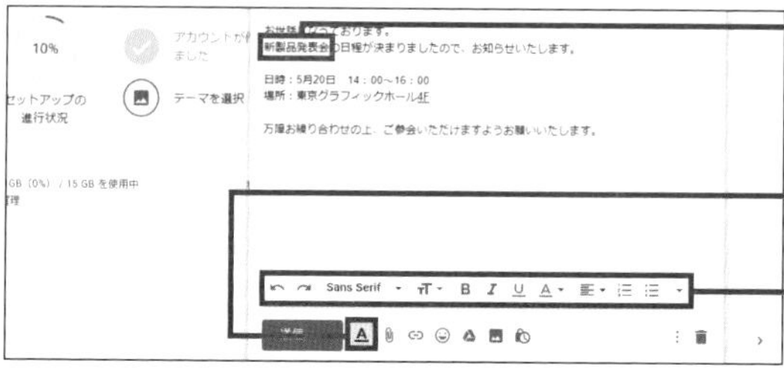

❶メールを作成したら、装飾したい箇所をドラッグして選択します。

❷ A をクリックすると、

❸書式設定オプションが表示されます。

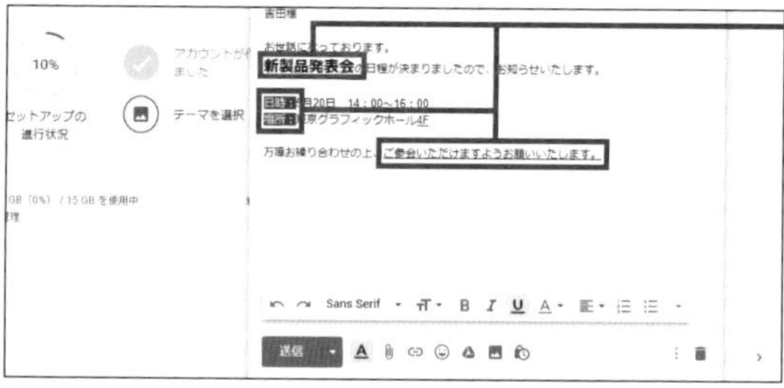

❹文字を太字にしたり色を付けたりと、さまざまな方法で装飾できます。

Memo リッチテキストモード

文字の装飾が行えるのはリッチテキストモードの場合です。プレーンテキストモードでは文字の装飾は行えません。

Column

装飾の種類

Gmailで利用できる装飾には、以下のような種類があります。

Sans Serif ▾	フォントを変更する	A ▾	文字の色を変更する
тT ▾	文字のサイズを変更する	≡ ▾	文の配置（左揃えなど）を指定する
B	文字を太字にする	⁝≡	指定した部分を番号付きリストにする
I	文字を斜体にする	⁝≡	指定した部分を箇条書きにする
U	下線を引く	T̸	設定した書式を取り消す

メールの一部を引用して送信する

メールを返信するとき、受信したメールの一部を引用したい場面があります。そのようなときは、受信メールからコピーし、送信メールに貼り付けて引用符を表示するよう指定します。なお、プレーンテキストモードでは引用符は「>」になります。

G メールの一部を引用する

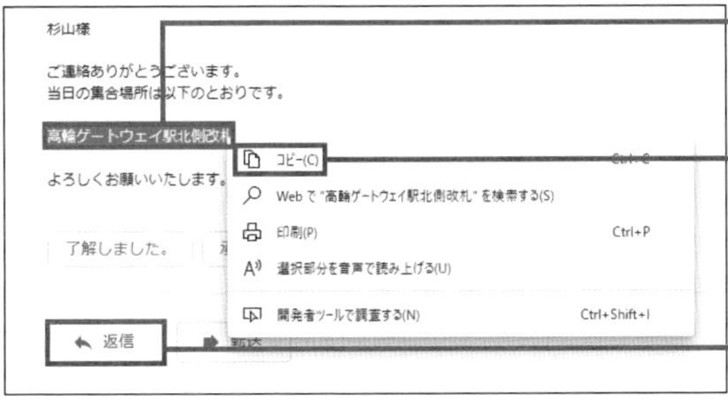

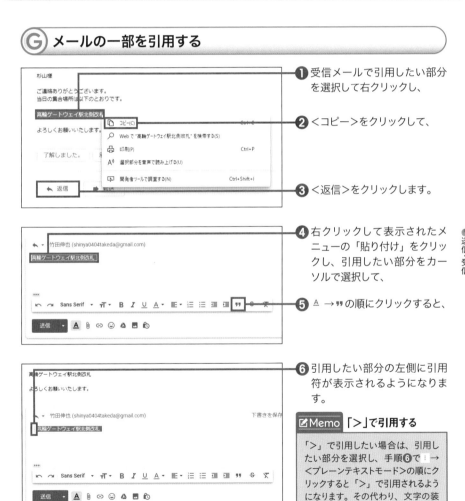

❶受信メールで引用したい部分を選択して右クリックし、

❷<コピー>をクリックして、

❸<返信>をクリックします。

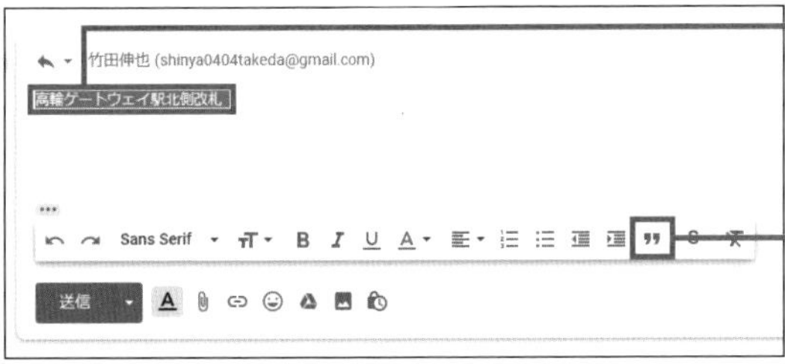

❹右クリックして表示されたメニューの「貼り付け」をクリックし、引用したい部分をカーソルで選択して、

❺ A →❞の順にクリックすると、

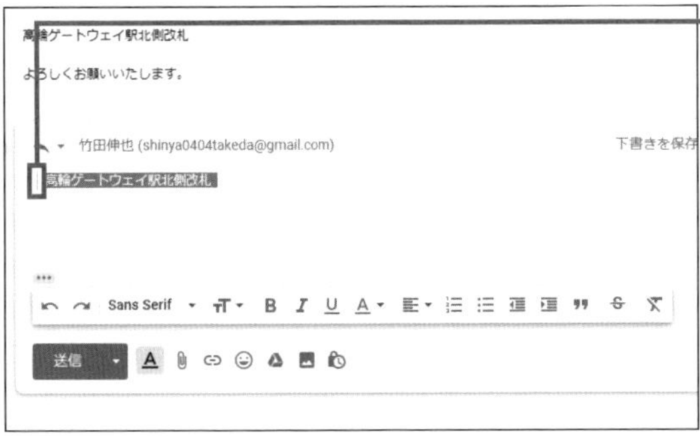

❻引用したい部分の左側に引用符が表示されるようになります。

Memo 「>」で引用する

「>」で引用したい場合は、引用したい部分を選択し、手順❻で ⋮ →<プレーンテキストモード>の順にクリックすると「>」で引用されるようになります。その代わり、文字の装飾は行えません。

037 複数のメールを添付して転送する

送信・受信

複数の受信したメールを、1通の転送メールにまとめて添付することができます。何通も関連するメールを相手に1通ずつ転送する必要なく、送ることができます。なお添付するメール数には上限がありません。

複数のメールを添付する

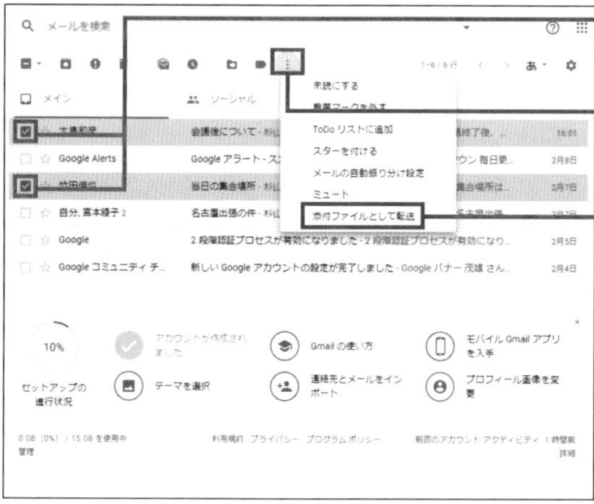

❶添付したい受信メールをクリックしてチェックを付け、

❷ ⋮ をクリックして、

❸<添付ファイルとして転送>をクリックします。

❹手順❶で選択したメールが添付された状態で、メールの作成画面が表示されます。

Memo ファイルはeml形式

転送メールに添付される受信メールは、eml形式のファイルになります。Gmail以外のOutlookなどのメールソフトでも開くことができます。

Section 038 送信・受信

作成途中のメールを下書き保存する

新規メールを作成する場合も返信メールを作成する場合も、作成中のメールは自動的に「下書き」に保存されます。下書きに保存されたメールは、「下書き」からいつでも編集して送信することができます。

メールを下書き保存する

❶メールを作成していると、作成画面の上部に「下書きを保存しました」と表示され、自動的に「下書き」に保存されます。

❷送信せずに×をクリックして中断しても、「下書き」から再開できます。

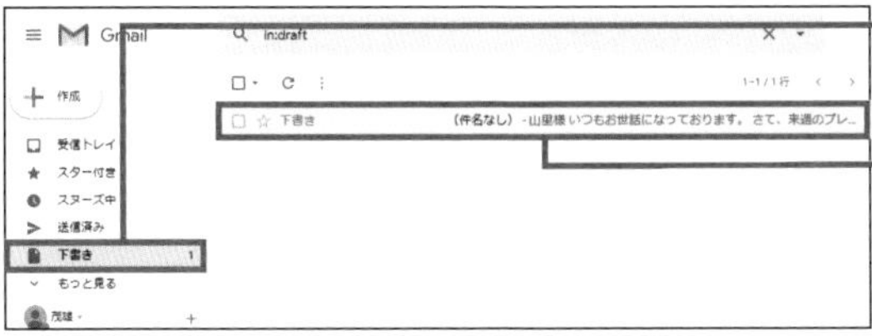

❸受信トレイ左側の＜下書き＞をクリックすると、

❹「下書き」に保存された、作成途中のメールの一覧が表示されるので、編集したいメールをクリックします。

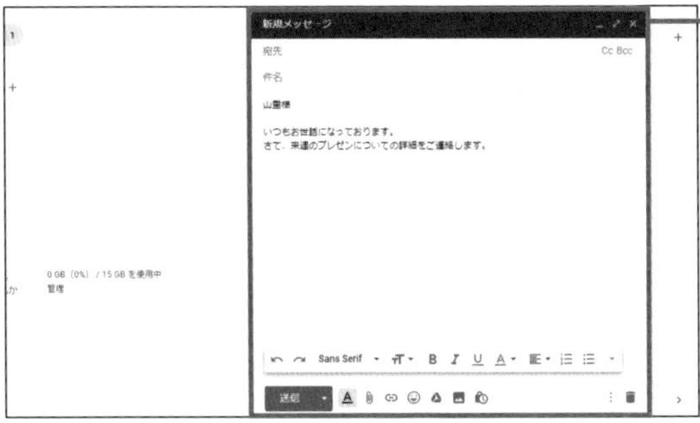

❺メール作成画面が開き、途中から編集することができます。

Memo 下書きを削除する

手順❹の画面で下書きメールの左側のチェックボックスをクリックして、表示される＜下書きを破棄＞をクリックすると、下書きメールが削除されます。

039 送信・受信

署名を自動的に挿入する

署名の設定をしておけば、新規メールの最後に自分の名前や会社名、連絡先などの情報を記載した署名を、自動的に挿入することができます。署名は文字数制限がなく、文字を装飾することもできます。

署名を設定する

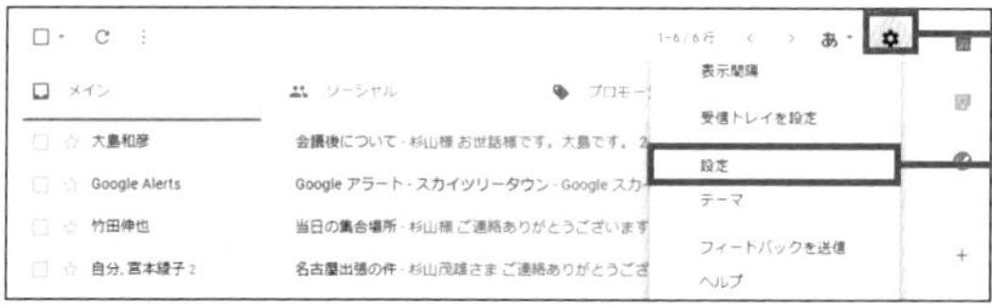

❶受信トレイで⚙をクリックし、

❷<設定>をクリックします。

❸「署名」の<新規作成>をクリックし、署名の名前を入力して<作成>をクリックします。

❹署名に表示したい内容を入力し、最後に<変更を保存>をクリックします。

❺新規メール作成時に、自動的に署名が挿入されるようになります。

Column

メールアドレスごとに署名を使い分ける

複数のメールアドレスを使っている場合は、メールアドレスごとに署名を使い分けることができます。その場合は署名入力欄の上部にプルダウンメニューが表示されるので、メールアドレスごとに署名を作成します。

040
送信·受信

よく使う文面を返信定型文として設定する

時候の挨拶など、ビジネス上のメールでよく使う文章を「返信定型文」として登録しておけば、あとからかんたんな操作でメールに挿入することができます。メールのやり取りをする頻度の高い人は、ぜひ使いこなしたい機能です。

G 返信定型文を設定する

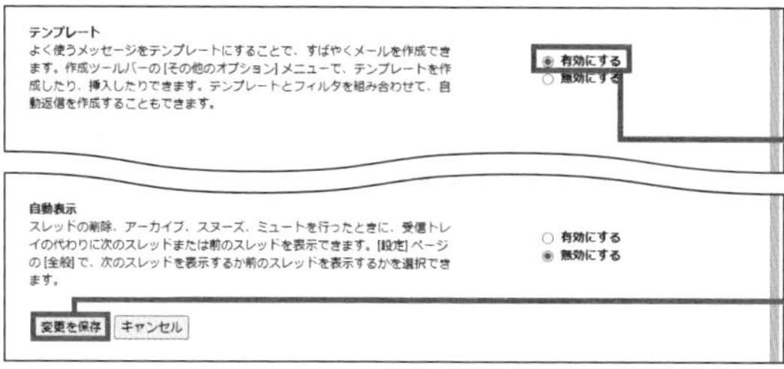

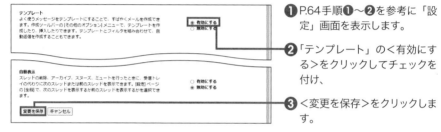

❶ P.64手順❶～❷を参考に「設定」画面を表示します。

❷「テンプレート」の<有効にする>をクリックしてチェックを付け、

❸ <変更を保存>をクリックします。

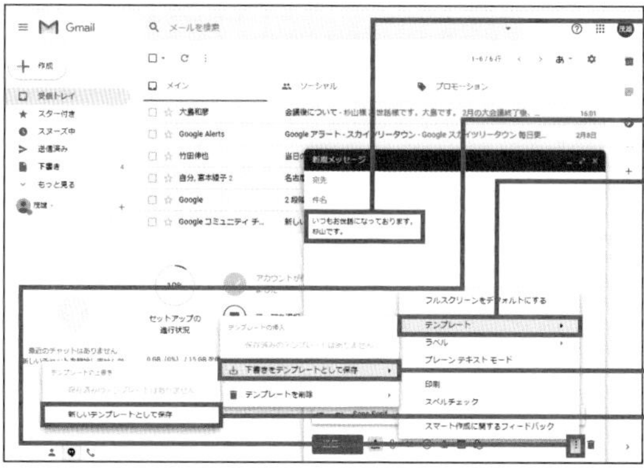

❹ メール作成画面で定型文を入力し、

❺ ⋮をクリックします。

❻ <テンプレート>にマウスカーソルを合わせ、

❼ さらに<下書きをテンプレートとして保存>にマウスカーソルを合わせ、

❽ <新しいテンプレートとして保存>をクリックします。

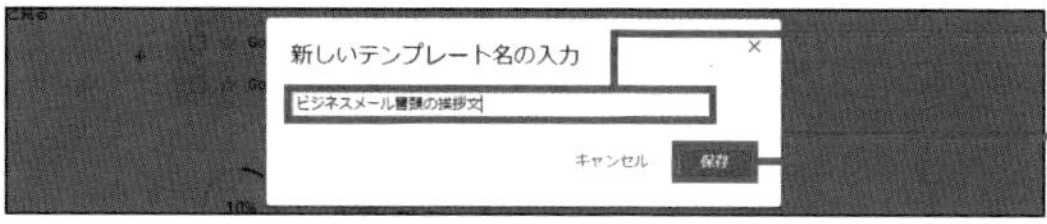

❾ 定型文の名前を入力し、

❿ <保存>をクリックすると登録完了です。

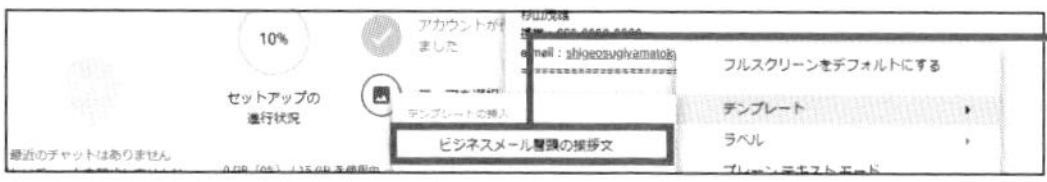

⓫ 定型文を利用するには、手順❺～❻のあとに表示される定型文の名前をクリックします。

Section
041
送信・受信

英語のメールを自動翻訳する

日本語以外の言語のメールを受信したときは、Googleの翻訳機能を使ってメールの文章を翻訳することができます。翻訳機能はさまざまな言語に対応しており、その都度翻訳することもできますし、特定の言語のメールを毎回自動翻訳するように設定することもできます。

G 翻訳機能を利用する

❶日本語以外のメールは自動的に検知されるので、<メッセージを翻訳>をクリックします。

Memo 検知されない場合

<メッセージを翻訳>が表示されない場合は、画面右上の ⋮ をクリックし、<メッセージを翻訳>をクリックします。

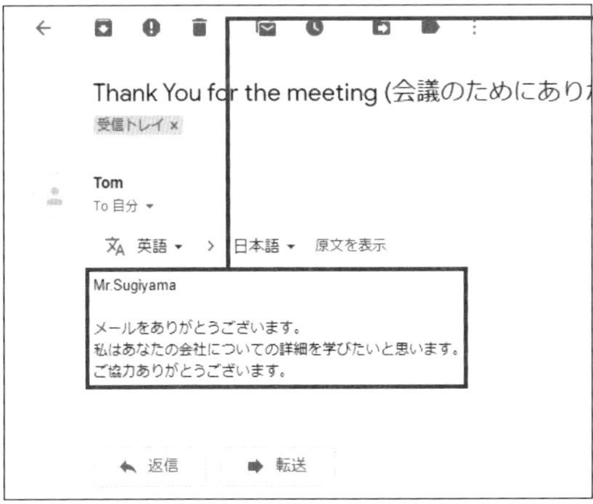

❷メールの文章が日本語に翻訳されます。

Memo 同じ言語のメールを常に翻訳する

<常に翻訳>をクリックすると、以降その言語のメールは自動的に翻訳されるようになります。

Section 042
送信・受信

とっさのときに送信を取り消す

社外秘のファイルを送るときなど、宛先を間違って送ってしまうと大変です。メールを送信した直後に内容や宛先の間違いに気付いたときは、一定時間内であれば送信を取り消すことができます。なお、取り消し可能な時間は5～30秒までの秒数を設定できます。

送信を取り消す

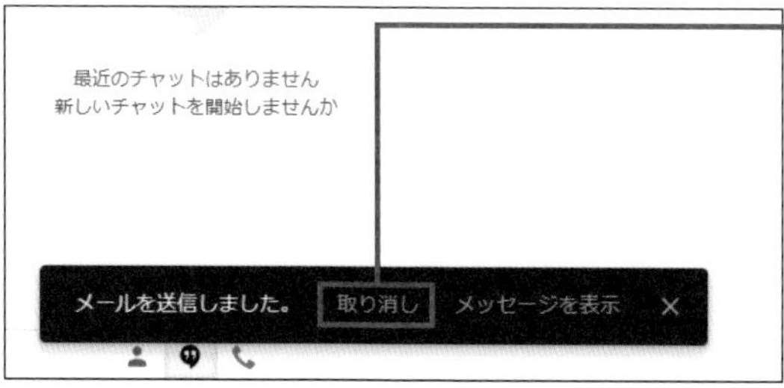

❶ メールを送信後、画面左下に表示される<取り消し>をクリックします。

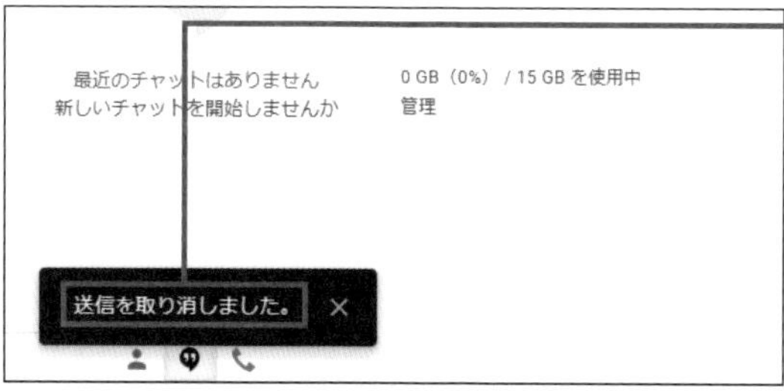

❷ メールの送信が取り消されたら、「送信を取り消しました。」と表示されます。

Column

取り消し可能な時間を変更する

メール送信後、取り消し可能な時間を変更するには、受信トレイで⚙をクリックし、<設定>をクリックして、「送信取り消し」の右にあるプルダウンメニューで変更します。5秒、10秒、20秒、30秒の中から選択できます。

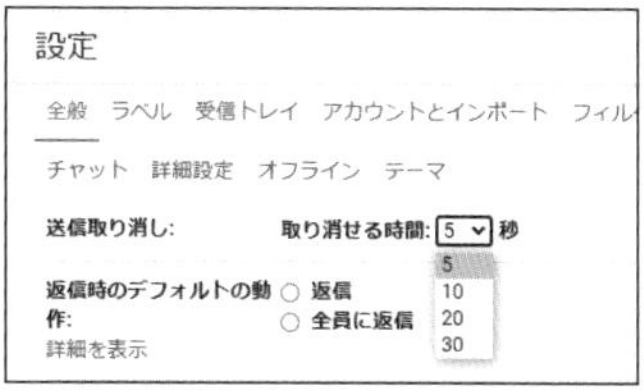

043 重要なメールだけをまとめてチェックする

メールの検索

Gmailは過去に受信したメールを分析し、重要なメールを予測して自動的に振り分けることができます。重要なメールだけを表示すれば、効率よくメールを確認できるほか、メールの見逃しも減ります。

G 重要なメールを確認する

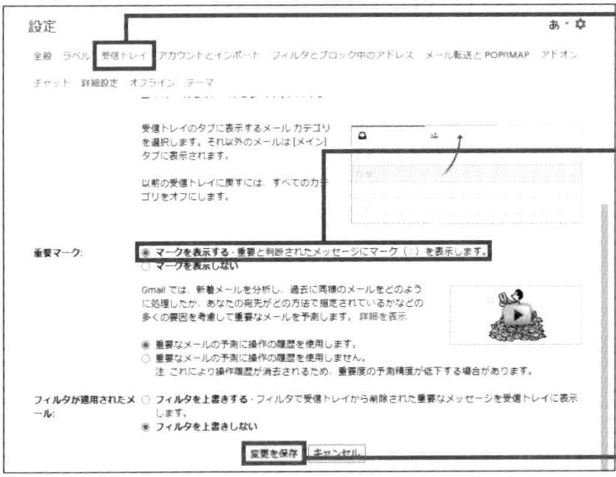

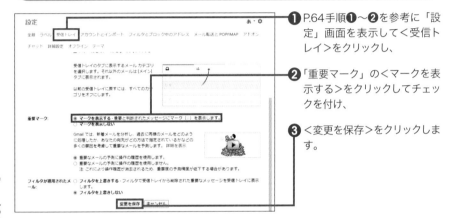

❶ P.64手順❶～❷を参考に「設定」画面を表示して<受信トレイ>をクリックし、

❷「重要マーク」の<マークを表示する>をクリックしてチェックを付け、

❸ <変更を保存>をクリックします。

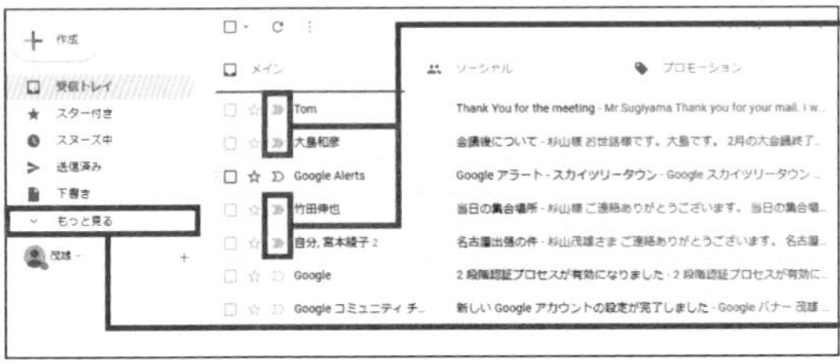

❹ 受信トレイの中で重要なメールにはが付きます。

❺ 重要なメールだけを表示するには<もっと見る>をクリックし、

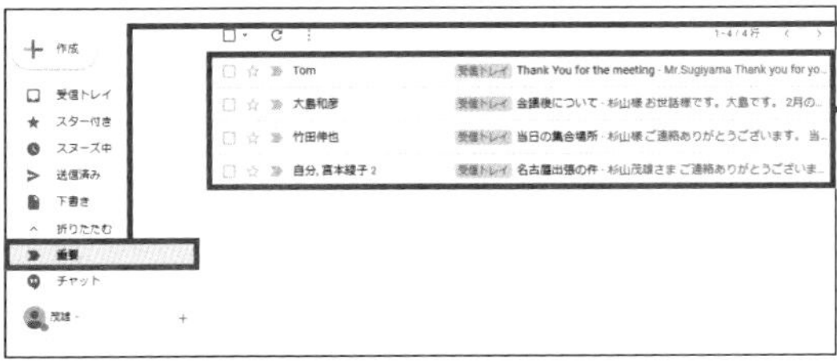

❻ <重要>をクリックすると、

❼ 重要なメールだけが表示されます。

044 同じ送信者からのメールを検索する

メールの検索

会社の同僚や取引先の担当者など、特定の相手からの受信メールだけをまとめて探すことができます。また、頻繁にメールを送信してくる相手は「フィルタ機能」（Sec.049参照）を利用して、メールを振り分けることもできます。

G 同じ送信者からのメールを確認する

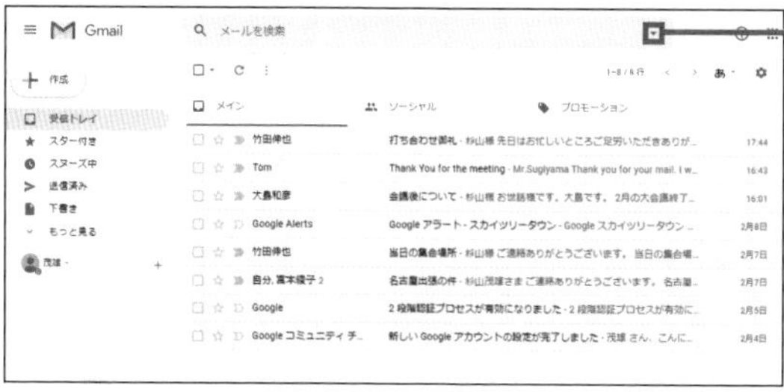

❶受信トレイを表示して、画面上部の入力欄の▼をクリックします。

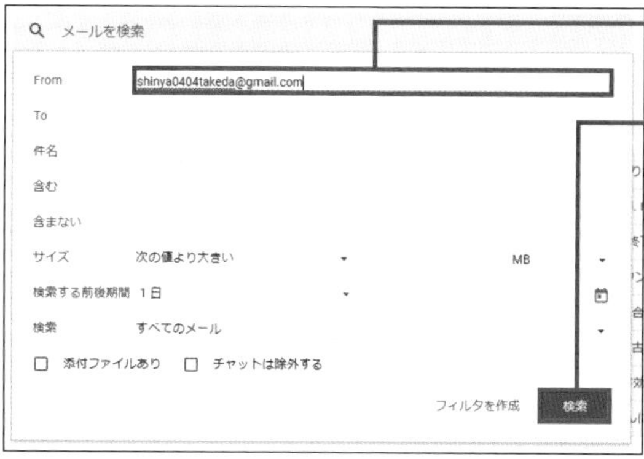

❷「From」に探す相手のメールアドレスを入力し、

❸＜検索＞をクリックします。

> **Memo 送信済みメールを検索する**
>
> 特定の相手に送った送信メールを検索したい場合は、「To」にメールアドレスを入力します。

❹該当する相手のメールが一覧表示されます。

045 メールの検索

期間や添付ファイルの有無などを指定してメールを検索する

メールを探すときは、添付ファイルの有無、メールを受信した期間、メールの容量などを条件にして検索することもできます。「ここ1週間以内で添付ファイル付きのメール」というように、複数の条件を組み合わせて検索することも可能です。

期間や添付ファイルの有無を指定して検索する

❶受信トレイを表示して、画面上部の入力欄の▼をクリックします。

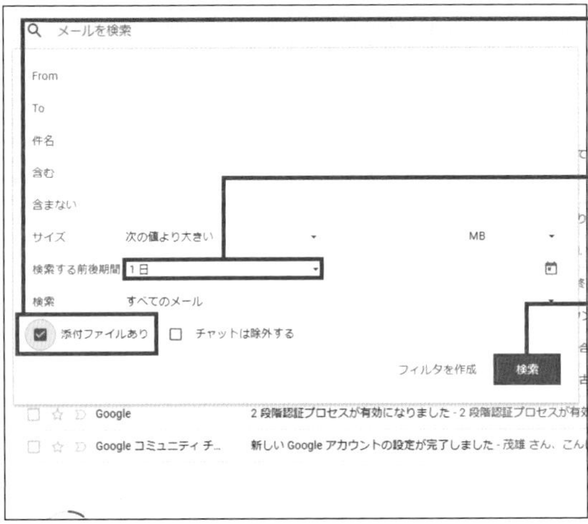

❷添付ファイル付きのメールを探す場合は、<添付ファイルあり>をクリックしてチェックを付けます。

❸「検索する前後期間」でメールを受信（送信）した期間を設定して、

❹<検索>をクリックします。

Memo　件名やキーワードで探す

「件名」にメールの件名、「含む」にキーワードを入力して検索することもできます。

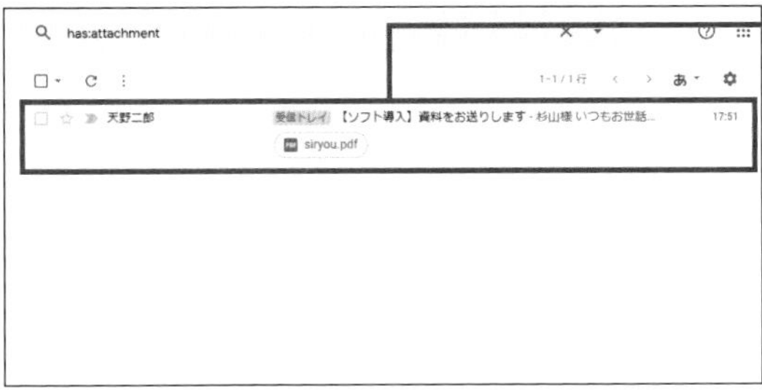

❺検索条件に該当するメールの一覧が表示されます。

Memo　メールの容量を指定する

「サイズ」では<次の値より大きい>か<次の値より小さい>を選択し、入力欄に数字を入力すれば、容量を指定できます。

「アーカイブ」で受信トレイをすっきりさせる

Gmailを利用していると、徐々に受信トレイにたくさんのメールが溜まります。「このメールはいらないかも？でも削除するのは……」というメールもあるかもしれません。そのようなメールはアーカイブすると、受信トレイには表示されなくなります。

メールをアーカイブする

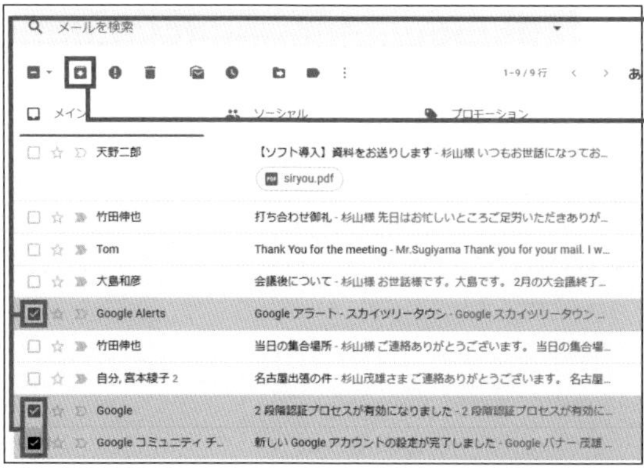

❶受信トレイでアーカイブしたいメールにチェックを付け、

❷ をクリックすると、メールがアーカイブされます。

Memo 削除はされない

アーカイブしたメールは、いつでも受信トレイに戻すことができます。

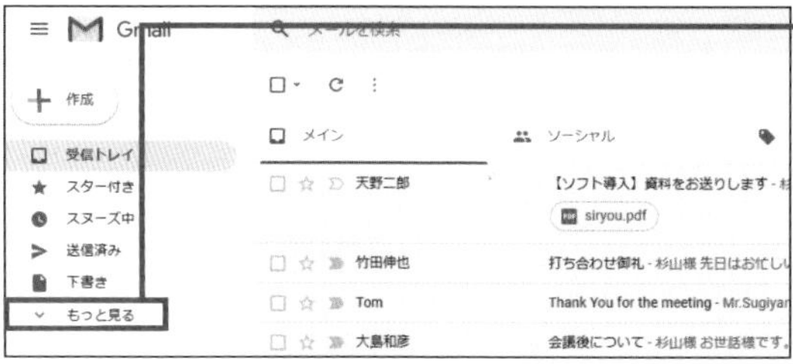

❸アーカイブしたメールは<もっと見る>をクリックし、

❹<すべてのメール>をクリックすると確認できます。

047 整理·分類

「スター」で重要度ごとにメールを仕分ける

Gmailでは、受信メールに「スター」を付けて管理することができます。重要なメールにスターを付けておくと、あとからスターを付けたメールだけを表示できます。また、メールの重要度や用途に応じてスターの種類を変えることで、受信メールを自由に整理できます。

メールにスターを付ける

❶スターを付けたいメールの☆をクリックすると、スターが黄色に変わりスターが付いたことになります。

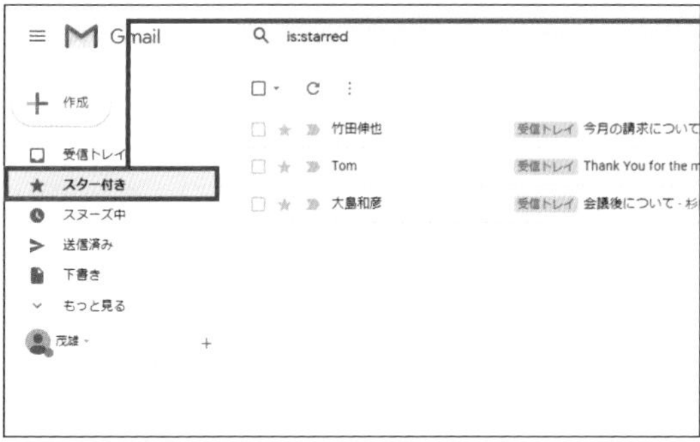

❷受信トレイ左側の<スター付き>をクリックすると、スターの付いたメールだけが一覧表示されます。

Column

複数メールのスターをまとめて外す

手順❷の画面でスターを外したいメールをクリックしてチェックを付け、⋮→<スターを外す>の順にクリックすると、チェックを付けたメールのスターをまとめて外すことができます。

G 種類の違うスターを使う

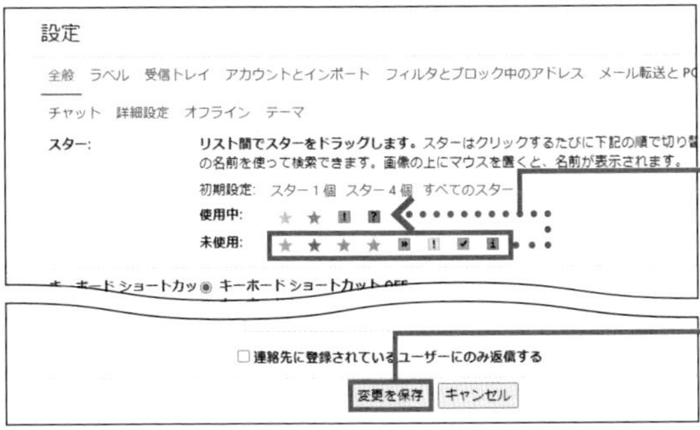

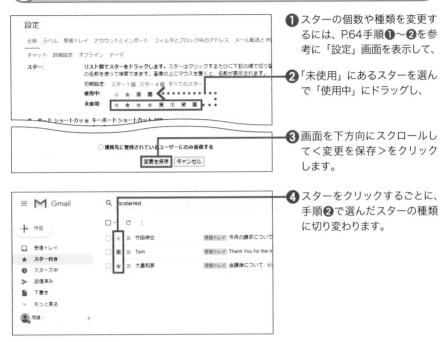

❶スターの個数や種類を変更するには、P.64手順❶～❷を参考に「設定」画面を表示して、

❷「未使用」にあるスターを選んで「使用中」にドラッグし、

❸画面を下方向にスクロールして＜変更を保存＞をクリックします。

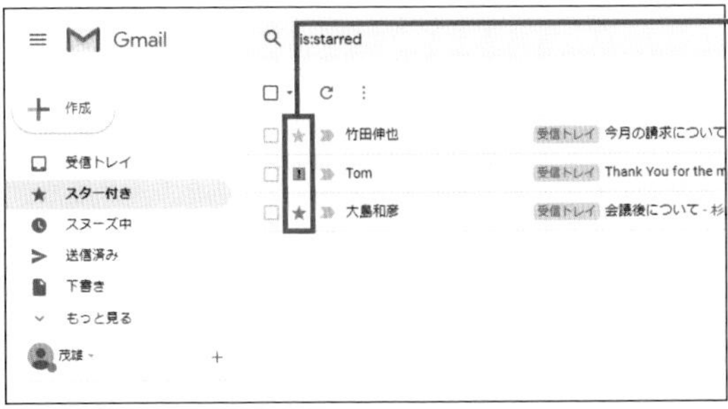

❹スターをクリックするごとに、手順❷で選んだスターの種類に切り変わります。

❺検索ボックスに「has:」とスターの名前（ここでは「red-star」）を入力して Enter キーを押すと、その名前のスター付きメールだけが表示されます。

Column

スターの名前を確認する

スターにマウスカーソルを合わせると、スターの名前がポップアップ表示されます。スターの名前は、この方法で確認しましょう。

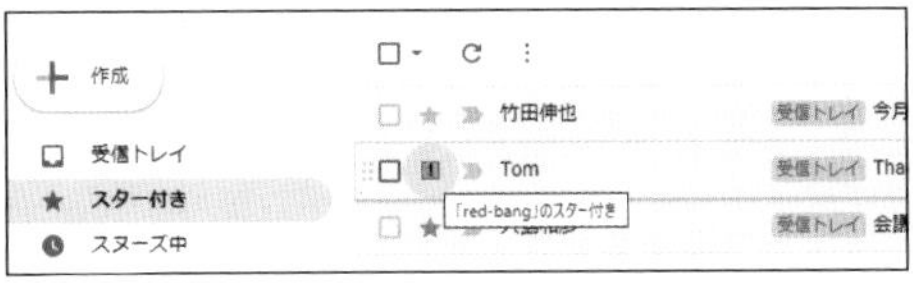

048 「ラベル」でメールを分類／整理する

整理・分類

Gmailには、ほかのメールソフトにあるようなフォルダ機能がなく、代わりに「ラベル」という分類機能があります。ラベルを階層化して大カテゴリ・小カテゴリというように整理できるなど、自由度の高い分類が可能です。

メールに新しいラベルを付ける

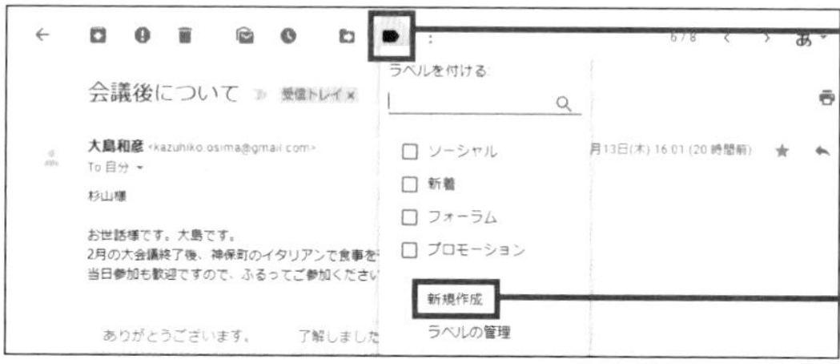

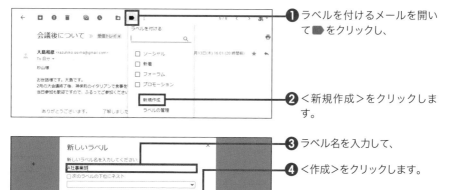

❶ラベルを付けるメールを開いて をクリックし、

❷<新規作成>をクリックします。

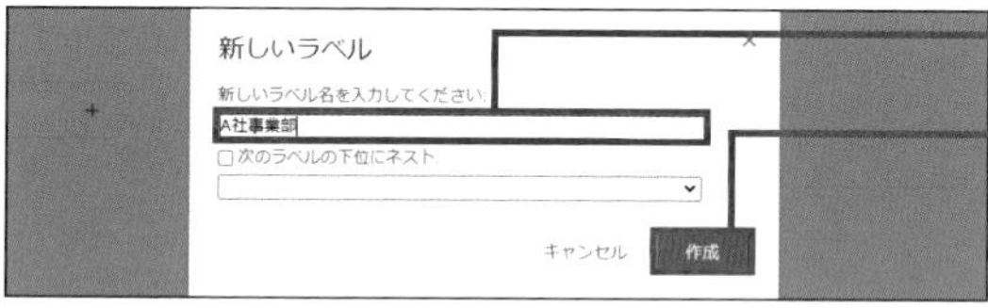

❸ラベル名を入力して、

❹<作成>をクリックします。

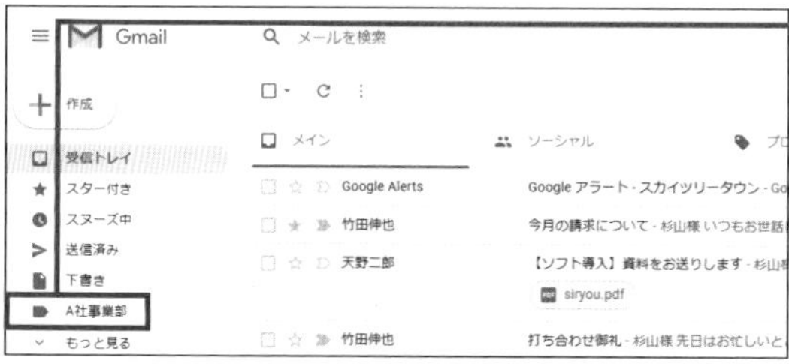

❺ラベルが作成されると、左側のメニューにラベル名が表示されます。クリックすると、ラベルの付いたメールだけが表示されます。

Column

ラベルを階層化する

既存のラベルの下層に新しくラベルを作成する場合は、手順❸で<次のラベルの下位にネスト>にチェックを付け、既存のラベルを選択します。

Ⓖ ラベルに色を付ける

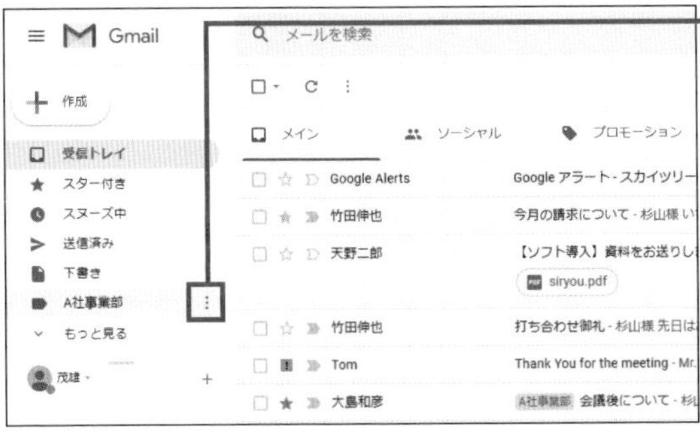

❶ラベルに色を付けるには、ラベル名にマウスカーソルを合わせて ⋮ をクリックし、

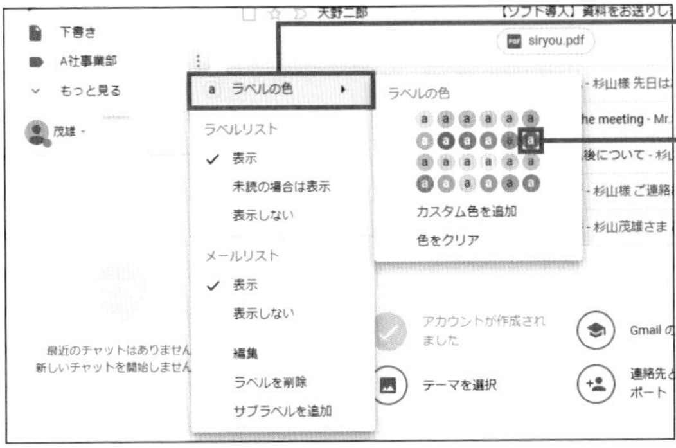

❷「ラベルの色」にマウスカーソルを合わせて、

❸ラベルに付ける色をクリックします。

❹ラベルに色が付きます。

Column

ラベルの特徴

Gmailには、いわゆるフォルダ機能がないため、ラベルが代わりにその役割を果たしています。ほかのメールソフトの操作に慣れている人は、フォルダに分ける感覚でラベルを付けるとわかりやすいでしょう。ラベルの特徴は1つのメールに複数のラベルを付けられることです。フィルタ機能（Sec.049参照）とあわせて使うと、非常に便利に分類できるので、どんどんラベルを付けて使いこなしましょう。

049 「フィルタ」で受信メールを自動的に振り分ける

整理・分類

「フィルタ」機能を使えば、あらかじめ設定した条件でメールを自動的に振り分けることができます。たとえば、取引先から届くメールに自動でスターが付くようにするなど、好きな条件を付けて分類できます。手動で分類する手間を省けて便利です。

フィルタを作成する

❶受信トレイを表示して、検索ボックスの ▾ をクリックします。

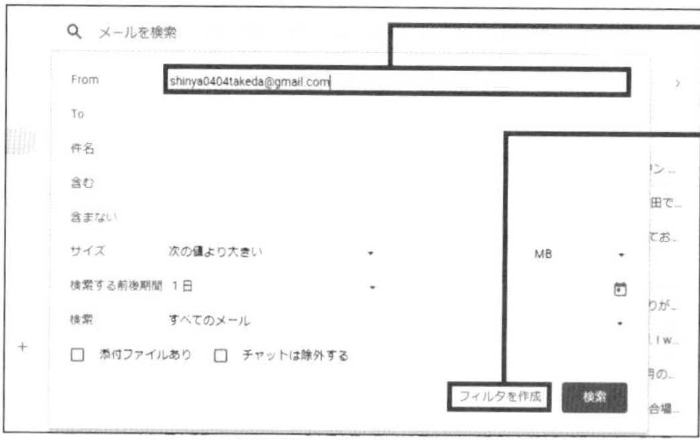

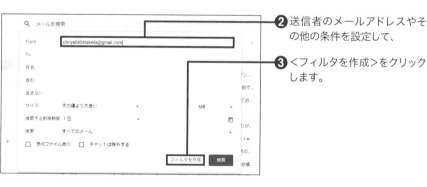

❷送信者のメールアドレスやその他の条件を設定して、

❸<フィルタを作成>をクリックします。

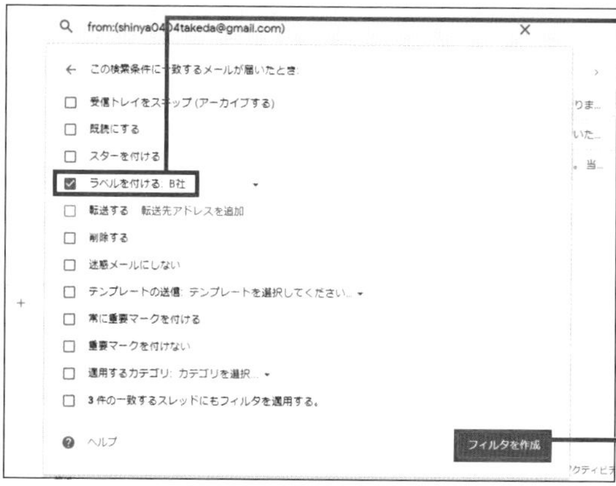

❹メールを振り分ける処理方法(ここでは「ラベルを付ける」)を設定し、

❺<フィルタを作成>をクリックします。

❻フィルタの条件に合うメールが届くと、手順❹で指定した処理が自動的に行われます。

G フィルタを編集／削除する

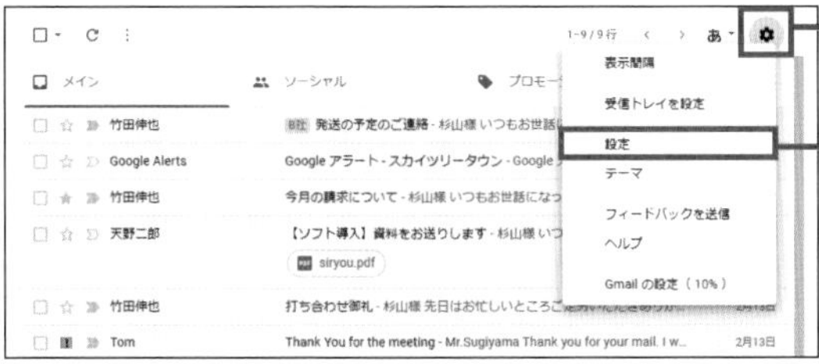

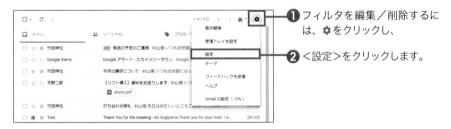

❶フィルタを編集／削除するには、⚙をクリックし、

❷<設定>をクリックします。

❸<フィルタとブロック中のアドレス>をクリックして、

❹フィルタの<編集>または<削除>をクリックします。

Column

フィルタの利用方法

フィルタの活用方法としては、受信メールにラベルを付けて自動的にメールを振り分けたり、迷惑メールを自動的に削除したりする、といった使い方が一般的です。このほか、指定したアドレスへメールを転送することもできます。P.76手順❹の画面で<転送先アドレスを追加>をクリックして、「メール転送とPOP／IMAP」画面からメールの転送設定を行います。

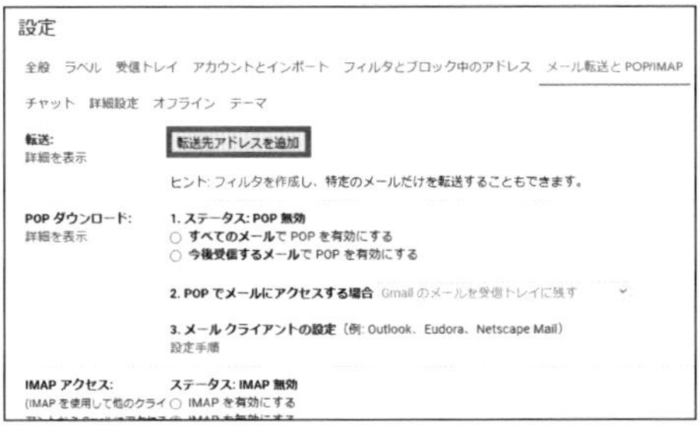

第1章
第2章
整理・分類 第3章
第4章
第5章

Section 050 整理·分類

受信トレイのタブを設定／整理する

Gmailの受信トレイには、通常のメールを受信するメインタブのほかに、2種類のタブがあります。頻繁に受け取るSNSからのメールや広告メール、メールマガジンなどを、メインタブとは別のタブに分類することで、効率よくメールを閲覧することができます。

G メールの受信先のタブを設定する

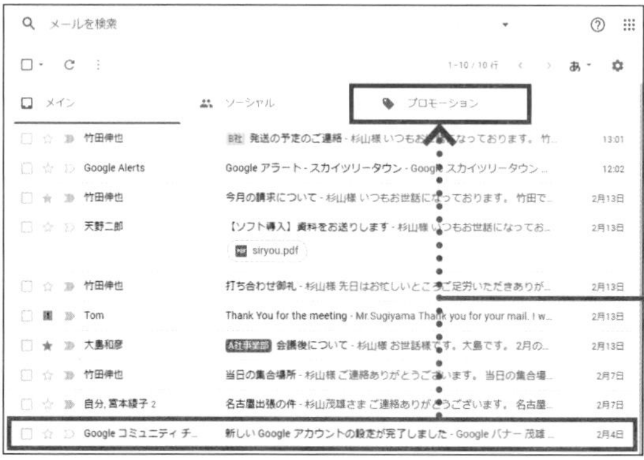

❶分類させたいメールを該当するタブにドラッグし、

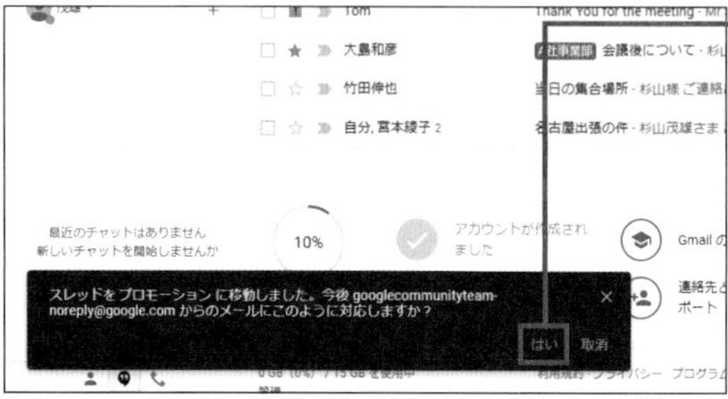

❷「今後○○○からのメールにこのように対応しますか?」と表示されるので、＜はい＞をクリックします。

❸以降、指定したメールはタブに分類されます。

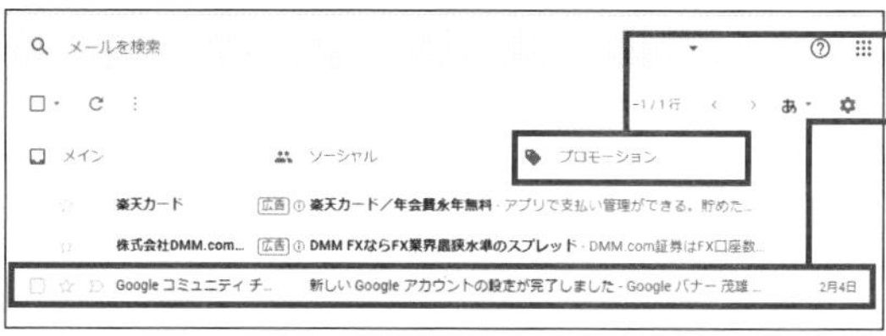

❹タブをクリックすると、

❺タブが切り替わり、分類されたメールが表示されます。

G タブを追加／非表示する

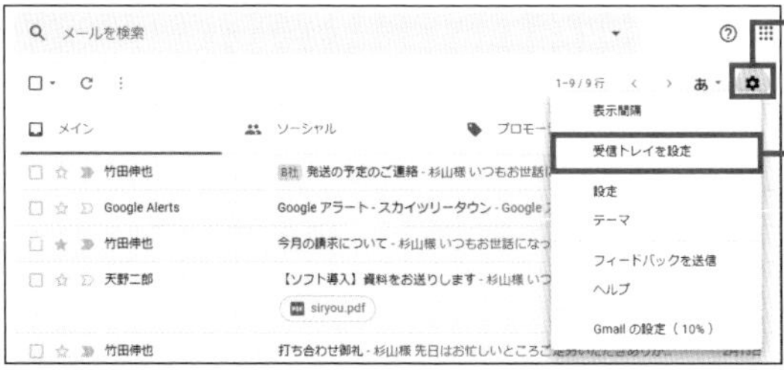

❶タブを追加するには⚙をクリックし、

❷<受信トレイを設定>をクリックして、

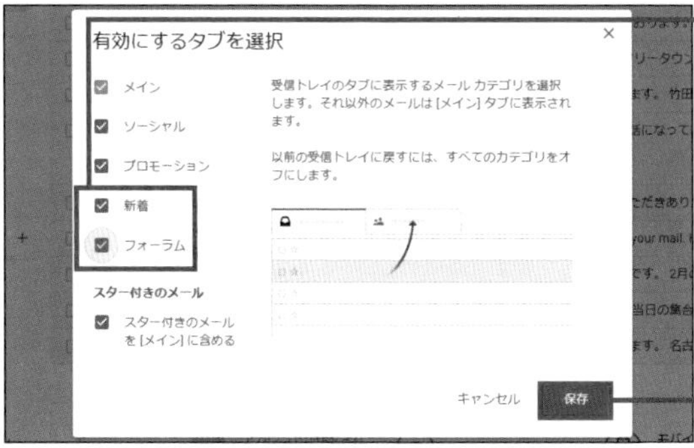

❸追加したいタブをクリックしてチェックを付け、

❹<保存>をクリックします。

❺追加したタブが表示されます。

タブを非表示にするには、手順❸の画面でタブのチェックを外して<保存>をクリックします。

Column タブの分類設定

タブの分類は、以下のように設定すると効率的に利用できるので参考にしてください。

ソーシャル	SNS（FacebookやTwitterなど）やYouTubeなどからのメール
プロモーション	ネットショップなどの広告メール
新着	発送通知、申し込み確認などのメール
フォーラム	メーリングリスト、メールマガジンなどのメール

051 メールの未読／既読を切り替える

整理·分類

Gmailのメールアドレスを Webサイトの会員登録などに利用していると、多くのメールが日々届き、未読メールが溜まってしまいます。それほど重要ではないメールは既読に、あとで読みたいメールは未読に切り替えましょう。

既読メールを未読にする

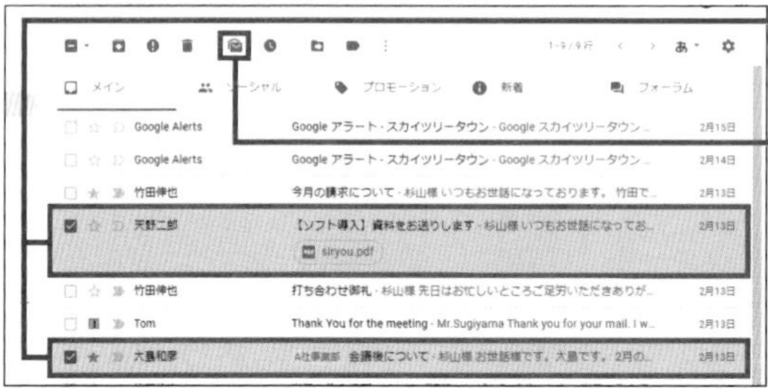

❶受信トレイで未読に戻したいメールにチェックを付け、

❷ をクリックします。

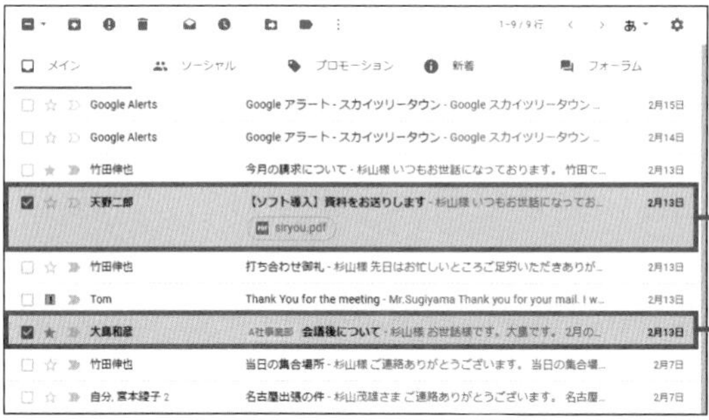

❸チェックしたメールが未読になり、送信者名と件名が太字に変わります。「受信トレイ」の横に未読件数が表示されます。

Memo 複数のメールをまとめて既読にする

未読メールにチェックを付けて をクリックすると、複数の未読メールをまとめて既読にできます。

Column すべてのメールの既読／未読をまとめて切り替える

すべてのメールを未読または既読にするには、「メイン」の上にある ☐· をクリックしてチェックを付けてから、手順❷の操作を行います。

052 迷惑メールに指定する

整理・分類

Gmailには、迷惑メールや不審なメールを自動的に判別し、振り分ける機能があります。それ以外に自分で迷惑メールに振り分けたり、解除したりすることでこの機能は使えば使うほど精度が向上し、迷惑メールに悩まされる機会が減り、また、危険なメールを排除できます。

メールを迷惑メールとして報告する

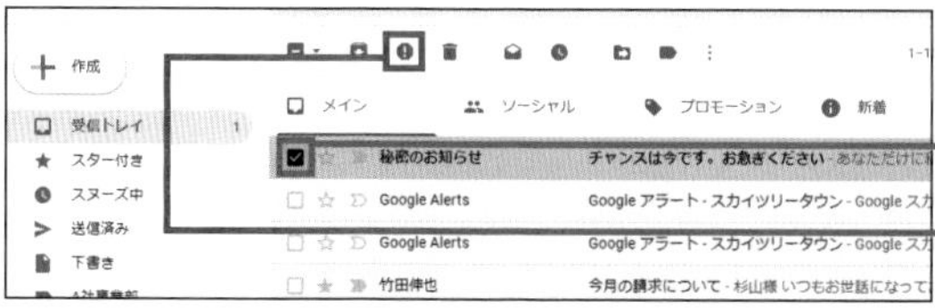

❶受信トレイで、迷惑メールに指定したいメールにチェックを付け、

❷ ❶ をクリックすると、迷惑メールとして報告されます。

❸迷惑メールを解除するには、画面左側の＜もっと見る＞→＜迷惑メール＞の順にクリックします。

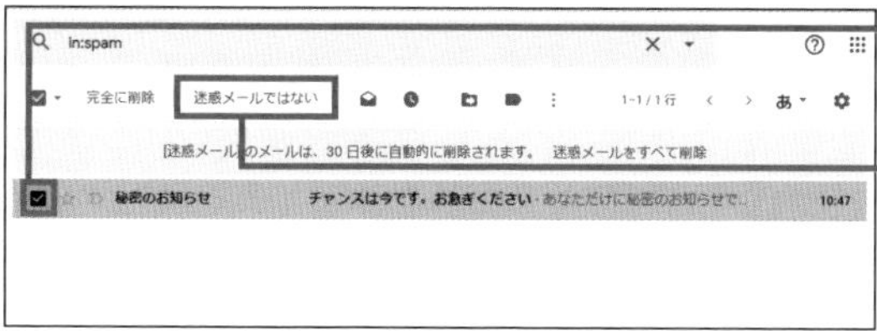

❹解除したいメールにチェックを付け、

❺＜迷惑メールではない＞をクリックします。

Column

迷惑メールを解除しても迷惑メールに振り分けられる場合

迷惑メールを解除しても迷惑メールに振り分けられてしまう場合があります。その場合は、Sec.049を参考に送信元のメール処理を「迷惑メールにしない」に設定したフィルタを作成します。

Section 053 整理・分類

自分に無関係なスレッドをミュートにする

メーリングリストなどに加入していると、自分に関係のない話題のスレッドが連続することがあります。そのような場合はスレッドごとミュートにして、それ以降のメールが表示されないようにしましょう。ミュートにしたメールは削除されるわけではありません。

スレッドごとにメールをミュートにする

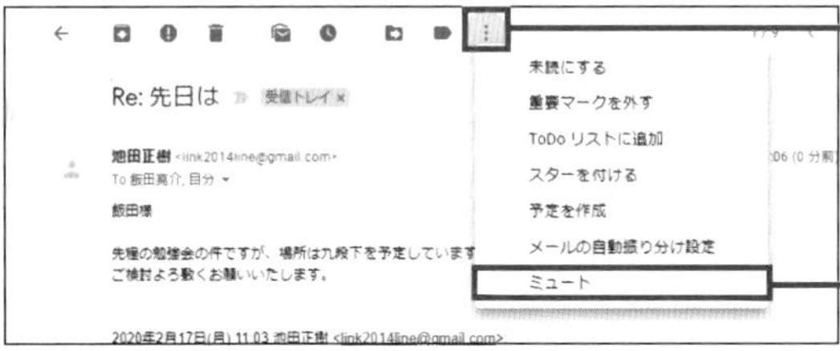

❶自分に無関係な内容の受信メールを開き、⋮をクリックして、

❷<ミュート>をクリックします。

❸ミュートを解除する場合は<もっと見る>→<すべてのメール>の順にクリックします。

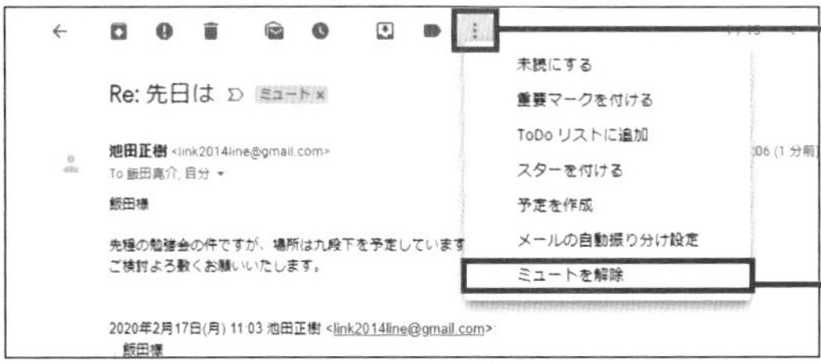

❹ミュートにしたスレッドを含めすべてのメールが表示されるので、ミュートを解除したいスレッドをクリックして開き、⋮をクリックします。

❺<ミュートを解除>をクリックします。

Column

ミュートにしたメールを見る

ミュートにしたからといって、メールが削除されるわけではありません。ミュートにしたメールを見るときは、手順❸の方法によって表示したり、検索したりして表示しましょう。

Section 054 ビジネス

長期休暇中は不在通知を送るように設定する

出張や休暇などで長期間メールを確認できないときは、その期間に受信したメールに対して自動的に不在通知を返信するように設定できます。また、連絡先に登録されている相手のみに返信することも可能です。

不在通知を設定する

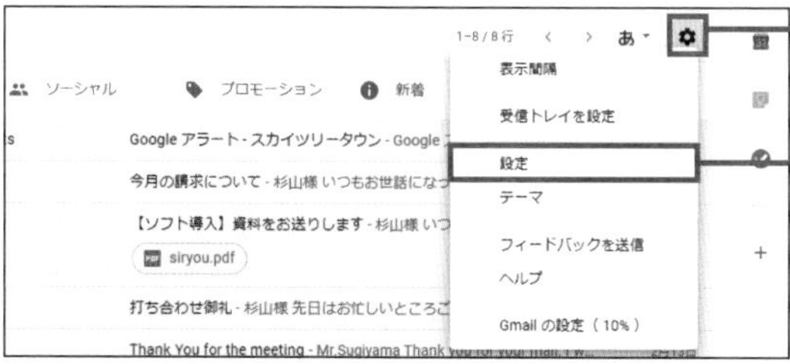

❶ ⚙をクリックして、

❷ <設定>をクリックします。

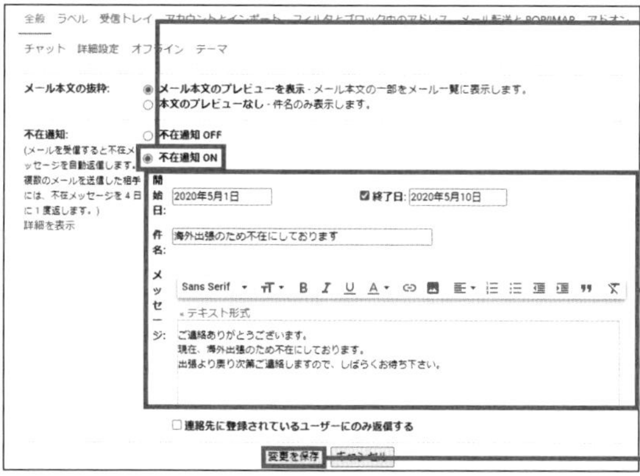

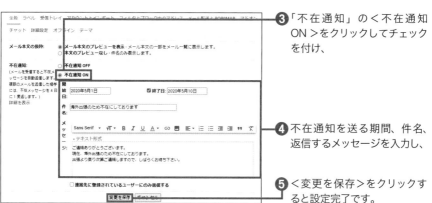

❸「不在通知」の<不在通知 ON>をクリックしてチェックを付け、

❹ 不在通知を送る期間、件名、返信するメッセージを入力し、

❺ <変更を保存>をクリックすると設定完了です。

Column

登録してある連絡先のみに返信する

連絡先に登録されているメンバーのみに返信するには、<連絡先に登録されているユーザーにのみ返信する>にチェックを付けます。チェックを付けない場合は、受信したメールすべてにメッセージが返信されます。

055 ビジネス Gmailに仕事先のメールアカウントを追加する

Gmailには、ほかのメールアカウントを追加することができます。会社のメールアカウントやプライベートのメールアカウントを追加すると、Gmailから複数のメールアカウントで送受信できるようになります。ただし、追加できるのはPOP3のメールアカウントのみです。

ほかのPOP3メールアカウントを追加する

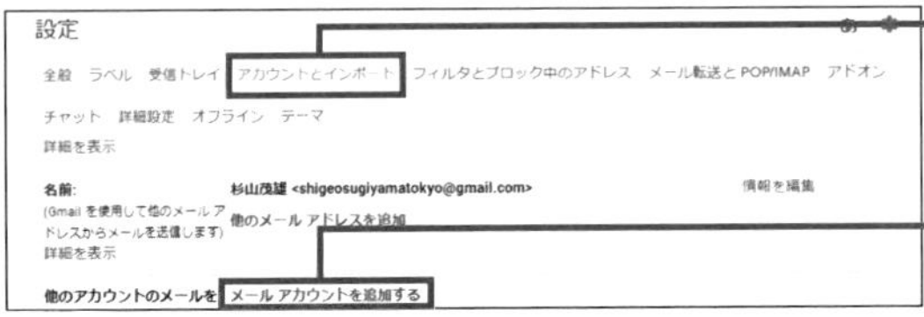

❶「設定」画面を表示して、＜アカウントとインポート＞をクリックし、

❷＜メールアカウントを追加する＞をクリックします。

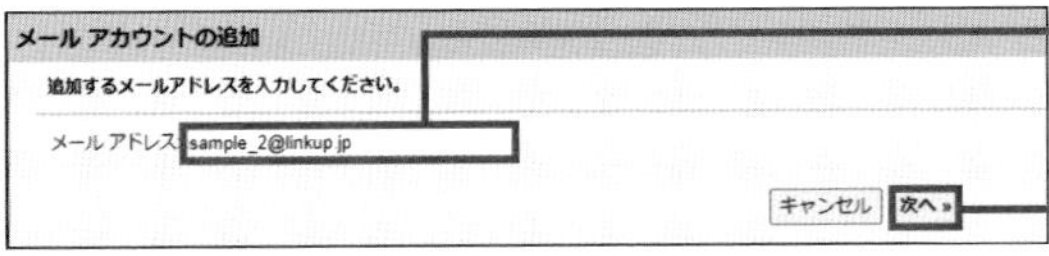

❸追加するメールアカウントのメールアドレスを入力し、

❹＜次へ＞をクリックします。

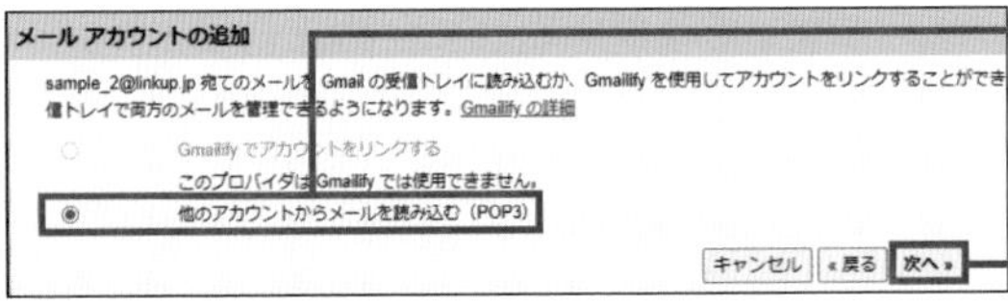

❺「他のアカウントからメールを読み込む（POP3）」にチェックを付け、

❻＜次へ＞をクリックします。

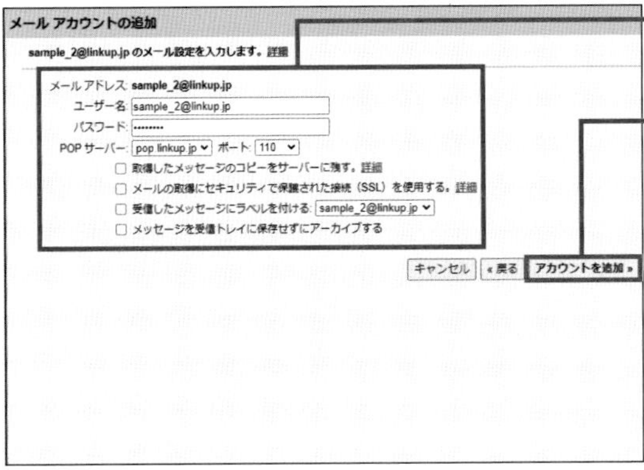

❼ユーザー名やパスワードなどの必要項目を入力し、

❽＜アカウントを追加＞をクリックします。

Memo メッセージのコピーをサーバーに残す

Gmail以外のメールソフトでもメールを使用する場合は、＜取得したメッセージのコピーをサーバーに残す。＞にチェックを付けておきましょう。

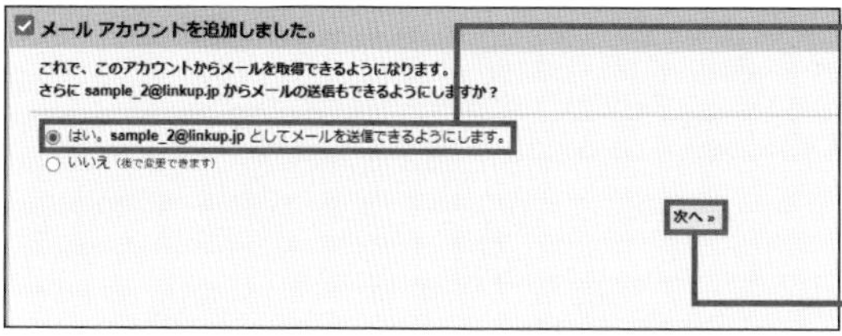

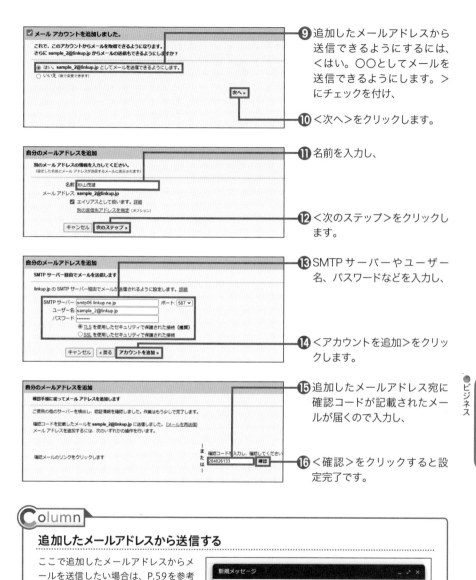

❾追加したメールアドレスから送信できるようにするには、<はい。○○としてメールを送信できるようにします。>にチェックを付け、

❿<次へ>をクリックします。

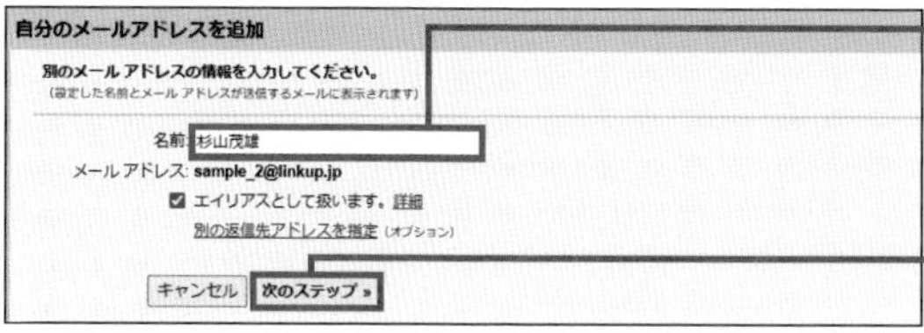

⓫名前を入力し、

⓬<次のステップ>をクリックします。

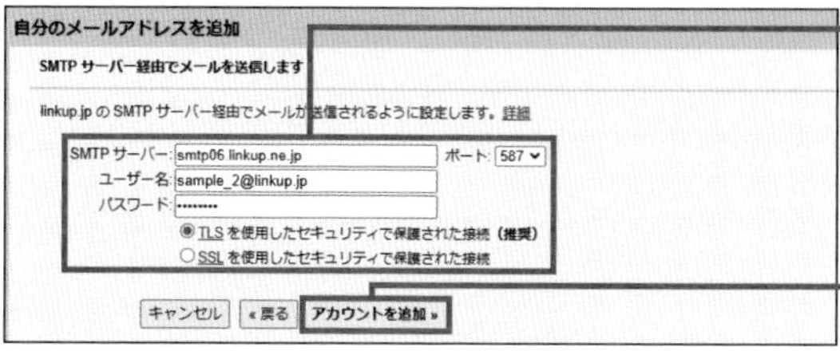

⓭SMTPサーバーやユーザー名、パスワードなどを入力し、

⓮<アカウントを追加>をクリックします。

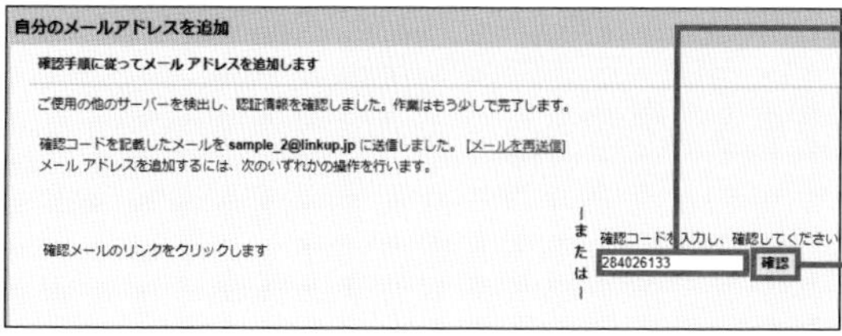

⓯追加したメールアドレス宛に確認コードが記載されたメールが届くので入力し、

⓰<確認>をクリックすると設定完了です。

Column

追加したメールアドレスから送信する

ここで追加したメールアドレスからメールを送信したい場合は、P.59を参考にメール作成画面を表示して、「From」のメールアドレスをクリックします。追加したメールアドレスが表示されるのでクリックして選択してから、メールを送信しましょう。

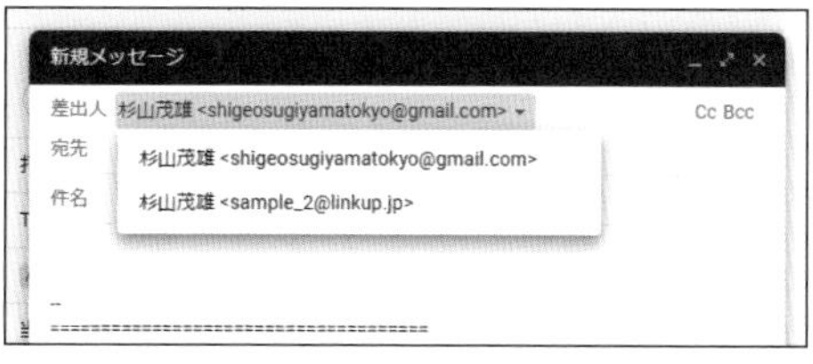

Section 056 ビジネス

別のメールアドレスに受信メールを自動転送する

Gmailでは、受信したメールを別のメールアドレスへ転送することができます。Gmailをサブのメールアドレスとして利用したい場合に便利です。特定の条件を満たすメールだけを別のメールアドレスに転送したい場合は、フィルタを使用してください（Sec.049参照）。

メールの自動転送機能を使う

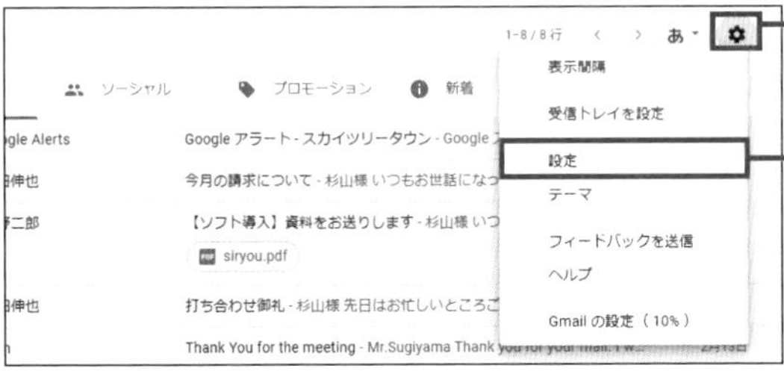

❶ ⚙をクリックして、

❷ <設定>をクリックします。

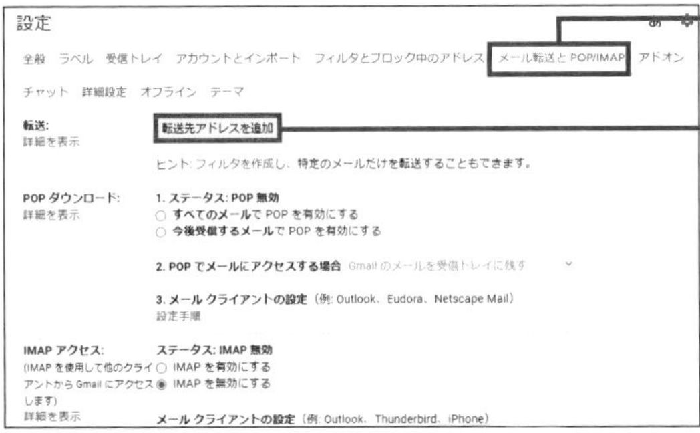

❸ <メール転送と POP/IMAP >をクリックして、

❹「転送」の<転送先アドレスを追加>をクリックします。

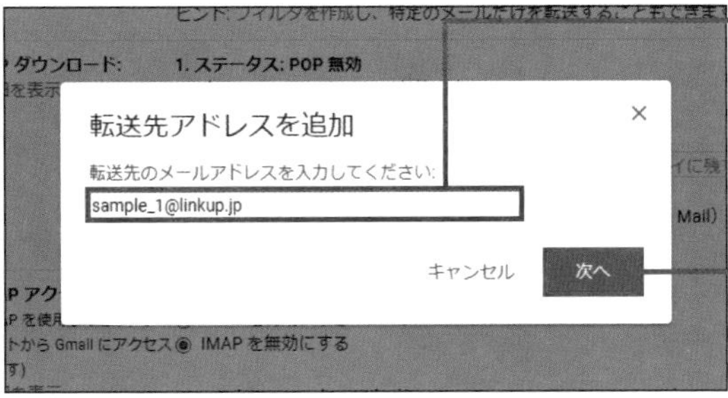

❺ 転送先のメールアドレスを入力し、

❻ <次へ>をクリックします。

第1章
第2章
第3章 ビジネス
第4章
第5章

❼ <続行>をクリックして、

❽ < OK >をクリックします。

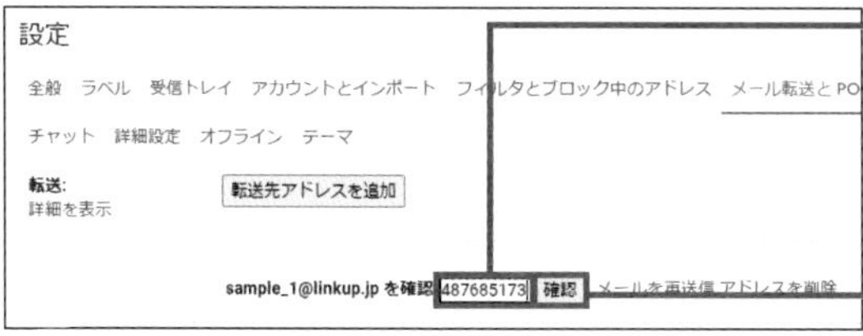

❾ 転送先のメールアドレスに確認コードを記載したメールが届くので、確認して入力し、

❿ <確認>をクリックします。

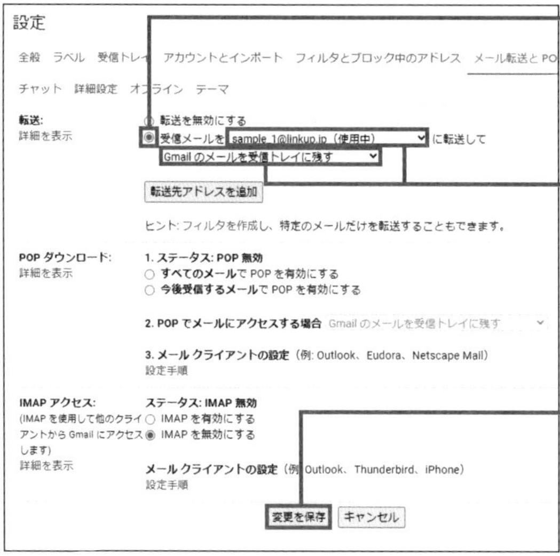

⓫「転送」の<受信メールを○○に転送して○○>にチェックを付け、

⓬ メールアドレスと処理方法を選択し、

⓭ <変更を保存>をクリックします。

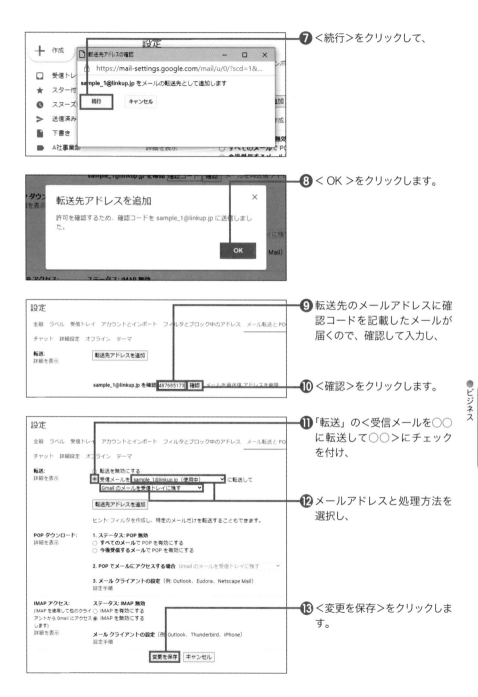

057 連絡先を登録する

連絡先

連絡先を登録しておくと、メールを送信するときにメールアドレス入力の手間が省けて便利です。メールアドレスのほか、電話番号や住所なども設定することができます。また、スマートフォンから同じGmailアカウントを利用する場合は、連絡先を共有できます。

G メール差出人の連絡先を登録する

❶連絡先に登録したい差出人からのメールを開き、⋮をクリックして、

❷<連絡先リストに○○さんを追加>をクリックします。

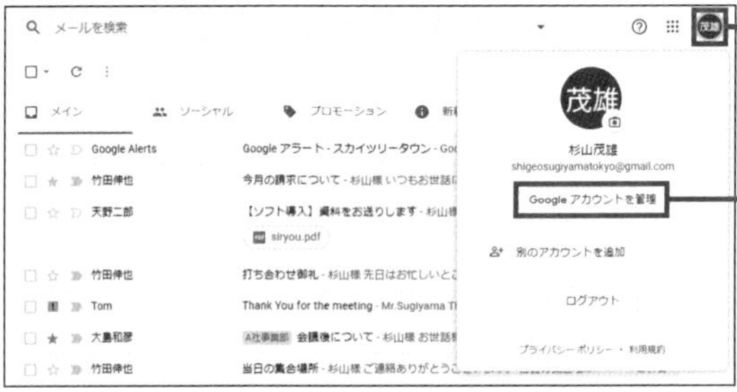

❸右上のアカウントのアイコンをクリックし、

❹<Google アカウントを管理>をクリックして、

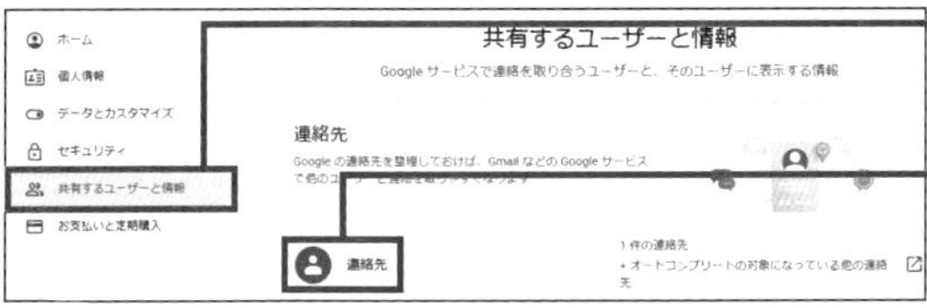

❺<共有するユーザーと情報>をクリックしたら、

❻<連絡先>をクリックします。

❼「連絡先」画面が表示され、連絡先の一覧が表示されます。

G 連絡先を編集する

❶連絡先を編集するには、編集したい連絡先にマウスカーソルを合わせ、✏をクリックします。

Memo 連絡先にスターを付ける

☆をクリックすると、連絡先にスターを付けることができます。よく使う連絡先がある場合は便利です。

❷会社名や電話番号などを追加したり修正したりして、

❸＜保存＞をクリックします。

Column

新規連絡先を追加する

新しい連絡先を追加するには、手順❶の画面で＜連絡先の作成＞をクリックし、＜連絡先を作成＞をクリックします。すると手順❷の画面が表示されるので、名前やメールアドレスなどの項目を入力して連絡先を作成することができます。

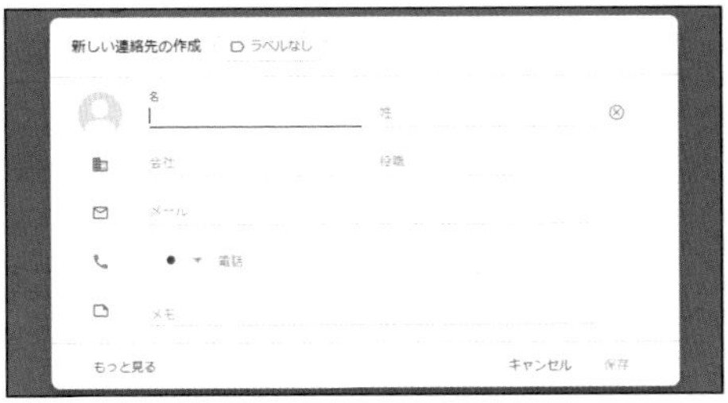

Outlookなどから連絡先を取り込む

別のメールソフトで使用しているアドレス帳を、Gmailの連絡先に取り込むことができます。CSVファイルにエクスポート（出力）できるメールソフトであれば、どのメールソフトからでもGmailに移行できます。ここでは、Outlookから取り込む方法を紹介します。

G Outlookの連絡先データをエクスポートする

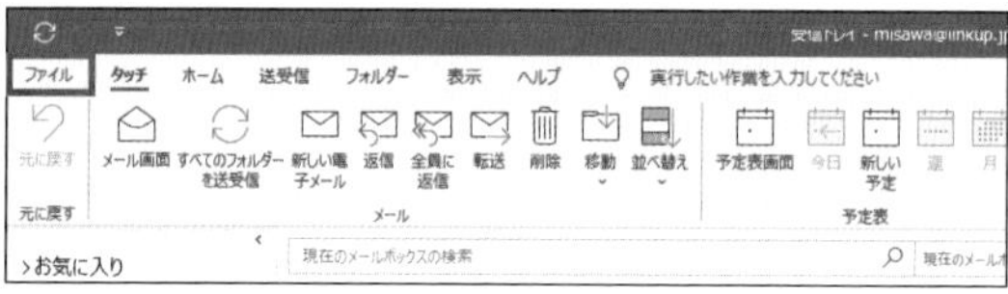

❶Outlookを起動して、＜ファイル＞→＜開く / エクスポート＞→＜インポート / エクスポート＞の順にクリックします。

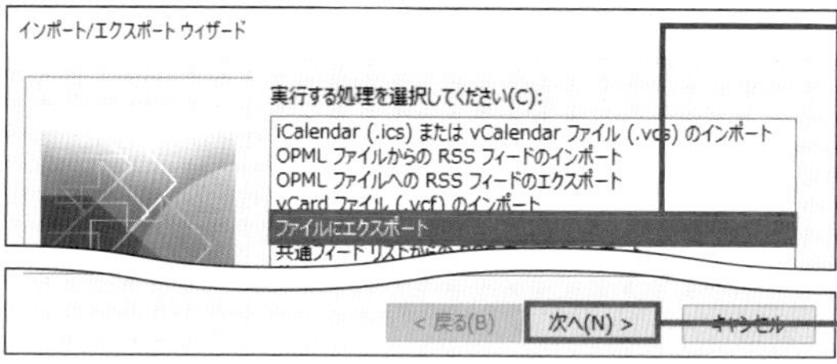

❷＜ファイルにエクスポート＞をクリックして、

❸＜次へ＞をクリックします。

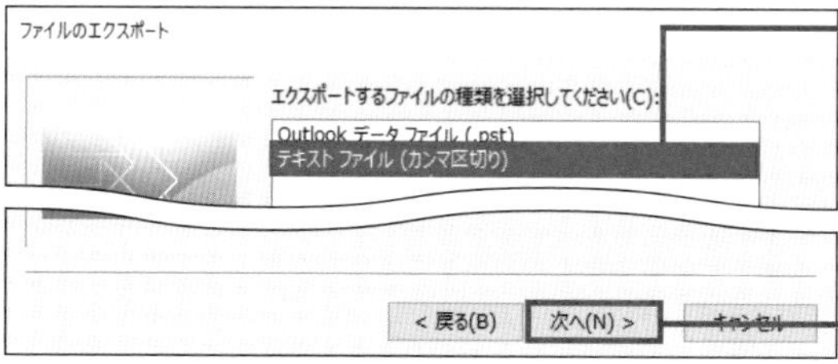

❹＜テキストファイル（カンマ区切り）＞をクリックし、

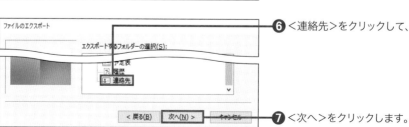

❺＜次へ＞をクリックします。

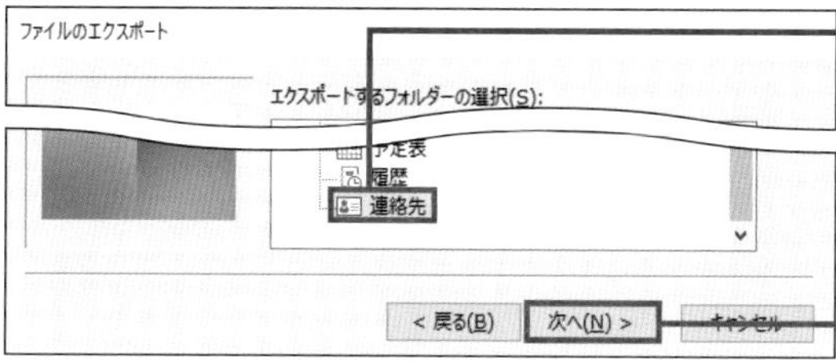

❻＜連絡先＞をクリックして、

❼＜次へ＞をクリックします。

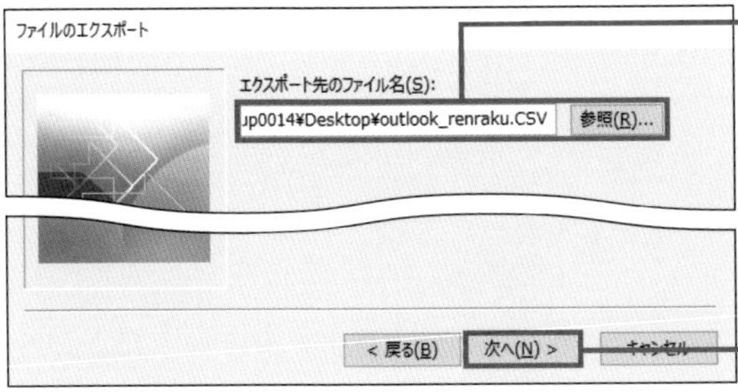

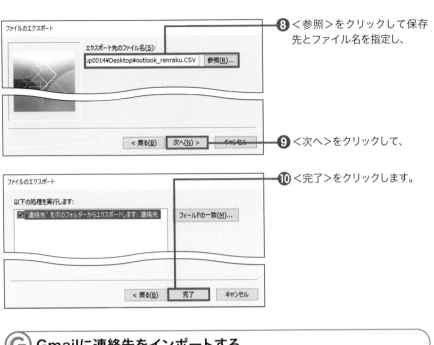

❽＜参照＞をクリックして保存先とファイル名を指定し、

❾＜次へ＞をクリックして、

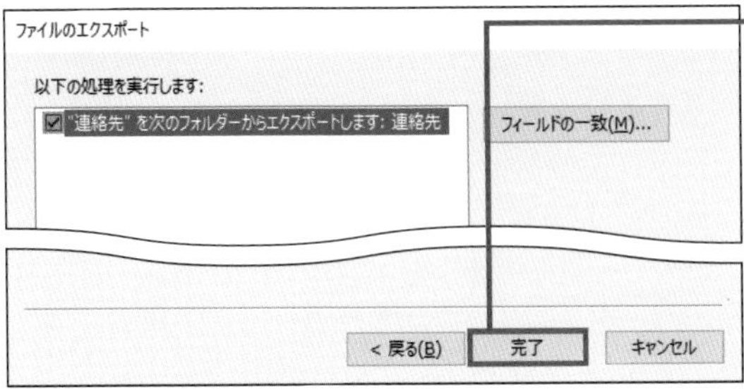

❿＜完了＞をクリックします。

Ⓖ Gmailに連絡先をインポートする

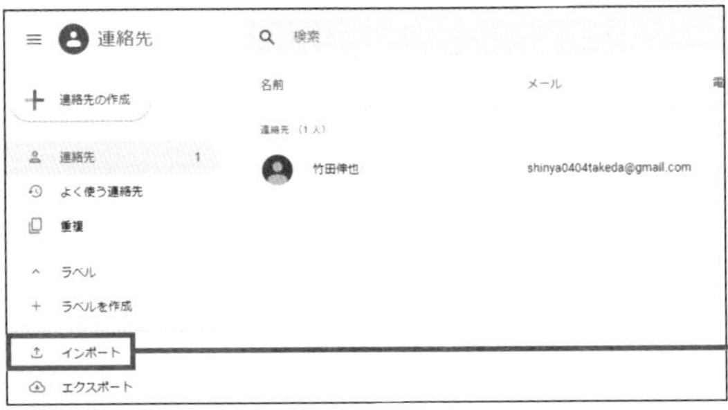

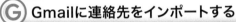

❶Sec.003を参考にサービスの一覧から「連絡先」画面を開きます。

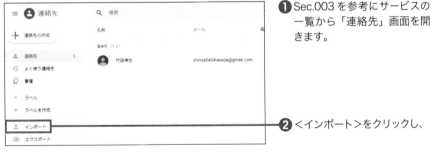

❷＜インポート＞をクリックし、

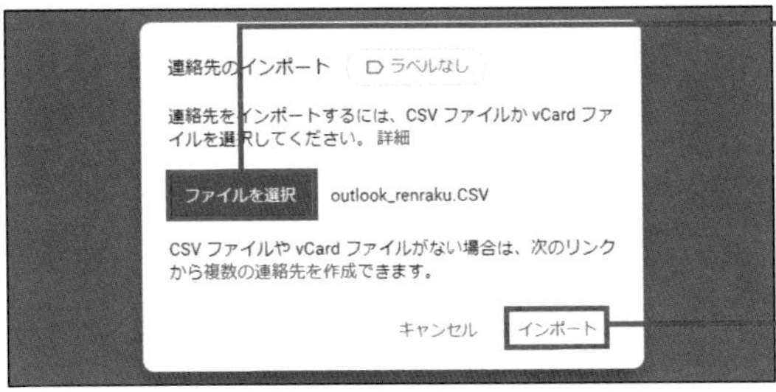

❸＜ファイルを選択＞をクリックして、手順❽でエクスポートしたファイルを選択します。

❹＜インポート＞をクリックすると、連絡先が取り込まれます。

059 連絡先からメールを送信する

連絡先

Sec.057の方法で連絡先を作成すると、メールアドレスを毎回入力しなくても、連絡先からかんたんにメールを送信することができます。「連絡先」画面で、メールを送信したい連絡先のメールアドレスをクリックしましょう。

連絡先からメール作成画面を開く

❶ Sec.003を参考にサービスの一覧から「連絡先」画面を開きます。

❷ メールを送信したい連絡先のメールアドレスをクリックします。

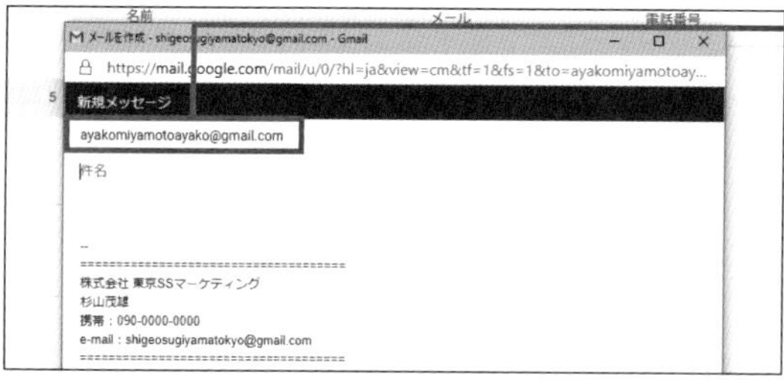

❸ 送信相手のメールアドレスが入力された状態で、メール作成画面が開きます。

Column

メール作成画面から連絡先を呼び出す

受信トレイで<作成>をクリックしてメール作成画面を開き、「To」に名前やメールアドレスを入力すると連絡先が候補として表示されます。これをクリックすると、かんたんに連絡先を指定できます。

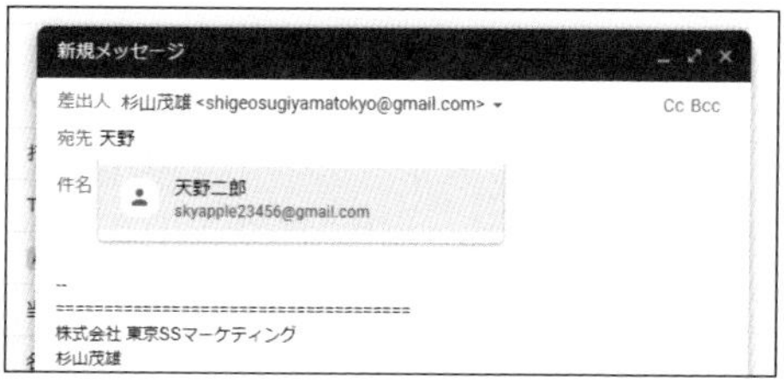

送信メールの連絡先を自動登録しないようにする

Gmailでメールを送信すると自動的に連絡先に保存され、オートコンプリート機能により宛先の候補が予測表示されるようになります。ただし、別のメールアドレスを入力したいときには邪魔になってしまうこともあります。そのようなときは、オートコンプリート機能を無効にしましょう。

オートコンプリート機能を無効にする

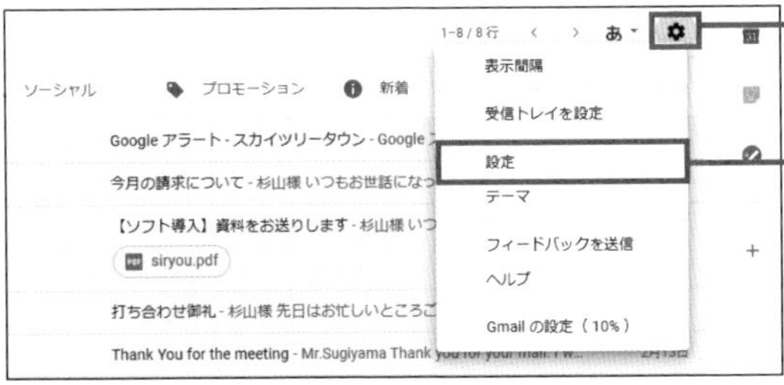

❶受信トレイで⚙をクリックし、

❷<設定>をクリックします。

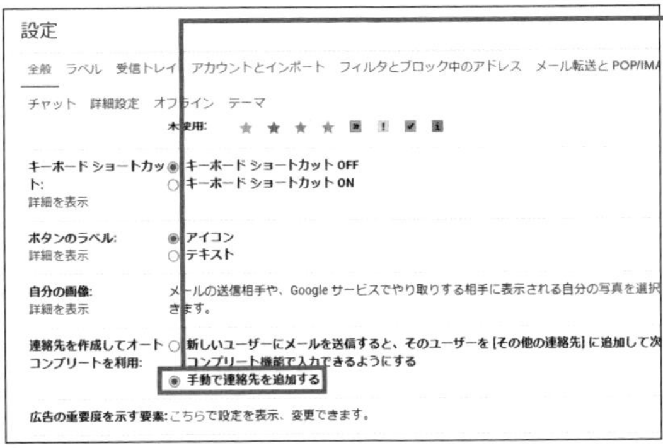

❸「連絡先を作成してオートコンプリートを利用」の<手動で連絡先を追加する>をクリックしてチェックを付け、

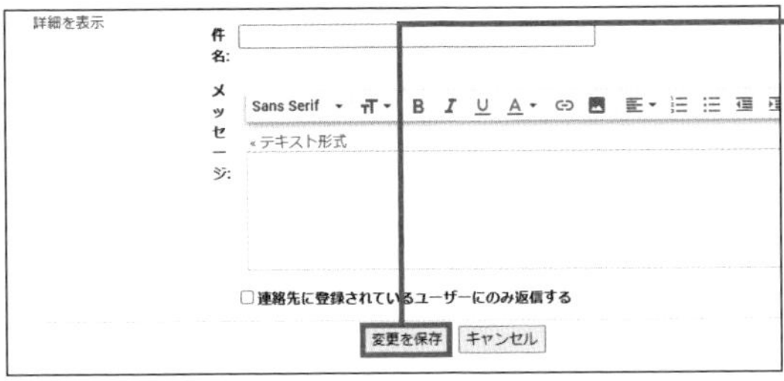

❹<変更を保存>をクリックします。

メンバーをグループにまとめる

登録した連絡先をまとめて、ラベル付けをしてグループにすることができます。ラベルを作成すると、複数のメンバーに一括でメッセージを送信できます（Sec.062参照）。なお、1人のメンバーを複数のラベルに登録することも可能です。

ラベルを作成する

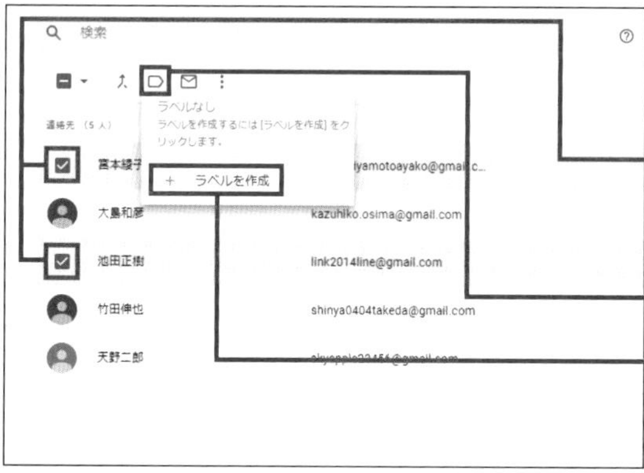

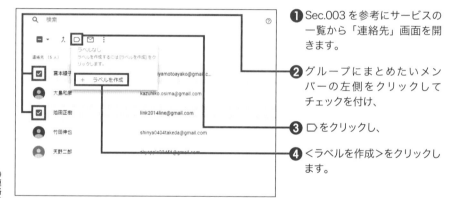

❶ Sec.003を参考にサービスの一覧から「連絡先」画面を開きます。

❷ グループにまとめたいメンバーの左側をクリックしてチェックを付け、

❸ をクリックし、

❹ <ラベルを作成>をクリックします。

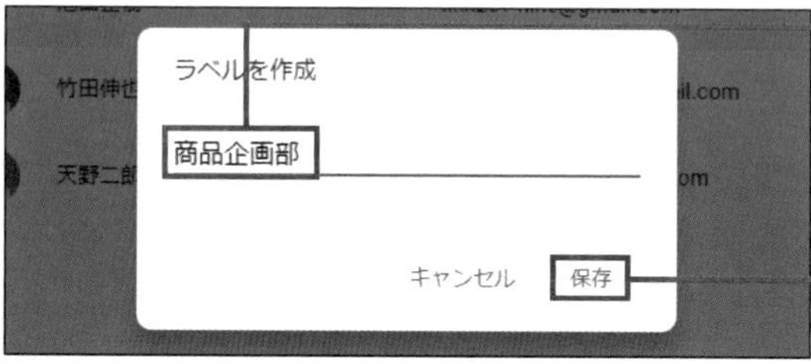

❺ 新しいラベル名を入力し、

❻ <保存>をクリックします。

❼ ラベルが作成され、「ラベル」の下にラベル名が表示されます。クリックすると、ラベル付けをしたメンバーが表示されます。

第1章
第2章
第3章 連絡先
第4章
第5章

062 連絡先 グループのメンバーにメールを一括送信する

グループを作成すると、グループに登録されているメンバーに対してメールを一括送信することができます。グループのメンバー間で共有したい話題や連絡事項などを、1回の操作で全員に送信することができるので便利です。

G メールを一括送信する

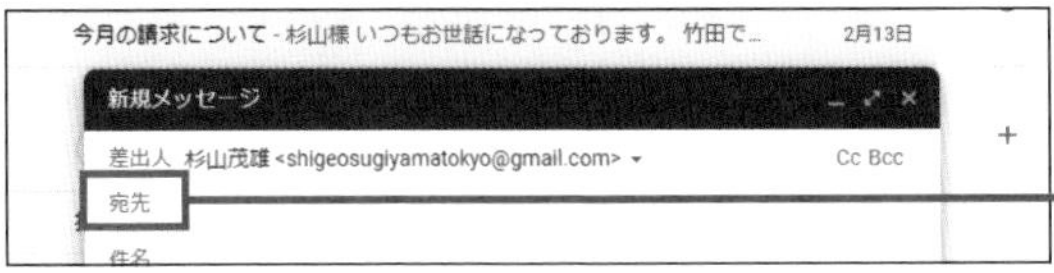

❶ P.59の上の手順❶を参考に、メール作成画面を表示します。

❷ <宛先>をクリックします。

❸ <連絡先>をクリックし、

❹ メールを送信したいラベル名をクリックします。

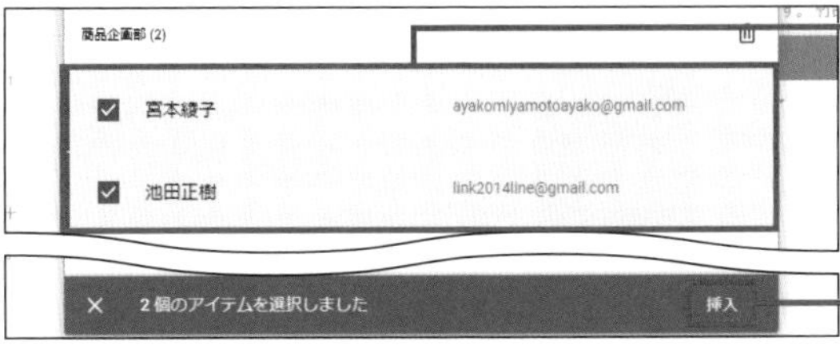

❺ メールを送信するメンバーをクリックしてチェックを付け、

❻ <挿入>をクリックします。

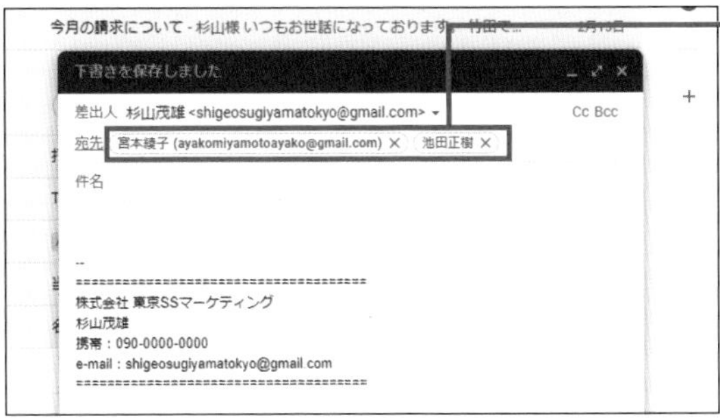

❼ 宛先にメンバーのメールアドレスが挿入された状態で、メール作成画面が開きます。

Memo メンバーを全選択する

手順❸でメンバーにチェックを付けた際、<すべて選択>をクリックすると、グループのメンバーが全選択されます。

063 使いこなし Gmailの表示形式を変更して使いやすくする

Gmailの受信トレイでは、画面表示を自分の好みに合わせてカスタマイズすることができます。受信メール一覧の表示間隔を変更したり、ウィンドウ分割により画面構成を3ペイン（3列）にしたりと、さまざまな表示形式があります。

Ⓖ メールの表示間隔を変更する

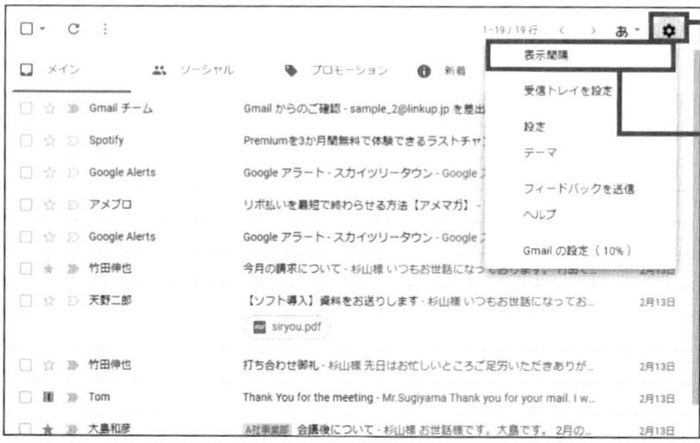

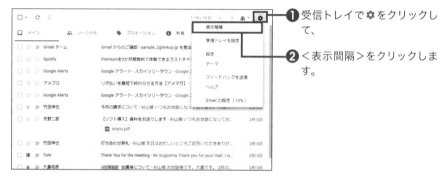

❶受信トレイで⚙をクリックして、

❷<表示間隔>をクリックします。

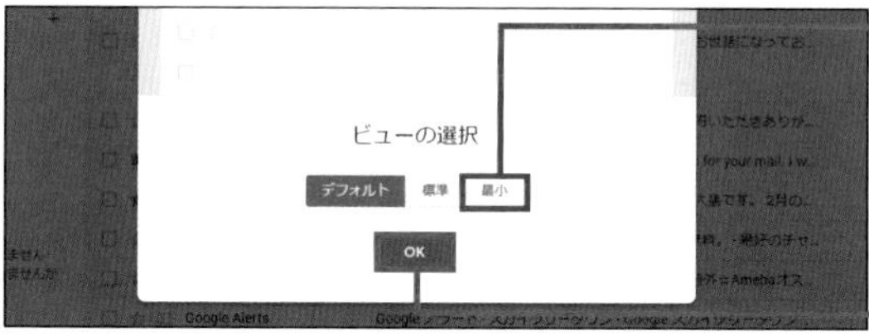

❸<デフォルト><標準><最小>の中からメール一覧の表示間隔を選ぶことができます。ここでは<最小>をクリックし、

❹<OK>をクリックします。

❺メールの表示間隔が狭くなりました。

Memo 1ページの表示件数

「設定」画面を表示し、「表示件数」の「1ページに○○件のスレッドを表示」で件数を指定すると、受信トレイで1ページあたりに表示されるスレッドの件数を変更できます。

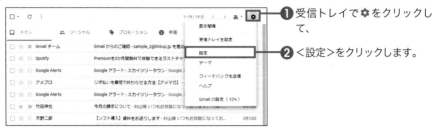

G メール内容をスレッド横に表示する

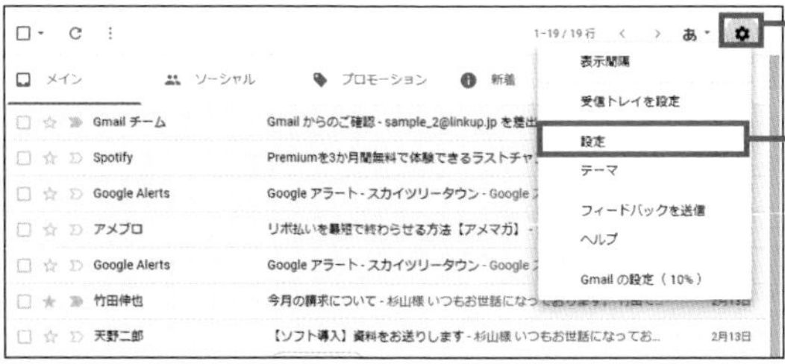

❶受信トレイで⚙をクリックして、

❷＜設定＞をクリックします。

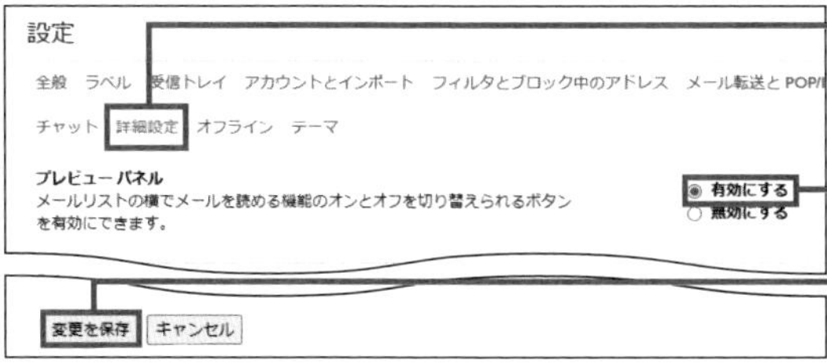

❸＜詳細設定＞をクリックして、

❹「プレビューパネル」の＜有効にする＞をクリックしてチェックを付け、

❺＜変更を保存＞をクリックします。

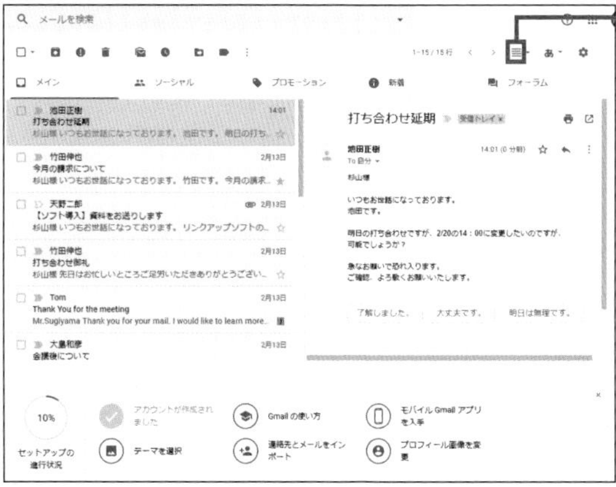

❻受信トレイに戻り、ここをクリックすると、

❼選択したメールのプレビューが表示されるようになります。

Memo 水平分割

手順❼では画面が縦に分割されましたが、≡の右の▼をクリックして＜水平分割＞をクリックすると、画面上部にメール一覧、画面下部にプレビューが表示されます。

Column プレビューパネルが選択できない場合

手順❹でプレビューパネルの項目が表示されていない場合は、＜受信トレイ＞をクリックして、「閲覧ウィンドウ」の＜閲覧ペインを有効にする＞のチェックを付けるとプレビューが表示されるようになります。

064 使いこなし スレッド表示をオフにする

Gmailでは、同じ話題に関連する返信メールのやり取りを1つのグループにまとめ、重ねて表示するスレッドという表示方法を採用しています。ここではスレッド表示を解除して、メールを個別に表示する方法を解説します。

G スレッド表示をオフにする

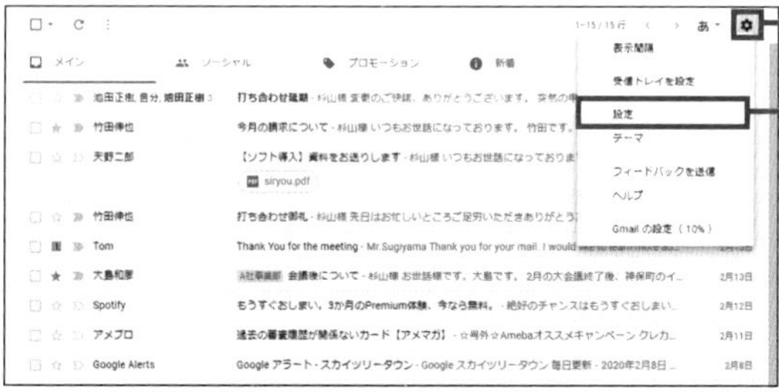

❶ ⚙をクリックして、

❷ <設定>をクリックします。

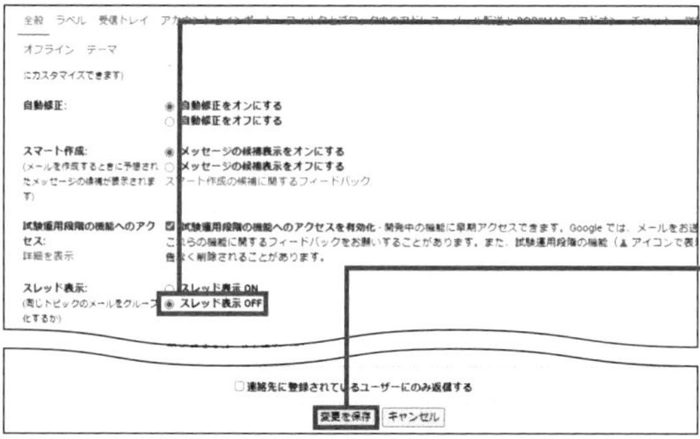

❸「スレッド表示」の<スレッド表示 OFF >をクリックしてチェックを付け、

❹ <変更を保存>をクリックすると設定完了です。

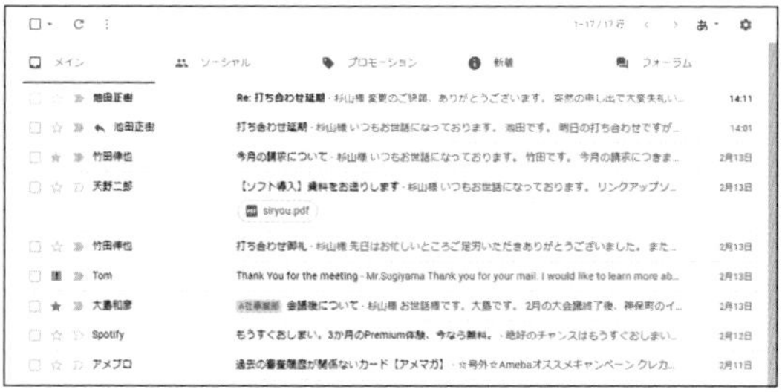

❺ スレッド表示がオフになり、すべてのメールが個別に表示されます。

065 使いこなし 相手に表示される「送信者名」を変更する

Gmailでメールを送信した場合、通常はGoogleアカウントの名前が送信者名として相手に表示されます。この送信者名は、設定によって別の名称に変更することができます。Googleアカウントの表示名自体を変更したい場合は、Sec.006を参照してください。

差出人名を変更する

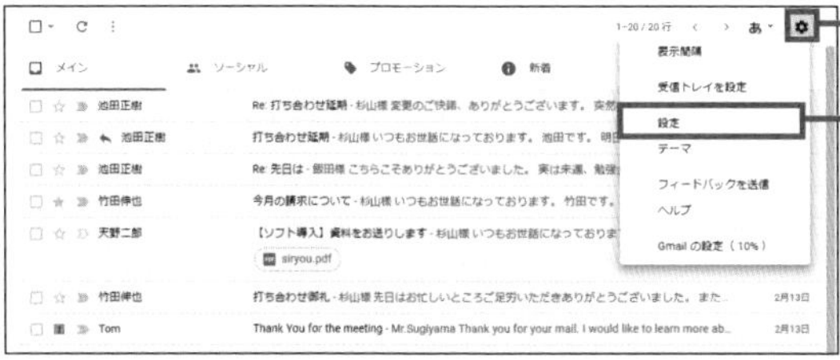

❶ ⚙をクリックして、

❷ <設定>をクリックします。

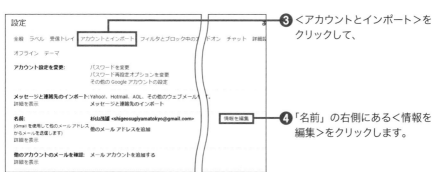

❸ <アカウントとインポート>をクリックして、

❹「名前」の右側にある<情報を編集>をクリックします。

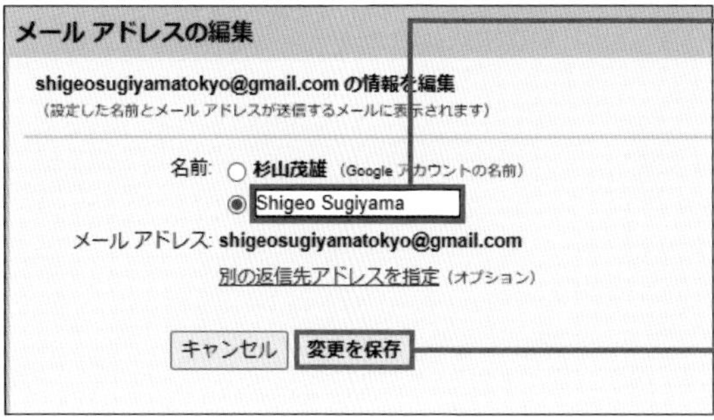

❺ 相手側に表示される名前を入力し、

❻ <変更を保存>をクリックします。

Section 066 使いこなし

ショートカットキーを利用してすばやく操作する

Gmailのショートカット機能を利用すると、マウスを使わずにさまざまな操作を行うことができます。初期状態でも一部のショートカットキーが利用可能ですが、設定でショートカットキー機能をオンにすると、より多くのショートカット機能が利用できます。

ショートカットキー機能をオンにする

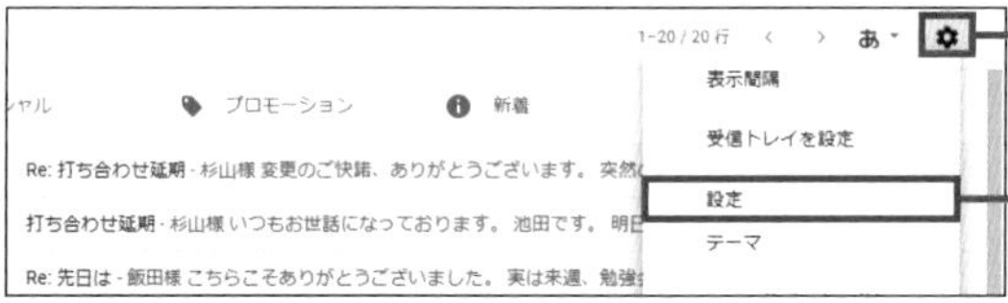

❶ ⚙をクリックして、

❷ <設定>をクリックします。

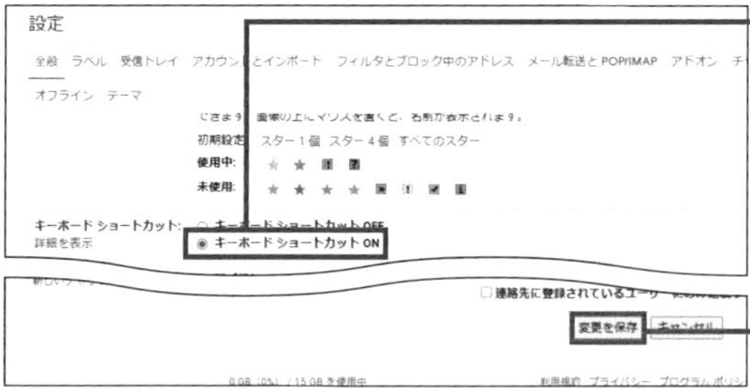

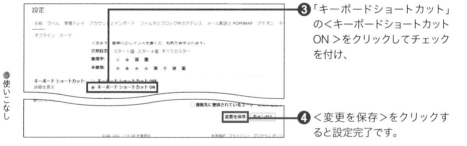

❸ 「キーボードショートカット」の<キーボードショートカットON >をクリックしてチェックを付け、

❹ <変更を保存>をクリックすると設定完了です。

Column

Gmailの主なショートカットキー

ショートカットキー機能をオンにすることで、さまざまなショートカットキーが利用できるようになります。以下は、利用できるショートカットキーの一例です。

C	新規メッセージ作成画面を開く
/	カーソルを検索ボックスに移動する
K	新しいメール（スレッド）にカーソルを移動する（Enterキーで開く）
J	古いメール（スレッド）にカーソルを移動する（Enterキーで開く）
E	メールをアーカイブする
R	メールを返信する
F	メールを転送する
?	キーボードショートカットの一覧を表示する

第4章

スケジュールを一括管理！Googleカレンダー

Googleカレンダーは、予定を一括管理できるスケジュール管理サービスです。予定を登録してほかの人と共有できるだけでなく、事前通知やToDoリストの作成など、便利な機能が数多く搭載されています。

Gooooooooooogle
1 2 3 4 5 6 7 8 9 10

Section 067 予定の登録

カレンダーに予定を登録する

まずは、予定を登録しましょう。Googleカレンダーには予定を登録するだけでなく、予定の事前通知、Gmailとの連携、ユーザー共有など、便利な機能が備わっています。カレンダーは日、週、月などの表示モードがあります。

週単位のカレンダーに予定を登録する

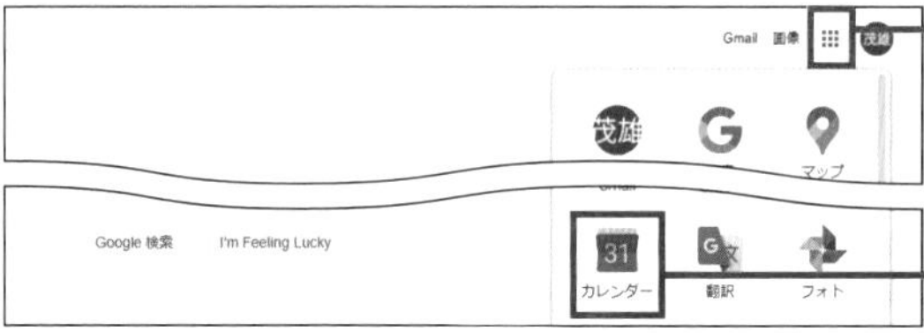

❶ Google のトップページで ⠿ をクリックし、

❷ <カレンダー>をクリックします。

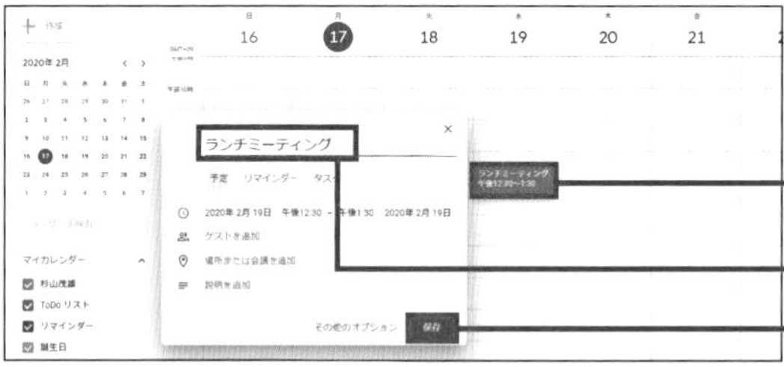

❸ 週単位のカレンダーが表示されるので、

❹ 予定を登録する日時をクリックし、

❺ 予定のタイトルを入力したら、

❻ <保存>をクリックします。

月単位のカレンダーに予定を登録する

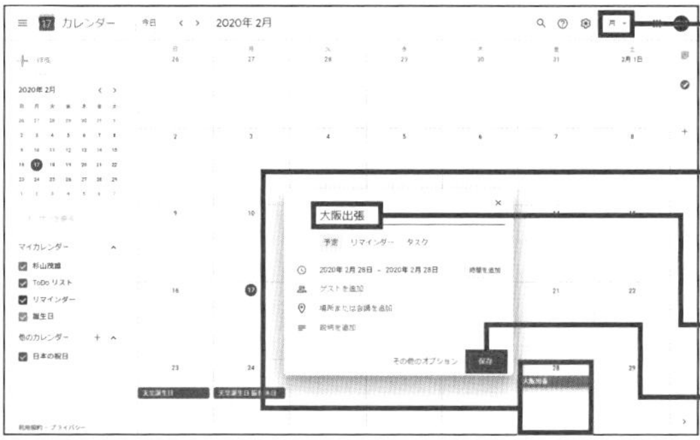

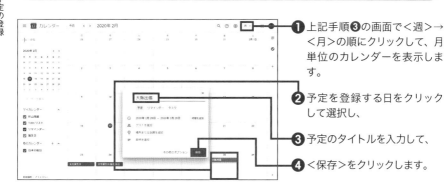

❶ 上記手順❸の画面で<週>→<月>の順にクリックして、月単位のカレンダーを表示します。

❷ 予定を登録する日をクリックして選択し、

❸ 予定のタイトルを入力して、

❹ <保存>をクリックします。

すばやく予定時間を登録する

月単位のカレンダーで予定を登録する場合、タイトルに時刻を含めて入力すると、予定と指定時間を同時に登録することができます。なお、時刻の指定は「○○時～○○時」のように、始まりと終わりの時間を指定することも可能です。

時刻と予定を文章で入力する

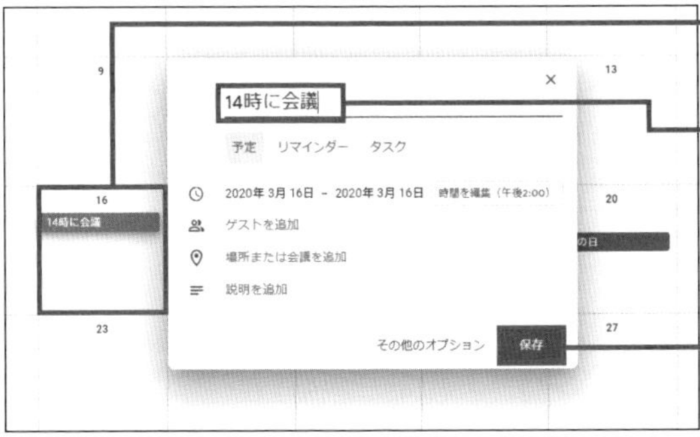

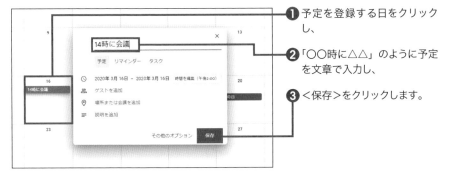

❶予定を登録する日をクリックし、

❷「○○時に△△」のように予定を文章で入力し、

❸<保存>をクリックします。

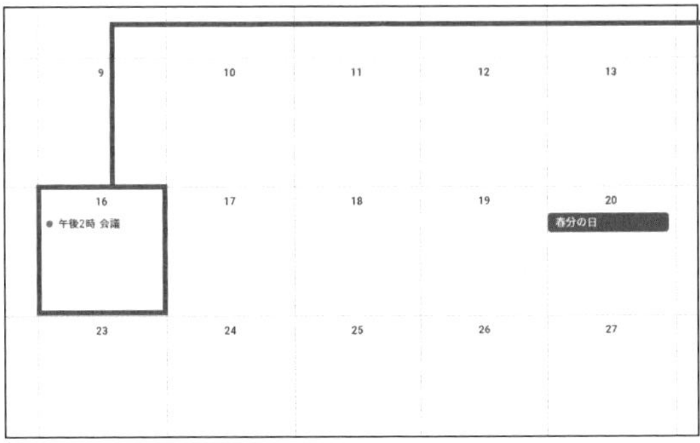

❹時刻と予定が登録されます。

Memo その他の入力方法

時刻と予定を、「14時会議」、「会議14時」、「14:00会議」、「会議14:00」、「会議14時～」のように入力することもできます。自動的に時間と予定が認識され、「午後2時 会議」または「14:00 会議」と登録されます。

Column 時間帯を指定して予定を登録する

手順❶～❸のように入力すると、予定は1時間の設定となりますが、「13時-15時会議」のように入力すると、始まりと終わりの時間を指定して予定を登録することができます。

069 予定の登録
複数の日にまたがる予定を入力する

Googleカレンダーでは、出張や旅行、長期休暇など、複数の日にまたがる予定を入力することもできます。複数の日にまたがる予定を入力すると、予定が帯状に表示されます。なお、複数の日にまたがる予定は「月」表示のカレンダーで登録します。

長期間の予定を登録する

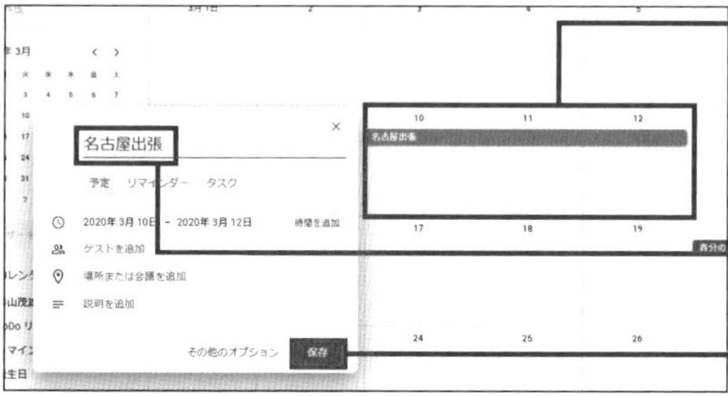

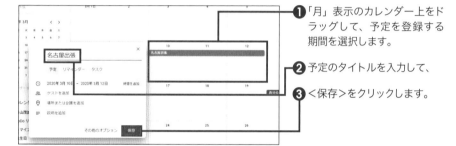

❶「月」表示のカレンダー上をドラッグして、予定を登録する期間を選択します。

❷予定のタイトルを入力して、

❸<保存>をクリックします。

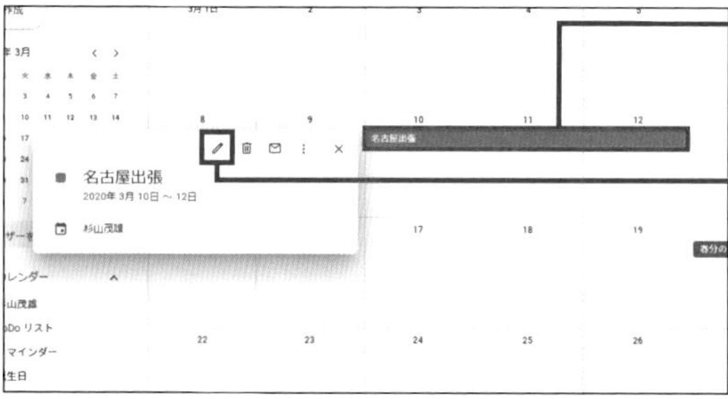

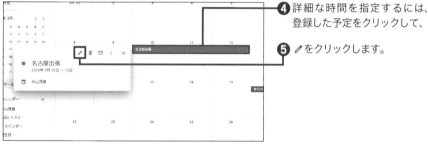

❹詳細な時間を指定するには、登録した予定をクリックして、

❺ をクリックします。

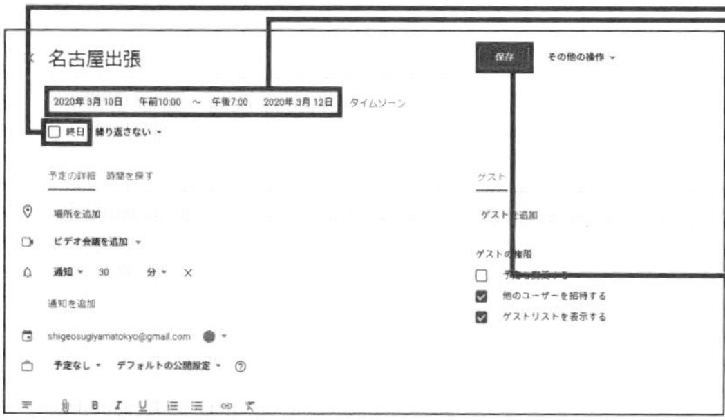

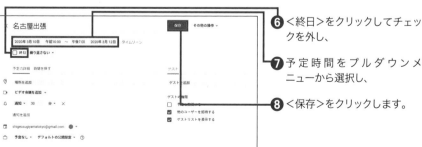

❻<終日>をクリックしてチェックを外し、

❼予定時間をプルダウンメニューから選択し、

❽<保存>をクリックします。

Section 070 予定の登録

定期的な予定をまとめて登録する

毎日行うイベントや毎週行う定例会議など、定期的な予定をその都度入力していては大変です。Googleカレンダーでは、そのような定期的な予定をまとめて登録できます。「毎日」や「毎週」のほか、「平日のみ」や「月・水・金曜日のみ」のように限定的な設定も可能です。

繰り返しの予定を登録する

❶登録した予定をクリックして、

❷✐をクリックします。

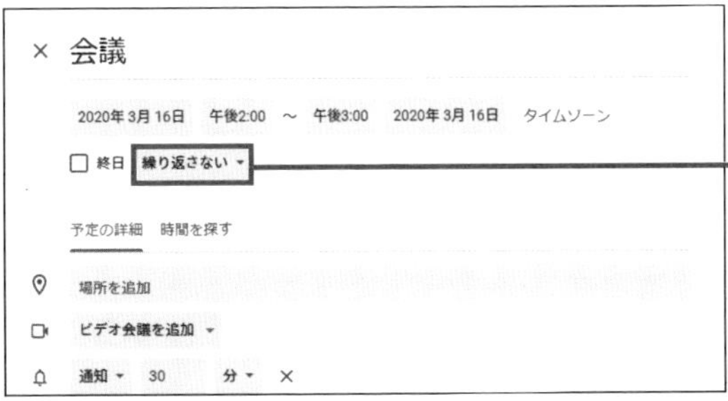

❸<繰り返さない>をクリックします。

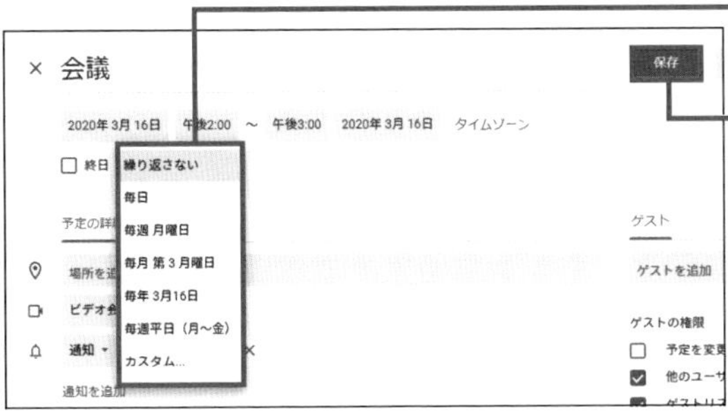

❹繰り返し内容の項目を選択し、

❺<保存>をクリックします。

予定にファイルを添付する

Googleカレンダーでは、会議などで使用する資料のファイルを予定に添付しておき、あとからGoogleドライブ上で閲覧することができます。なお、添付するファイルは、あらかじめGoogleドライブにアップロードしておきましょう。

予定にファイルを添付する

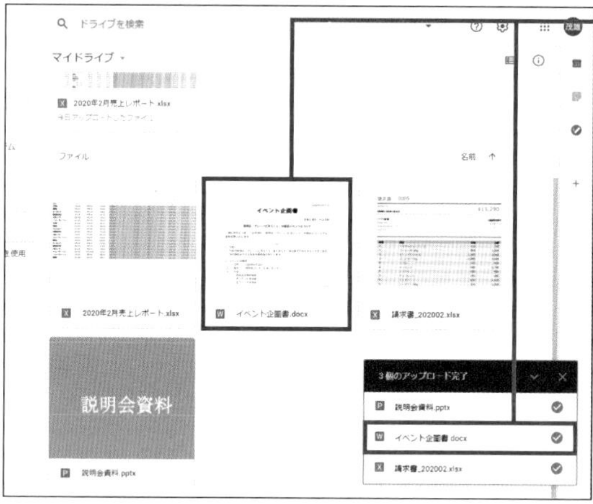

❶Sec.113を参考に、あらかじめ添付するファイルをGoogleドライブにアップロードしておきます。

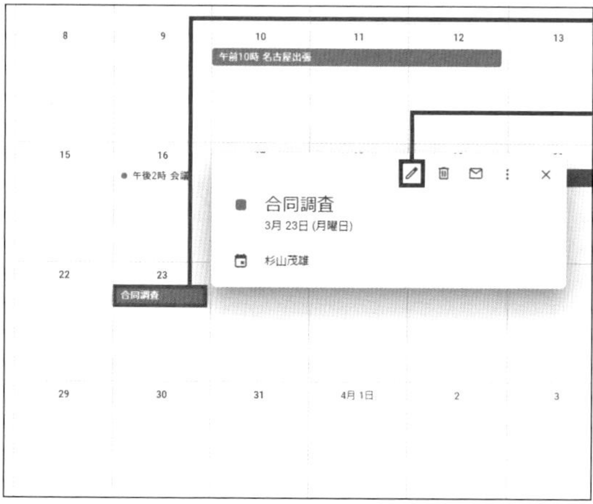

❷カレンダーに予定を登録したら予定をクリックし、

❸ ✎をクリックします。

Memo 添付ファイルを共有する

カレンダーを複数のユーザーと共有（Sec.082参照）すれば、添付ファイルも共有できます。たとえばミーティングの予定に資料を添付して事前に目を通しておいてもらう、といった活用法が考えられます。

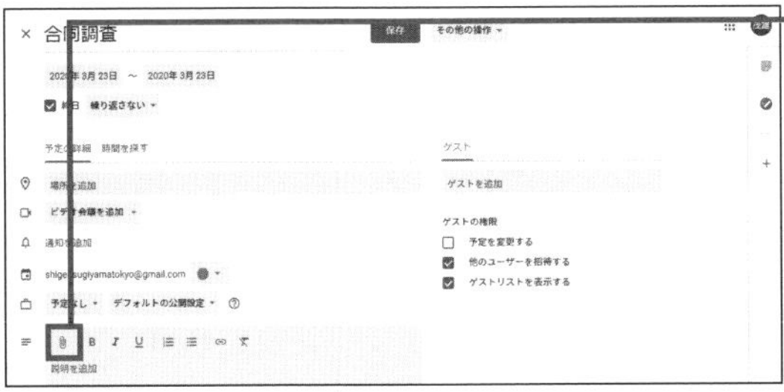

❹ 📎をクリックします。

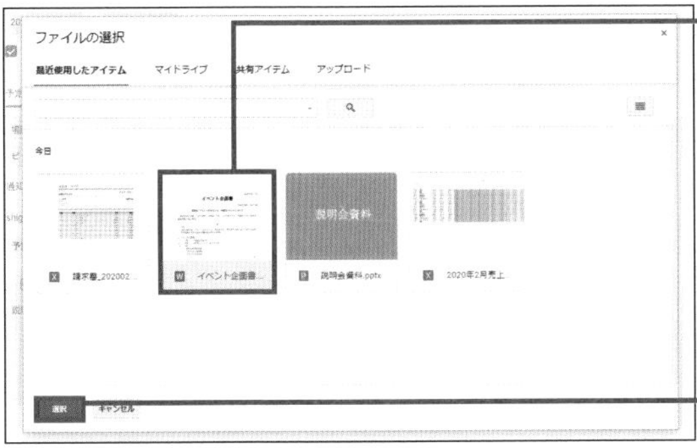

❺ Googleドライブに保存されているファイルの一覧が表示されるので、添付するファイルをクリックし、

❻ <選択>をクリックします。

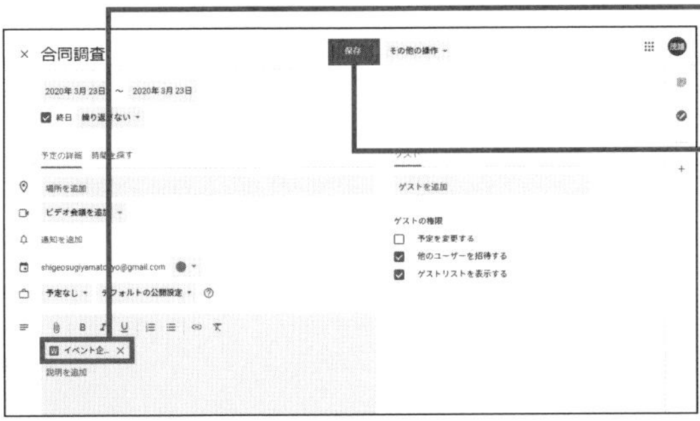

❼「添付ファイル」にファイル名が表示されます。

❽ <保存>をクリックします。

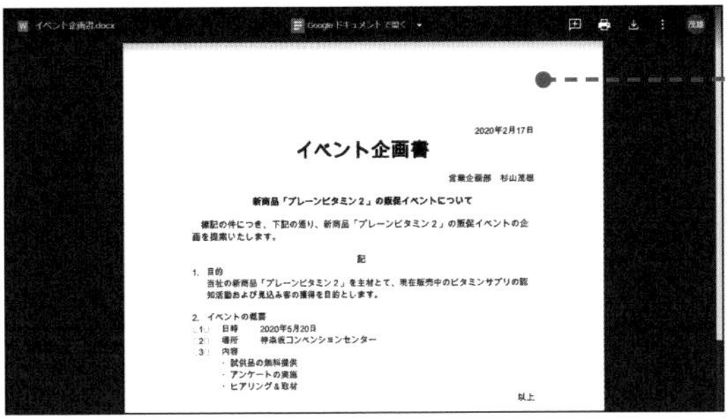

手順❼の画面を表示して添付ファイルをクリックすると、ファイルを閲覧できます。

Section 072 予定の登録
カレンダーの表示形式を変更する

P.102の下の手順❶の操作で、カレンダーの表示形式を変更することができます。形式は「日」「週」「月」「年」「スケジュール」「4日」から選ぶことが可能です。「4日」の表示は、「2日」や「2週」などの表示に変更することもできます。

Ⓖ カレンダーの表示形式(一部)

日

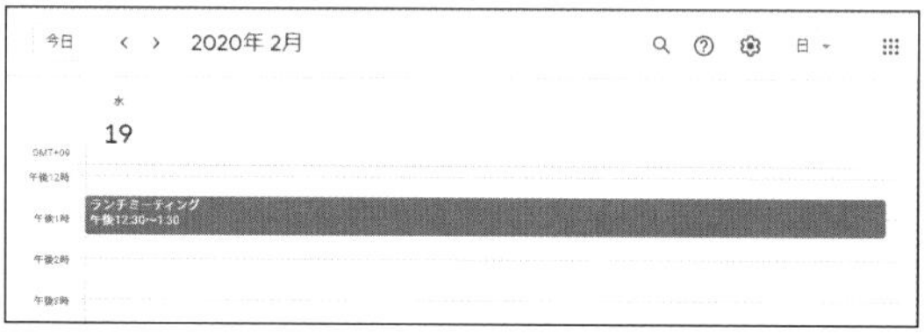

登録した予定を1日単位で表示します。1日に複数のスケジュールを登録しているときなど、時間ごとに確認できます。

4日

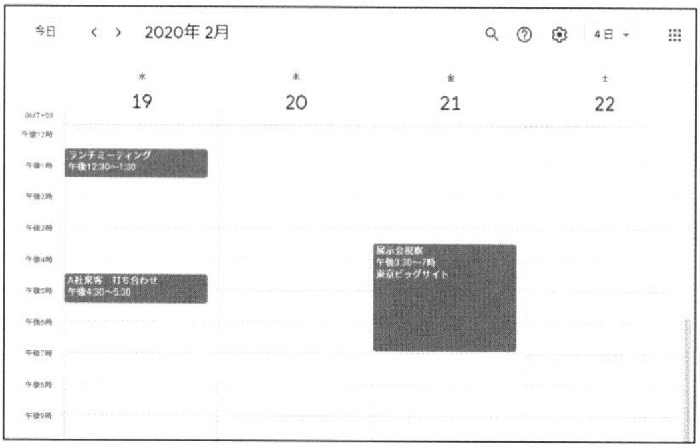

登録した予定を4日単位で表示します。

Memo 「4日」はほかに変更できる

⚙→<設定>→<ビューの設定>→<カスタムビューの設定>の順にクリックすると、4日単位以外の「2日」「3日」「2週」「3週」などの表示期間にカスタマイズすることができます。

スケジュール

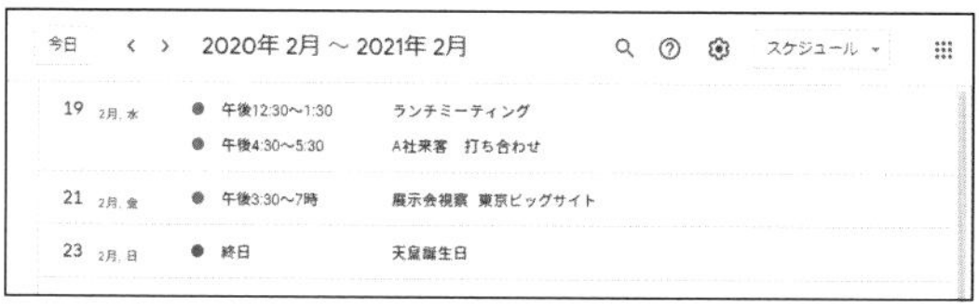

登録した予定のみをリスト形式で表示します。

Section 073 予定の登録

予定に場所を登録して地図を表示する

予定を登録する際に「場所」の情報を入力すると、カレンダーにGoogleマップを表示することができます。予定をクリックすると「場所」の横に<地図>と表示されるので、クリックするだけですぐに地図を見ることができます。

場所を登録して地図を表示する

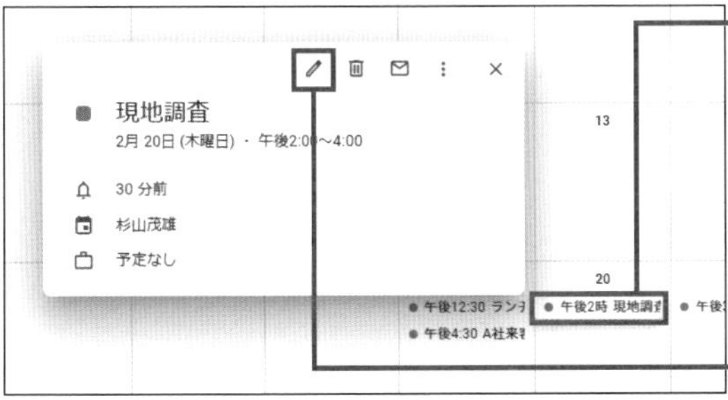

❶登録した予定をクリックして、

❷🖉をクリックします。

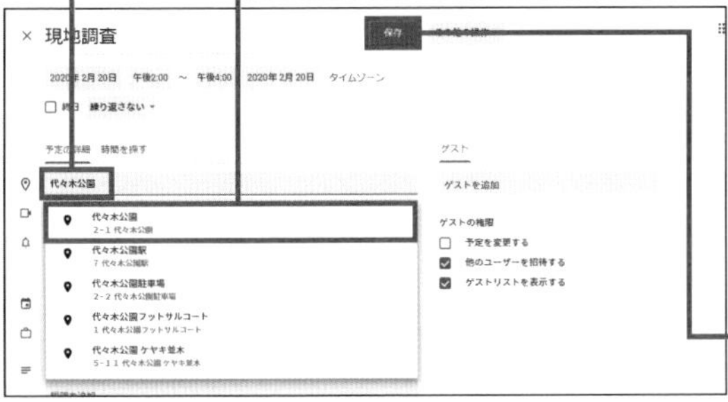

❸「場所」に住所や地名、施設名を入力し、

❹選択項目に該当する場所があったらクリックして（とくになければ Enter キーを押して）、

❺<保存>をクリックします。

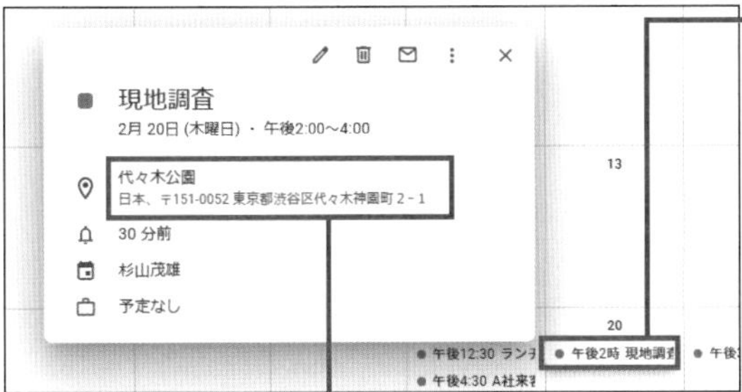

❻予定をクリックして、

❼場所をクリックすると、Google マップで地図が表示されます。

Section 074 予定の登録

複数のカレンダーを使い分ける

Googleカレンダーでは、複数のカレンダーを1つにまとめて表示することができます。複数のGoogleカレンダーを表示する場合も、新たにアカウントを作成する必要はありません。仕事用とプライベート用のカレンダーなどを別々に作成して、使い分けるとよいでしょう。

Ⓖ 新しいカレンダーを作成する

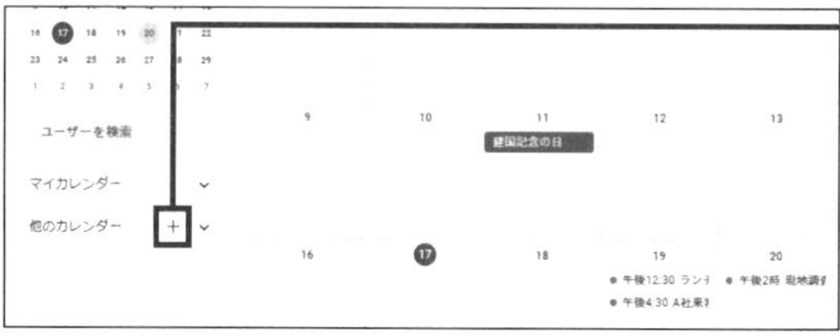

❶ Google カレンダーの画面左側、「他のカレンダー」の＋をクリックし、

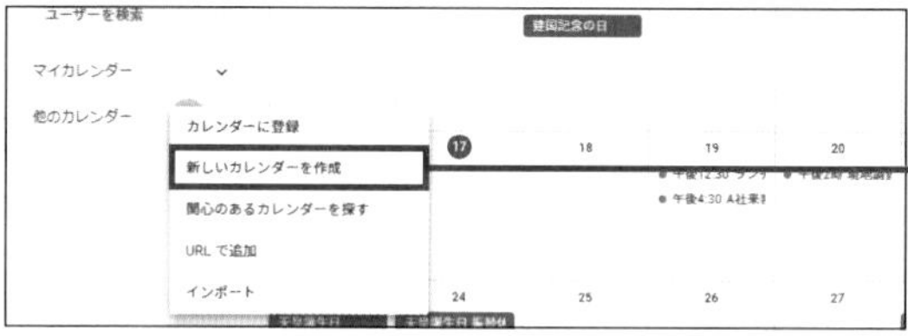

❷ <新しいカレンダーを作成>をクリックします。

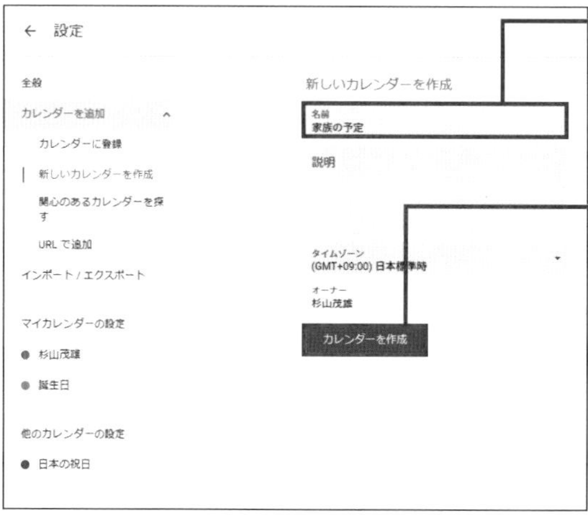

❸「名前」にカレンダーの名前を入力し、

❹ <カレンダーを作成>をクリックします。

Memo カレンダーを一般公開する

作成した新しいカレンダー情報をすべてのユーザーが閲覧できるようにすることもできます。詳しくは、Sec.081で解説しています。

カレンダーを選んで予定を登録する

❶予定を作成したい日をクリックして、

❷ の右で予定を登録したいカレンダーを選択し、

❸<保存>をクリックします。

特定のカレンダーのみ表示する

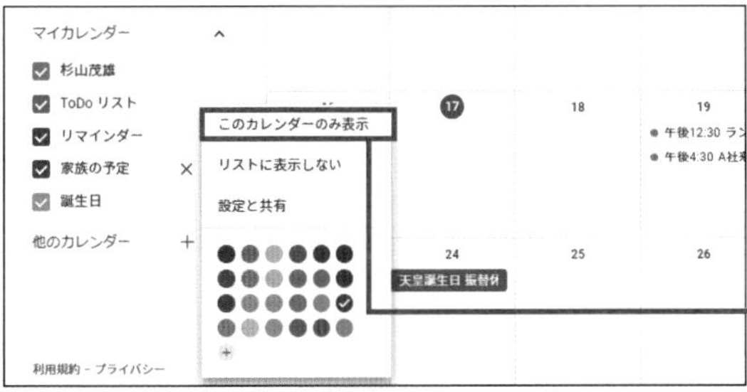

❶画面左側の「マイカレンダー」にカレンダーの一覧が表示されるので、表示したいカレンダーにマウスカーソルを合わせ、表示される ⁝ をクリックし、

❷<このカレンダーのみ表示>をクリックします。

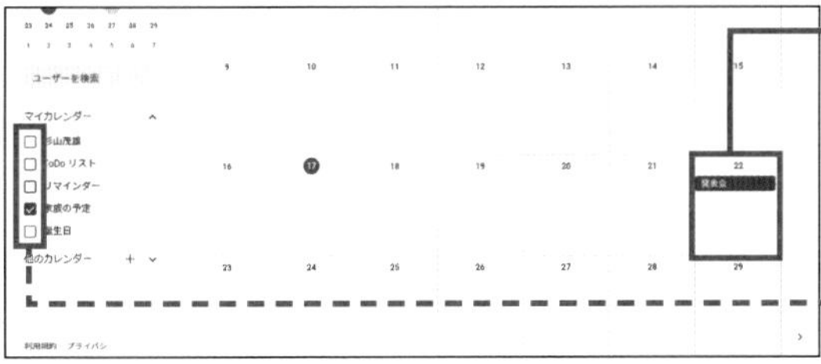

❸選択したカレンダーの予定のみが表示されます。

ここをクリックすると、カレンダーの表示／非表示を切り替えることができます。

Column

マイカレンダーの表示順のしくみ

複数のカレンダーを表示していると、予定が重なった場合、すべてを表示できない場合があります。その場合、カレンダーの優先順位に従って予定が表示されます。表示の優先順位は、まず「オーナーカレンダー」で、それ以降は「数字・アルファベット・文字」の順番に並びます。並び順を思い通りにしたい場合は、カレンダーの名前を「1.仕事」「2.プライベート」のように変更するとよいでしょう。

075 予定の登録
リマインダーでやるべき予定を登録する

Googleカレンダーでは、やらなければならないこと、期限までに行うべきタスクなどをリマインダーとして予定に登録することができます。指定した日時になるとポップアップ画面で通知されるので、タスクの漏れや約束時間の忘れなどを防止できます。

リマインダーを利用する

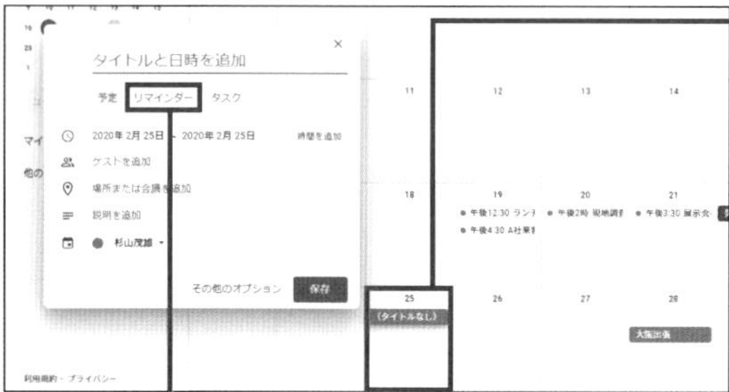

❶リマインダーを登録したい日をクリックし、

❷<リマインダー>をクリックします。

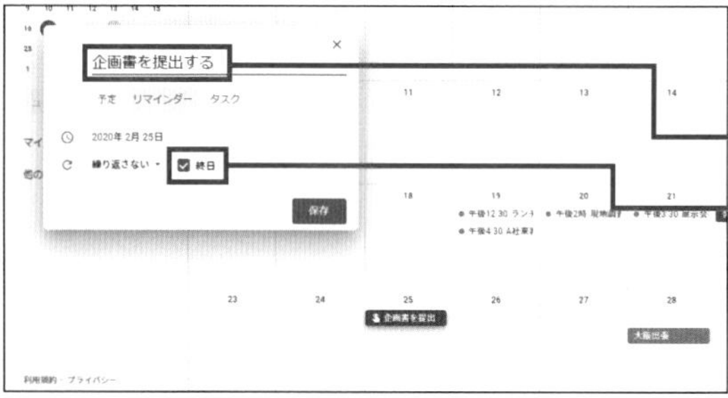

❸リマインダーを登録するダイアログ画面が表示されます。

❹リマインダーの内容を入力し、

❺<終日>のチェックを外して、

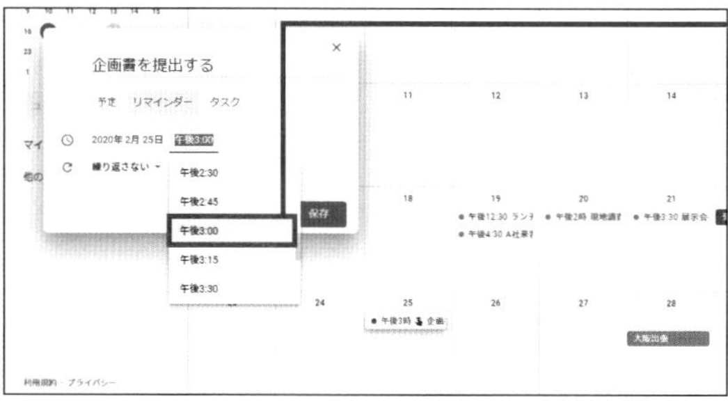

❻リマインダーを開始する時間を指定します。

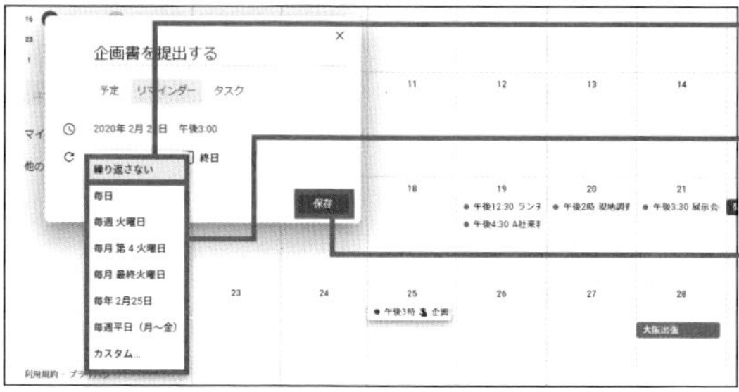

❼＜繰り返さない＞をクリックし、

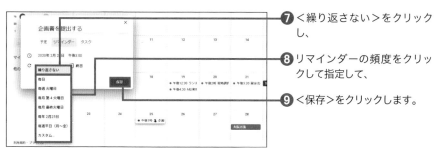

❽リマインダーの頻度をクリックして指定して、

❾＜保存＞をクリックします。

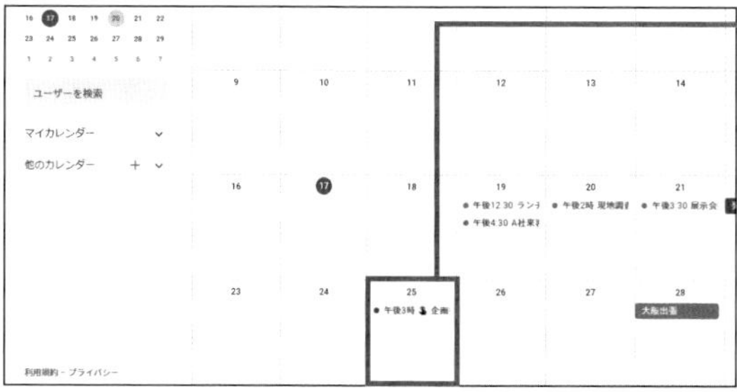

❿リマインダーが登録されます。

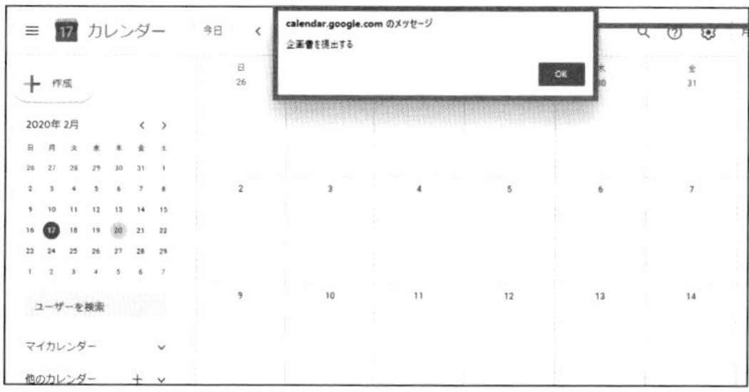

⓫指定した日時になると、リマインダーがポップアップ画面で表示されます。

Column

リマインダーの終了

リマインダーを登録すると、手順❽で設定した頻度や終了日にもとづいて、繰り返し通知が表示されます。リマインダーを終了するには、登録したリマインダーをクリックして、🗑または＜完了とする＞をクリックします。

Section 076 予定の登録

Gmailから予定を登録する

Gmailで受信したメール内容を、そのままGoogleカレンダーに転載することができます。待ち合わせやアポイントの約束をメールで行う場合、受信した打ち合わせ日時の情報などをかんたんに登録できるので、入力の手間が省けて便利です。

Gmailの「予定を作成」機能を使う

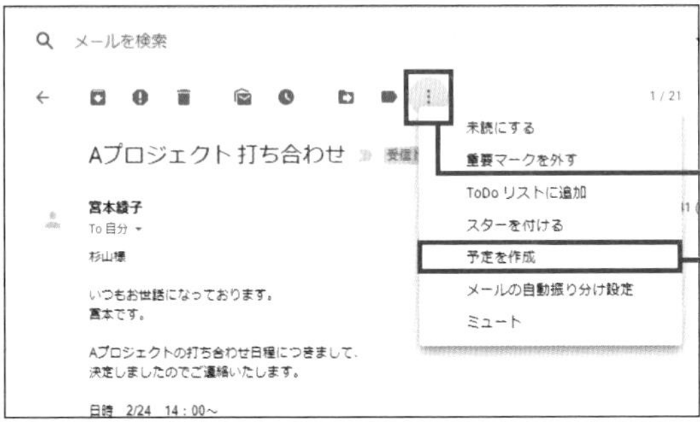

❶ P.58を参考に、Gmailで予定を登録したいメールを表示します。

❷ ⋮をクリックし、

❸ <予定を作成>をクリックします。

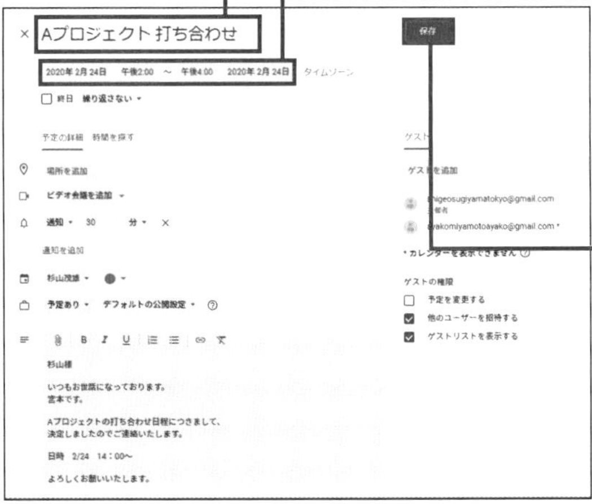

❹ Googleカレンダーの画面に切り替わり、メールの件名が予定の「タイトル」に、本文が「説明」に転載されます。

❺ 日付や時間などを指定して、

❻ <保存>をクリックします。

Memo Gmailからの予定を自動登録する

Googleカレンダーのトップ画面で⚙→<設定>→<Gmailからの予定>の順にクリックし、「Gmailからの予定を自動的にカレンダーに追加する」をオンにすると、フライトやホテル、映画・コンサートなどのチケットが必要なイベントに関するメールをGmailで受信した際に自動的にカレンダーへ予定が追加されます。

Section 077
予定の分類・管理

予定ごとに色分けして登録する

予定の数が増えてくると、予定の内容を判別しにくくなってしまいます。そのようなときは、何についての予定かがひと目でわかるように、予定を種類ごとに色分けしましょう。「会議は青」「出張は赤」のように設定すると、わかりやすくなります。

予定に色を付ける

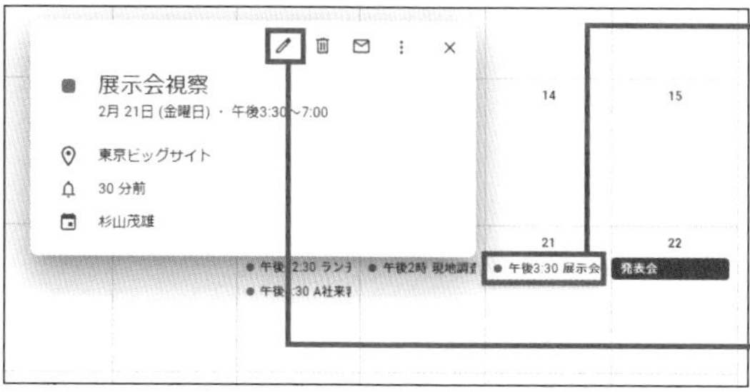

❶登録した予定をクリックして、

❷ ✏をクリックします。

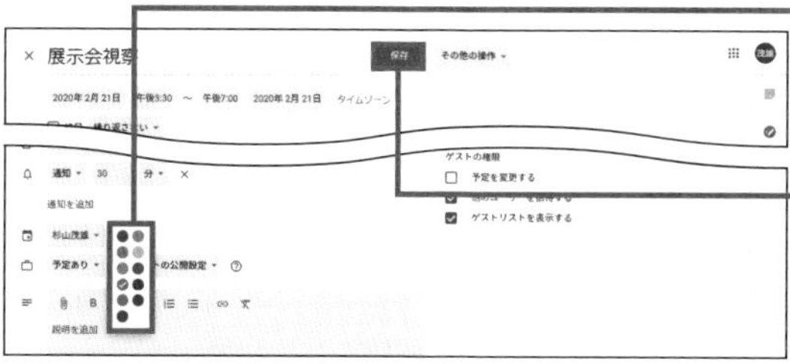

❸「予定の色」から設定したい色をクリックし、

❹<保存>をクリックします。

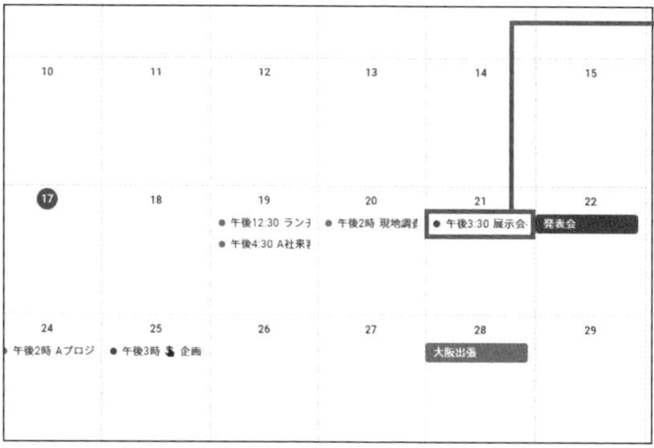

❺予定に色が付きました。

Memo 右クリックで色を変更する

カレンダーに登録した予定を右クリックし、色を選択することでも、色の変更ができます。

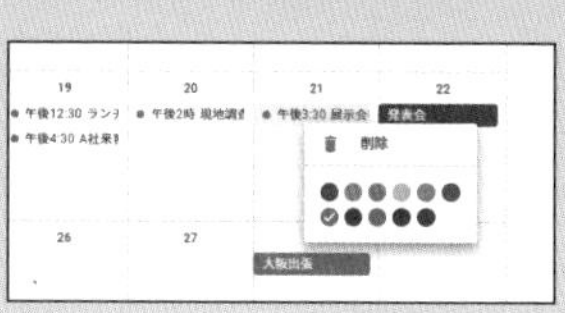

078 予定を変更／削除する

予定の分類・管理

一度登録した予定は、あとから予定名や日時、場所などの詳細情報などを変更することができます。また、予定がなくなった場合は予定を削除することもできます。削除した予定は、直後であれば<元に戻す>をクリックして戻すことができます。

予定を変更する

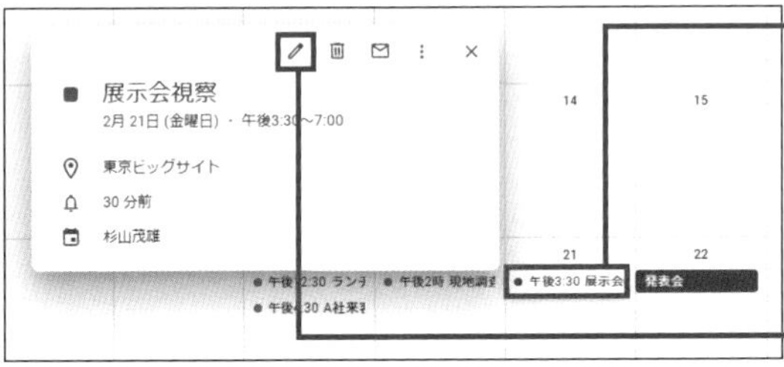

❶カレンダーを表示して、変更したい予定をクリックし、

❷ 🖉をクリックします。

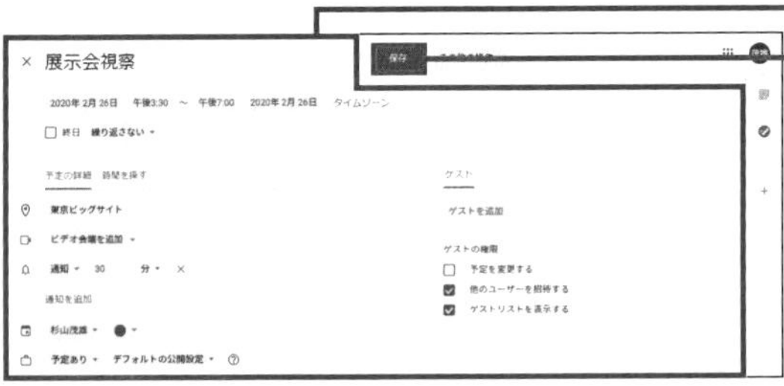

❸予定名や日時、場所などを変更し、

❹<保存>をクリックします。

予定を削除する

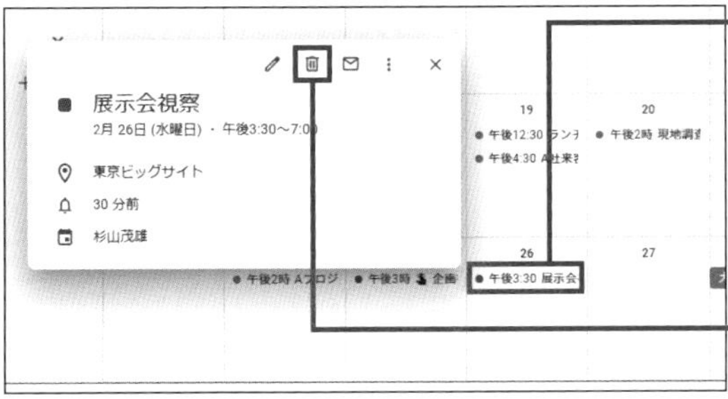

❶カレンダーを表示して、変更したい予定をクリックし、

❷ 🗑をクリックします。

Section 079 予定の通知

予定を事前に通知する

Googleカレンダーに登録してある予定は、忘れないように事前に通知させることができます。通知の方法は、メールで送信するか画面上にポップアップ表示するかを選択できます。ポップアップはWebブラウザ上でGoogleカレンダーを開いている場合のみ、表示されます。

予定の通知方法を設定する

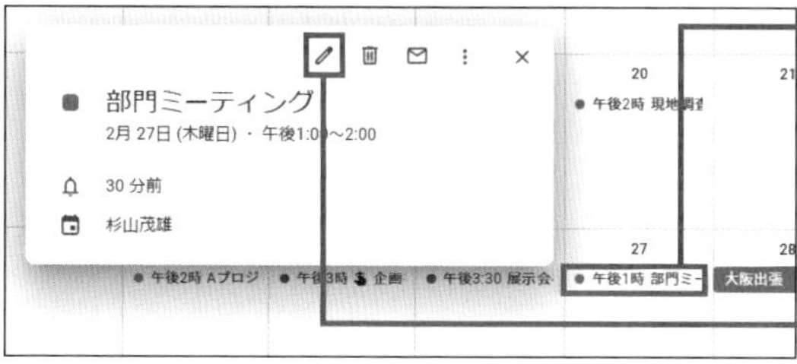

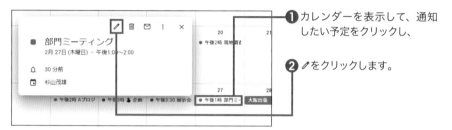

❶カレンダーを表示して、通知したい予定をクリックし、

❷ をクリックします。

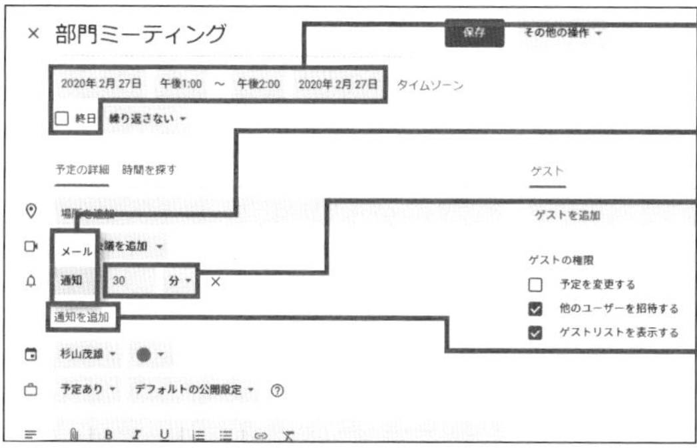

❸＜終日＞のチェックを外して時間を指定します。

❹ここで通知方法を指定します。

❺タイミングを指定します。ここでは、予定の「30分」前に通知されるようにしています。

❻＜通知を追加＞をクリックすると、複数回の通知を設定することができます。

Column

メールとポップアップ表示

通知方法がメールの場合はGoogleアカウントのGmailに通知メールが送信されます。通知の場合はGoogleカレンダーを表示しているときにポップアップが表示されます。

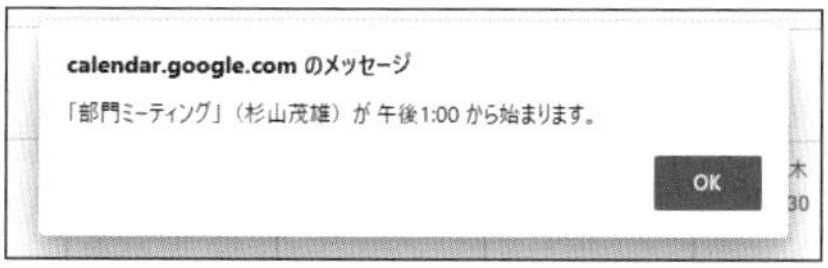

080 予定の通知

通知のデフォルト設定を変更する

Googleカレンダーでは、時間を指定して予定を登録した場合の、通知のデフォルト設定を変更することができます。通知はパソコンの右下に表示されるデスクトップ通知、またはWebブラウザ上にポップアップされるアラートで受け取ることができます。

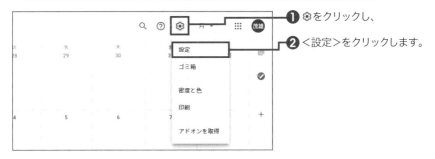

通知機能を設定する

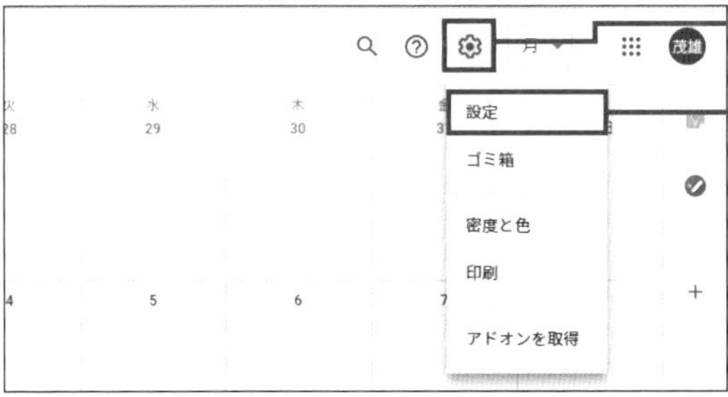

❶ ⚙をクリックし、

❷ <設定>をクリックします。

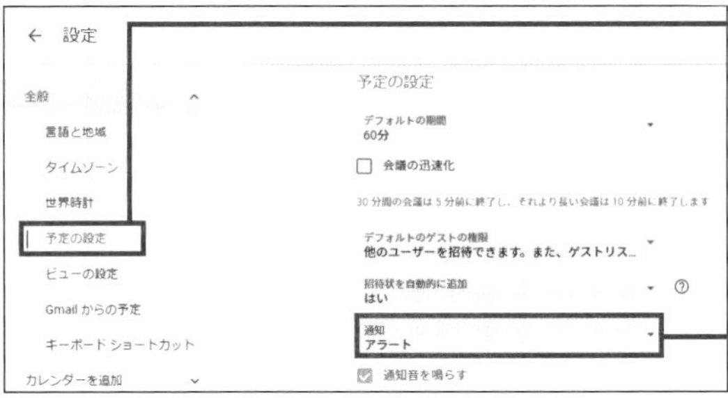

❸ <予定の設定>をクリックし、

❹ <通知>をクリックして、

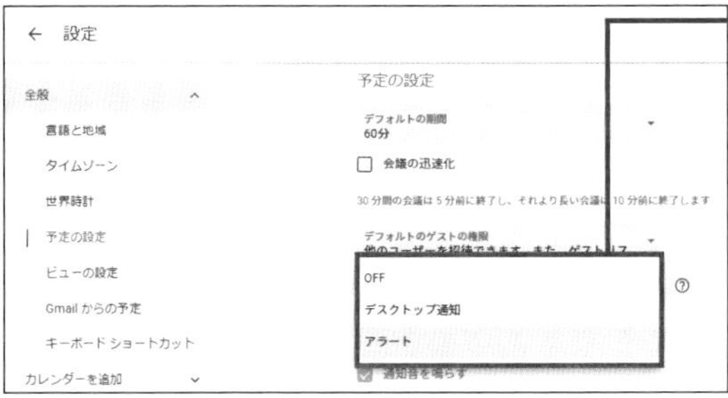

❺「OFF」「デスクトップ通知」「アラート」の中から選択すると、

❻ 通知の設定が完了します。以降、時間を指定して予定を登録すると、ここで設定した通知方法が反映されます。

Section 081 カレンダーの共有

カレンダーを公開する

作成したカレンダーを、URLがわかる人全員へ公開することができます。お店の定休日やイベントのスケジュールなど公開したいときに便利です。なお、閲覧者は予定を見ることのみ可能で、編集や削除はできません。

カレンダーを公開する

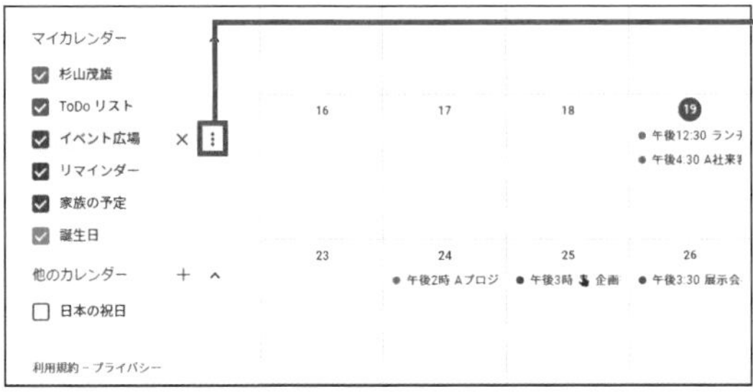

❶左側の「マイカレンダー」にある一般公開したいカレンダーにマウスカーソルを合わせ、表示される⋮をクリックします。

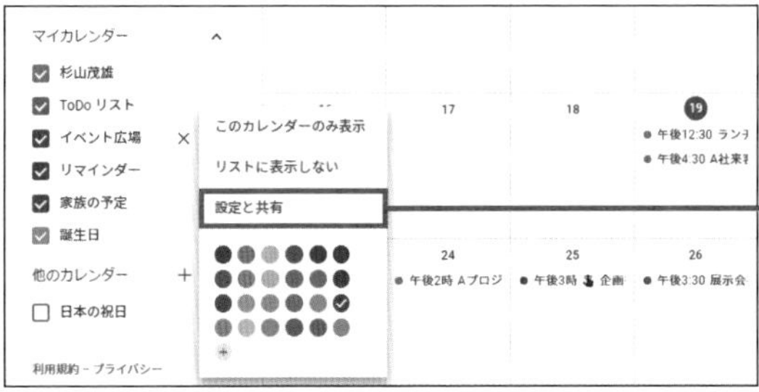

❷<設定と共有>をクリックします。

❸<アクセス権限>をクリックし、

❹<一般公開して誰でも利用できるようにする>をクリックしてチェックを付け、<OK>をクリックします。

❺<共有可能なリンクを取得>をクリックすると、カレンダーのURLをコピーできます。

Section 082 カレンダーの共有

複数人でカレンダーを共有する

Googleカレンダーでは、カレンダーを自分以外のユーザーと共有することができます。グループでカレンダーを共有することで、同じ予定を複数のメンバーが閲覧／編集できるようになります。

ほかのユーザーとカレンダーを共有する

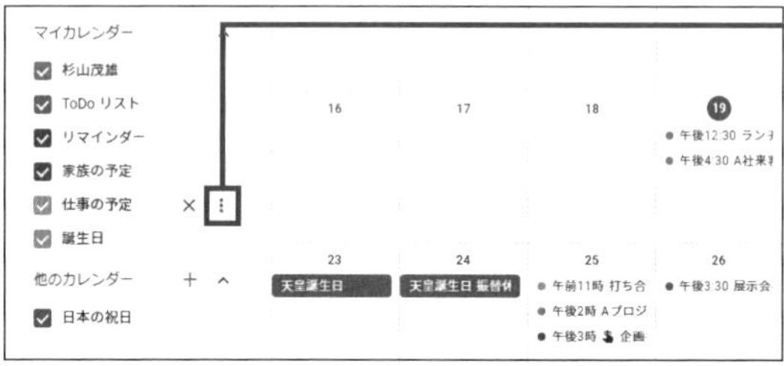

❶左側の「マイカレンダー」にある共有したいカレンダーにマウスカーソルを合わせ、表示される⋮をクリックします。

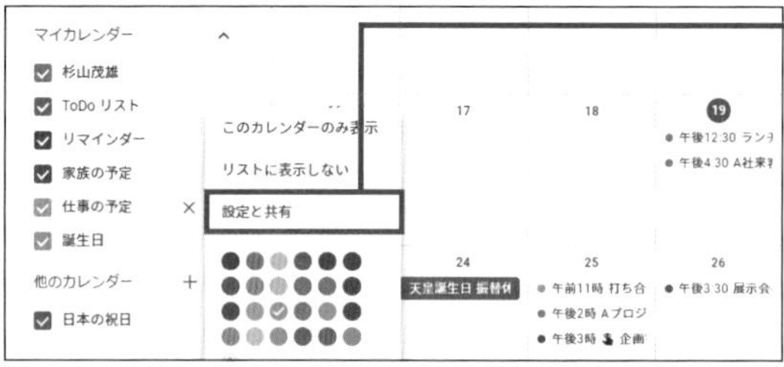

❷＜設定と共有＞をクリックします。

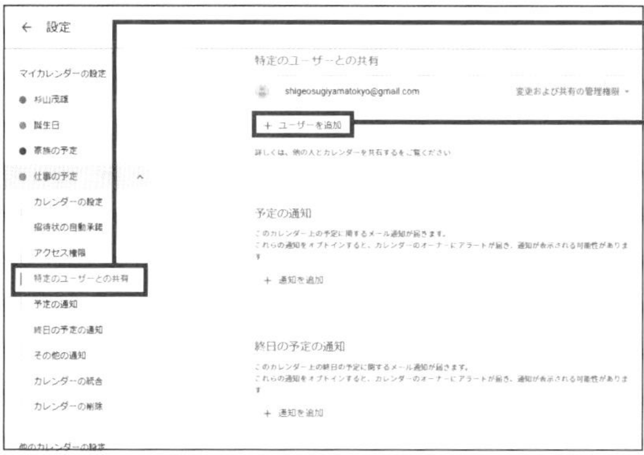

❸＜特定のユーザーとの共有＞をクリックし、

❹＜ユーザーを追加＞をクリックします。

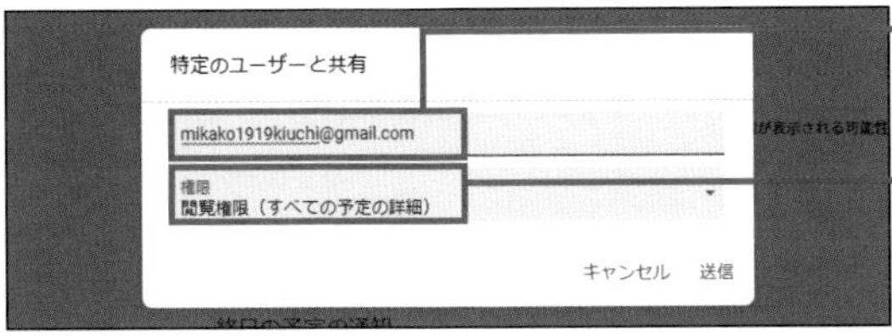

❺共有するユーザーのメールアドレスを入力し、

❻＜権限＞をクリックして、

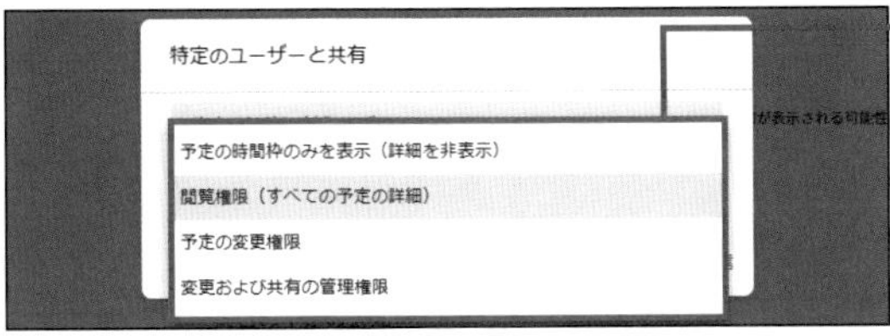

❼権限を選択（ここでは＜閲覧権限＞）したら、

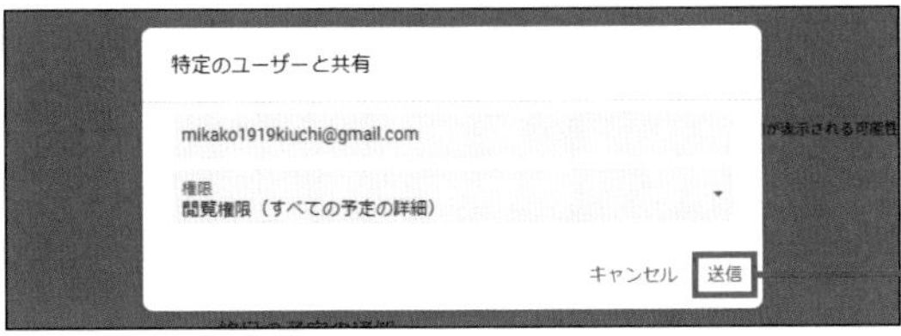

❽＜送信＞をクリックします。

追加するユーザーにメールが送信され、相手が受け入れるとカレンダーが共有されます。

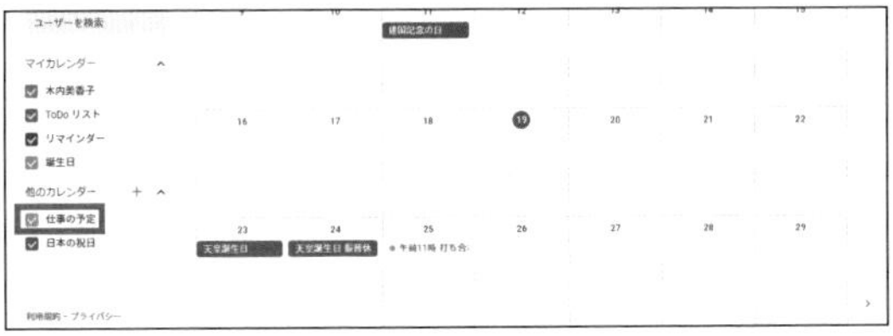

❾共有されたユーザーは、画面左側の「他のカレンダー」に共有されたカレンダー名が表示され、予定が反映されます。

Column

共有された予定を利用する

ほかのユーザーのカレンダーを共有した場合、与えられた権限によってできることが異なります。予定の変更や共有の追加まで可能な場合は、カレンダーの所持者と変わらない形で予定を利用できます。また、共有しているカレンダーの予定を自分のカレンダーにも書き込んでおきたいときは、＜「○○」にコピー＞を使って予定をコピーしておくとよいでしょう。

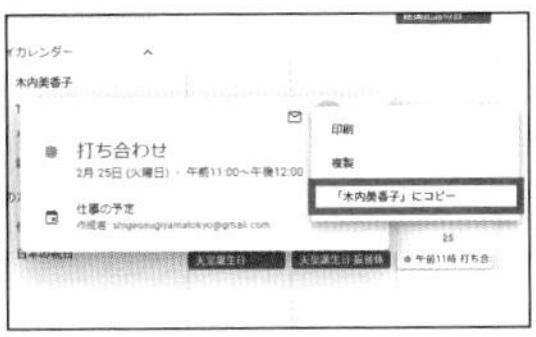

Section 083 予定にゲストを招待する

カレンダーの共有

ほかのユーザーに招待メールで通知して、予定に参加するか否かを確認することができます。招待の返事はカレンダーから確認できるので、会議を開催するときや懇談会の幹事をするときなどに便利な機能です。

予定にゲストを招待する

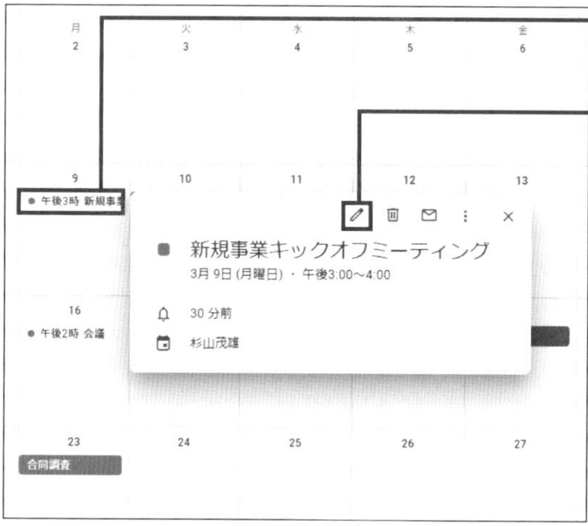

❶ゲストを招待したい予定をクリックし、

❷ 🖉をクリックします。

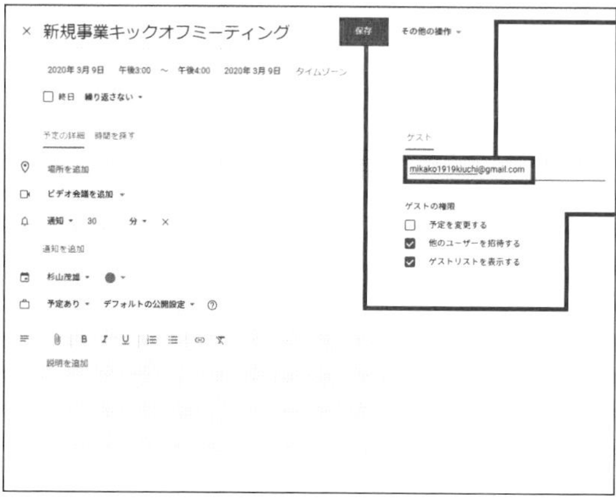

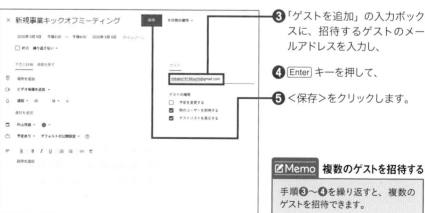

❸「ゲストを追加」の入力ボックスに、招待するゲストのメールアドレスを入力し、

❹ Enter キーを押して、

❺ <保存>をクリックします。

Memo 複数のゲストを招待する

手順❸～❹を繰り返すと、複数のゲストを招待できます。

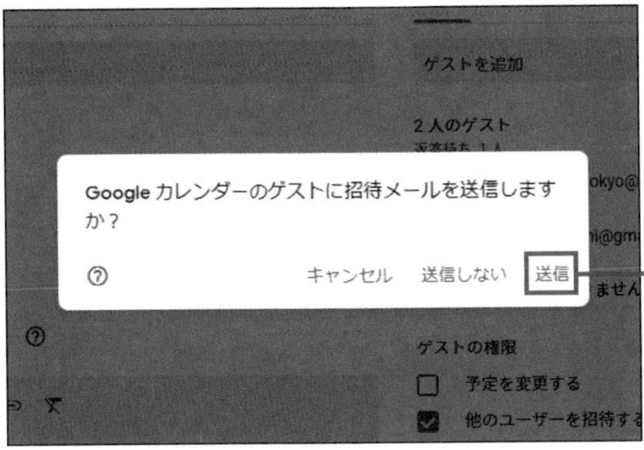

❻「Google カレンダーのゲストに招待メールを送信しますか？」画面が表示されるので＜送信＞をクリックします。

G 招待メールで予定を追加する

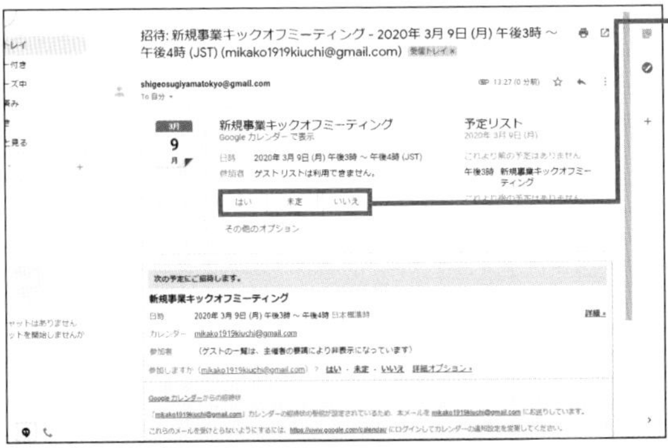

❶ゲスト側は招待メールを受け取ったら＜はい＞＜未定＞＜いいえ＞のいずれかをクリックします。

ゲスト側が招待メールの返事をすると、招待を送信した側のカレンダーにゲスト側の返事が反映されます。

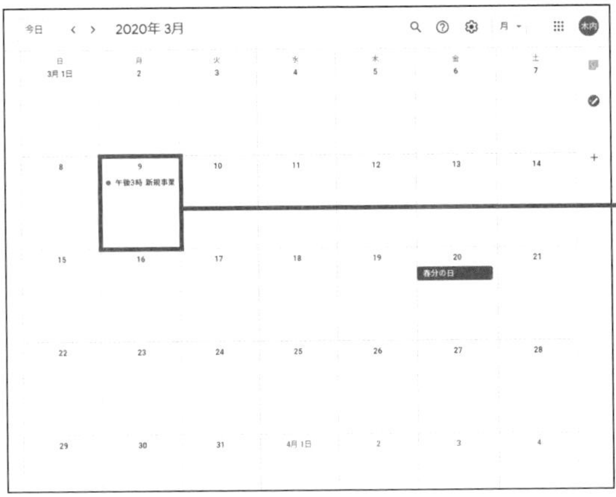

❷手順❶で＜はい＞をクリックすると、ゲスト側のカレンダーにも予定が追加されます。

Section 084 使いこなし

外国の祝日を表示する

Googleカレンダーは世界中に提供されているサービスなので、外国の祝日の表示にも対応しています。初期状態では表示されていませんが、設定を変更することで表示することができます。なお、日本の祝日は初期状態で表示されるように設定されています。

アメリカの祝日を表示する

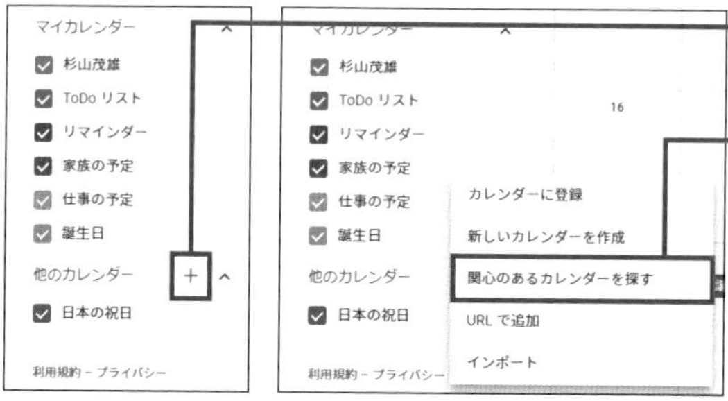

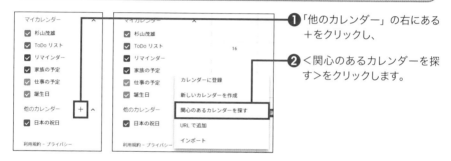

❶「他のカレンダー」の右にある＋をクリックし、

❷＜関心のあるカレンダーを探す＞をクリックします。

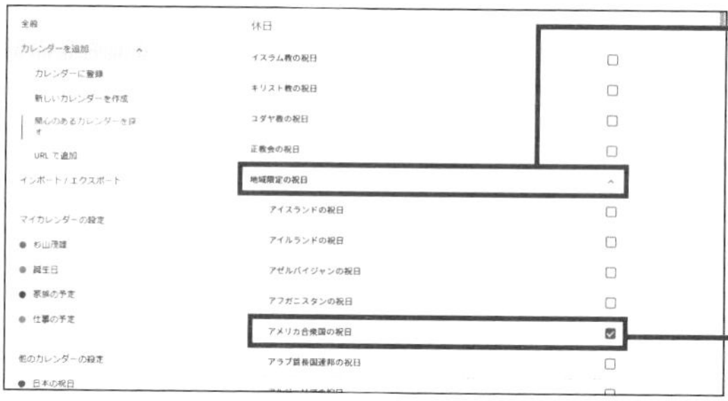

❸＜地域限定の祝日＞をクリックし、

❹＜アメリカ合衆国の祝日＞にチェックを付けると、

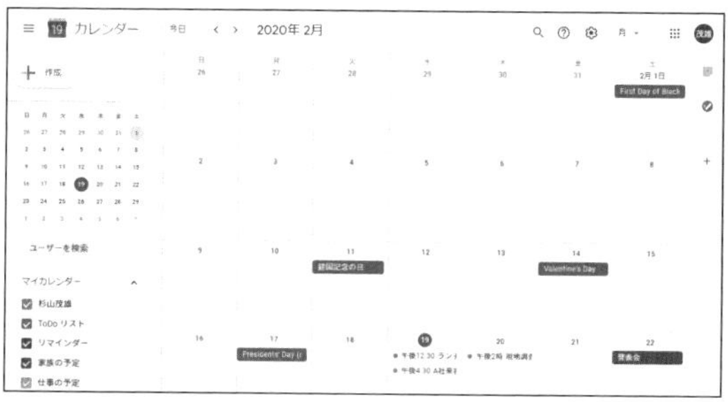

❺カレンダーにアメリカの祝日が表示されます。

スポーツチームの試合日を表示する

Googleカレンダーでは､スポーツチームの試合スケジュールを一括登録することができます。登録できるのはアメリカの野球やバスケットボール、フットボールのほか、日本のプロ野球チームにも対応しています。

G スポーツチームの試合日程を登録する

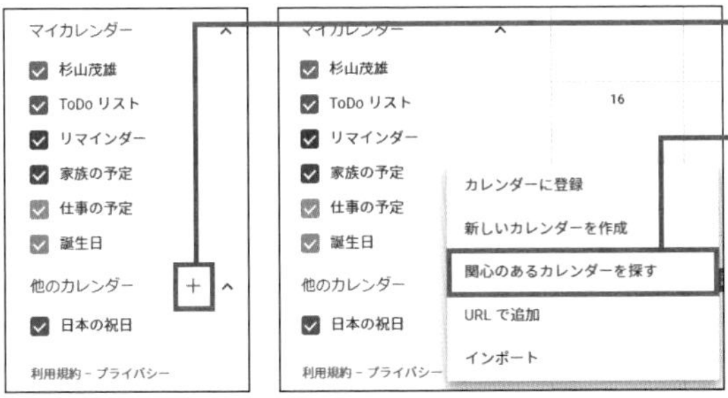

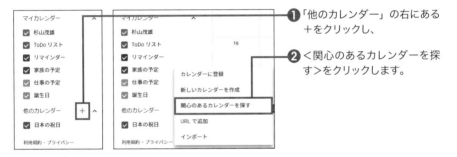

❶「他のカレンダー」の右にある＋をクリックし、

❷＜関心のあるカレンダーを探す＞をクリックします。

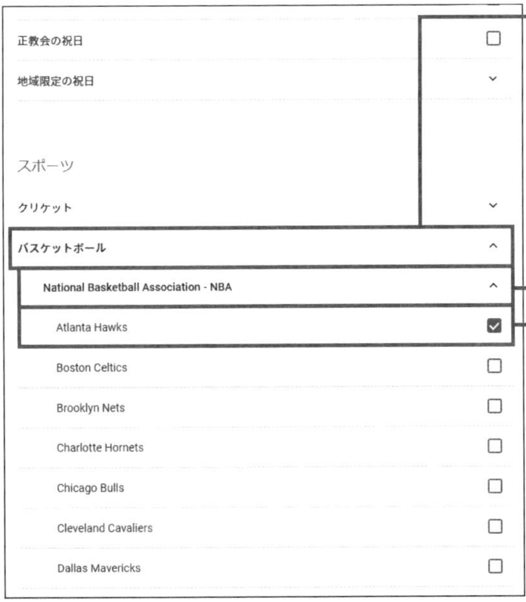

❸スポーツの種類をクリックし、

❹登録したいチームが所属する、スポーツ団体をクリックします。

❺チーム一覧が表示されるので、登録したいチームにチェックを付けると、チームの試合日程がカレンダーに表示されます。

Section
086
使いこなし

週の開始日を月曜日にする

週の開始日は日曜日の形式が一般的です。Googleカレンダーの初期設定でも、週の開始日は日曜日なっていますが、開始日を月曜日や土曜日に変更することもできます。使いやすい形式に変更しましょう。

Ⓖ 週の開始日を月曜日に変更する

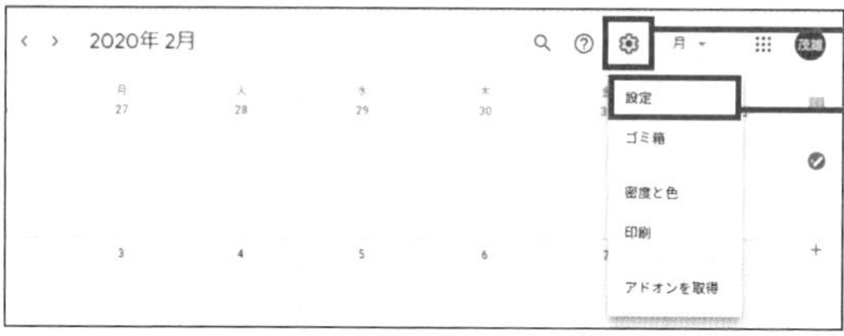

❶ ⚙をクリックし、
❷ <設定>をクリックします。

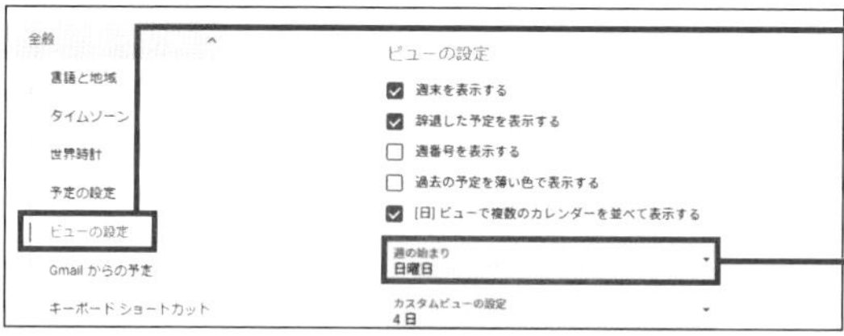

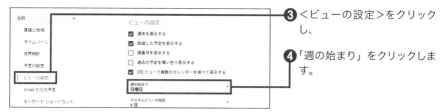

❸ <ビューの設定>をクリックし、
❹「週の始まり」をクリックします。

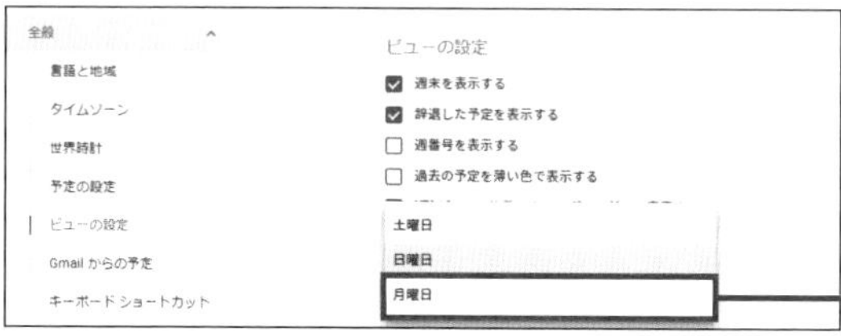

❺ <月曜日>をクリックすると、設定完了です。

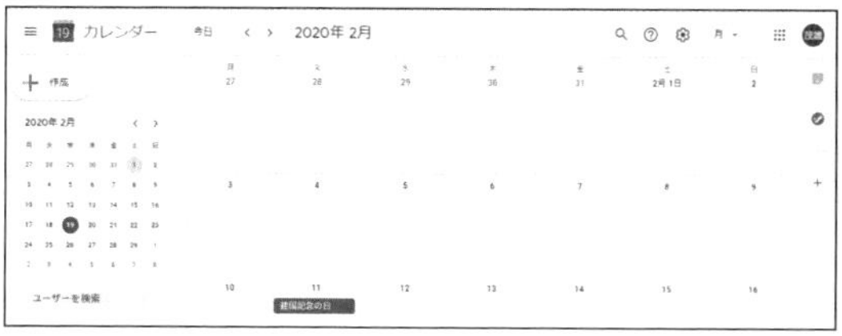

❻ 週の開始日が月曜日になりました。

予定を検索する

登録したすべての予定はキーワード検索することができます。「過去に訪問したのはいつだったか?」「あのイベントは何月に開催されたのか?」といった疑問も、検索機能を使えばすぐに解決できます。

予定を検索する

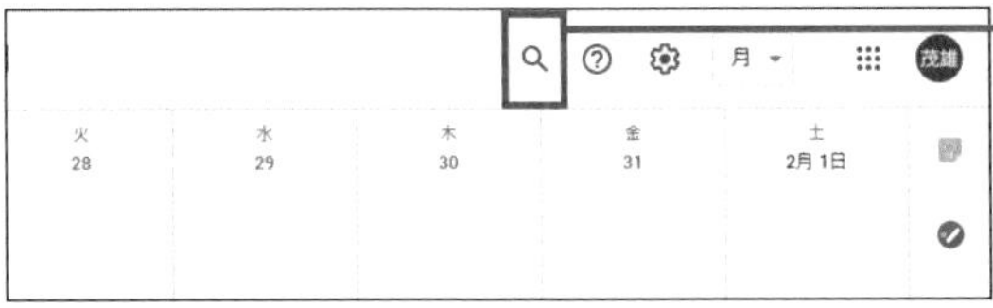

❶ 🔍をクリックし、

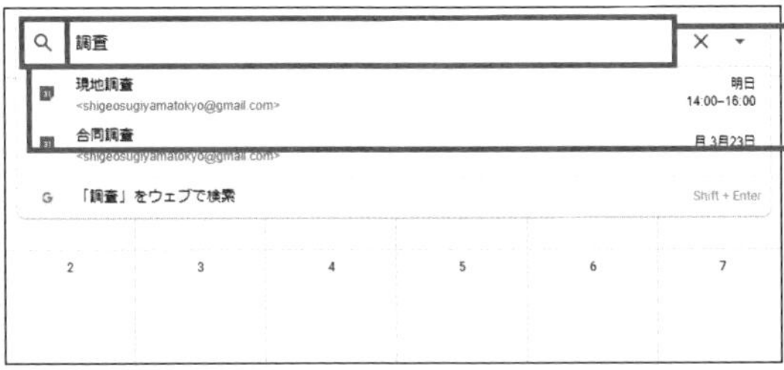

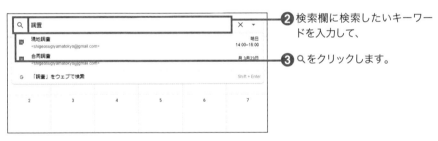

❷ 検索欄に検索したいキーワードを入力して、

❸ 🔍をクリックします。

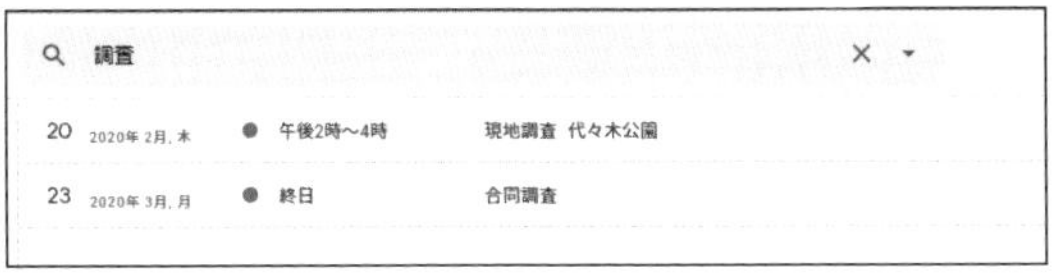

❹ 該当する予定が検索され、日時や場所などが表示されます。

Column 条件を指定して検索する

手順❷の画面で、検索欄の右にある▼をクリックすると、参加者や場所、含めないキーワード、期間などを指定して検索することができます。

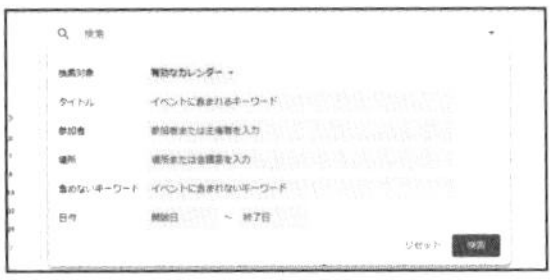

Section 088 使いこなし

カレンダーや予定を印刷する

Googleカレンダーは、印刷範囲やフォントサイズを選択して印刷することができます。カレンダー表示での印刷のほか、予定の一覧を表示したリストの印刷もできます。なお、同様の方法で、PDFファイルとして保存することも可能です。

カレンダーを印刷する

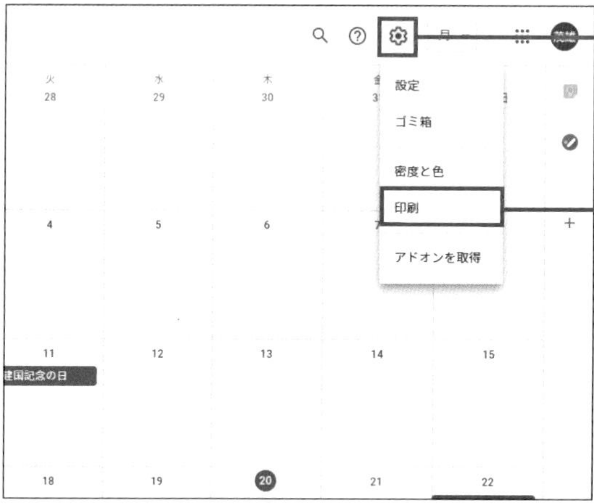

❶ ⚙をクリックし、

❷ <印刷>をクリックします。

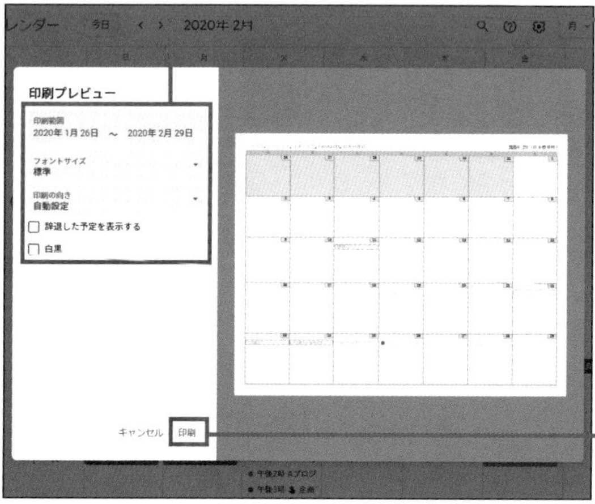

❸「印刷範囲」や「フォントサイズ」などを設定し、

❹ <印刷>をクリックします。以降は環境により異なるため画面の指示に従い印刷します。

Ⓖ 予定リストを印刷する

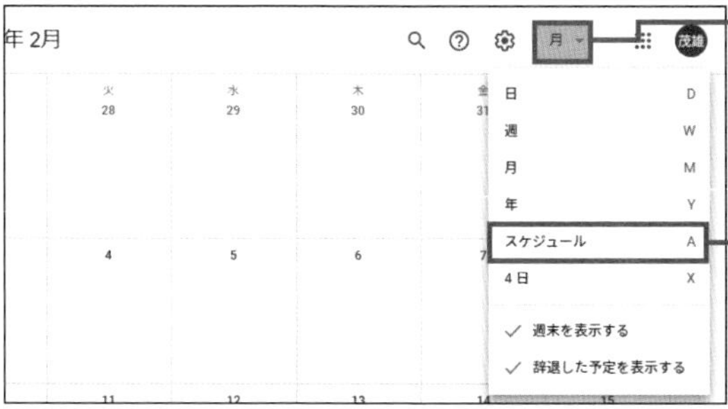

❶ここをクリックします。

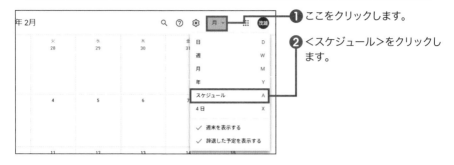

❷＜スケジュール＞をクリックします。

❸⚙をクリックして、

❹＜印刷＞をクリックします。

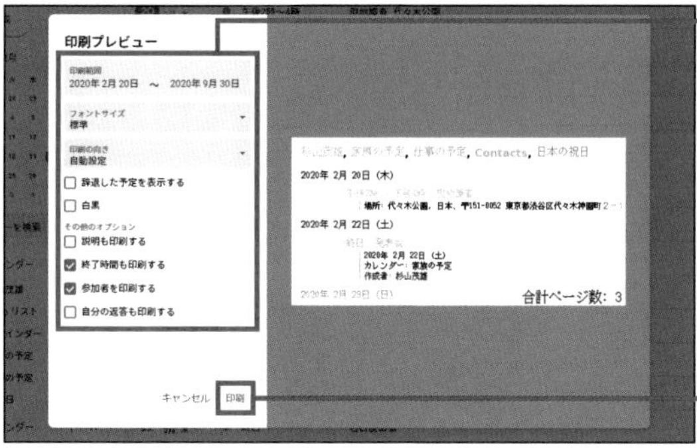

❺「印刷範囲」や「フォントサイズ」などを設定し、

❻＜印刷＞をクリックします。以降は環境により異なるため画面の指示に従い印刷します。

Column

印刷できない場合

＜印刷＞をクリックしてもうまく印刷ができない場合は、一度、カレンダーをPDFファイルとして保存してから印刷しましょう。PDFファイルとして保存するには、P.128手順❸またはP.129手順❺のあとの画面で「送信先」を変更することで設定できます。

Section 089 使いこなし

過去の予定を薄い色で表示する

登録した予定を見ているときに、過去の予定もこれからの予定と同じように表示されていると、一瞬どれがこれからの予定なのかがわかりにくく感じることがあります。過去の予定のみを薄い色で表示する設定にすると、ひと目でこれからの予定がどこからなのかがわかります。

Ⓖ 過去の予定の表示を設定する

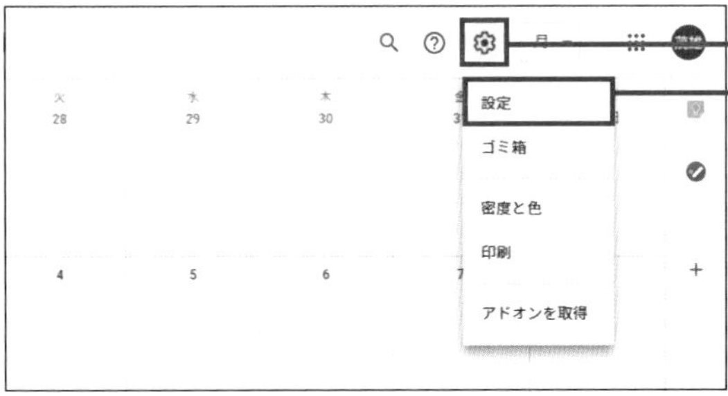

❶ ⚙をクリックし、

❷ <設定>をクリックします。

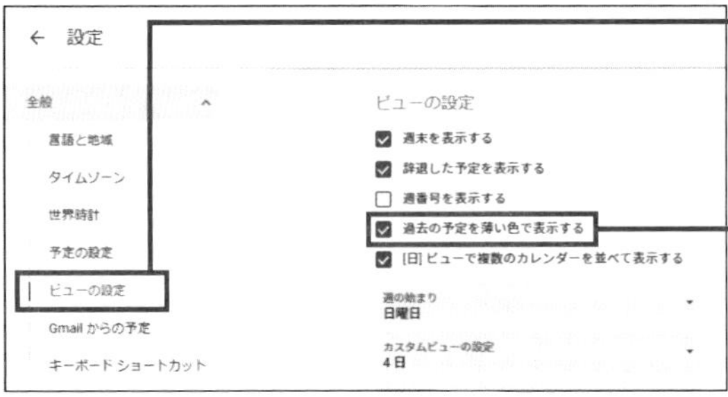

❸ <ビューの設定>をクリックし、

❹ 「過去の予定を薄い色で表示する」にチェックを付けます。

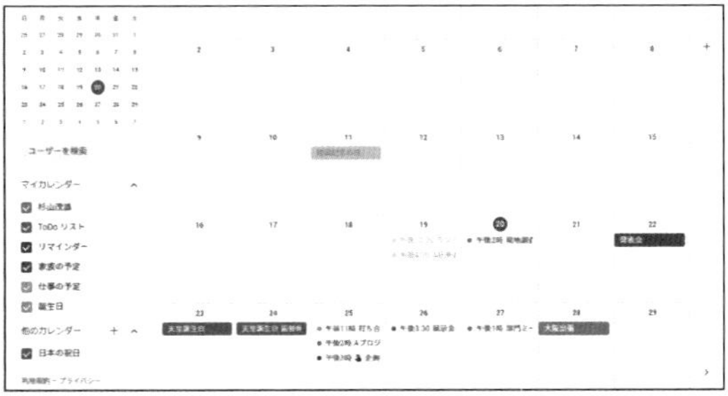

❺ 過去の表示は薄い色で表示されるようになります。

ショートカットキーで すばやく表示を切り替える

キーボードショートカットを有効にすると、マウスを使わずにさまざまな操作をキーボードで行えるため、作業効率が上がります。ショートカットキーでは、カレンダー内の移動やカレンダービューの変更、予定の作成・削除などが行えます。

ショートカットキー機能をオンにする

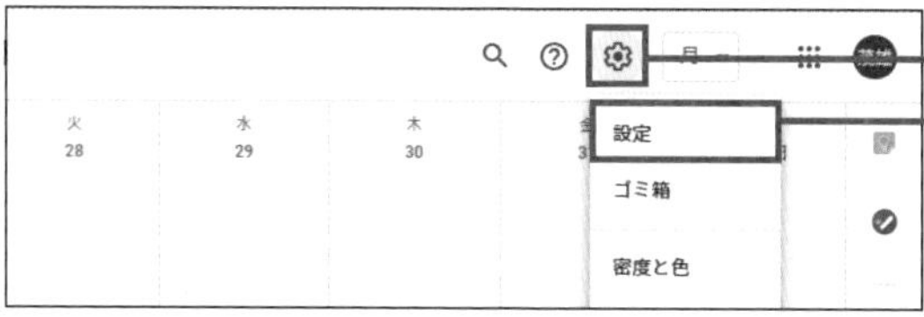

❶ ⚙をクリックし、

❷ <設定>をクリックします。

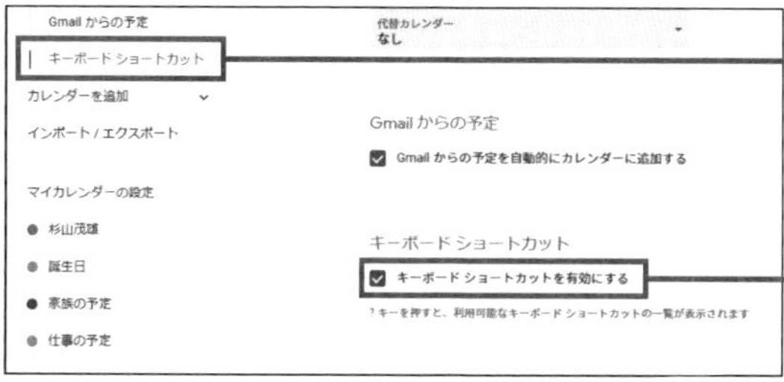

❸ <キーボードショートカット>をクリックし、

❹「キーボード ショートカットを有効にする」にチェックを付けると設定完了です。

Column

Googleカレンダーの主なショートカットキー

ショートカットキー	機能
KまたはP	前の期間へ移動
JまたはN	次の期間へ移動
Ctrl+R	画面を更新
T	今日へ移動
1またはD	日ビューを表示
2またはW	週ビューを表示
3またはM	月ビューを表示
4またはX	カスタムビューを表示
5またはA	予定リストビューを表示

ショートカットキー	機能
C	新しい予定を作成
Backspace または Delete	予定を削除
Z	元に戻す
Ctrl+S	予定を保存
/	検索
Ctrl+P	印刷
S	「設定」画面の表示
?	ショートカットのヘルプを開く

091 拡張機能 必要なときにすばやくカレンダーを表示する

Google Chromeを利用すれば、ポップアップでGoogleカレンダーを呼び出すことができます。拡張機能の「Checker Plus for Google Calendar」をインストールすることで、常にツールバーにアイコン表示させることができるため、すばやくカレンダーを表示できます。

Checker Plus for Google Calendarでカレンダーを表示する

Sec.184を参考に「Chromeウェブストア」で「Checker Plus for Google Calendar」をインストールしておきます。

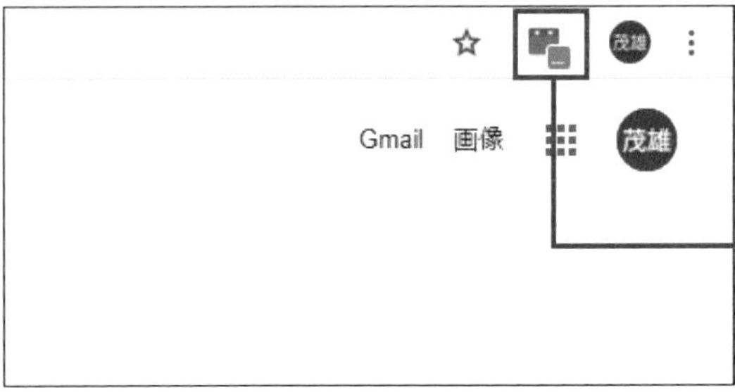

❶Google Chromeのツールバーに表示される、Googleカレンダーのアイコンをクリックすると、

❷初回はログインを促す画面が表示されるので、＜GOOGLEアカウントにログイン＞をクリックし、自分のアカウントをクリックして＜許可＞をクリックします。

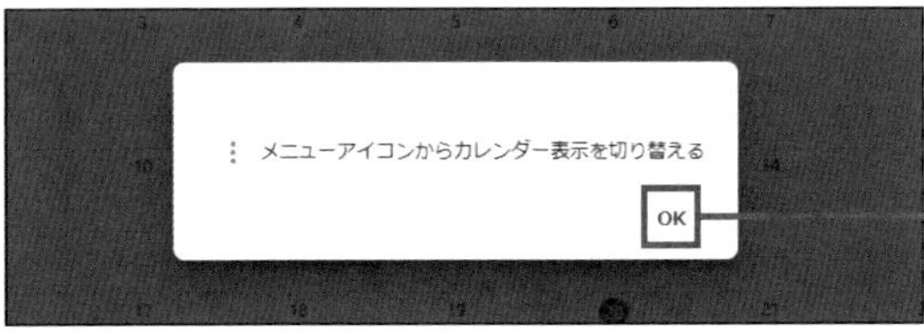

❸＜OK＞をクリックします。

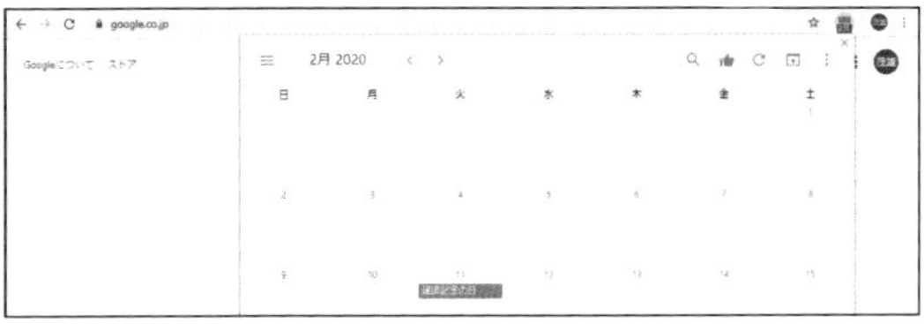

❹縮小版のカレンダーが表示され、通常のGoogleカレンダーと同じように予定の作成や編集などができます。

Section 092 拡張機能

カレンダーの文字色や背景色をカスタマイズする

Google Chromeの拡張機能の「G-calize」をインストールすると、Googleカレンダーの文字色や背景色を、曜日ごとに変更することができます。土曜、日曜、祝日以外も色分けできるので、自分のスケジュールに合わせてカスタマイズしましょう。

G-calizeでカレンダーをカスタマイズする

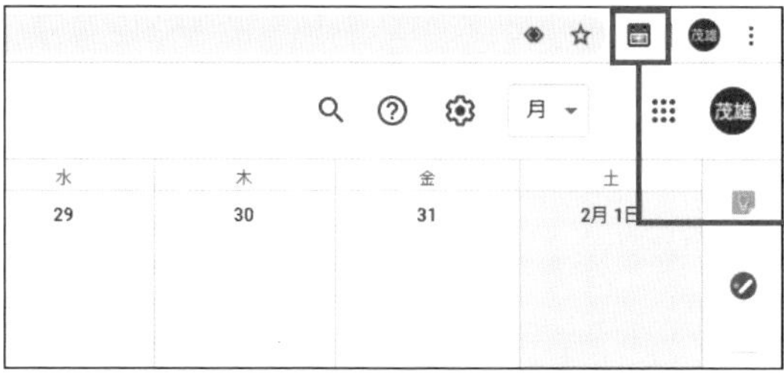

Sec.184を参考に、「Chromeウェブストア」で「G-calize」をインストールしておきます。

❶Google カレンダーを表示し、アドレスバーの横に表示される「G-calize」のアイコンをクリックします。

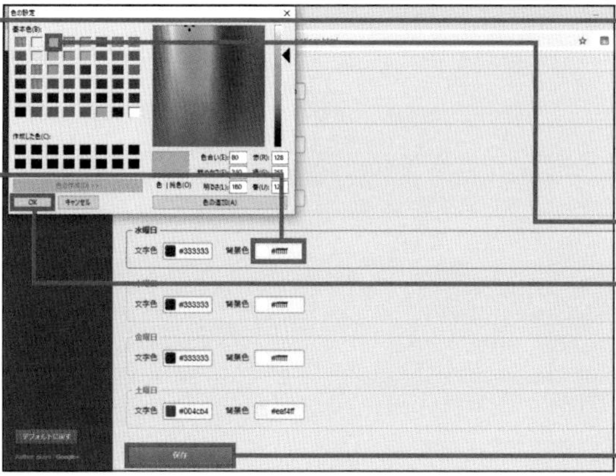

❷曜日ごとに文字色や背景色を設定することができます。変更したい曜日の「文字色」または「背景色」のボックスをクリックし、

❸色を選択して、

❹＜ OK ＞をクリックします。

❺＜保存＞をクリックします。

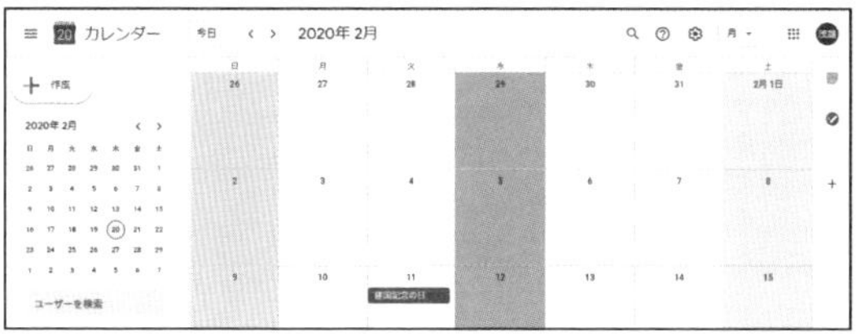

❻カレンダーに戻ると、選択した曜日の色が変更されています。

Section 093 拡張機能

Webページのテキストをそのままカレンダーに登録する

Webページを閲覧したときに、予定に入れておきたいニュースやイベント情報をGoogleカレンダーに登録することができます。なお、Google Chromeの拡張機能の「Right-Click to Calendar」をインストールする必要があります。

Right-Click to Calendarを利用する

Sec.184を参考に「Chromeウェブストア」で「Right-Click to Calendar」をダウンロードして、インストールしておきます。

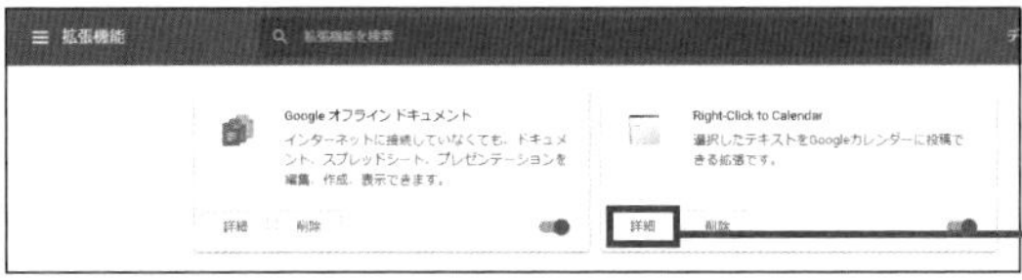

❶Google Chromeの画面右上から ⁝ →＜設定＞→＜拡張機能＞の順にクリックして、

❷「Right-Click to Calendar」の＜詳細＞→＜拡張機能のオプション＞をクリックします。

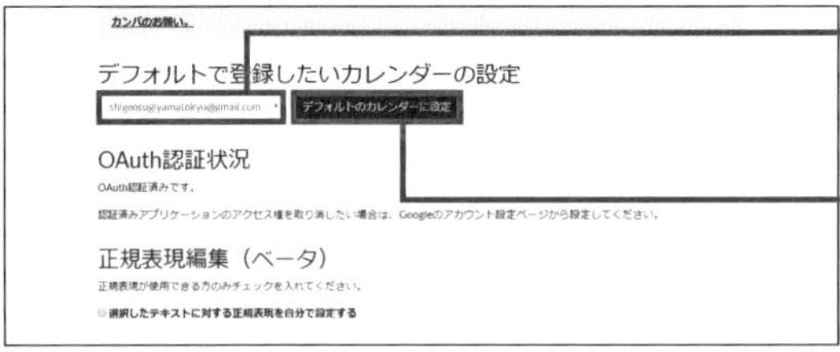

❸デフォルトで登録するカレンダーを選択し、

❹＜デフォルトのカレンダーに設定＞→＜設定＞の順にクリックします。

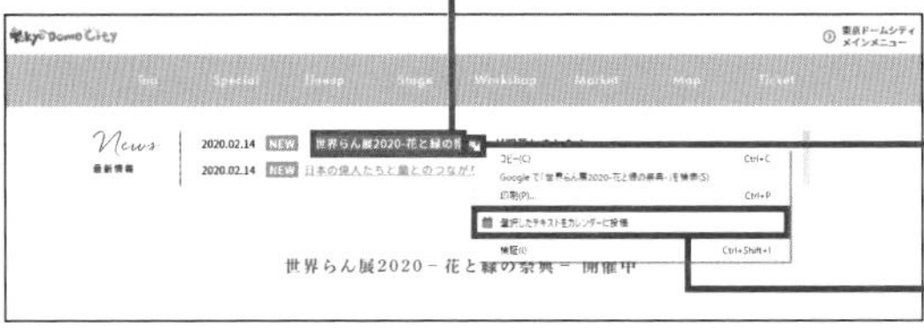

❺Google ChromeでWebページを表示して、カレンダーに登録したいテキストをドラッグして選択し、

❻右クリックして、

❼＜選択したテキストをカレンダーに投稿＞をクリックします。

❽「イベント設定」画面が表示されるので予定の情報を入力し、

❾＜Submit＞をクリックすると、カレンダーに登録されます。

第5章

最強地図サービス！ Googleマップ

Googleマップは、世界中の地図を見ることができる無料のオンライン地図サービスです。目的地までの移動時間や最短ルートを調べたり、「ストリートビュー」で実際にその場所に立っているような感覚で、現地の様子を見たりできます。

Gooooooooooogle ›
1 2 3 4 5 6 7 8 9 10

キーワードから目的地の地図を表示する

Googleマップの基本的な機能は、場所を検索してその周辺の地図を表示することです。住所で検索すると該当する場所の周辺の地図が表示されますが、そのほかにも建物の名前や施設名、山や川などの名称をキーワードとして入力し、検索することもできます。

G 目的地の地図を表示する

❶Google のトップページで⠿をクリックし、

❷<マップ>をクリックします。

❸Google マップが表示されます。

❹検索ボックスにキーワードを入力し、

❺🔍をクリックします。

❻キーワードに該当する地図が表示されます。

Column

地図を移動、拡大／縮小する

地図上をドラッグするか、キーボードの←→↑↓キーを押すことで、地図を移動できます。また、画面右下の＋をクリックすると拡大、－をクリックすると縮小できます。マウスホイールを上下に動かすことでも、拡大／縮小が可能です。

095 航空写真などの表示に切り替える

マップの基本

Googleマップは通常の地図のほかに、上空から撮影した航空写真を表示することができます。航空写真以外にも、交通状況や路線図、地形などを表示できるので、用途によって通常の地図と切り替えて利用しましょう。

地図を航空写真で表示する

❶ Google マップを表示し、画面左下の＜航空写真＞をクリックすると、

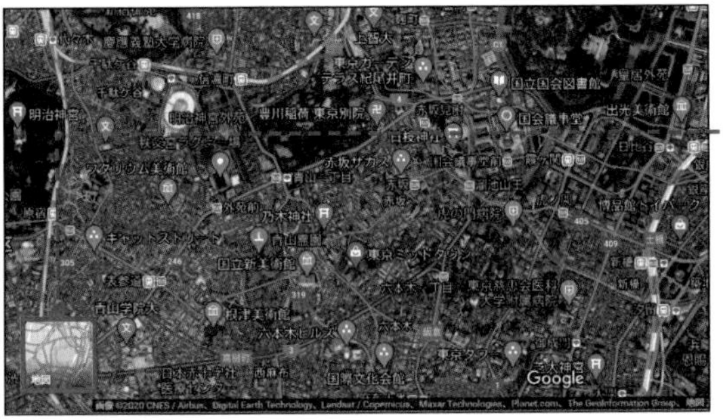

❷ 航空写真が表示されます。

＜地図＞をクリックすると地図の表示に戻ります。

Column そのほかの表示方法

画面左上の≡をクリックするとサブメニューが表示され､そのほかの表示方法を選択できます。＜交通状況＞をクリックすると現在の交通状況が速度別に色分けして表示され、＜路線図＞をクリックすると鉄道や地下鉄が色分けされて表示され、＜地形＞をクリックすると地形と標高が表示されます。

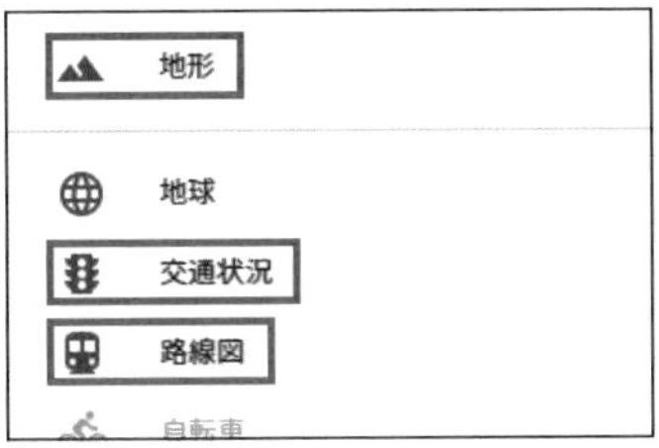

Section 096 マップの基本

指定した場所付近のお店や施設を検索する

場所を検索して地図を表示したあと、周辺のお店や施設を探すことができます。目的地周辺のコンビニやトイレの場所を事前に確認したり、天気のよい日に近くにある大きな公園を検索したり、いろいろなスポットを検索することができます。

Ⓖ お店や施設を探す

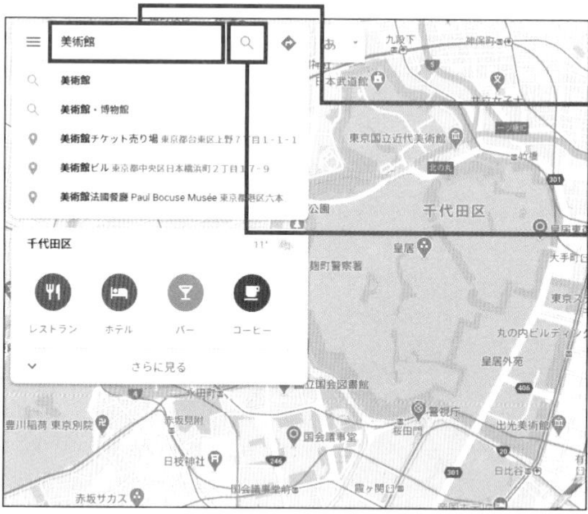

❶調べるエリアを表示し、

❷検索ボックスに探したい施設のジャンル（ホテルや公園、カフェなど）を入力し、

❸🔍をクリックします。

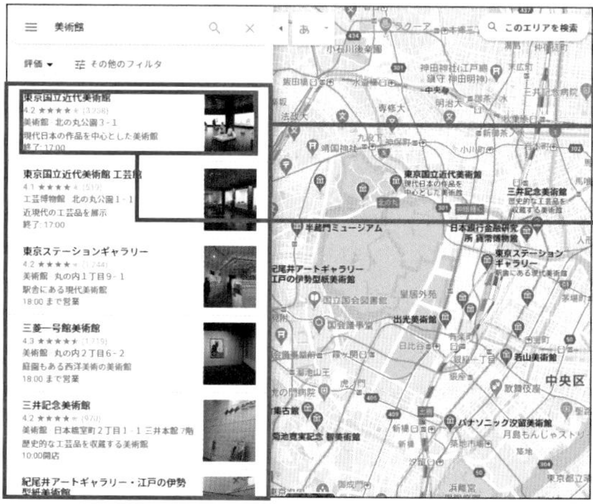

❹地図上に該当するスポットが赤の丸印で表示され、

❺画面左側にスポット一覧が表示されます。

❻スポットをクリックすると、

❼地図上の該当する場所にピンが表示され、

❽スポットの住所、電話番号、URL などが表示されます。

❾＜ルート・乗換＞をクリックし、

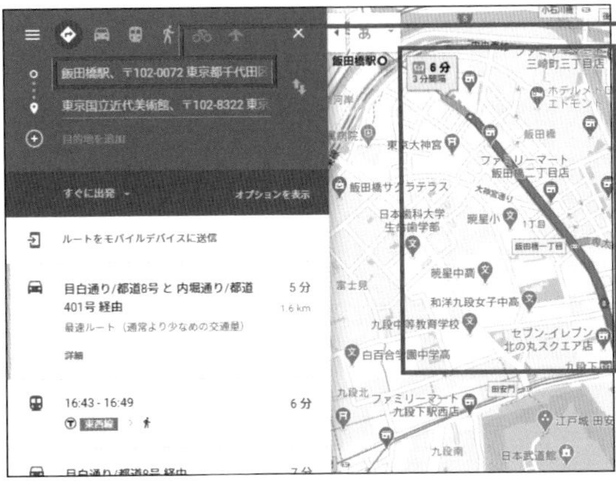

❿「出発地」を入力するか、地図上をクリックすると、

⓫地図上に交通手段別に経路が表示されます。

⓬＜付近を検索＞をクリックすると、さらに探したい施設を検索ボックスに入力して検索することができます。

Memo Webページを開く

左の画面でURLをクリックすると、そのお店や施設のWebページが表示されます。

097 マップの活用
指定した場所のクチコミを見る

Googleマップでは、指定した場所のクチコミや連絡先などを表示することができます。また、クチコミは新しい順や評価の高い順、評価の低い順などに並べ替えて表示することができます。

クチコミを見る

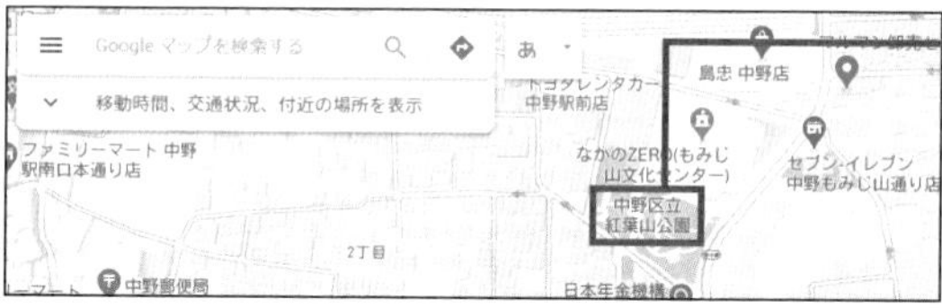

❶情報を見たい場所をクリックします。

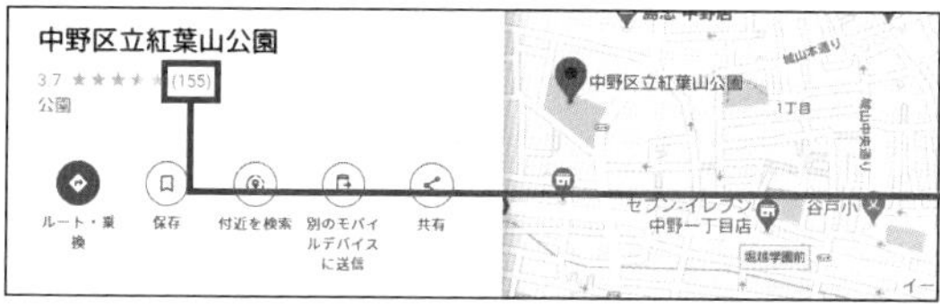

❷クリックした場所にピンが表示されます。

❸クチコミ数をクリックすると、

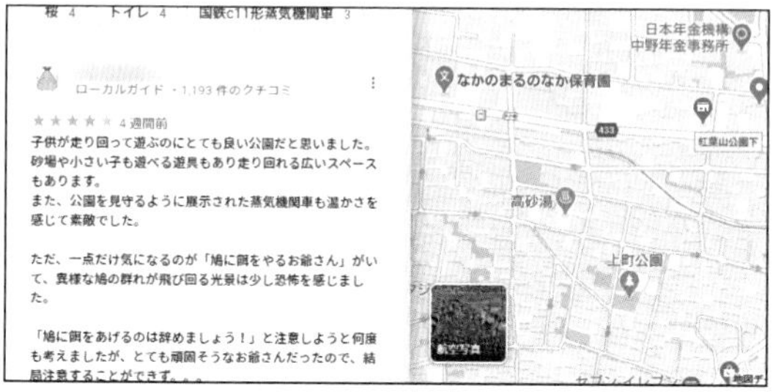

❹クチコミを見ることができます。

Memo クチコミを検索する

🔍をクリックすると、検索ボックスが表示され、キーワードを入力して Enter キーを押すと、クチコミの中からキーワードが検索されます。

Column

クチコミを並べ替える

手順❹の画面で＜並べ替え＞をクリックし、＜関連性のある順＞＜新しい順＞＜評価の高い順＞＜評価の低い順＞のいずれかをクリックすると、口コミの表示が並び替えられます。

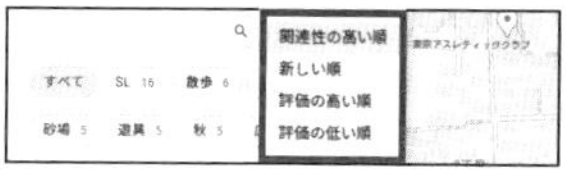

098 ストリートビューを表示する

マップの活用

ストリートビューを利用すれば、実際にその場所にいる感覚で、360度見渡せるパノラマ写真を見ることができます。目的地の周辺をストリートビューで表示すれば道順を確認したり、迷わないように目印となる建物を探したりすることができます。

G ストリートビューを利用する

❶ Google マップで見たい場所を表示し、画面右下の をクリックします。

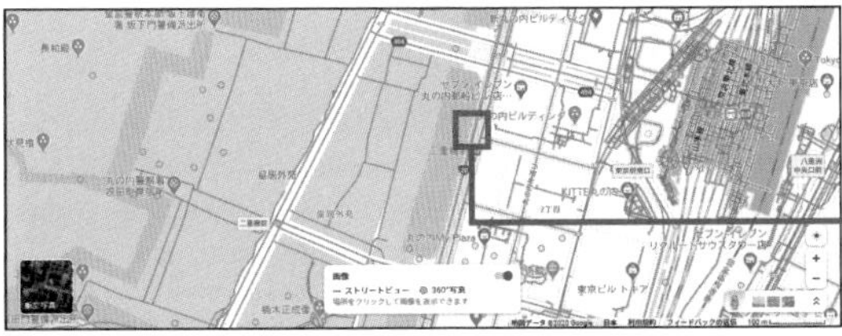

❷ ストリートビューに対応した道やスポットが青色で表示されます。

❸ 見たい場所をクリックします。

❹ ストリートビューが表示されます。

❺ 画面上をドラッグするか、キーボードの ↑↓→← キーを押すと、角度の変更や移動ができます。画面右下の＋－をクリックするか、マウスホイールを上下に動かして、画面を拡大／縮小できます。

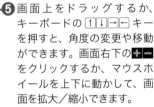

もとの画面に戻すには画面左上の←をクリックするか、Esc キーを押します。

Memo インドアビューを表示する

ストリートビューでは、対応する建物によっては建物内部の画面が表示されます（インドアビュー）。ホテルや飲食店、ショップなどの内部をパノラマ写真で見ることができます。

マップの活用

駅やデパートなどの館内図を見る

空港や駅、デパートなどの施設を拡大表示すると、「インドアマップ」と呼ばれる館内図を見ることができます。インドアマップを表示できる場所は、Googleマップに登録されている駅や空港などの交通機関、デパートやショッピングモールなどの商業施設などです。

G 館内図を見る

❶館内図を見たい施設をクリックします。

❷画面右下の + − をクリック、またはマウスホイールを上下に動かして拡大すると、館内図が表示されます。

❸施設の階数をクリックすると、

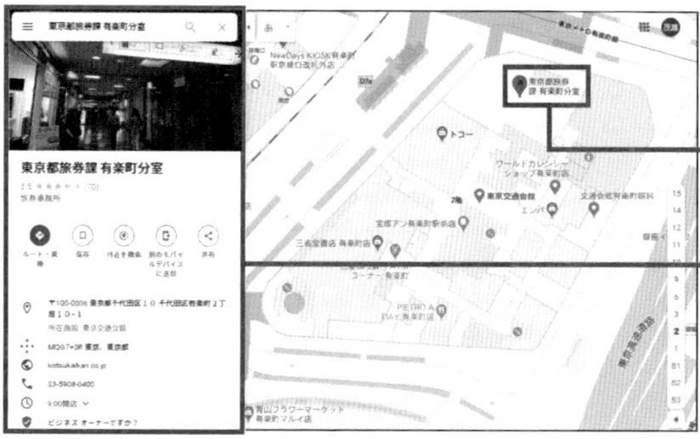

❹表示されるフロアを変更できます。

❺館内にあるスポットをクリックすると、

❻スポットの情報が表示されます。

指定した場所付近の写真を見る

Googleマップでは、指定した場所の周辺の写真を見ることができます。表示される写真はストリートビューや、一般の投稿者によって投稿された風景写真です。出かける前に、どのような場所なのか確認しておくとよいでしょう。

指定した場所付近の写真を見る

❶写真を見たい場所を表示して、

❷画面右下の をクリックします。

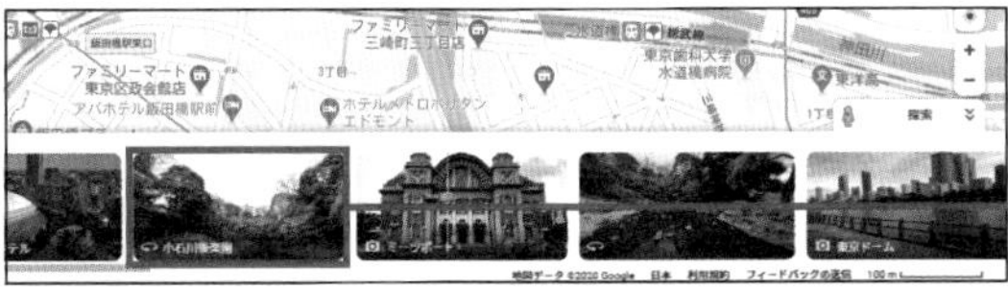

❸地図上の写真やストリートビューが表示されます。

❹見たい写真をクリックすると、

❺写真が拡大されて表示されます。

❻もとの画面に戻るには、←をクリック、または Esc キーを押します。

Column 任意のスポットの写真を表示する

地図上の任意のスポット名をクリックすると、そのスポットの情報が表示されます（P.139手順❽参照）。スポット情報内の上部にある写真をクリックすると、手順❺の画面と同様に写真が表示されます。

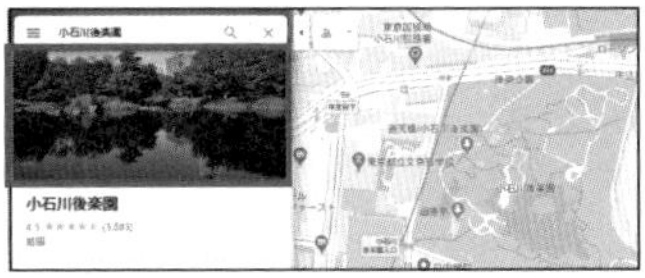

Section **101** マップの活用

気になるスポットに スターを付ける

気になるスポットや好きな場所にスターを付けておけば、地図上にが表示されるようになり、次からその場所を見つけやすくなります。また、スターを付けたスポットは一覧表示で確認することができます。

Ⓖ 気になるスポットに目印を付ける

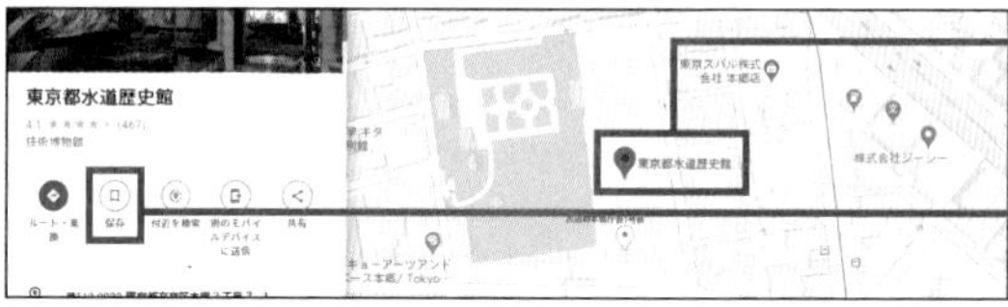

❶スターを付けたい場所をクリックし、

❷<保存>→<スター付き>の順にクリックします。

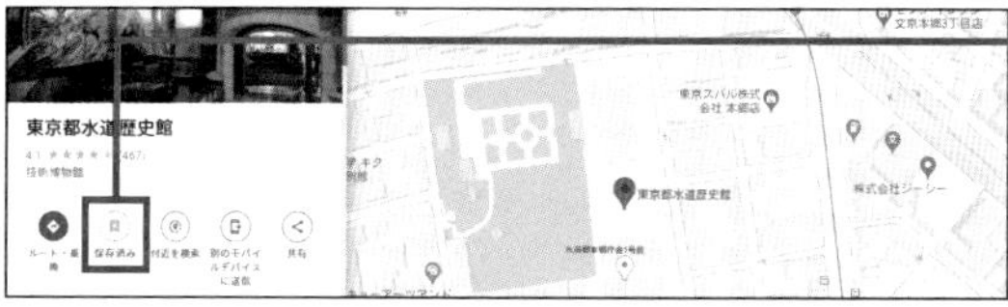

❸表示が「保存済み」に変わります。

❹地図を縮小してもスターが表示されるので、スターを付けたスポットがひと目でわかります。

Memo スターを外す

付けたスターを外すには、同様の操作を行い手順❷でもう一度<スター付き>をクリックします。

Column

スター付きを一覧表示する

スターを付けたスポットは、≡→<マイプレイス>→<保存済み>→<スター付き>の順にクリックすると確認できます。

102 2点間の距離を測定する

マップの活用

Googleマップでは、始点と終点をクリックするだけで、指定した2つの場所の直線距離を調べることができます。また、あとから別の場所を指定して、距離を測定することも可能です。あらかじめ目的地までの距離を知りたい場合に利用するとよいでしょう。

Ⓖ 2点間の直線距離を調べる

❶ 地図上の始点となる位置で右クリックし、

❷ <距離を測定>をクリックすると、が表示されます。

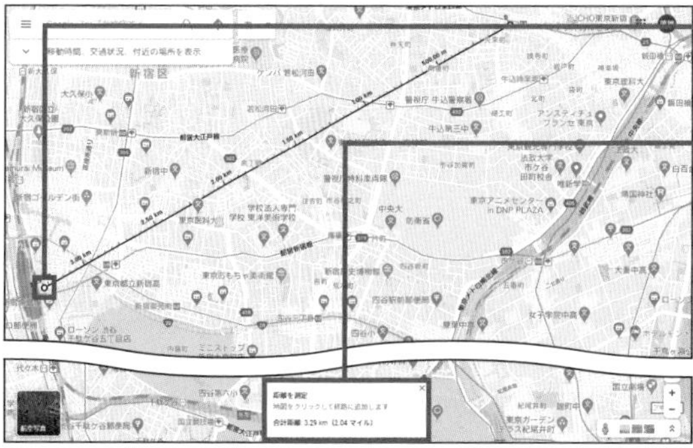

❸ 終点となる位置をクリックすると、

❹ 距離が測定されて表示されます。

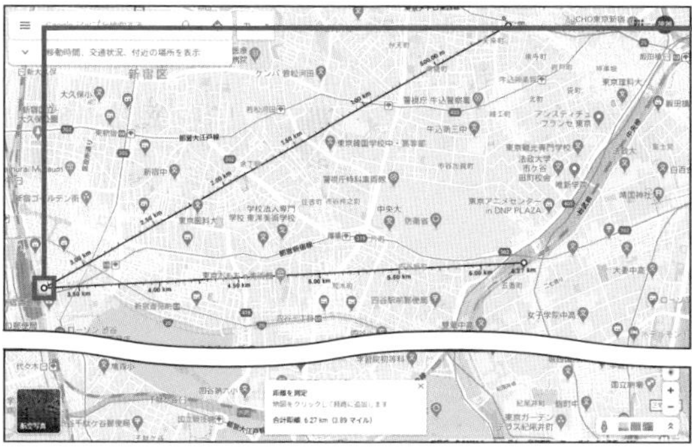

❺ さらに別の位置をクリックすると、続けて距離を測定できます。

Section
103 目的地までの経路を検索する

経路の検索

Googleマップでは、出発地から目的地までの経路を検索することもできます。経路には移動時間や距離も表示され、車、電車・バス、徒歩などの交通手段を選択して、最適な経路を見つけることができます。

Ⓖ 目的地までの経路を検索する

❶ ◆をクリックします。

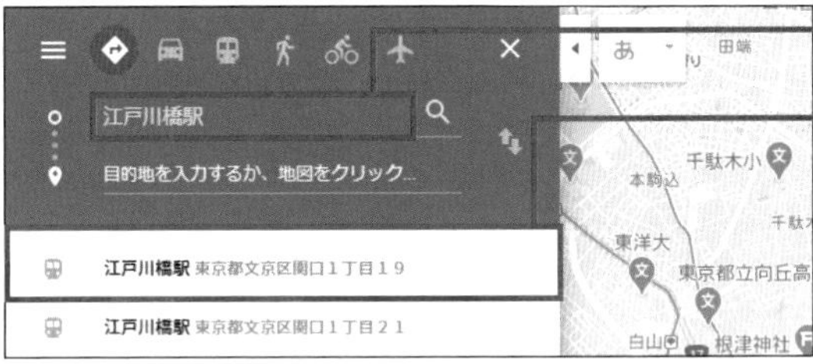

❷ 出発地を入力し、

❸ 表示された候補をクリックします。

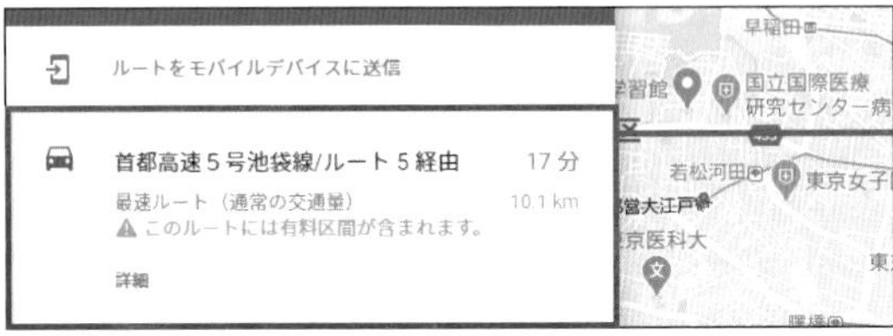

❹ 目的地も同様に指定すると、

❺ 経路の候補が表示されるので、詳細を見たい候補をクリックします。

❻ 経路の詳細が表示されます。

Ⓖ 交通手段を指定して検索する

❶ P.146 手順❺で🚗をクリックすると、

❷ 自動車の経路と時間、距離が表示されます。

Memo 出発地･目的地を変更する

出発地や目的地のピンをドラッグすると、それぞれの場所を変更することができます。経路や距離、時間なども同時に変更されます。

❸ P.146 手順❺で🚶をクリックすると、

❹ 徒歩の経路と時間、距離が表示されます。

Memo 電車の経路

🚆をクリックすると、電車・バスの経路と時間が表示されます。

Column

目的地の追加と経路の並べ替え

徒歩または自動車の経路を表示した場合、目的地の下に表示される⊕をクリックすると、目的地を追加することができます。○や📍をドラッグすると、経路の並び順を変更できます。

104 有料道路を除いた経路を表示する

経路の検索

Googleマップでは時間や予算を考慮して、最適な経路を選択することができます。目的地まで自動車を利用する際に、高速道路や有料道路を通らないで行きたい場合は、それらを除外した経路を検索しましょう。

G 高速道路と有料道路を通らない経路を検索する

❶ ◈をクリックして、

❷ 🚗をクリックし、

❸ P.146を参考に出発地と目的地を指定します。

❹ 高速道路や有料道路を経由する経路が表示されます。

❺ ＜オプションを表示＞をクリックし、

❻「不使用」の＜高速道路＞と＜有料道路＞にチェックを付けると、

❼ 高速道路や有料道路が除外された経路が表示されます。

105 経路の検索

電車の乗り換え時間を検索する

Googleマップでは、電車やバスの乗り換え経路を検索することもできます。出発地と目的地を入力し、交通機関に🚆を選択すると、電車やバスの乗り換え経路と徒歩の経路をまとめて検索できます。複数の路線を乗り継ぐ場合は、乗り換え時間も表示されます。

G 乗り換え経路を検索する

❶ ◆をクリックして、

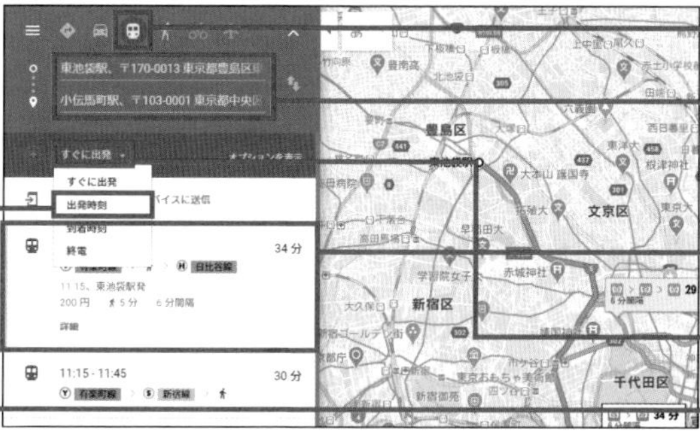

❷ 🚆をクリックし、

❸ P.146 を参考に出発地と目的地を指定します。

❹ 電車・バスの交通機関の経路と時間が表示されます。

❺ <すぐに出発>をクリックし、

❻ <出発時刻>をクリックします。

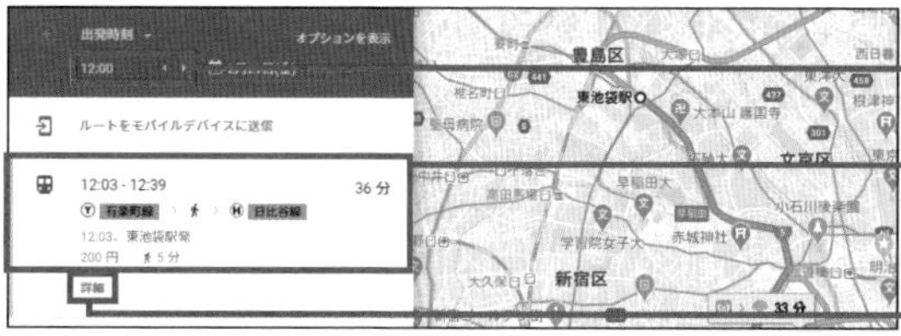

❼「出発時刻」を入力すると、

❽ 出発時間と経路が表示されます。

❾ <詳細>をクリックすると、

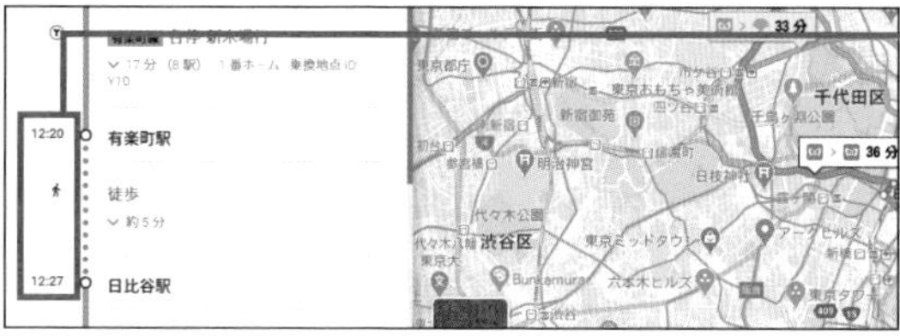

❿ 電車を乗り換える駅での到着時間と出発時間が表示されます。

106 経路の検索

複数の乗り換え経路を比較する

電車やバスの経路を検索したとき、＜ルート比較ツール＞をクリックすると複数の経路が一覧で表示され、時間や乗り換え回数などを比較することができます。時間や距離を比較することで、最適な経路を探すことができます。

Ⓖ 経路の一覧を表示する

❶ P.146を参考に出発地から目的地までの経路を検索し、

❷ 🚆の経路をクリックします。

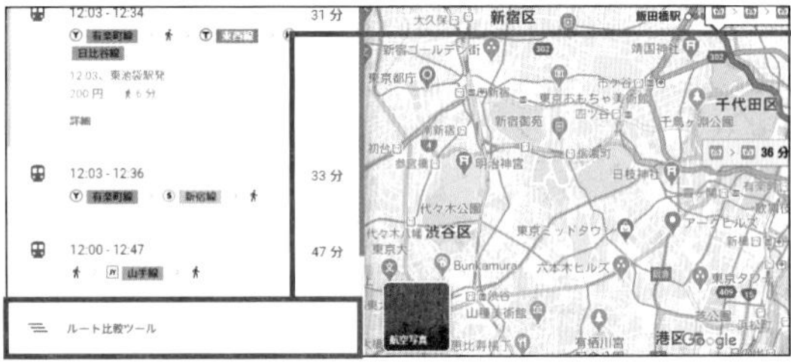

❸ ＜ルート比較ツール＞をクリックします。

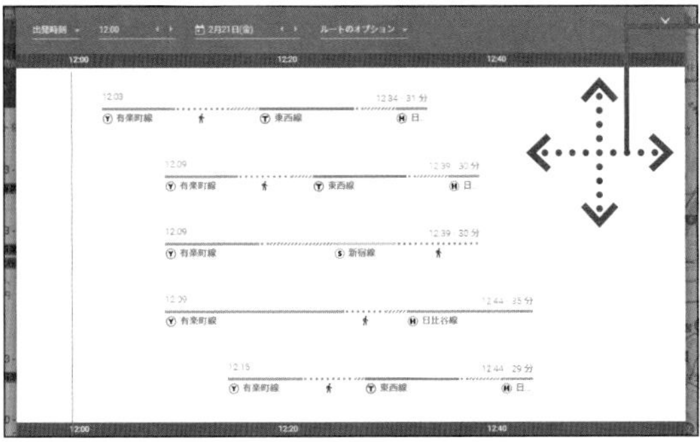

❹ 各経路の出発時刻、到着時刻などが一覧で表示されます。上下左右にドラッグすると、別の経路を表示できます。

Memo 経路の詳細を表示する

経路の一覧から見たいルートをクリックすると、その経路の詳細が表示されます。

Section 107 経路の検索

検索した経路をほかのデバイスと共有する

検索した経路は、スマートフォンやタブレットなどと共有できます。経路の情報は同じGoogleアカウントで「マップ」アプリにログインしているモバイルデバイスのほか、Gmailやアカウント作成時に登録した電話番号へSMSとして送信ができます。

検索した経路を共有する

❶P.146を参考に出発地から目的地までの経路を検索し、

❷ をクリックします。

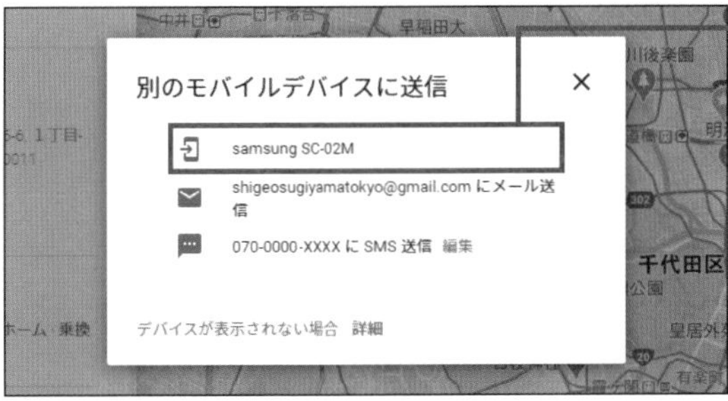

❸送信先(ここでは< samsung SC-02M >)をクリックすると、

Memo 送信できるデバイス

同じGoogleアカウントで「マップ」アプリにログインしているデバイスが表示されます。

❹経路が送信されて共有されます。手順❸でデバイスを選択した場合、送信先デバイスにはプッシュ通知などで検索した経路の情報が共有されます。

検索した経路を印刷する

出先で道に迷わないよう、検索した経路を紙に印刷して外出するとよいでしょう。テキストによる経路の情報だけでなく、メモを入力したり、地図を付けたりして印刷することもできます。

G 経路を印刷する

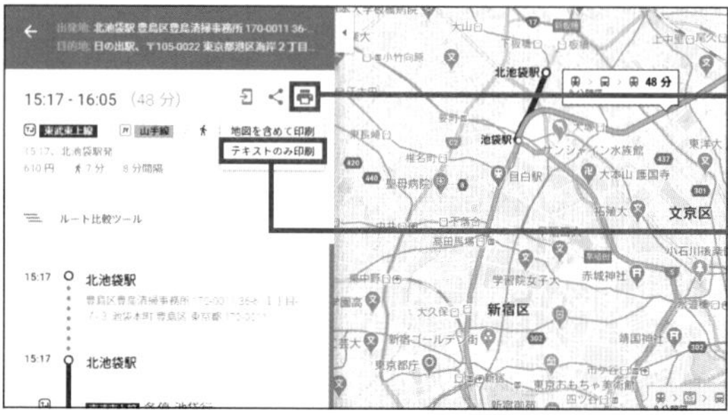

❶P.146を参考に出発地から目的地までの経路を検索し、

❷🖨をクリックして、

❸＜地図を含めて印刷＞または＜テキストのみ印刷＞（ここでは＜テキストのみ印刷＞）をクリックします。

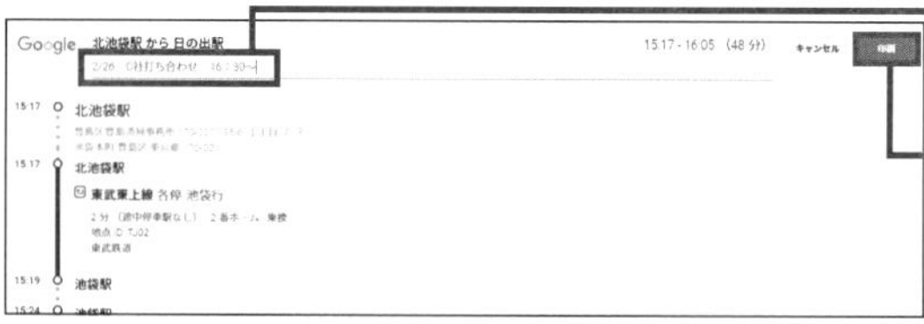

❹必要であればメモを入力し、

❺＜印刷＞をクリックします。

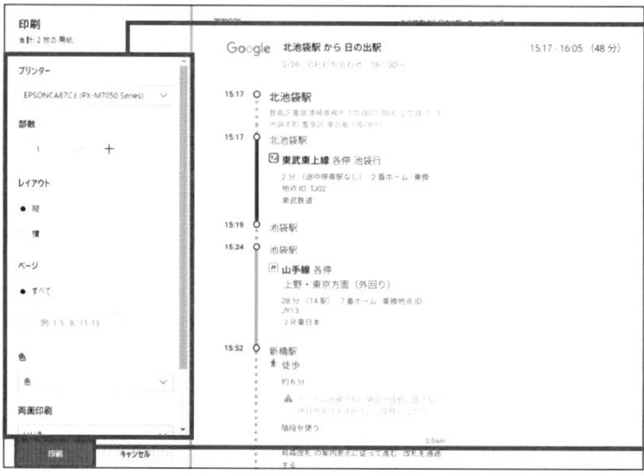

❻レイアウトや色などを印刷の設定をし、

❼＜印刷＞をクリックします。

第1章
第2章
第3章
第4章
第5章 経路の検索

Section 109 経路の検索

自宅や職場の住所を登録する

自宅や職場の住所を登録しておくと、検索ボックスに「自宅」または「職場」と入力するだけで自動的に住所が表示され、1クリックで入力できるようになります。自宅や職場の代わりに、よく行く場所の住所を登録してもよいでしょう。

G よく行く場所を登録する

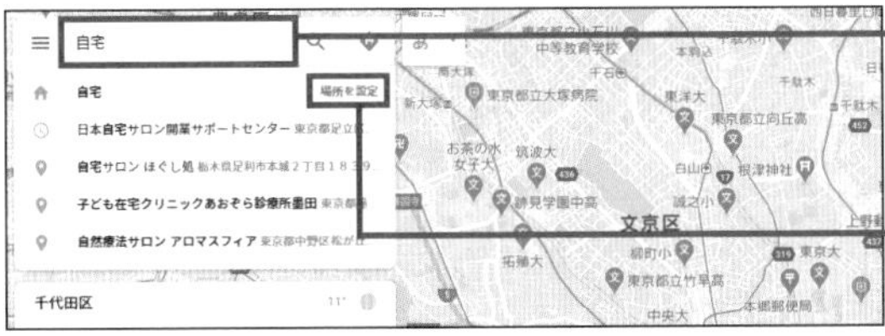

❶検索ボックスに「自宅」または「職場」と入力します。ここでは「自宅」と入力すると、

❷検索ボックスの下に「自宅」と表示されるので、横にある<場所を設定>をクリックします。

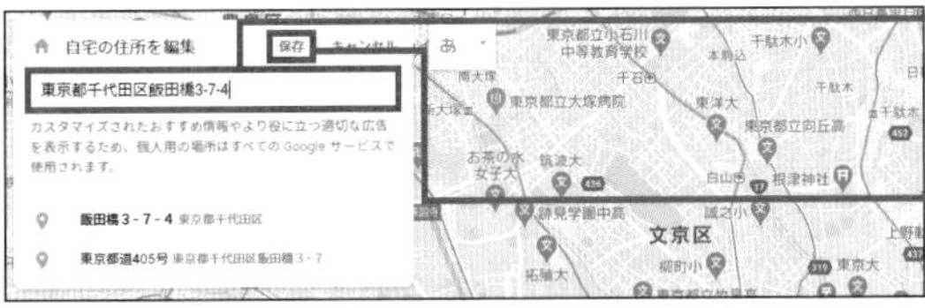

❸自宅の住所を入力し、

❹<保存>をクリックすると、自宅の住所が登録されます。

❺「自宅」と入力すると、

❻検索ボックスの下に表示される<自宅>をクリックするだけで、自宅の場所が地図で表示されます。

Column 自宅や職場をルート検索に利用する

自宅や職場の住所を登録しておくと、ルート検索で出発地や目的地を入力する際にも、クリックするだけで入力できるようになります。

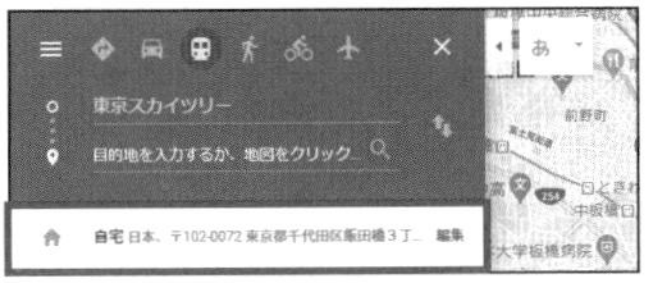

110 気になるスポットをまとめた自分だけのマップを作る

マイマップ

Googleマップでは、自分用にカスタマイズした「マイマップ」を作成することができます。マイマップに気になるスポットを登録しておけば、登録したスポットをすぐに表示することができます。

マイマップを作成する

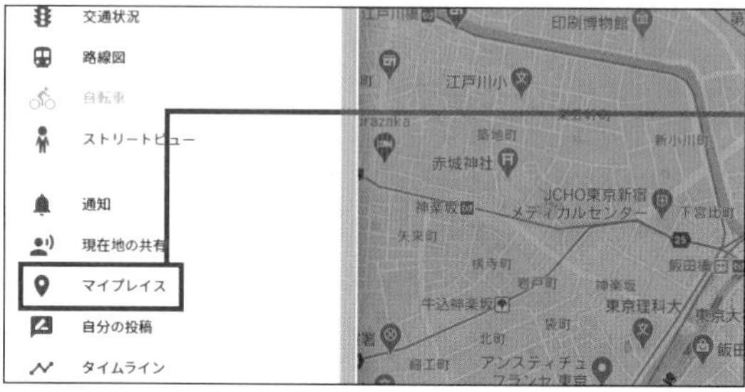

❶≡をクリックし、

❷<マイプレイス>をクリックします。

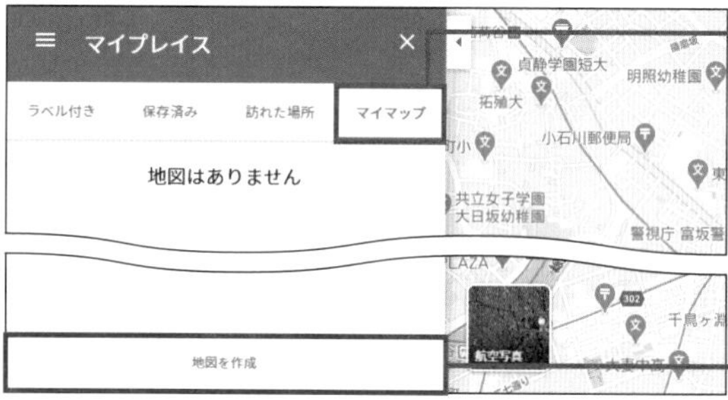

❸<マイマップ>をクリックして、

❹<地図を作成>をクリックします。

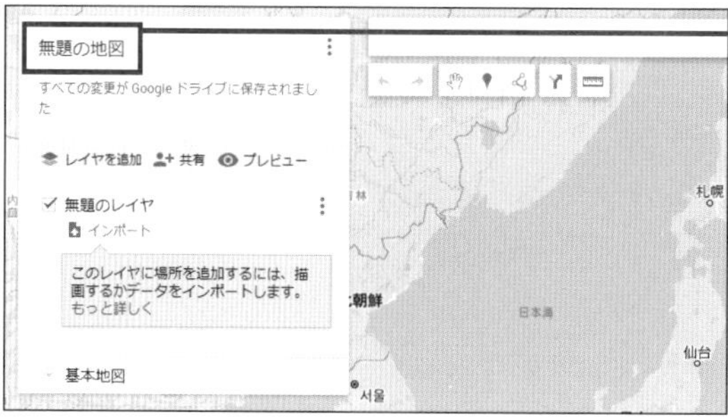

❺<無題の地図>をクリックし、

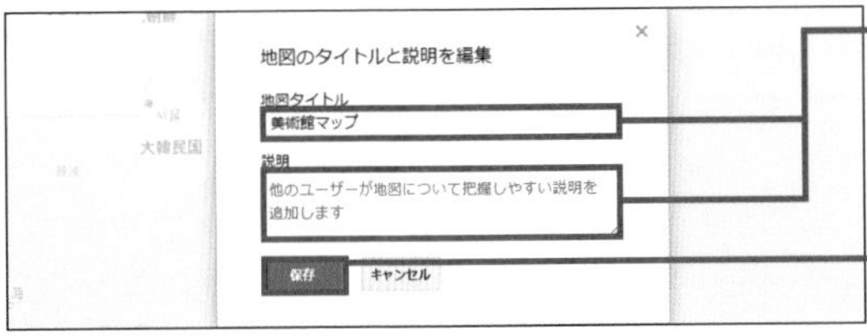

❻「地図タイトル」と「説明」を入力して、

❼<保存>をクリックします。

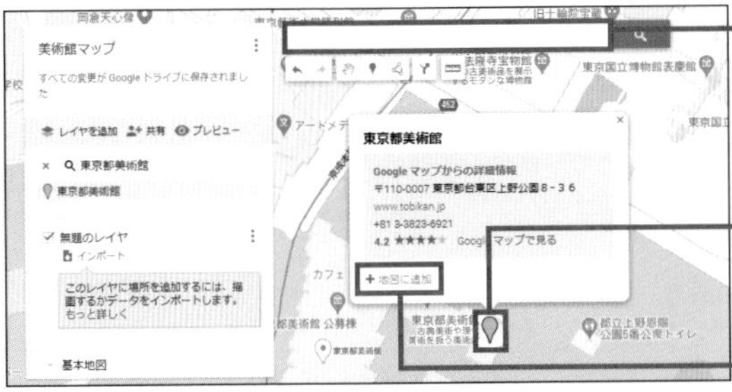

❽検索ボックスにスポット名を入力し、

❾ Enter キーを押すと、

❿スポットにが表示されます。

⓫<+地図に追加>をクリックします。

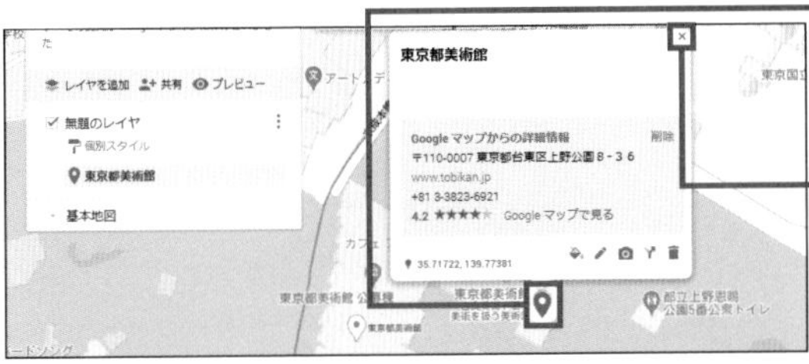

⓬がに変わり、スポットが登録されます。

⓭×をクリックすると、表示が消えます。再度ポップアップを表示するには、をクリックします。

⓮手順❽～⓫を繰り返すことで、複数のスポットを登録できます。

Column

作成したマイマップを開く

作成したマップはP.154手順❸の画面に手順❻で入力した地図のタイトルが表示され、クリックすると地図が表示されます。さらに<マイマップで開く>をクリックすると、登録したスポットの編集や新たなスポットを追加することもできます。

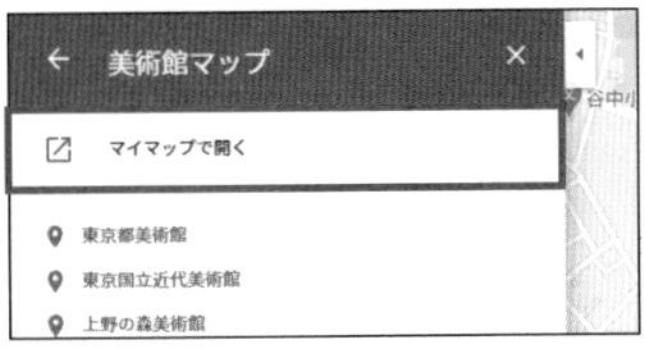

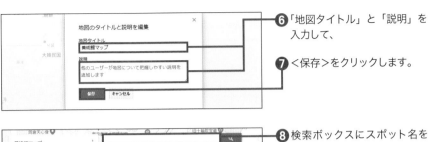

Section 111 マイマップ

ほかのユーザーとマイマップを共有する

作成したマイマップは、自分以外の複数のユーザーと共有して、閲覧・編集することができます。互いにマップを共有することで事前に場所を確認したり、複数人でスポット情報を共有できる地図を作成したりすることができます。

ほかのユーザーとマイマップを共有する

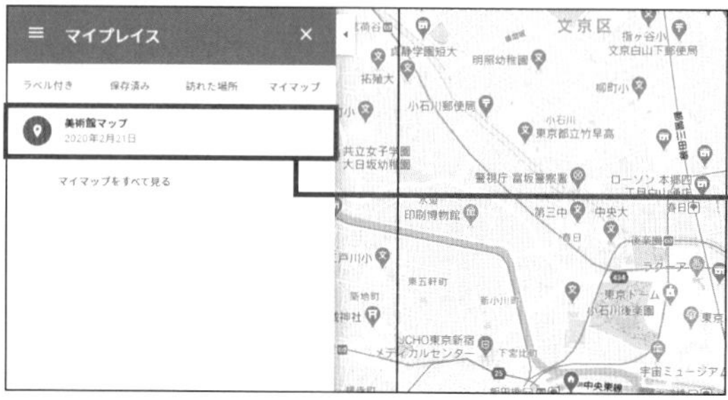

❶ ≡をクリックして<マイプレイス>→<マイマップ>の順にクリックし、

❷ ほかのユーザーと共有したいマップ名をクリックします。

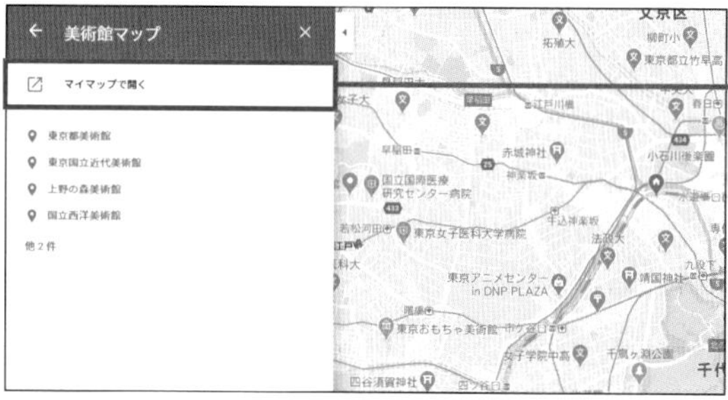

❸ <マイマップで開く>をクリックします。

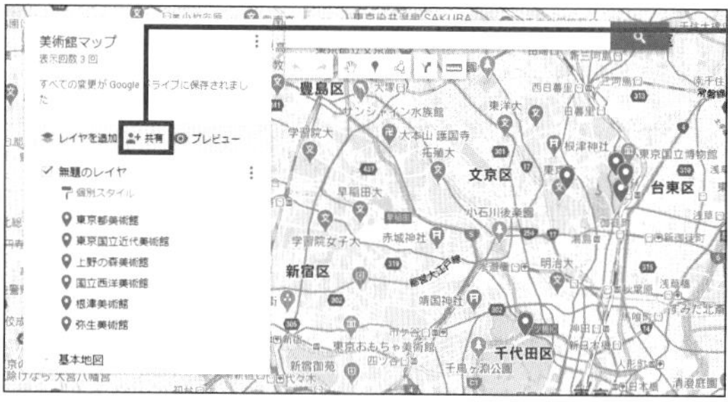

❹ <共有>をクリックします。

❺<名前かメールアドレスを入力>をクリックします。

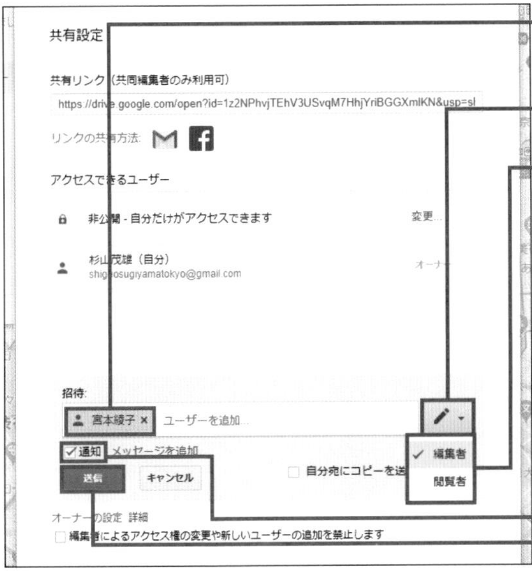

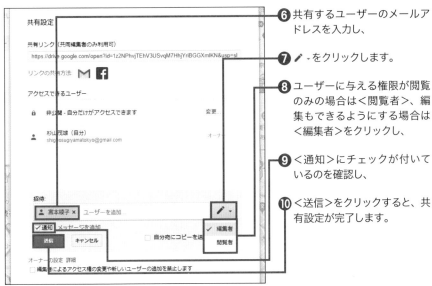

❻共有するユーザーのメールアドレスを入力し、

❼ ✎ - をクリックします。

❽ユーザーに与える権限が閲覧のみの場合は<閲覧者>、編集もできるようにする場合は<編集者>をクリックし、

❾<通知>にチェックが付いているのを確認し、

❿<送信>をクリックすると、共有設定が完了します。

Column

マイマップを一般公開する

マイマップを一般公開する場合は、手順❺の画面で「自分だけがアクセスできます」の横にある<変更>をクリックします。<オン−ウェブ上で一般公開>をクリックしてチェックを付け、<保存>をクリックします。

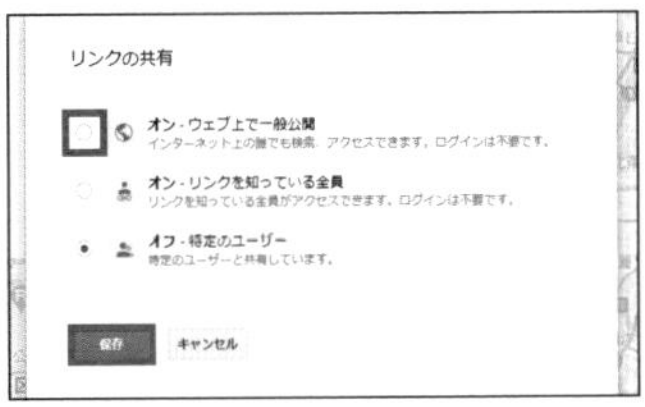

112 使いこなし 指定した場所をURLで送る

Googleマップでは、待ち合わせ場所などにマークを付けた地図を、URLにして送ることができます。URLを貼り付ければメールやチャット、SNSなどで、地図を共有することもできます。相手がURLをクリックすると、Googleマップが自動的に開きます。

G マップをURLで送信する

❶地図上で、URLを送信したいスポットや場所をクリックします。

❷≡をクリックし、

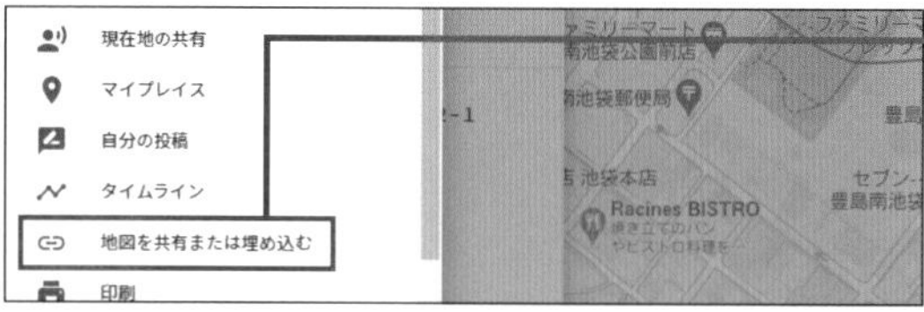

❸<地図を共有または埋め込む>をクリックします。

❹マークした場所のURLが表示されます。

❺URLをコピーして、メールなどに貼り付けて送りましょう。

Memo SNSで共有する

手順❹のURLの下にあるFacebookやTwitterのアイコンをクリックすると、それぞれすぐに共有を投稿することができます。なお、各サービスにログインしていない場合は、ログインする必要があります。

第6章

ファイルをオンラインに保存！ Googleドライブ

Googleドライブは、Googleが提供するオンラインストレージサービスです。文書や画像ファイルを保存しておけるほか、さまざまなファイルをWebブラウザ上で編集できます。また、ファイルやフォルダの共有も可能です。

Gooooooooooogle ›
1 2 3 4 5 6 7 8 9 10

Section 113 保存・閲覧

Googleドライブにファイルをアップロードする

Googleドライブは、Googleが提供するオンラインストレージサービスです。パソコン上にあるファイルをGoogleドライブにアップロードすれば、バックアップとして保存することができます。またアップロードしたファイルは、ほかのユーザーと共有することもできます。

ファイルをアップロードする

❶ Google のトップページで ⠿ をクリックし、

❷ <ドライブ>をクリックします。

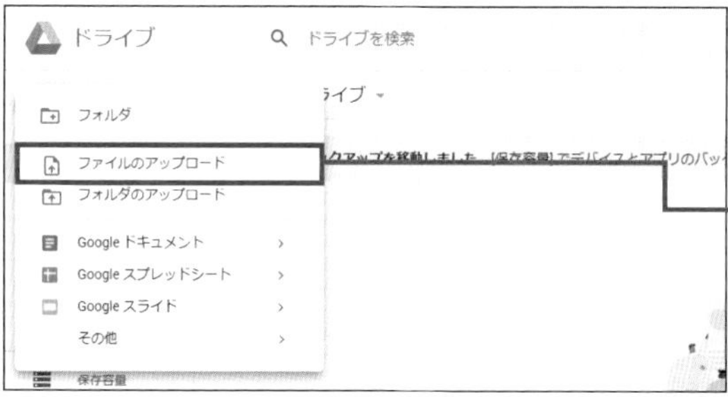

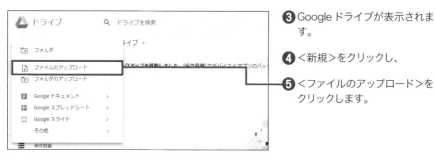

❸ Google ドライブが表示されます。

❹ <新規>をクリックし、

❺ <ファイルのアップロード>をクリックします。

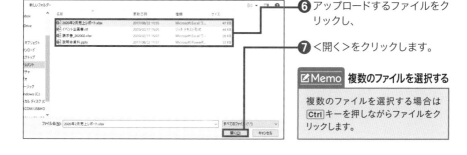

❻ アップロードするファイルをクリックし、

❼ <開く>をクリックします。

Memo 複数のファイルを選択する

複数のファイルを選択する場合は Ctrl キーを押しながらファイルをクリックします。

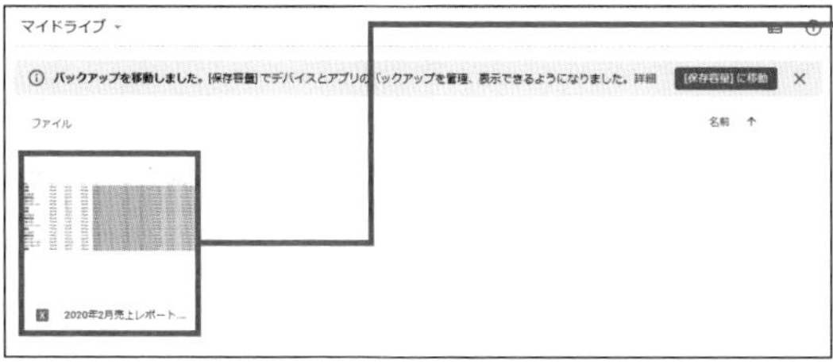

❽ファイルのアップロードが開始され、アップロードが完了すると「マイドライブ」にファイルが表示されます。

Ⓖ ファイルをダウンロードする

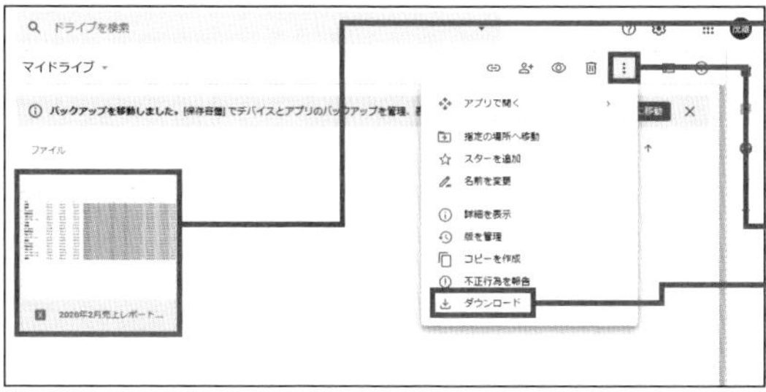

❶P.160手順❶～❷を参考にGoogleドライブを開き、ダウンロードするファイルをクリックします。

❷ ⋮ をクリックして、

❸<ダウンロード>をクリックすると、ダウンロードが始まります。

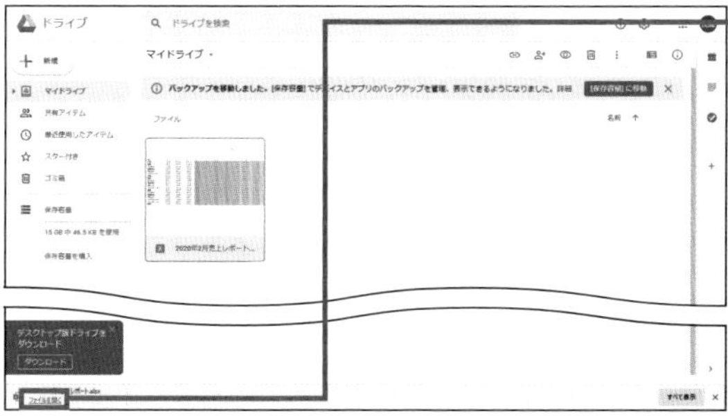

❹ダウンロード完了後、<ファイルを開く>をクリックするとファイルが開きます。

Column ドラッグ&ドロップによるアップロード

パソコンに保存してあるファイルやフォルダをドラッグして、「マイドライブ」でドロップする方法でも、Googleドライブにアップロードできます。P.160の方法が面倒だと感じる場合は、こちらの方法を試してみましょう。

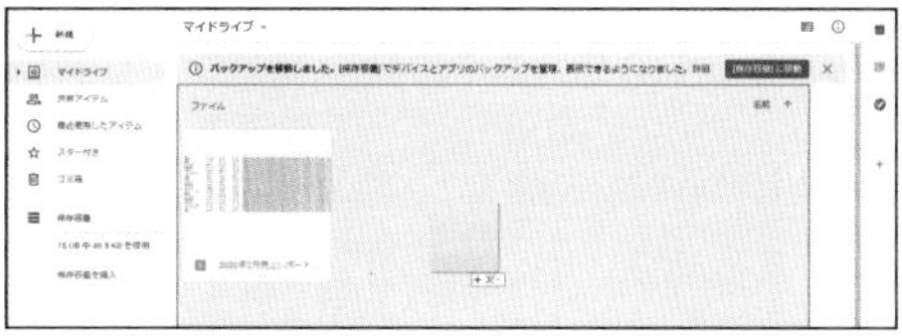

Section 114 保存・閲覧

ファイルを閲覧する

Googleドライブにアップロードされているファイルは、ダウンロードせずにWebブラウザ上で閲覧することができます。Officeファイルや PDFなどさまざまなファイル形式の表示に対応しているため、見たい写真や文書をすぐに確認できて便利です。

G ファイルをWebブラウザ上で閲覧する

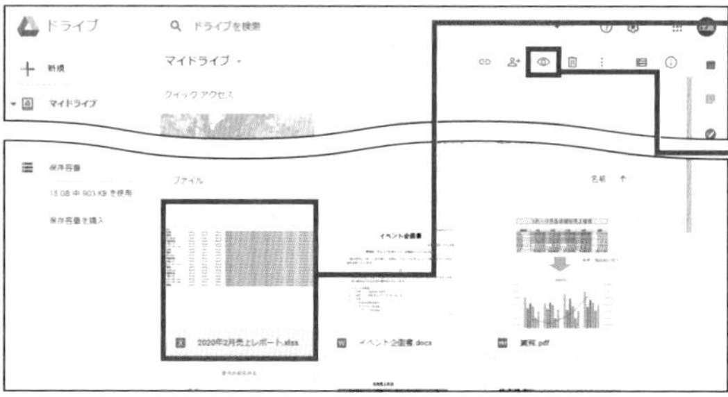

❶ 閲覧するファイルをクリックし、

❷ ◎をクリックします。

Memo ファイルをかんたんに開く

ファイルをダブルクリックすることでも、手順❸の画面を表示できます。

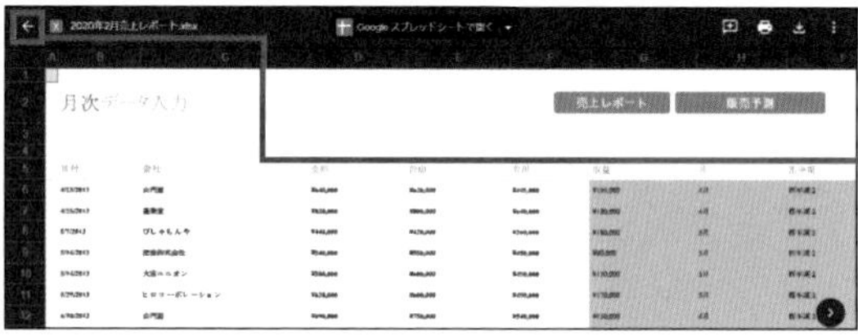

❸ ファイルの内容が表示されます。

❹ ←をクリックすると、前の画面に戻ります。

Column

ファイルの表示形式を切り替える

手順❶で☰をクリックするとファイルの表示がリスト形式になり、ファイル名で表示されます。⊞をクリックするとギャラリー形式に切り替わり、ファイルの内容がサムネイルで表示されます。

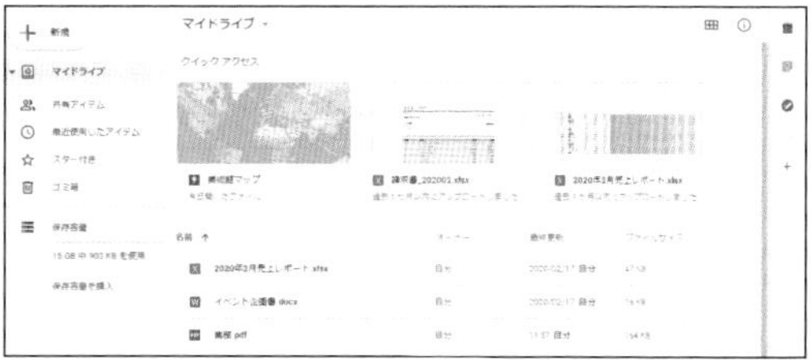

115 保存・閲覧 Gmailの添付ファイルを直接保存する

Gmailで受信した添付ファイルは、同じアカウントのGoogleドライブに直接保存することができます。パソコンに一度ダウンロードすることなく、Webブラウザ上だけでファイルを閲覧・編集できます。

Gmailの添付ファイルをGoogleドライブに保存する

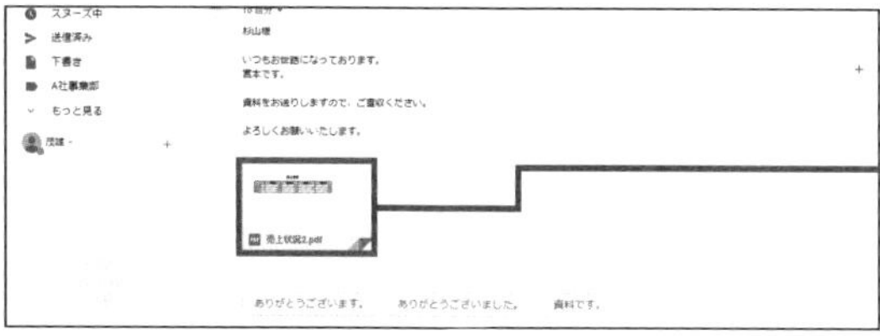

❶ Gmail で受信したメールを開き、

❷ 添付ファイルにマウスカーソルを合わせると、

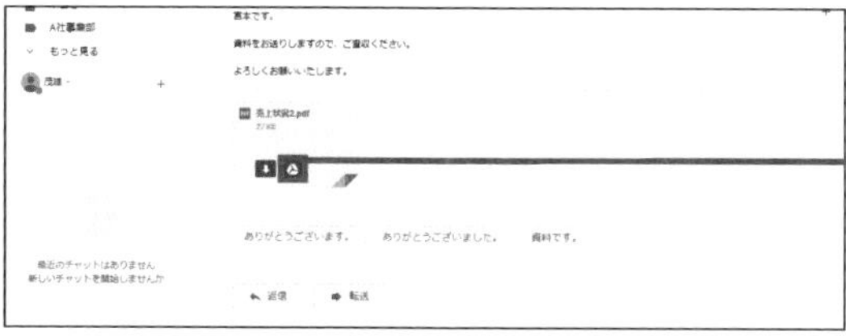

❸ 2 つのアイコンが表示されます。

❹ をクリックし、

❺ <移動>をクリックします。

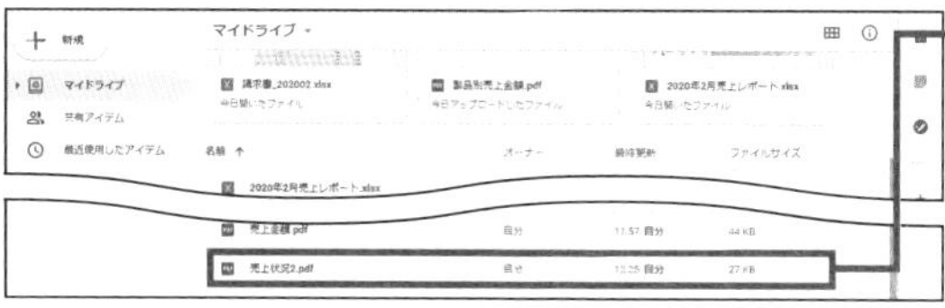

❻ 添付ファイルが Google ドライブの「マイドライブ」に保存されます。

Column 添付ファイルをダウンロードする

手順❹で をクリックすると、添付ファイルがパソコンにダウンロードされます。

Section 116 整理・共有

ファイルをフォルダで整理する

Googleドライブでは、フォルダを作成してファイルを収納することができます。ファイル数が増えてきた場合は、目的別・用途別にフォルダを作成して、ファイルを整理するとよいでしょう。フォルダへのファイルの移動は、ドラッグ&ドロップでも可能です。

フォルダを作成する

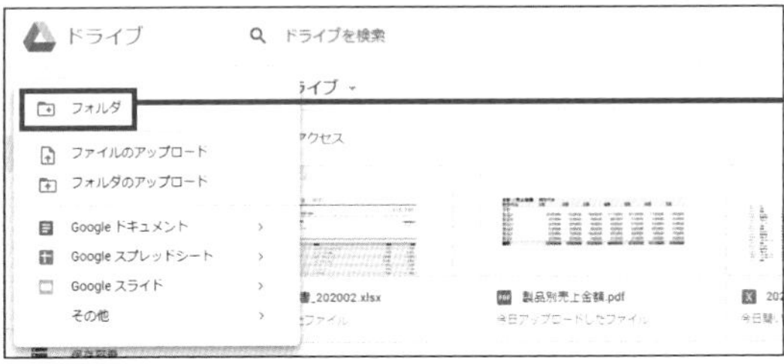

❶<新規>をクリックして、

❷<フォルダ>をクリックします。

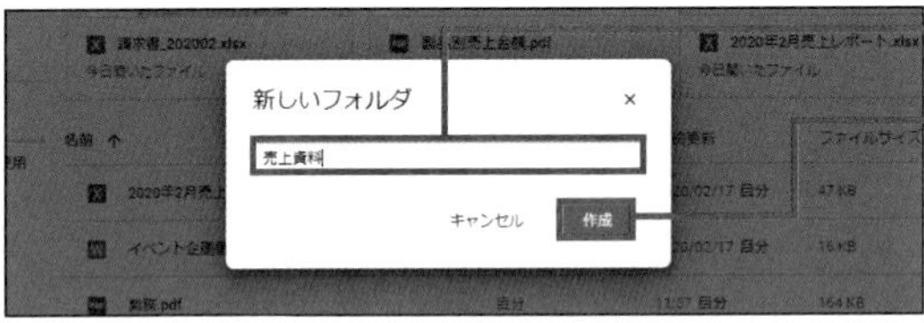

❸フォルダ名を入力し、

❹<作成>をクリックすると、フォルダが作成されます。

ファイルをフォルダに移動する

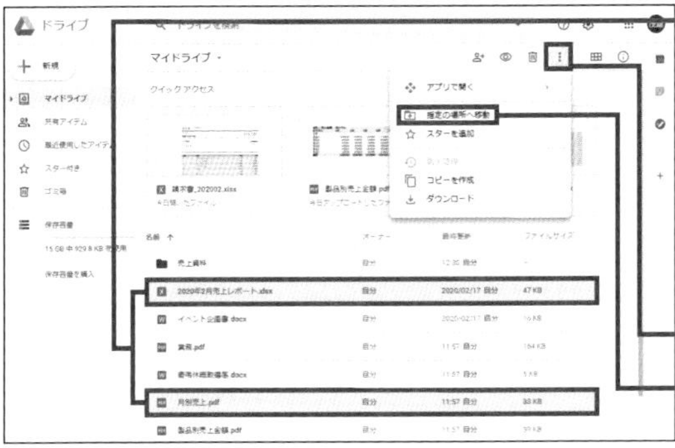

❶フォルダに収納したいファイルをクリックし、

Memo 複数のファイルを選択する

Ctrlキーを押しながらファイルをクリックすると、複数のファイルを選択できます。

❷ ⋮ をクリックして、

❸<指定の場所へ移動>をクリックします。

❹移動先のフォルダ名をクリックし、

❺＜移動＞をクリックします。

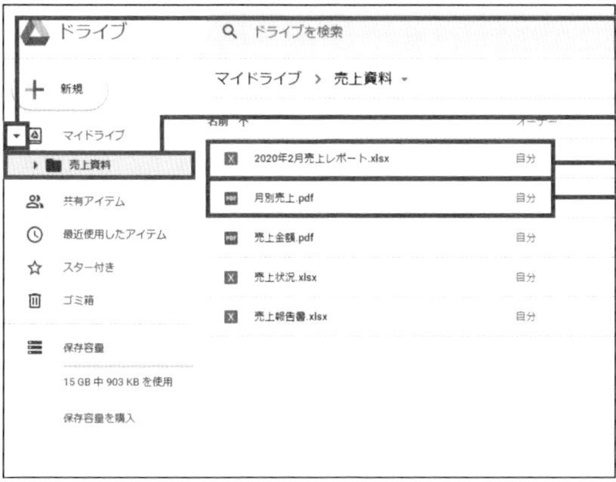

❻＜マイドライブ＞の ▸ をクリックし、

❼移動先のフォルダをクリックすると、

❽ファイルが移動したことが確認できます。

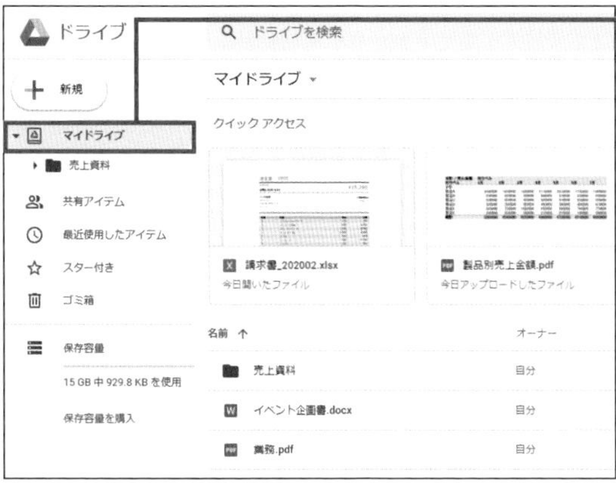

❾＜マイドライブ＞をクリックすると、「マイドライブ」に戻ります。

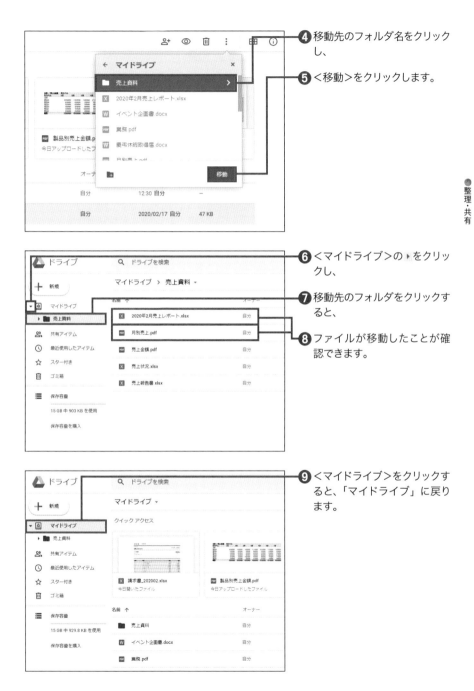

よく使うファイルに スターを付ける

よく使用するファイルや大切なファイルには「スター」を付けておくと、あとから検索や管理する際にとても便利です。<スター付き>をクリックすると、スターの付いたファイルだけを一覧表示することができます。

ファイルにスターを付ける

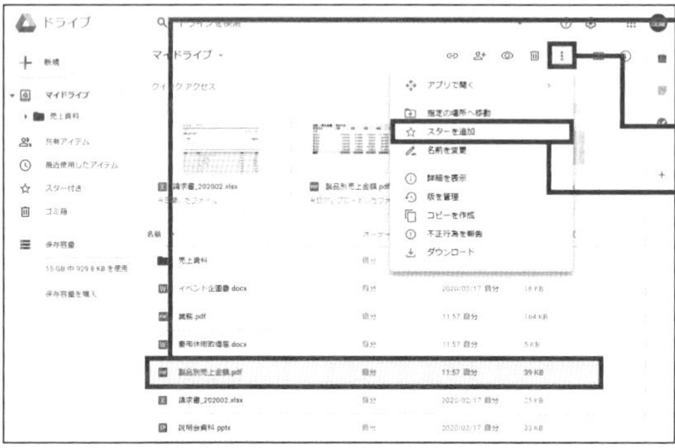

❶スターを付けたいファイルをクリックし、

❷ ⁝ をクリックして、

❸<スターを追加>をクリックすると、ファイルにスターが付きます。

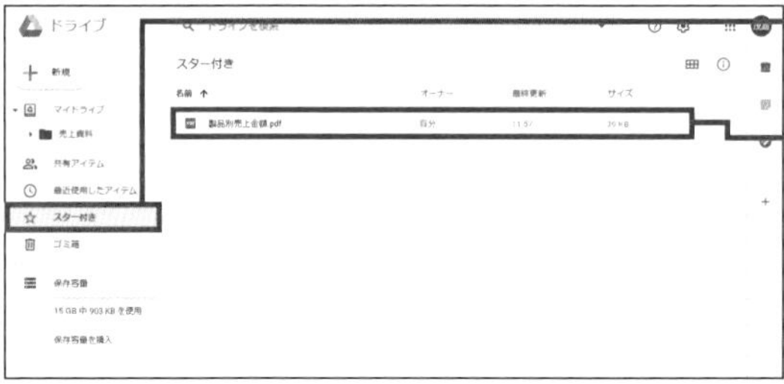

❹画面左側のメニューから<スター付き>をクリックすると、

❺スターの付いたファイルが一覧表示されます。

Column

編集中のファイルにスターを付ける

編集しているファイルにスターを付ける場合は、ファイル名の横にある☆をクリックします。

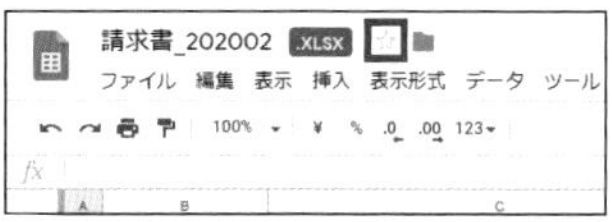

118 整理・共有 リンクを知っているユーザーにファイルを公開する

Googleドライブにアップロードしたファイルは、リンクを知っているユーザーに公開することができます。リンクを公開すると、Googleにログインしていないユーザーでもファイルを表示して、閲覧することができます。

ファイルを公開する

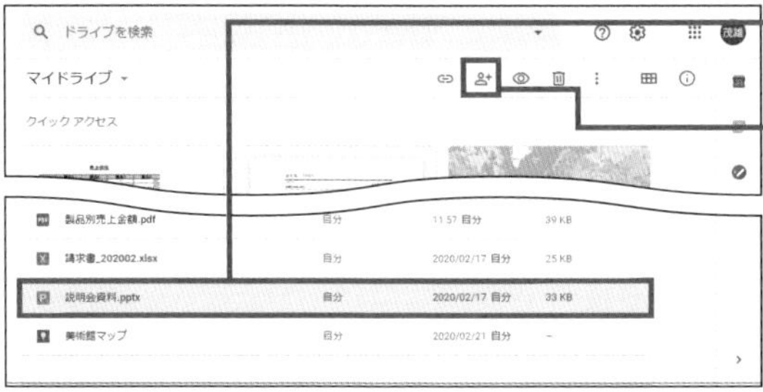

❶公開したいファイルをクリックし、

❷をクリックします。

Memo ファイルを共有する

特定のユーザーとファイルを共有する方法は、Sec.131を参照してください。

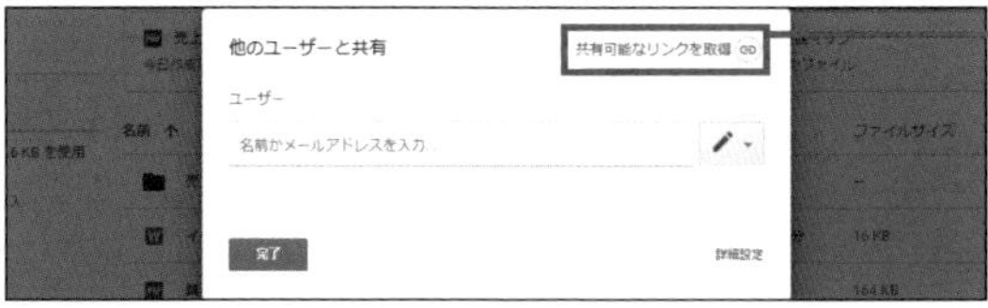

❸＜共有可能なリンクを取得＞をクリックします。

❹ファイルの URL が表示されます。ファイルを見せたい人に URL を教えます。

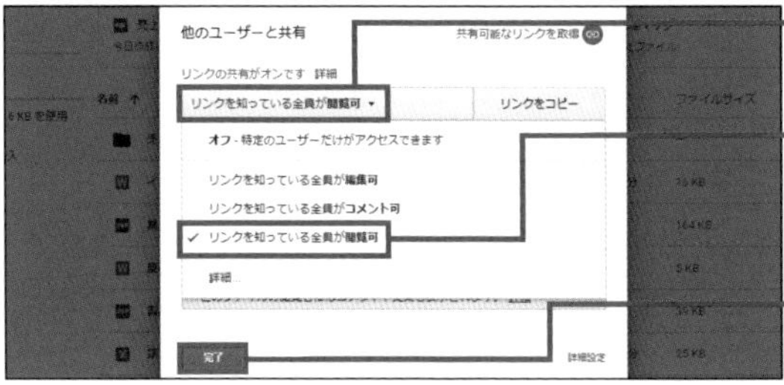

❺＜リンクを知っている全員が閲覧可＞をクリックして、

❻アクセス権限（ここでは＜リンクを知っている全員が閲覧可＞）を選択して、

❼＜完了＞をクリックします。

Section 119 整理・共有

閲覧者がファイルをダウンロードできないようにする

公開したファイルにアクセスできるユーザーに対して、閲覧権やコメント権のみを与えて、ファイルのダウンロードや印刷、コピーはできないように設定することもできます。なお、編集権を持つユーザーには設定の変更はできません。

G 公開ファイルのダウンロードを無効にする

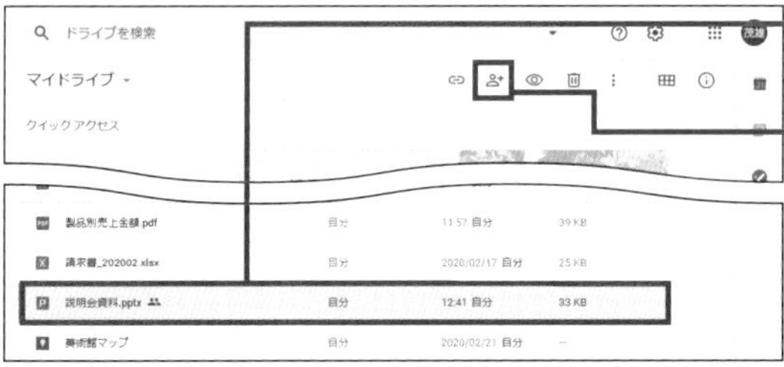

❶ダウンロードを無効にしたい公開ファイルをクリックし、

❷ をクリックします。

Memo 公開中のファイル

公開したファイルには、ファイル名の横に が表示されます。

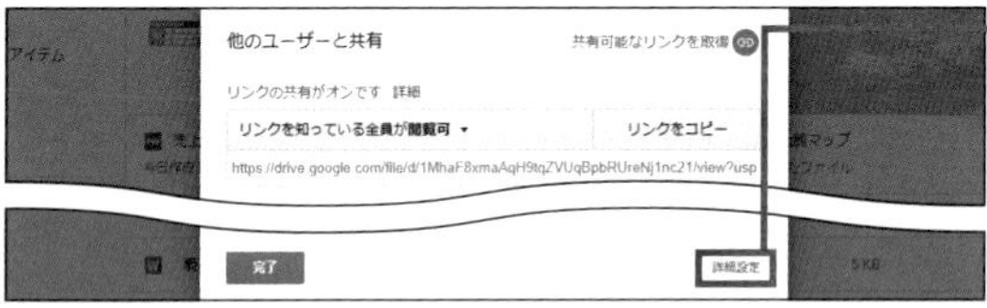

❸右下の<詳細設定>をクリックします。

❹<閲覧者（コメント可）と閲覧者のダウンロード、印刷、コピーを無効にします>をクリックしてチェックを付け、

❺<変更を保存>をクリックします。

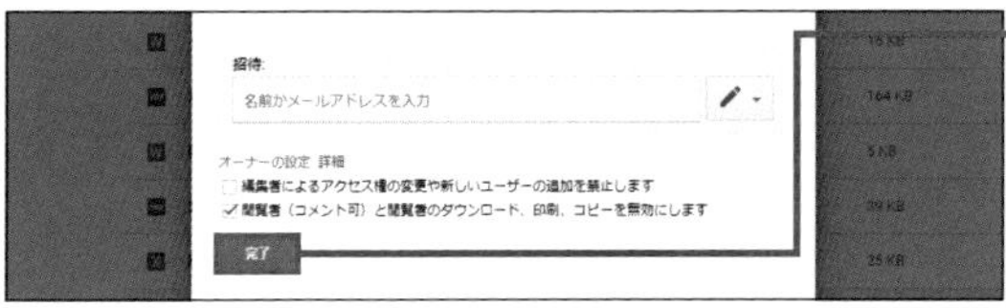

❻<完了>をクリックします。

Section 120
整理・共有

公開したファイルを非公開に戻す

Web上に公開したファイルは、あとから非公開に戻すことができます。間違ってファイルを公開してしまった場合や、ファイルの公開が不要になった場合などに再設定しましょう。ユーザーごとに非公開にしたり、ファイルのリンク自体を非公開にしたりすることもできます。

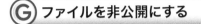

G ファイルを非公開にする

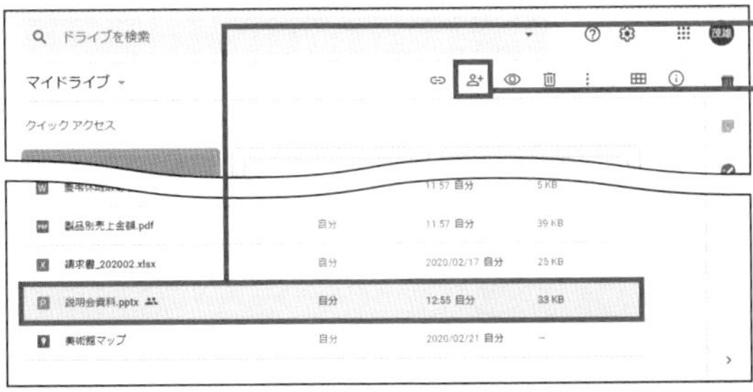

❶ 公開ファイルをクリックし、

❷ をクリックします。

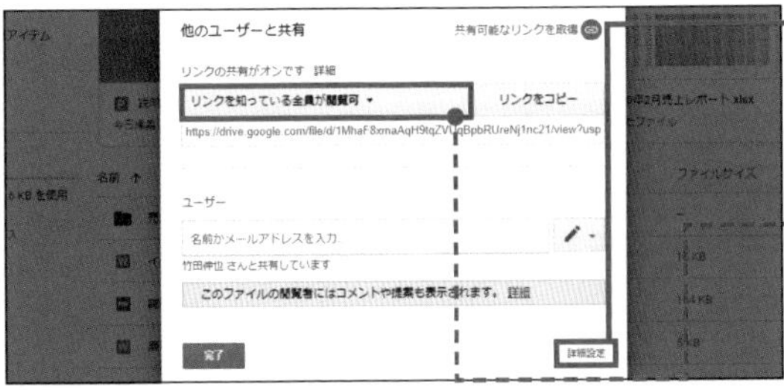

❸ 右下の＜詳細設定＞をクリックします。

リンク自体を非公開にする場合は、＜リンクを知っている全員が閲覧可＞→＜オフ＞→＜完了＞の順にクリックします。

❹ アクセスできるユーザーの × をクリックし、

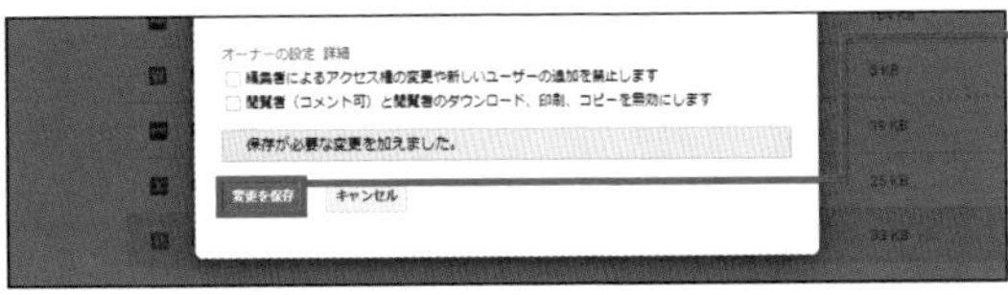

❺ ＜変更を保存＞をクリックして、＜完了＞をクリックします。

整理・共有
第6章
第7章
第8章
第9章
第10章

Section 121 パソコン連携
エクスプローラーから Googleドライブのファイルを操作する

Googleドライブは Webブラウザ上だけでなく、パソコンに「バックアップと同期」というソフトをインストールすることで、エクスプローラーからファイルを操作できます。また、パソコン上のファイルを自動でGoogleドライブにバックアップすることも可能です。

G 「バックアップと同期」をインストールする

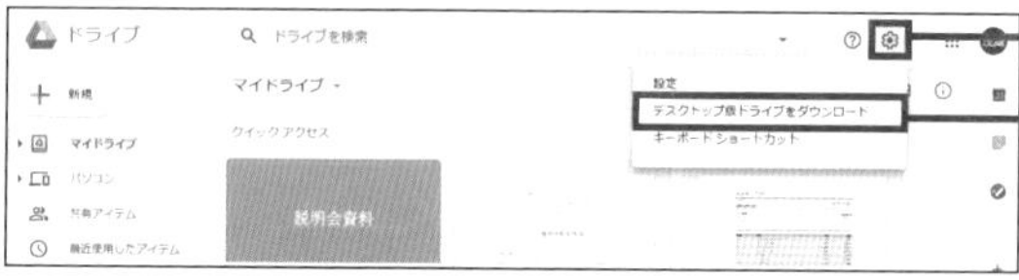

❶ ⚙をクリックし、

❷ <デスクトップ版ドライブをダウンロード>をクリックして、

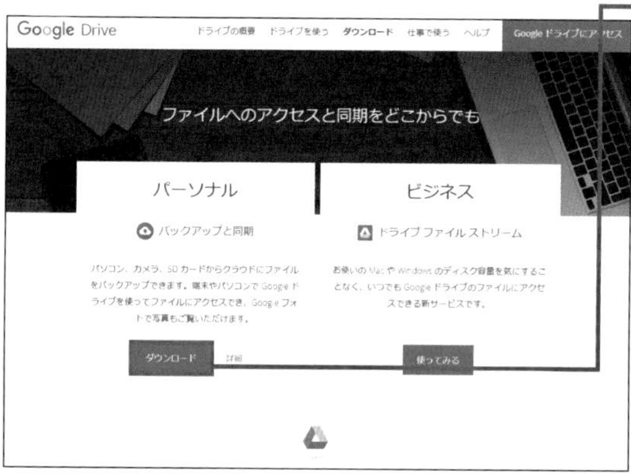

❸ <ダウンロード>→<同意してダウンロード>の順にクリックすると、パソコンにインストーラーがダウンロードされます。

❹ インストーラーを起動してインストールを行うと、「バックアップと同期」が起動するので、<使ってみる>をクリックして、表示されるログイン画面で Google アカウントにログインし、< OK >をクリックします。

❺ マイパソコンのバックアップの設定を行い、

❻ <次へ>→< OK >の順にクリックします。

Memo バックアップの設定

手順❺ではチェックを付けたフォルダがGoogleドライブにバックアップされます。写真が多い場合は、「写真と動画のアップロードサイズ」を「高画質」にすると、Googleドライブの容量を節約できます。

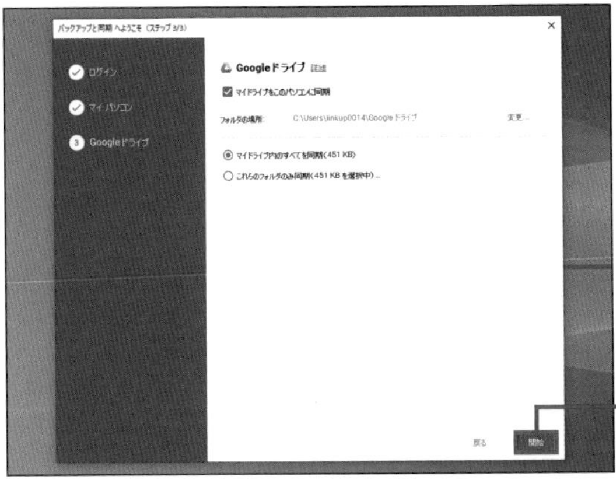

❼マイドライブの同期の設定を行い、

Memo 同期の設定

手順❼では初期状態のままとくに変更する必要はありません。パソコン上に「Googleドライブ」というフォルダが作成され、Googleドライブのマイドライブと同期されるようになります。

❽＜開始＞をクリックします。

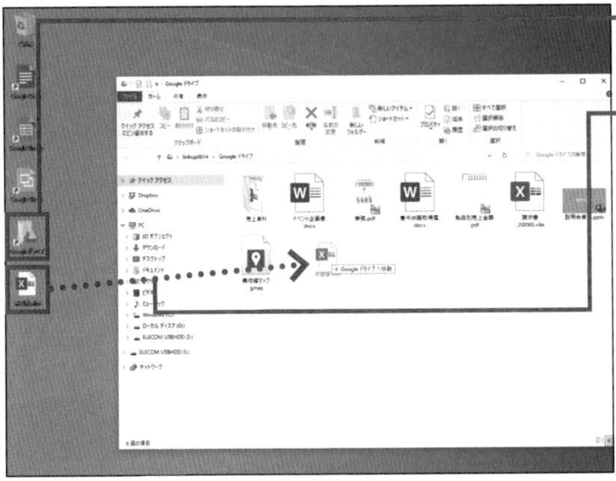

❾デスクトップから＜Googleドライブ＞をダブルクリックし、

❿アップロードしたいファイルをドラッグ&ドロップします。

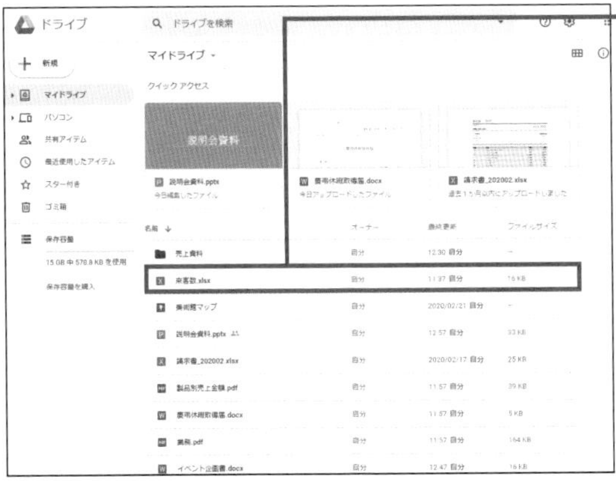

⓫Webブラウザ上のGoogleドライブにも、ファイルがアップロードされます。

Memo マイパソコン

手順⓫で＜パソコン＞→＜マイパソコン＞の順にクリックすると、手順❺で設定したフォルダのバックアップ内容を見ることができます。

Googleドライブでファイルを新規作成する

Googleドライブは、文書作成ソフトのGoogleドキュメント、表計算ソフトのGoogleスプレッドシート、プレゼンテーションソフトのGoogleスライドなどのファイルを作成・編集ができます。どれも同様の操作でファイルを新規作成することができます。

ファイルを新規作成する

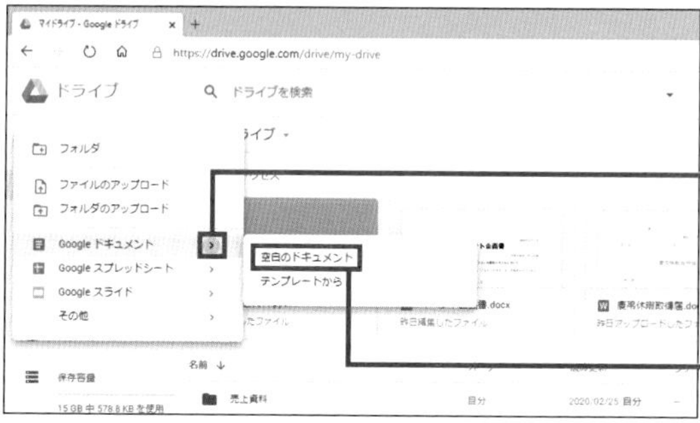

❶P.160手順❶～❷を参考にGoogleドライブにアクセスして<新規>をクリックし、

❷作成したいファイル(ここでは<Googleドキュメント>)の右の ›にマウスカーソルを合わせ、

❸<空白のドキュメント>をクリックします。

❹新しいタブが開き、「無題のドキュメント」という画面が開きます。

❺<無題のドキュメント>をクリックし、

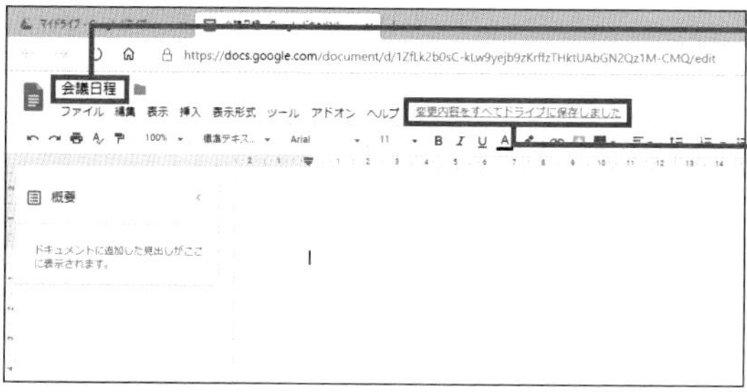

❻ファイル名を入力して入力欄外をクリックすると、

❼メニューバーの横に「変更内容をすべてドライブに保存しました」と表示されます。

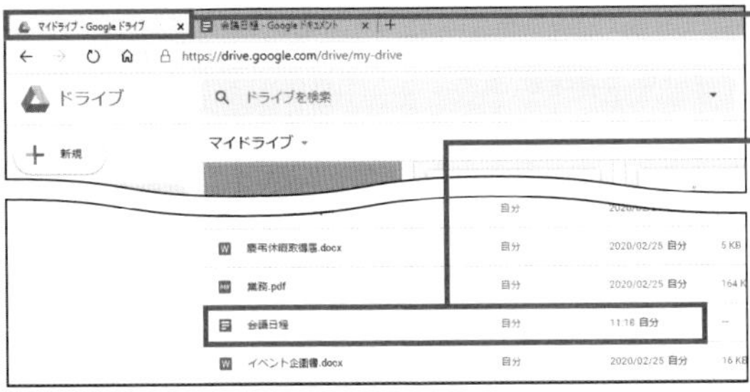

❽ Googleドライブのタブをクリックすると、

❾「マイドライブ」に、ドキュメントが自動的に保存されたことが確認できます。

Ⓖ ファイルを開く／閉じる

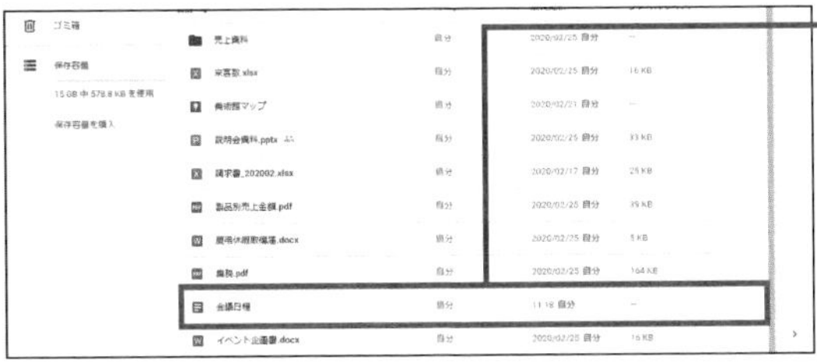

❶ ファイルをダブルクリックすると、

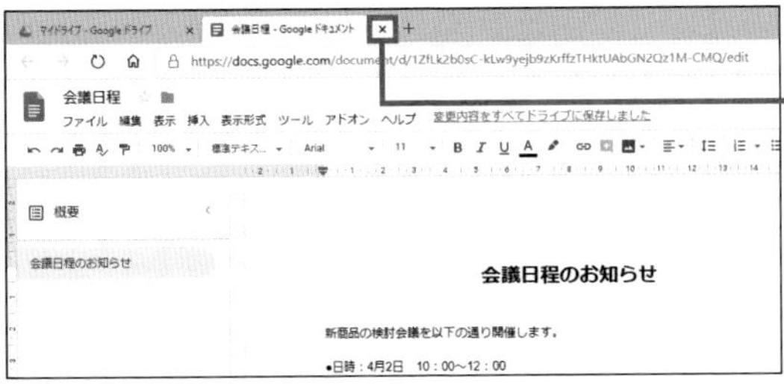

❷ ファイルが開きます。

❸ ファイルを閉じるには、×をクリックします。

Column

編集内容は自動保存される

ファイルを編集すると、メニューバーの横に「変更内容をすべてドライブに保存しました」と表示され、編集内容が自動的に保存されます。

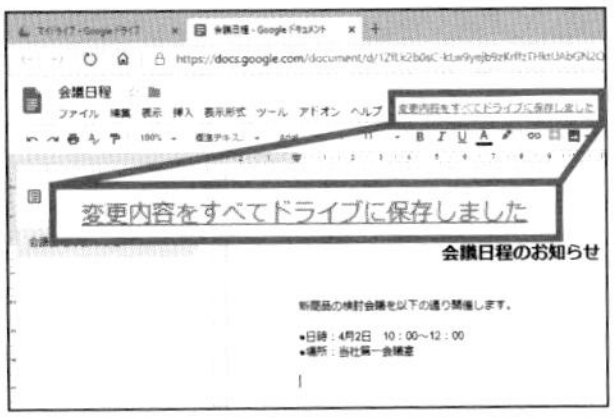

Googleドキュメントの基本操作を知る

Googleドキュメントは、Web上で文書を作成・編集できるサービスです。Wordファイルをインポートすれば、機能は限定されていますがWordと同じように利用できます。ここでは、文書作成の基本的な操作を紹介します。

G 文字の大きさを変更する

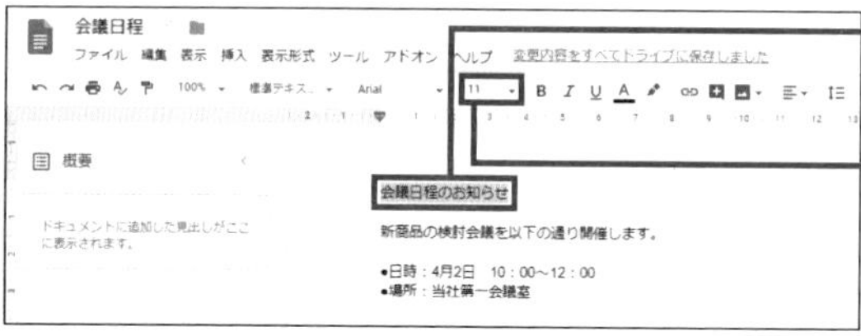

❶文字のサイズを変更したいテキストを選択し、

❷画面上部のメニューバーにある、現在の文字サイズ（ここでは＜ 11 ＞）をクリックします。

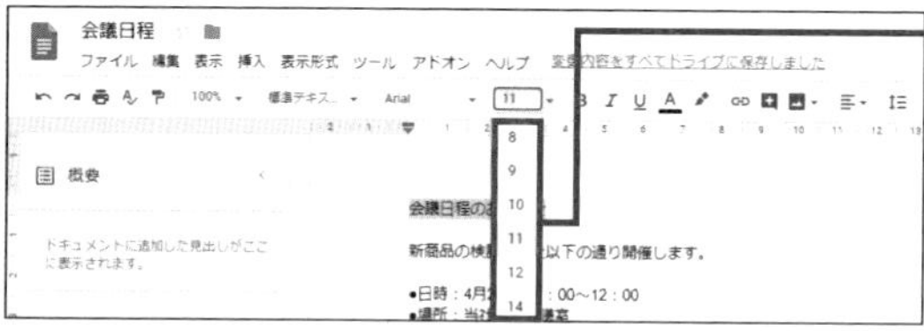

❸プルダウンメニューが表示されるので、設定したい文字サイズをクリックすると、

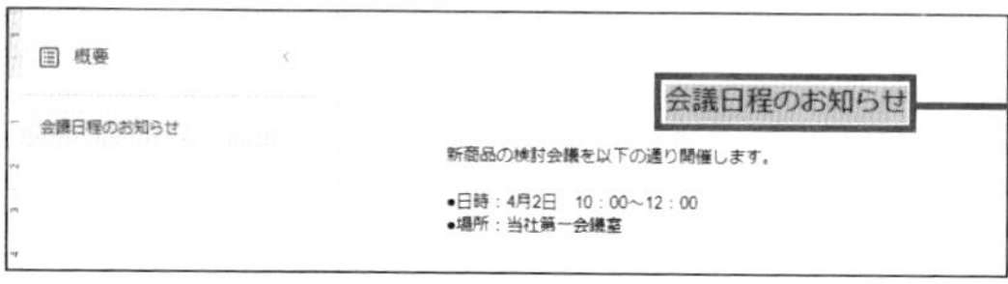

❹文字のサイズが変更されます。

Column

フォントの種類を変更する

フォントを変更したいテキストを選択し、画面上部のメニューバーにある現在のフォントの種類をクリックし、プルダウンメニューから設定したいフォントをクリックすると、フォントが変更されます。

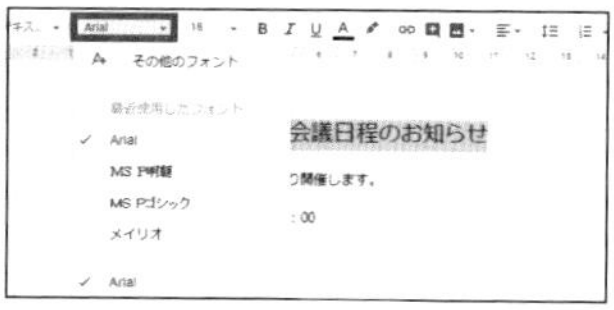

G 文字を中央揃えにする

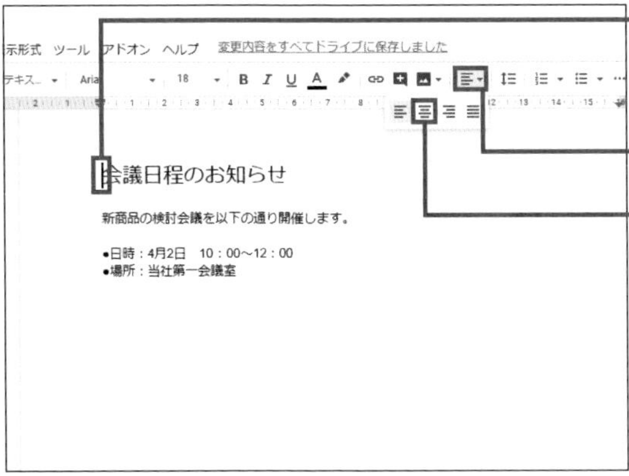

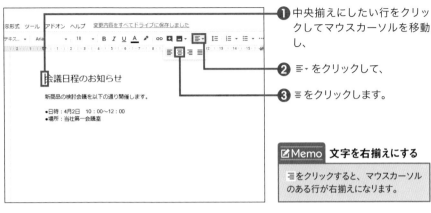

❶ 中央揃えにしたい行をクリックしてマウスカーソルを移動し、

❷ ≡・をクリックして、

❸ ≡をクリックします。

> **Memo 文字を右揃えにする**
>
> ≡をクリックすると、マウスカーソルのある行が右揃えになります。

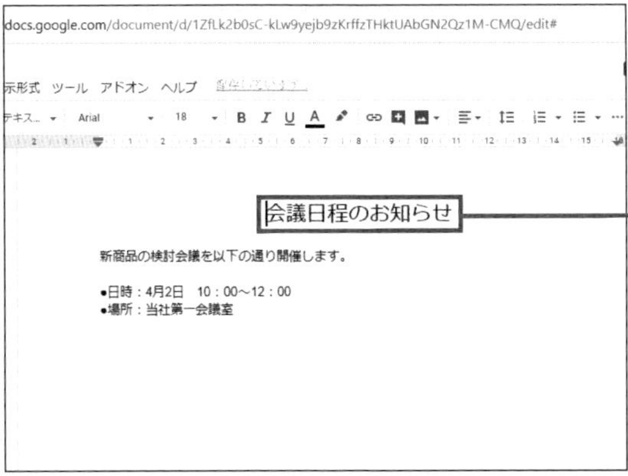

❹ テキストが中央揃えになります。

Column 文字を太字や下線にして装飾する

テキストを太字にしたり下線を付けたりして、装飾することができます。装飾したいテキストを選択し、上のメニューバーにある**B**をクリックすると太字にできます。また、テキストを選択した状態でUをクリックすると下線が付き、*I*をクリックすると斜体になります。

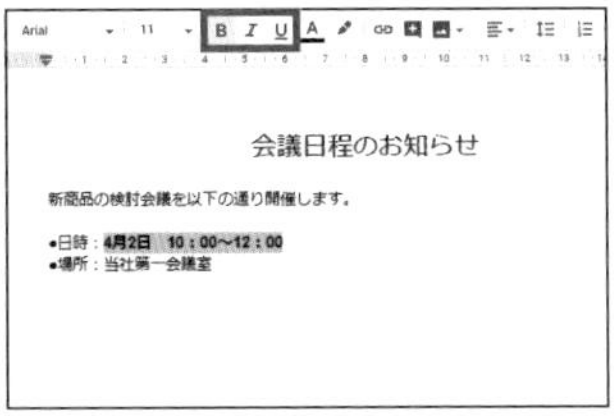

スプレッドシートの操作

Googleスプレッドシートの基本操作を知る

Googleスプレッドシートは、Web上で表計算ファイルを作成・編集できるサービスです。Excelファイルをインポートすれば、機能は限定されていますがExcelと同じように利用できます。ここでは、利用頻度の高いSUM関数を利用して、合計を求める方法を紹介します。

SUM関数を入力する

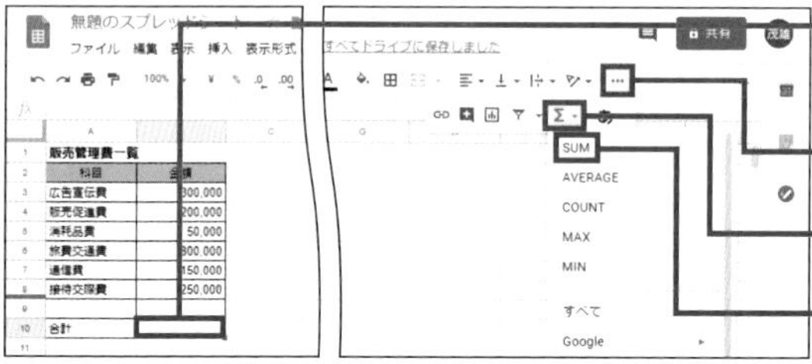

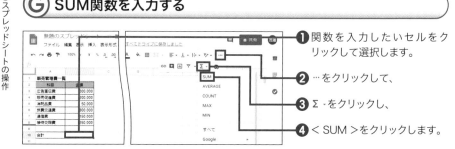

❶関数を入力したいセルをクリックして選択します。

❷ …をクリックして、

❸ Σ -をクリックし、

❹ < SUM >をクリックします。

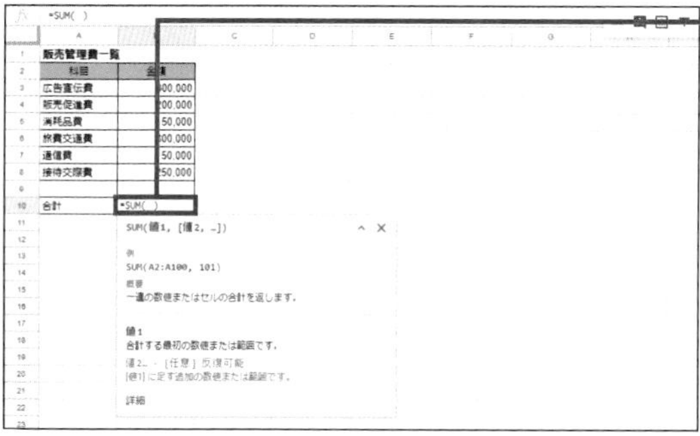

❺セルにSUM関数が入力され、その下にSUM関数の説明が表示されます。

Column そのほかの入力方法

手順❶〜❹の方法以外に、<挿入>→<関数>の順にクリックする方法でも関数を入力できます。また、セルに直接「=」と目的の関数名の一部を入力すると、関数の候補が表示されるので、候補をクリックして入力することもできます。

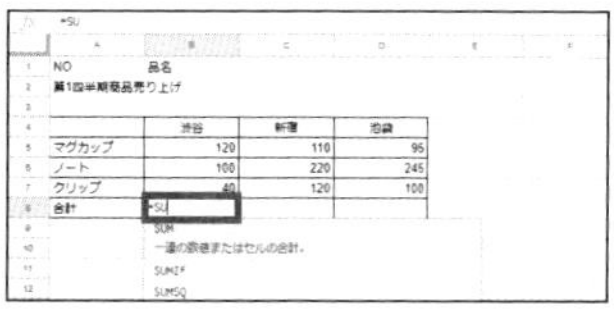

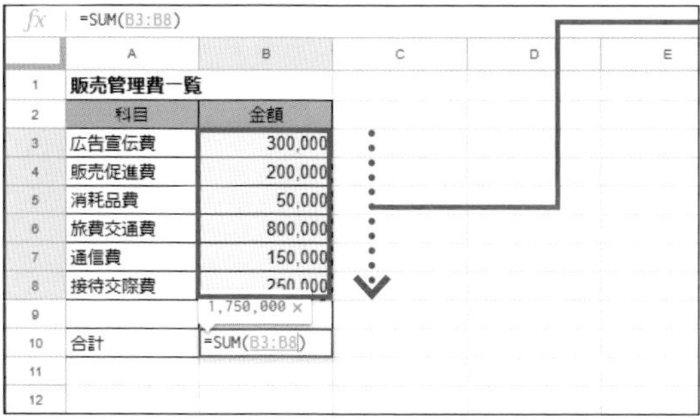

❻合計するセル範囲をドラッグして選択し、

❼Enter キーを押します。

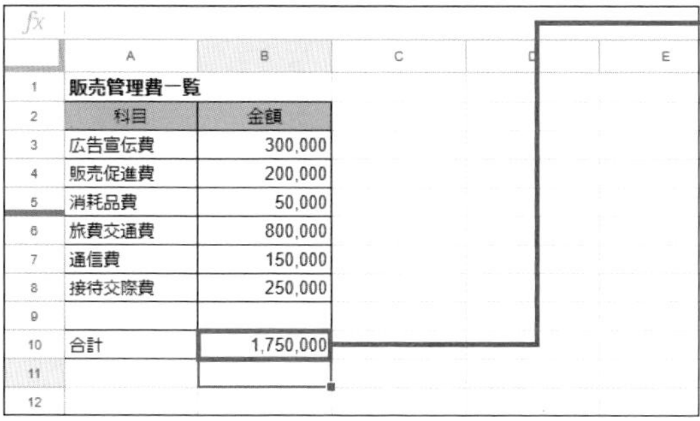

❽SUM関数による計算結果が表示されます。

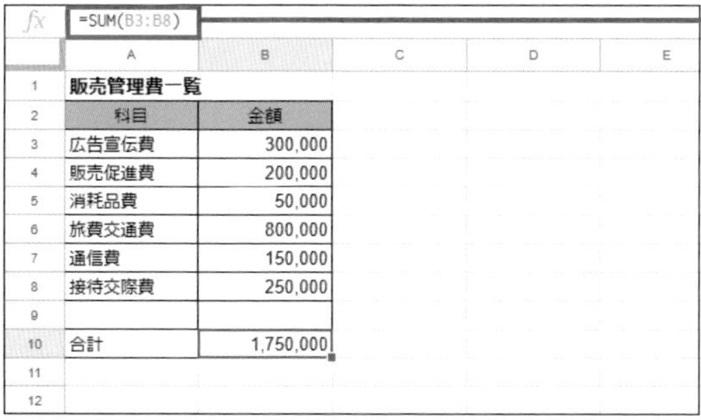

❾SUM関数を入力したセルを選択すると、数式バーに「=SUM(B3:B8)」と関数の書式が表示されます。ここでは、「B3～B8までのセル範囲を合計する」という意味になります。

Column

そのほかの便利な関数

AVERAGE	「=AVERAGE（セル範囲）」で、選択範囲内の平均値を求められます
MAX	「=MAX（セル範囲）」で、選択範囲内の最大値（最小値の場合はMIN）を求められます
NOW	「=NOW()」で、現在の日付と時刻が表示されます

Section 125 スライドの操作

Googleスライドの基本操作を知る

Googleスライドは、Web上でスライドやプレゼンテーション資料を作成・編集できるサービスです。PowerPointファイルをインポートすれば、機能は限定されていますがPowerPointと同じように利用できます。ここでは、文書作成の基本的な操作を紹介します。

カバーページを作成する

❶ Sec.122を参考に空白のプレゼンテーションを作成し、

❷ タイトルやサブタイトルにテキストを入力します。

❸「テーマ」をスライドして選び、

❹ 適用したいデザインをクリックします。

❺ デザインが適用されます。

Office形式のファイルをGoogle形式に変換する

Microsoft Officeのアプリで作成したファイルをGoogleドライブに保存すると、Googleの形式に変換して編集することができます。WordファイルはGoogleドキュメントに、ExcelファイルはGoogleスプレッドシートに変換されます。

Ⓖ OfficeファイルをGoogle形式に変換する

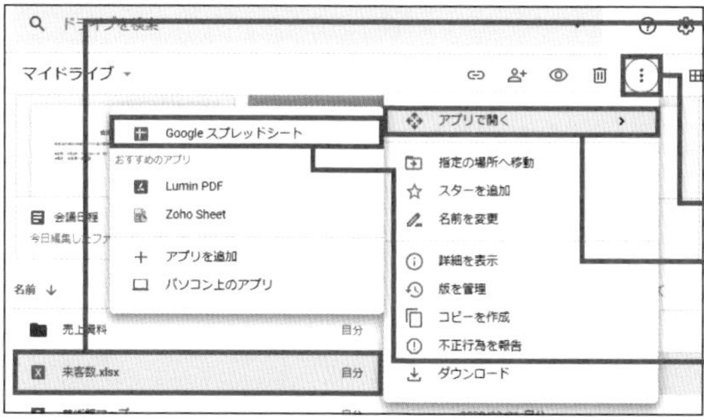

❶ Office形式のファイル（ここではExcelファイル）をアップロードしたら、クリックして選択します。

❷ ⋮をクリックし、

❸ <アプリで開く>にマウスカーソルを合わせ、

❹ <Googleスプレッドシート>をクリックします。

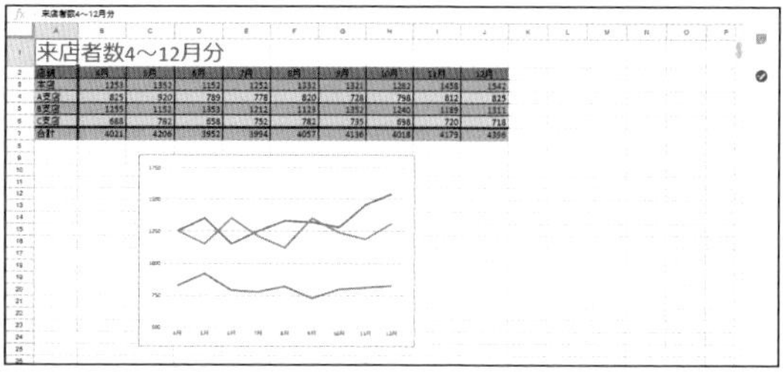

❺ Googleドキュメント形式にファイルが自動で変換され、Googleスプレッドシートでファイルが開き、編集できるようになります。

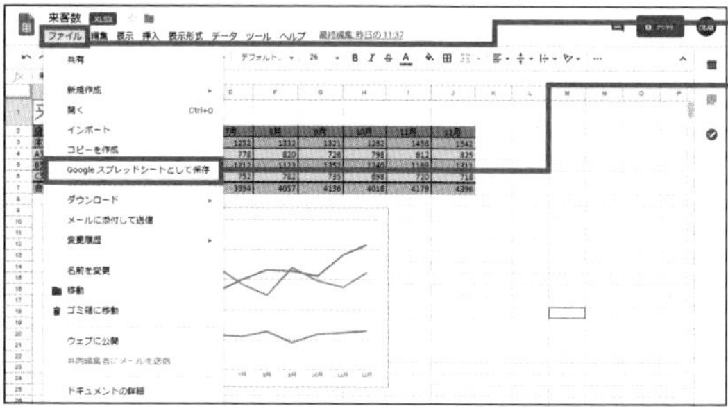

❻ <ファイル>をクリックし、

❼ <Googleスプレッドシートで保存>をクリックすると、Google形式に変換されてGoogleドライブに保存されます。

Section 127 共通の操作

ファイルをPDFに変換する

Googleドライブのファイルを、PDFへと変換してダウンロードすることができます。作成したファイルをほかの人に送る場合、PDFのほうが見やすい場合などは、変換してダウンロードしたものを送付するとよいでしょう。

G スプレッドシートをPDFに変換する

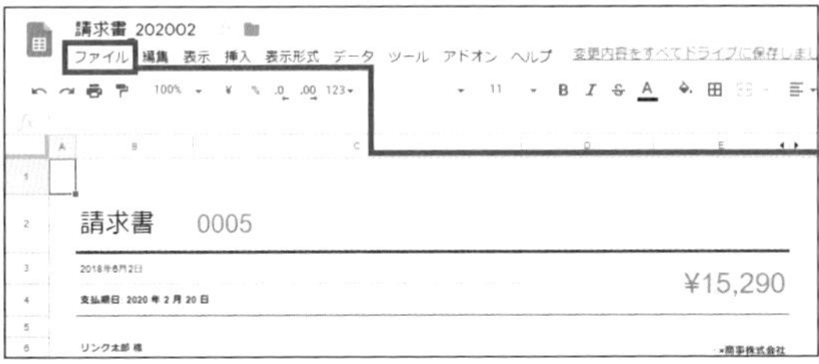

❶PDF に変換したいファイルを開きます。

❷<ファイル>をクリックし、

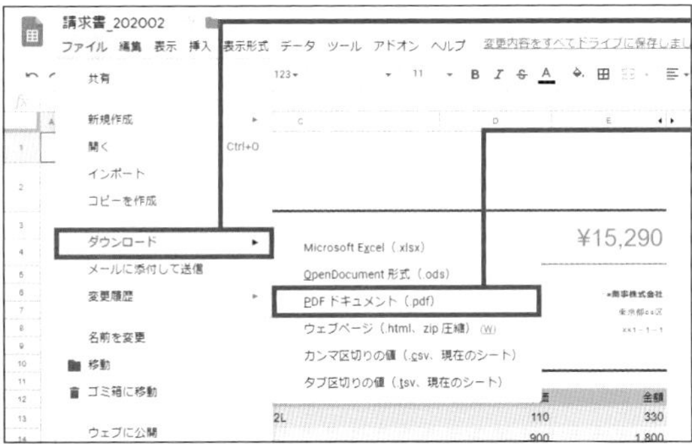

❸<ダウンロード>にマウスカーソルを合わせ、

❹< PDF ドキュメント (.pdf) >をクリックします。

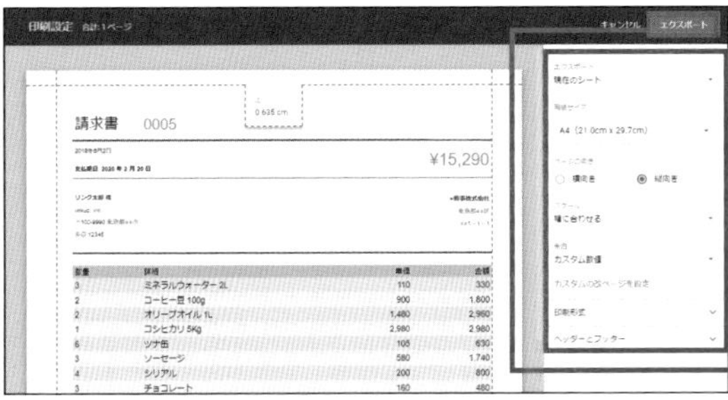

❺用紙のサイズやページの向きなど設定を行い、

❻<エクスポート>をクリックすると、PDF としてダウンロードされます。

画像やPDFの文字をOCR機能でテキストにする

Googleドライブでは、アップロードした写真やPDFをOCR機能でテキストに起こすことができます。OCR機能は、写真やPDFをGoogleドキュメントに変換することで利用することができます。

PDFの文字をOCR機能でテキストに起こす

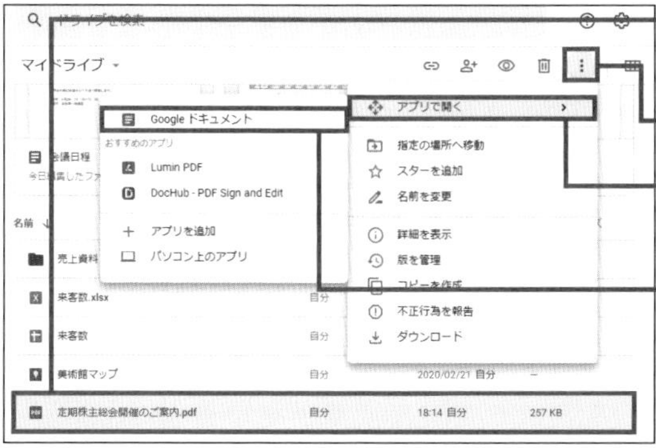

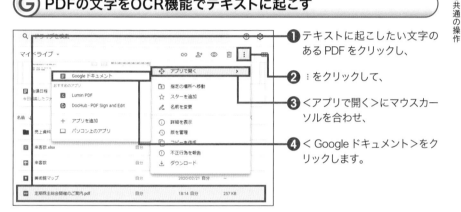

❶テキストに起こしたい文字のあるPDFをクリックし、

❷ ⋮ をクリックして、

❸<アプリで開く>にマウスカーソルを合わせ、

❹< Googleドキュメント>をクリックします。

❺PDFのテキストが起こされたGoogleドキュメントのファイルが開きます。

Column 写真の文字をテキストに起こす

同様にデジタルカメラなどで撮影した写真などの画像をGoogleドライブにアップロードし、Googleドキュメントに変換してテキストに起こすこともできます。なお、画像からの場合は、ドキュメントのはじめにもとの画像が添付されます。

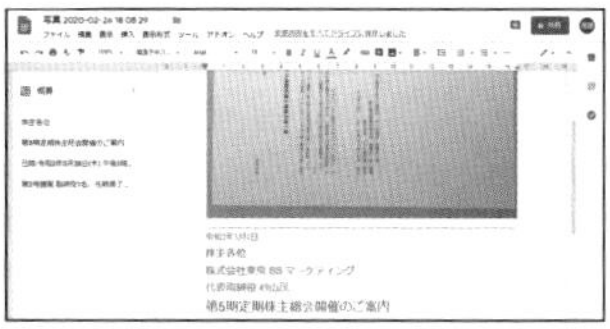

ファイル形式を指定してダウンロードする

Googleドキュメントやスプレッドシートで編集したファイルは、ファイル形式を指定してダウンロードすることができます。Office形式やOpenDocument形式、Webページ形式などへの変換が可能です。

G スプレッドシートのファイルをExcel形式でダウンロードする

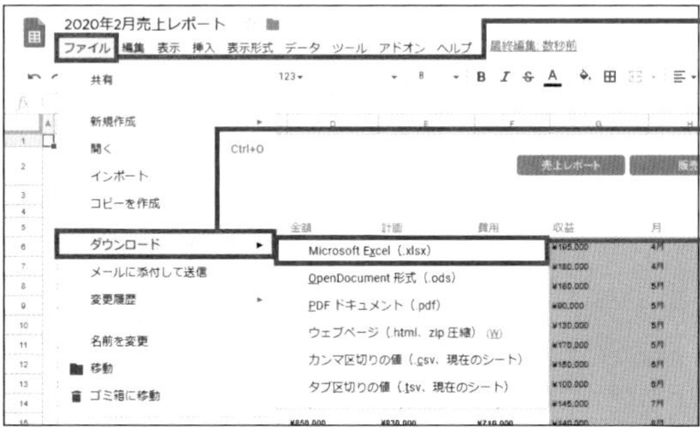

❶ファイルを編集している状態で<ファイル>をクリックし、

❷<ダウンロード>にマウスカーソルを合わせると、

❸変換形式が表示されるので、ここでは<Microsoft Excel（.xlsx）>をクリックします。

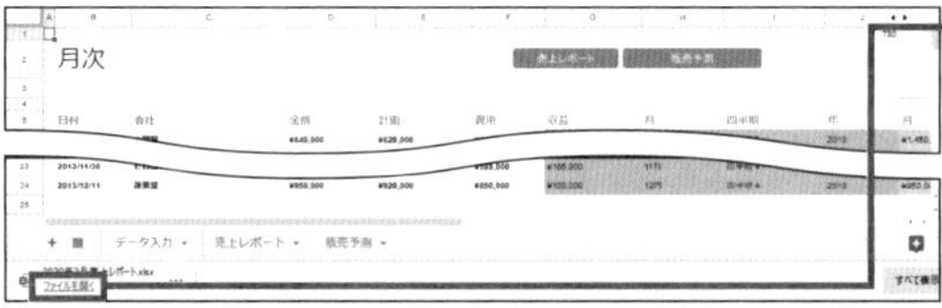

❹ダウンロードが完了したら<ファイルを開く>をクリックすると、

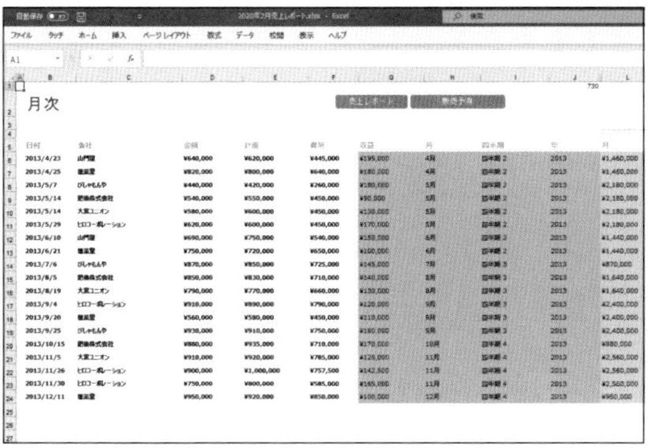

❺Excel形式に変換されたファイルが開きます。

Memo そのほかのファイル形式

手順❸で指定できるそのほかのファイル形式として、OpenOffice Calcに対応した「OpenDocument形式(.ods)」、レイアウトがほぼ崩れない「PDFドキュメント(.pdf)」、Webブラウザに対応した「ウェブページ(.html、zip圧縮)」などがあります。

130 変更履歴からファイルを復元する

共通の操作

ファイルを作成したり編集したりすると、その都度Googleドライブに自動的に上書き保存されます。Googleドライブにはファイルの変更履歴が保存されており、変更履歴から編集前のファイル内容に復元することができます。

ファイルを復元する

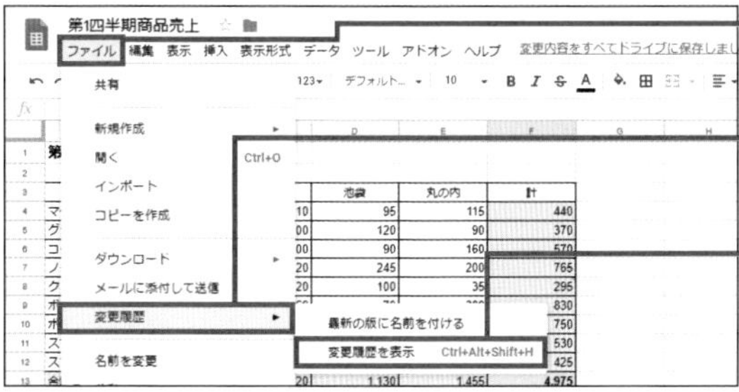

❶ファイルを開いた状態で＜ファイル＞をクリックし、

❷＜変更履歴＞にマウスカーソルを合わせて、

❸＜変更履歴を表示＞をクリックします。

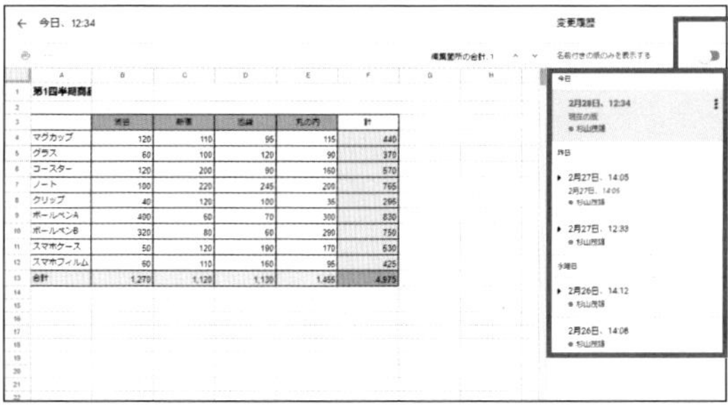

❹ファイルの変更履歴が表示されます。

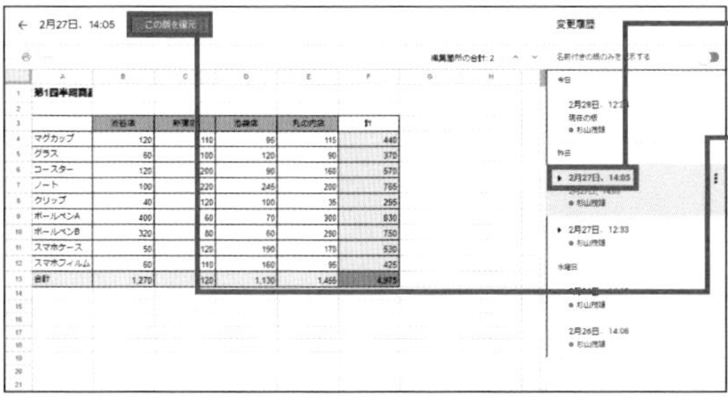

❺戻したい履歴の日時をクリックし、

❻＜この版を復元＞をクリックすると、その時点での内容が表示されます。

共通の操作
第6章
第7章
第8章
第9章
第10章

ファイルをメンバー間で共有して閲覧／編集する

Googleドライブに保存したファイルは、特定のユーザーと共有し、ユーザーどうしで閲覧や編集をすることができます。会社の部署内のメンバーなどで資料を共有して、お互いに閲覧・編集できるようにすると便利です。

ファイルを共有する

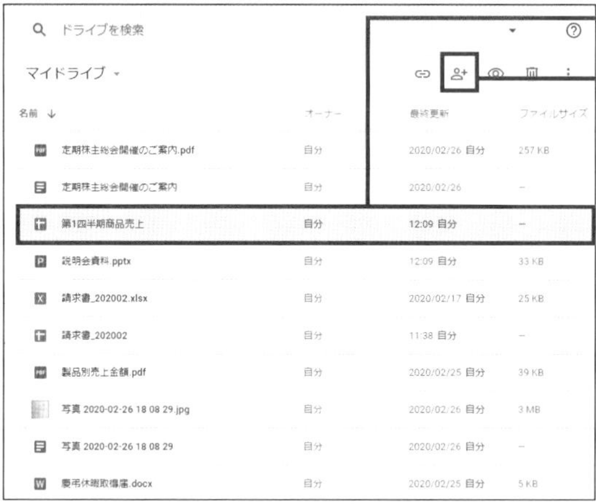

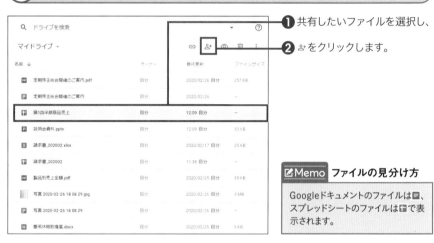

❶共有したいファイルを選択し、

❷ をクリックします。

> **Memo ファイルの見分け方**
>
> Googleドキュメントのファイルは 、スプレッドシートのファイルは で表示されます。

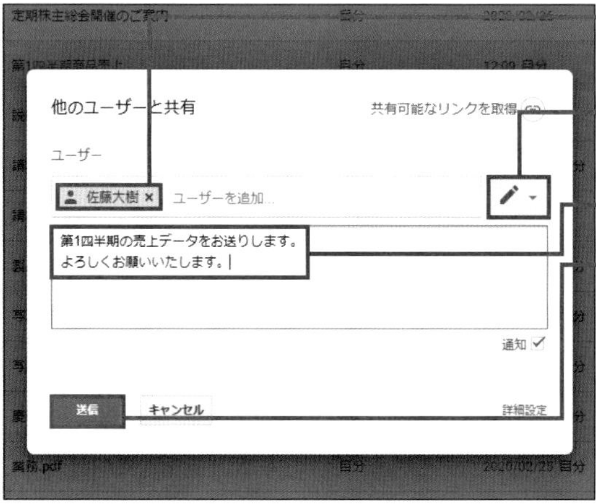

❸共有したいユーザーのメールアドレスや名前を入力します。

❹ をクリックして共有するユーザーの権限を設定し、

❺メッセージを入力します。

❻<送信>をクリックすると、ファイルが共有されます。

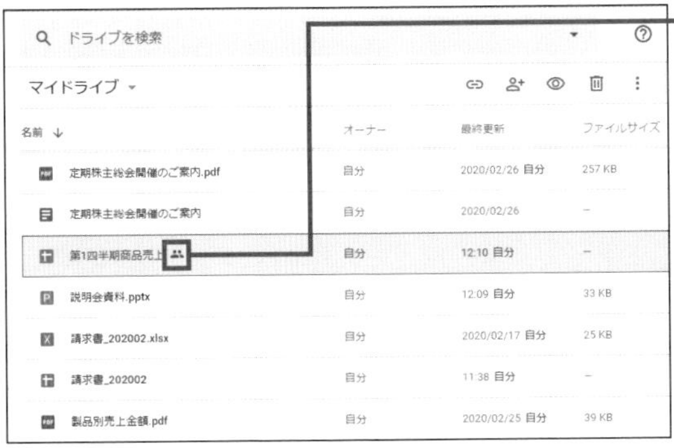

❼共有したファイルには、 が表示されます。

Ⓖ 共有されたファイルを利用する

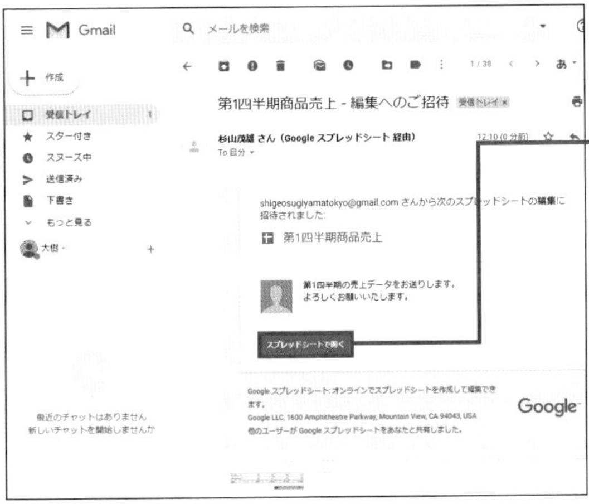

❶ファイルを共有すると、共有されたユーザーには招待メールが届きます。

❷<スプレッドシートで開く>をクリックすると、ファイルがGoogle スプレッドシートで開きます。

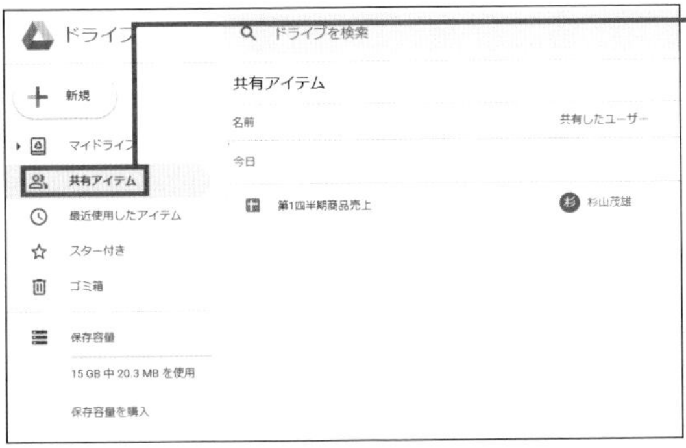

❸また、Googleドライブを開いて画面左側の<共有アイテム>をクリックすると、共有されたファイルの一覧が表示されます。指定された権限にもとづいて、閲覧や編集を行うことができます。

132 コメントをメンバー間で共有する

共通の操作

ファイルを共有しているユーザーに向けて、コメントを投稿することができます。複数のユーザーが利用するファイルの場合は、ユーザーどうしでコメントを相互に送りながら、ファイルを編集できるので便利です。

G ファイルにコメントを投稿する

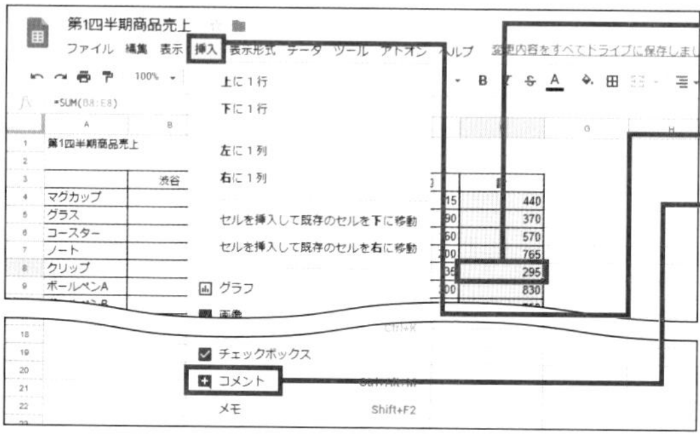

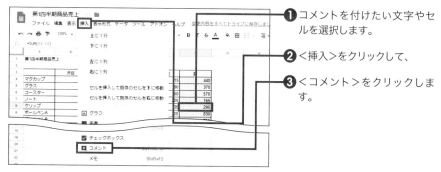

❶コメントを付けたい文字やセルを選択します。

❷<挿入>をクリックして、

❸<コメント>をクリックします。

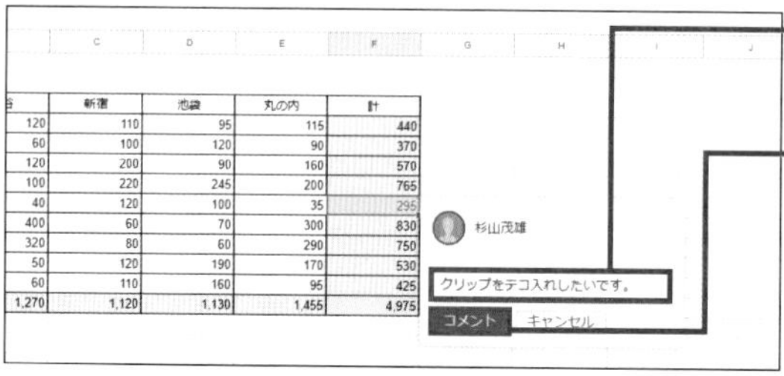

❹コメントボックスにコメントを入力して、

❺<コメント>をクリックすると、ファイルを共有している相手にもコメントが表示されます。

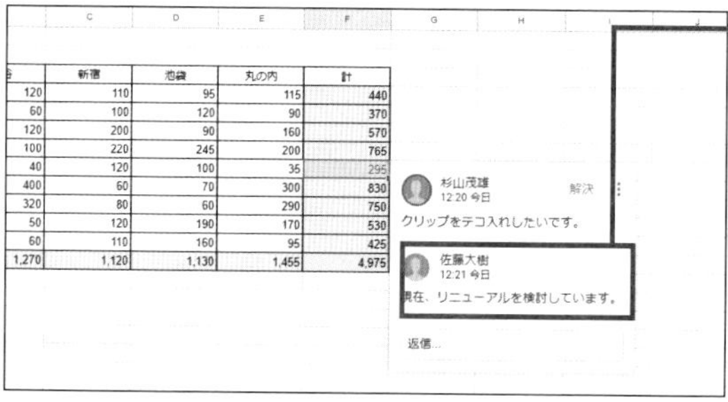

❻共有相手がコメントを入力すると、相手のコメントが表示されます。

Memo コメントを非表示にする

作業が終了してコメントを非表示にするときは、コメント右上にある<解決>をクリックします。

Section 133 ファイルを印刷する

共通の操作

パソコンにプリンターを接続していれば、Googleドキュメントやスプレッドシートのファイルを印刷することができます。印刷する際にファイルをダウンロードしなくても、直接Webブラウザ上で印刷の操作を行うことができます。

ファイルを印刷する

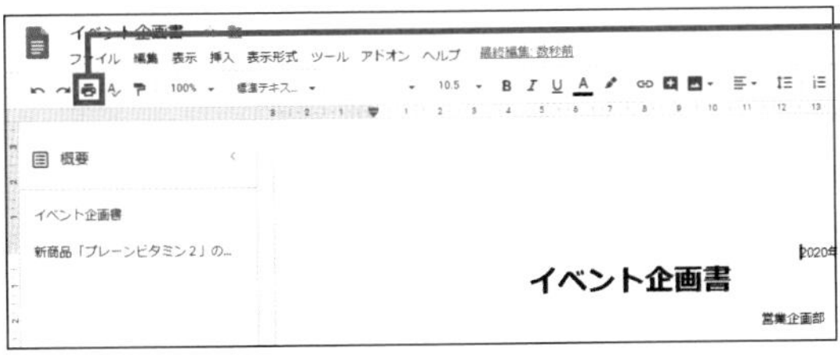

❶印刷したいファイルを開いて、画面左上の🖶をクリックし、

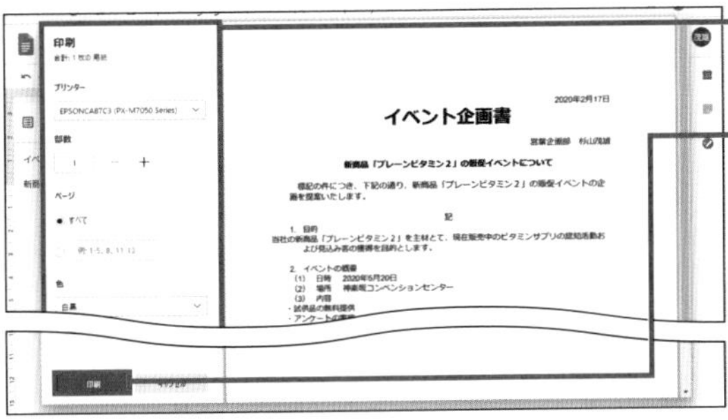

❷部数や印刷するページ、色などを設定し、

❸<印刷>をクリックすると、印刷されます。

Column

Googleスプレッドシートを印刷する際は印刷設定を行う

Googleスプレッドシートのファイルを印刷する場合、手順❶のあと、「印刷設定」画面が表示されます。用紙サイズやページの向きなどを設定し、<次へ>をクリックすると手順❷の画面が表示されるで手順を参考に印刷しましょう。

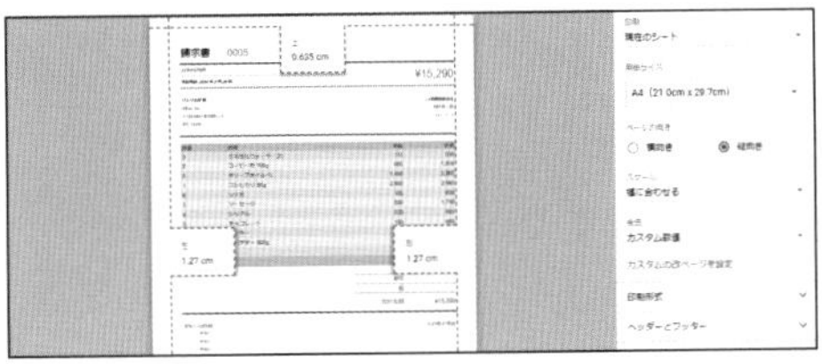

Section 134
ストレージの追加

ストレージの容量を追加する

Googleドライブでは、Gmail、Googleフォトと合わせて15GBまでの容量を無料で使用できます。ただし、写真や動画などをアップロードしていると容量が不足してしまう人も多いでしょう。その場合は、ストレージの容量を購入して追加することができます。

G ストレージの容量を購入する

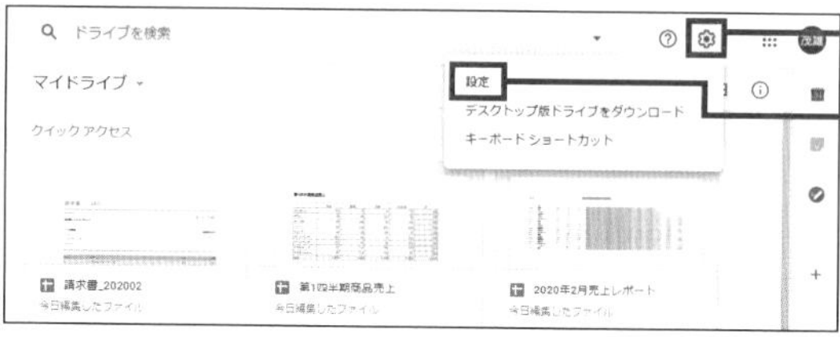

❶ ⚙をクリックして、

❷ ＜設定＞をクリックします。

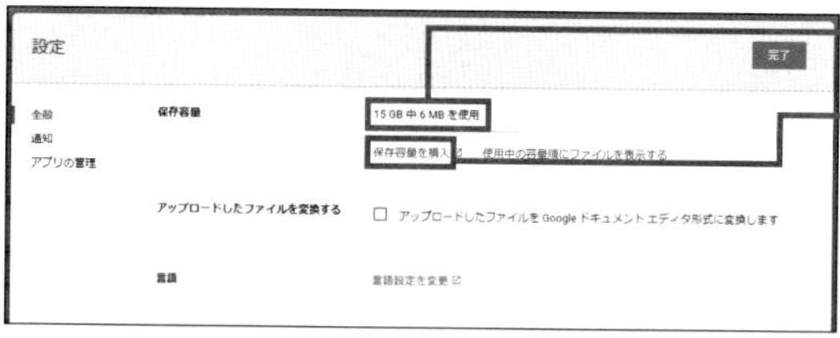

❸「保存容量」が表示されます。

❹ ＜保存容量を購入＞をクリックします。

❺ 購入する容量の＜月額¥○○＞→＜同意する＞の順にクリックします。

❻ ＜カードを追加＞＜PayPalを追加＞＜コードの利用＞のいずれかをクリックして、画面に従い購入の手続きを進めます。

第7章

写真の管理も編集も! Googleフォト

Googleフォトは、Googleが提供するオンライン写真管理・編集サービスです。写真ファイルをインターネット上に保存したり、編集したりすることができます。 保存した写真は自動的に分類され、キーワードから探すことも可能です。

Gooooooooogle >
1 2 3 4 5 6 7 8 9 0

Section 135 写真の取り込み・閲覧 Googleフォトに写真を取り込む

Googleフォトは、あらゆる端末から写真や動画をアップロードし、保存できます。アップロードサイズを「高画質」にすれば、保存容量（15GB）を消費することなくアップロードできます。また、Googleアカウントを持っていない人へも写真や動画を共有することができます。

写真を取り込む

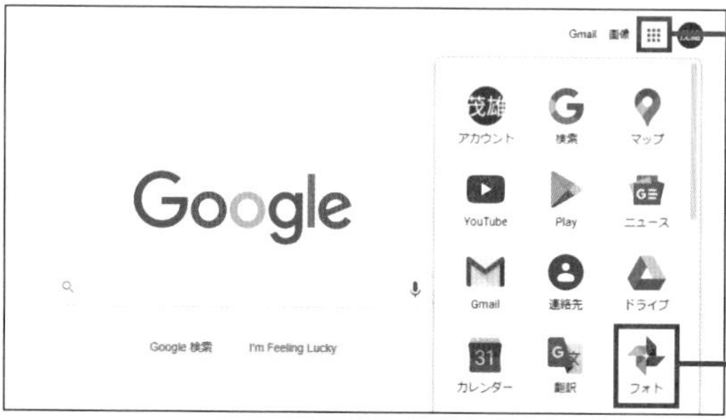

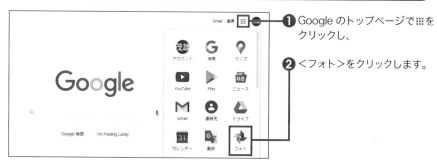

❶ Google のトップページで⠿をクリックし、

❷ <フォト>をクリックします。

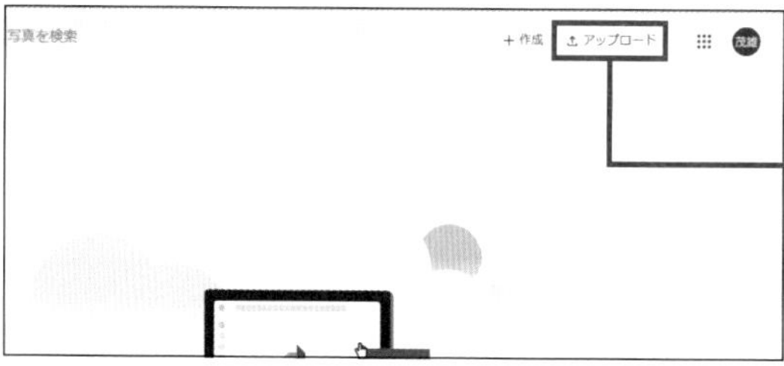

❸ Google フォトの画面が開きます。

❹ <アップロード>→<パソコン>の順にクリックします。

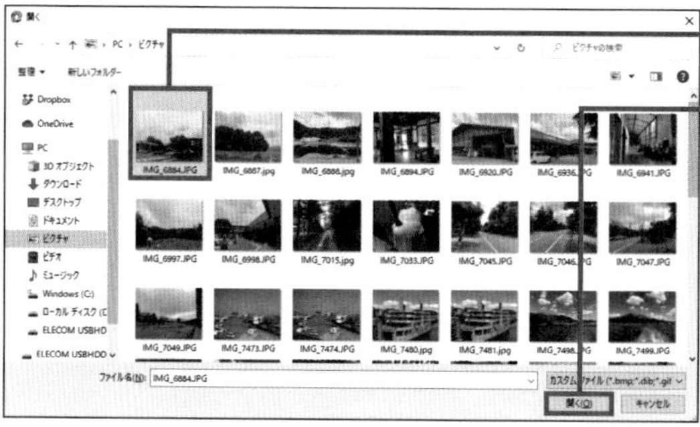

❺ フォルダから写真を選択して、

❻ <開く>をクリックします。

Memo 複数の写真を選択する

複数の写真をまとめて選択するには、Ctrlキーを押しながら、写真をクリックします。

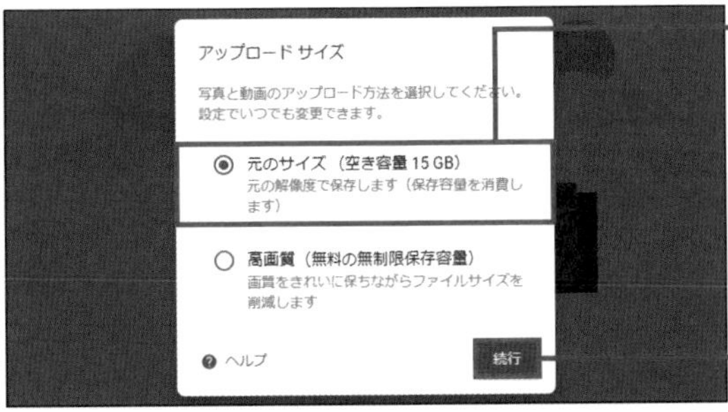

❼＜元のサイズ＞または＜高画質＞をクリックします。

手順❼で＜高画質＞を選択すると、保存容量を消費することなく写真を保存できます。

❽＜続行＞をクリックします。

❾アップロード終了後、サムネイルをクリックすると、

❿写真の一覧が表示されます。

Column

「バックアップと同期」でアップロードする

Sec.121で解説した「バックアップと同期」を利用して、写真をアップロードすることもできます。P.170手順❺で「写真と動画をGoogleフォトにアップロード」をオンにすると、パソコン内の写真がGoogleドライブに自動的にアップロードされるようになります。

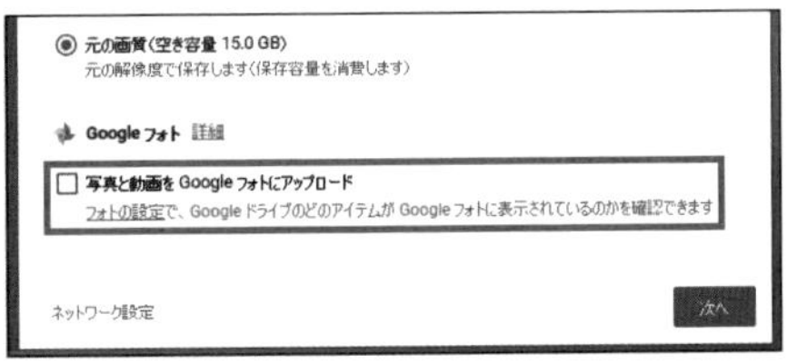

136 写真を閲覧する

写真の取り込み・閲覧

Googleフォトにアップロードした写真は撮影日付順に一覧表示されます。画面をスクロールすると、表示されていない写真を確認することができます。また、写真をクリックすると、拡大表示したり写真の情報を見たりすることができます。

写真を閲覧する

❶ <フォト>をクリックすると、写真が撮影された日付順に表示されます。

❷ 写真をクリックすると、

❸ 拡大表示されます。

ⓘをクリックすると、撮影日付や写真サイズなどの情報が表示されます。

❹ 🔍をクリックすると、さらに拡大して見ることができます。

137 写真をキーワード検索で探す

写真の取り込み・閲覧

Googleフォトはアップロードした写真を識別して自動的に分類します。撮影場所や人物、物など被写体ごとに細かく分類されるので、キーワード検索で目的の写真をかんたんに探すことができます。

G 写真をキーワード検索で探す

❶検索ボックスをクリックし、

❷検索ボックスに、探したい写真の対象となるキーワード(「食べ物」「動物」「山」「空」など)を入力して Enter キーを押すと、

❸目的の写真が検索されて表示されます。

Memo 写真の分類

<アルバム>→<被写体>の順にクリックすると、写真がどのように自動分類されているかを確認することができます。

Section 138 写真の取り込み・閲覧

アルバムで写真を整理する

Googleフォトでは、任意のタイトルを付けたアルバムを作成して写真を整理することができます。作成したアルバムの写真は、順番を並べ替えたり、新たな写真を追加したりして管理することができます。

Ⓖ アルバムを作成する

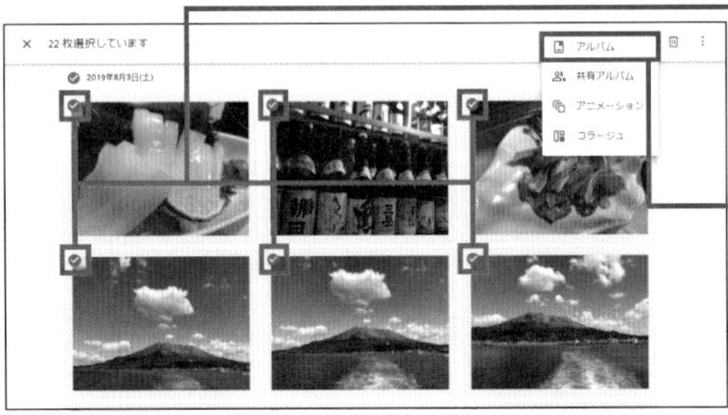

❶アルバムに入れる写真にマウスカーソルを合わせ✅をクリックし、

❷<+>→<アルバム>の順にクリックします。

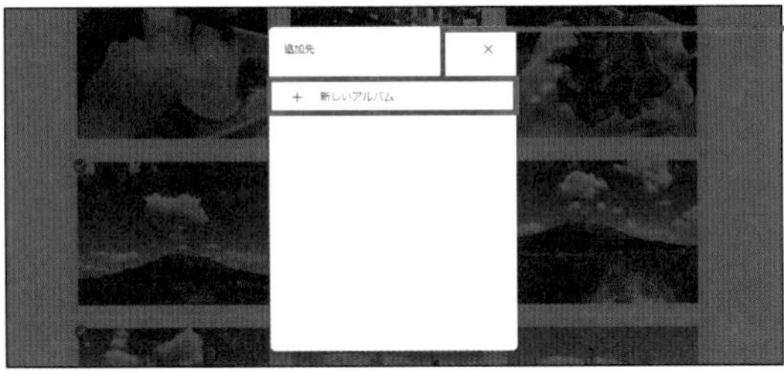

❸「アルバムに追加」画面が表示されるので<新しいアルバム>をクリックすると、

❹アルバムが作成されます。

❺アルバムのタイトルを入力し、

❻✓をタップすると作成したアルバムが保存されます。

Ⓖ アルバムを編集する

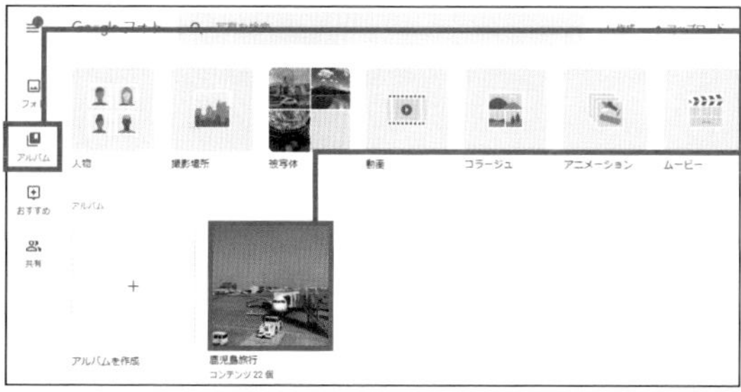

❶ <アルバム>をクリックしてアルバムを表示し、

❷ アルバムのカバー写真をクリックすると、

❸ アルバムに入っている写真が一覧表示されます。

❹ ⋮→<アルバムを編集>の順にクリックし、

❺ 並べ替えたい写真をドラッグ&ドロップすると、写真を並べ替えることができます。

❻ 🖼をクリックし、

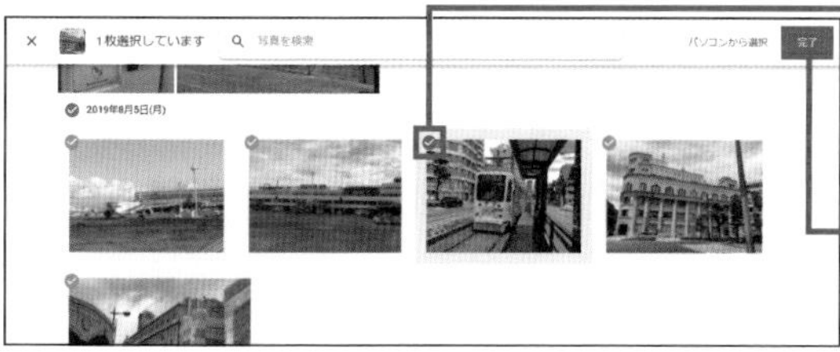

❼ 追加したい写真にマウスカーソルを合わせて☑をクリックし、

❽ <完了>をクリックすると、アルバムに追加されます。

Section 139 写真の加工

写真にフィルタ効果を付ける

Googleフォトでは、写真の色味や色彩、コントラストをまとめて変更して、かんたんに雰囲気を変えられる「フィルタ」を適用することができます。また、もとの写真とフィルタを適用した写真を見比べることもできます。

Ⓖ 写真にフィルタ効果を適用する

❶ P.192 手順❷～❸を参考に写真を表示して、

❷ ☷をクリックします。

❸ フィルタが一覧表示されます。

❹ 好みのフィルタをクリックすると、

❺ 写真にフィルタが適用されます。

❻ 選択したフィルタの下にあるバーをスライドすると、コントラストの調整ができます。

❼ <完了>をクリックすると、写真が保存されます。

Memo コピーして保存する

もとの写真も残したい場合は、<完了>の右にある⋮→<コピーを保存>の順にクリックします。

140 写真をトリミングする

写真の加工

撮影した写真の構図を調整したい場合は、トリミング機能を使用して、写真の必要な部分だけを残して切り抜くことができます。 撮影した写真の構図が気に入らない場合は、トリミングをしましょう。

G 写真を切り抜く

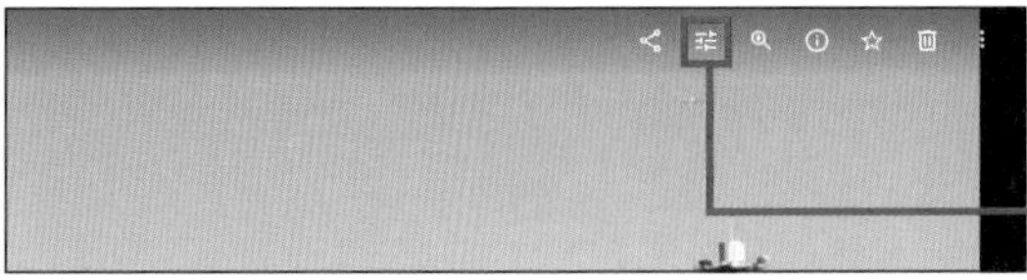

❶ P.192 手順❷〜❸を参考に写真を表示して、

❷ をクリックします。

❸ をクリックします。

❹ 写真の外枠にマウスカーソルを合わせ両矢印に変わったら、ドラッグしてトリミングする範囲を指定します。

Memo アスペクト比を設定する

をクリックすると、「フリー」「元のサイズ」「正方形」「16:9」「4:3」「3:2」からアスペクト比が選べます。

❺ トリミングが終了したら<完了>→<完了>の順にクリックすると保存されます。

Section 141 写真の加工

写真の傾きを調整する

カメラで写真を撮影すると、ときどき写真が傾いてしまっていることがあります。そういった場合には、傾き調整機能を使用しましょう。写真の向きを回転したり、傾きをすばやく補正したりすることができます。

Ⓖ 写真の傾きを調整する

❶P.192 手順❷〜❸を参考に写真を表示して、

❷ をクリックします。

❸ をクリックします。

❹写真右側に表示されるメモリを上下にドラッグすると傾きが補正されます。

❺<完了>→<完了>の順にクリックすると保存されます。

Memo 写真の向きを回転する

をクリックするごとに、写真を90度単位で回転させることができます。また、<自動>をクリックすると傾きが自動補正されます。

Section 142 写真の明るさや色味を調整する

写真の加工

撮影した写真が暗いときや細部が見にくい場合などは、明るさを変更することができます。また、色や露出の調整、効果の追加を行うことができます。写真の見栄えを調整したい場合は、編集機能を利用しましょう。

写真の明るさや色味を調整する

❶ P.192 手順❷～❸を参考に写真を表示して、

❷ をクリックします。

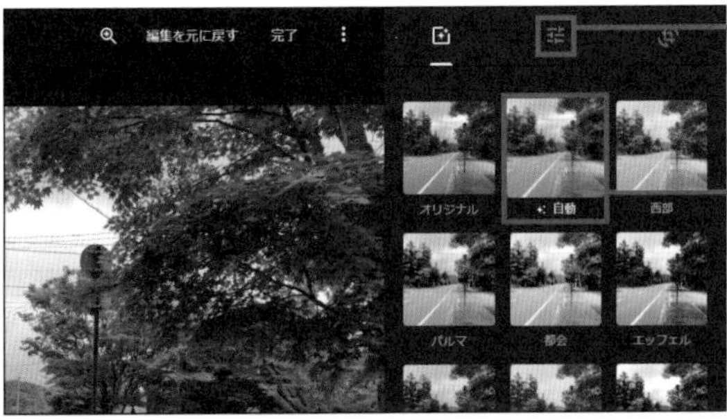

❸ をクリックすると、写真の明るさ、色、露出が自動的に補正されます。

❹ <自動>をクリックします。

❺「明るい」「色」「ポップ」の を左右にスライドして、個別に調整することができます。

❻ <完了>→<完了>の順にクリックすると保存されます。

Memo 詳細に色味を調整する

をクリックすると、さらに詳細な項目を調節することができます。

Section 143 スライドショーなどの作成

スライドショーを作成する

好みの写真を選択してスライドショーを作成できます。写真は2枚～50枚まで選択することができ、あとから写真を編集することができます。 なお、スライドショーはスマートフォンやタブレット端末からでも作成できます。

G スライドショーを作成する

❶<+作成>をクリックします。

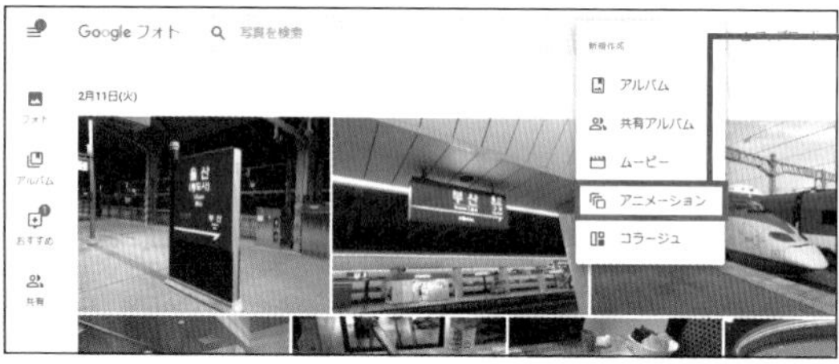

❷<アニメーション>をクリックします。

❸スライドショーに使用したい写真にマウスカーソルを合わせて☑をクリックし、

❹<作成>をクリックします。

Memo 選択できる写真の数

スライドショーに使用する写真は、最小2枚から最大50枚まで選択することができます。

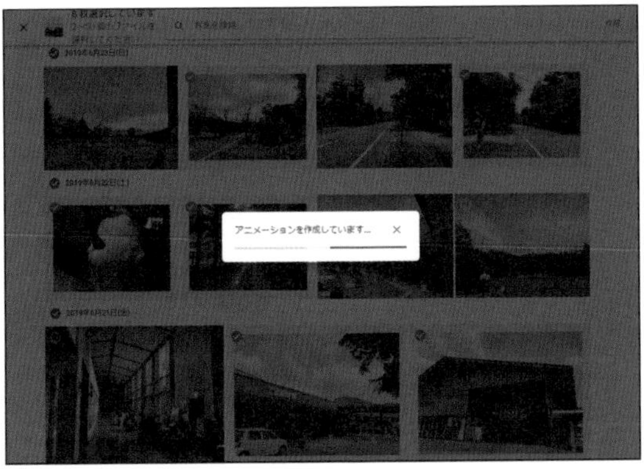

❺スライドショーの作成が開始されます。

❻選択した一連の写真によるスライドショーが作成されます。

❼ をクリックすると、作成したスライドショーを共有できます（Sec.147 参照）。

Column

スライドショーを表示する

画面左側の<アルバム>をクリックし、<アニメーション>をクリックします。作成したスライドショーが一覧表示されるので、見たいスライドショーをクリックすると表示できます。

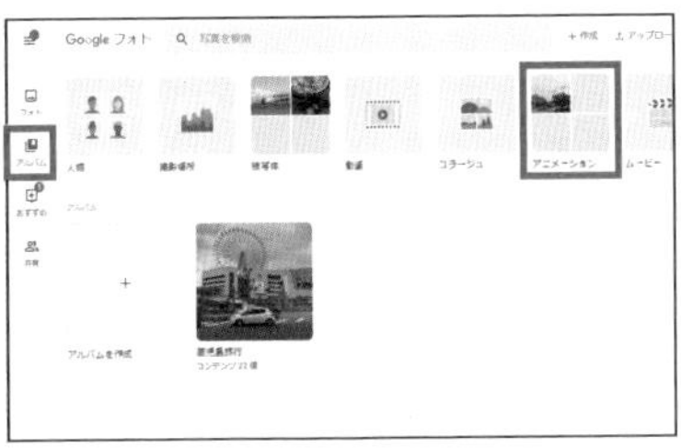

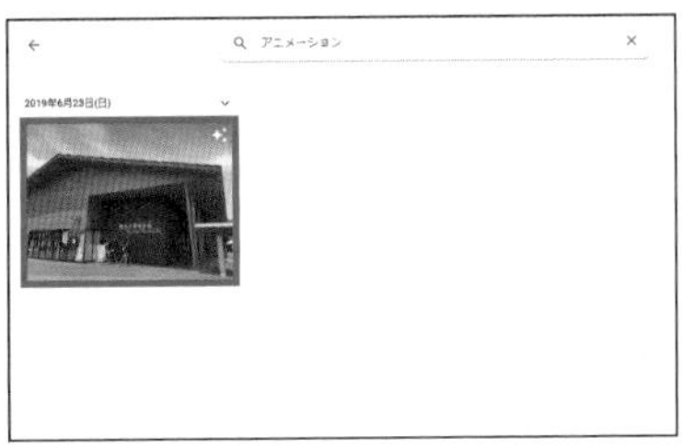

Section 144

スライドショーなどの作成

コラージュ写真を作成する

Googleフォトでは、写真を最大9枚まで選択し、自動的に見栄えよくレイアウトされた1枚のコラージュ写真をかんたんに作成することができます。作成したコラージュは、あとから写真の明るさ、色、露出を補正したりトリミングしたりできます。

G コラージュ写真を作成する

❶<＋作成>をクリックします。

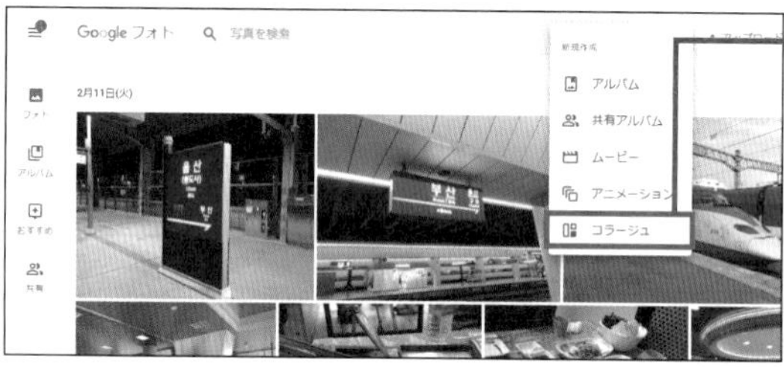

❷<コラージュ>をクリックします。

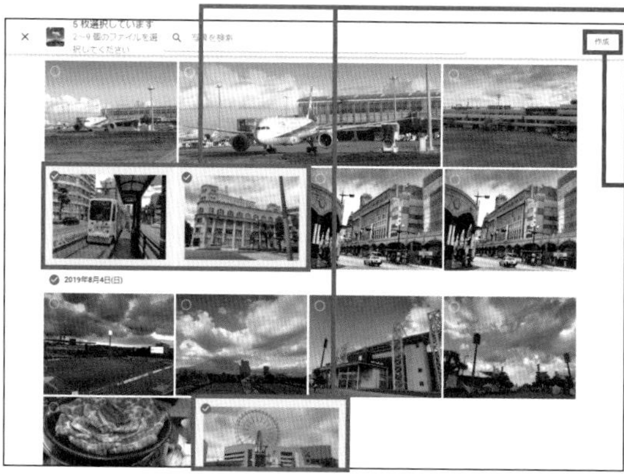

❸コラージュに使用したい写真にマウスカーソルを合わせて☑をクリックし、

❹<作成>をクリックします。

Memo 選択できる写真の数

コラージュに使用する写真は、最小2枚から最大9枚まで選択することができます。

❺コラージュ写真が作成されます。

❻明るさや色などを調整するには[調整アイコン]をクリックします。

❼手順❻のあとフィルタが一覧表示され、好みのフィルタを写真に適用できます。

Column

コラージュを表示する

画面左側の＜アルバム＞をクリックすると、「コラージュ」が表示されます。＜コラージュ＞をクリックし、作成したコラージュをクリックすると表示できます。

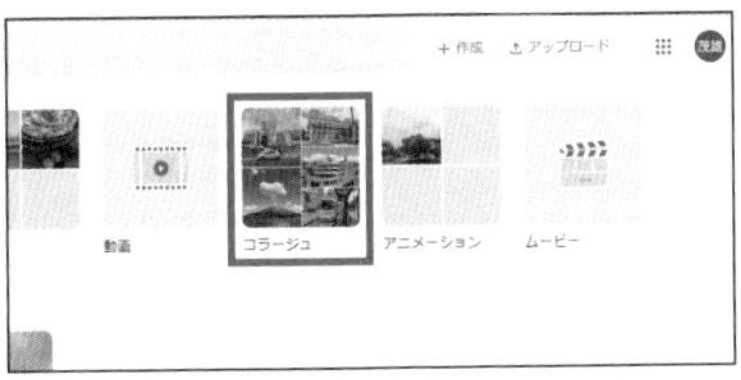

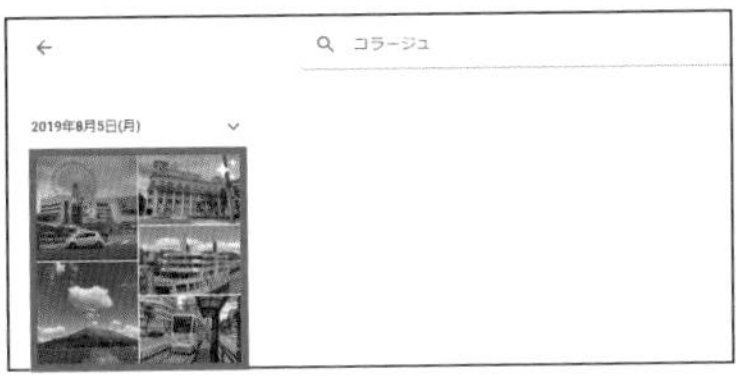

Section 145 写真の共有・管理

人物ラベルを付ける

Googleフォトでは人物の顔を自動的に分類するフェイスグルーピング機能があり、その人物にラベルを付けることができます。ラベルを付けた人物はキーワードで検索（Sec.137参照）することができ、表示ができます。

G フェイスグルーピングをオンにする

❶ ≡をクリックし、

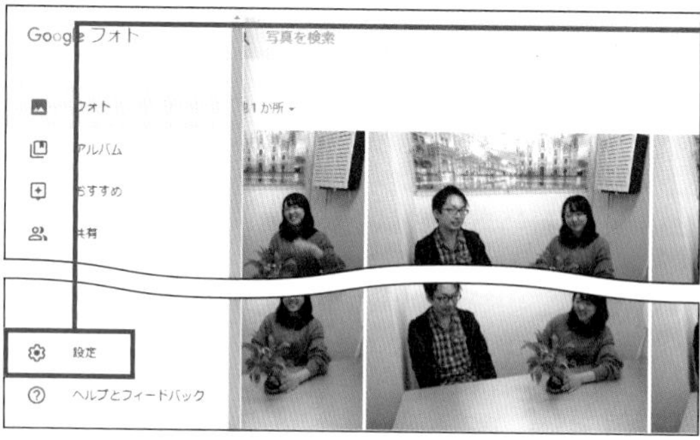

❷ <設定>をクリックします。

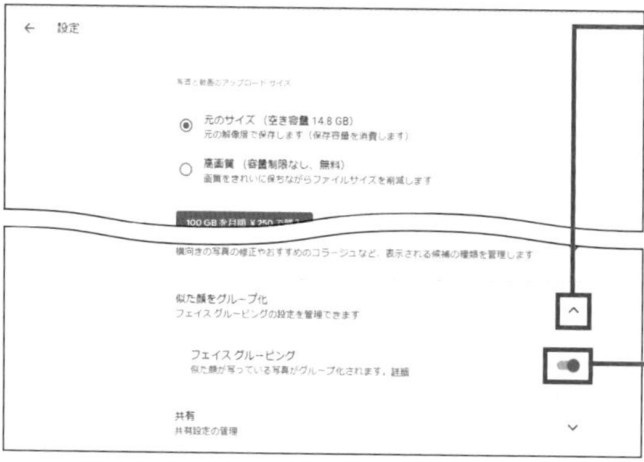

❸「似た顔をグループ化」の∨をクリックし、

❹ になっていることを確認します。 が表示されている場合はクリックします。

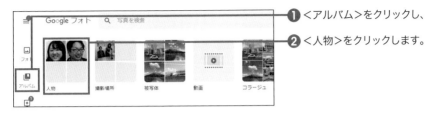

G 人物ラベルに名前を付ける

❶<アルバム>をクリックし、

❷<人物>をクリックします。

❸ラベルを付けたい人物をクリックし、

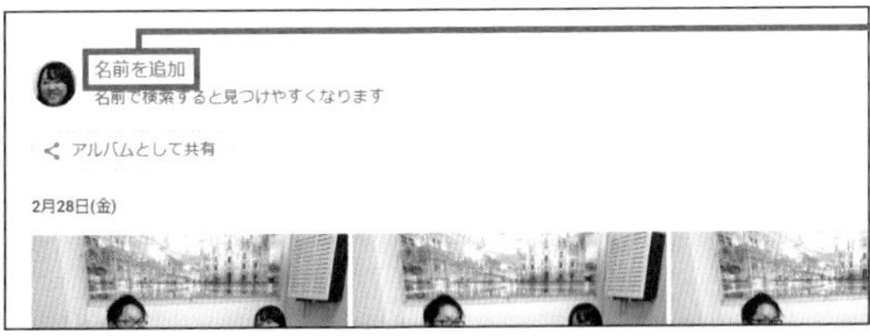

❹<名前を追加>をクリックして、

❺名前を入力し、

❻<完了>をクリックします。

Column 誤ってグルーピングされた写真を外す

別の人物が誤ってグルーピングされた場合は手順❹の画面で該当する写真をクリックし、ⓘをクリックして、「人物」の✎をクリックします。ラベルを外したい人物の⊖をクリックして<完了>をクリックすると、その写真からはラベルが外されます。

写真の日時を修正する

撮影したデジタルカメラの時刻がずれているなどの理由で、正しい日時でないままの写真がある場合、修正することができます。ただし、ダウンロードしたり、SNSで共有したりすると、もとの日時が表示されることがあります。

写真の日時を修正する

❶日時を修正する写真にマウスカーソルを合わせ☑をクリックし、

❷ ⋮ をクリックします。

❸<日付を編集>をクリックし、

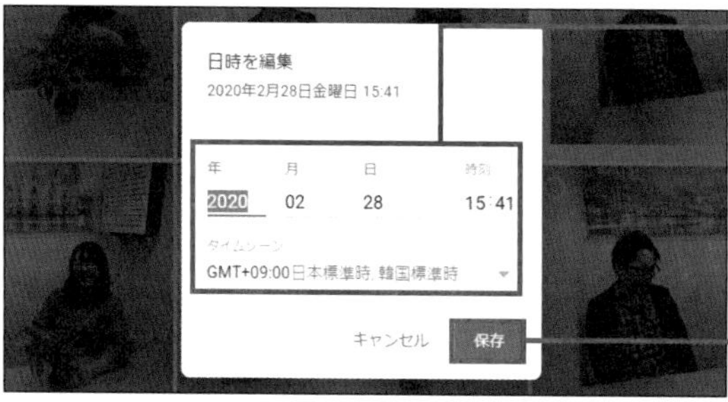

❹年や月、日、時刻、タイムゾーンを変更して、

❺<保存>をクリックします。

Section 147 写真をメンバー間で共有する

写真の共有・管理

写真やアルバム、動画などをアルバムとして保存すると、共有可能なリンクを設定することができます。設定したリンクは、Googleアカウントを持っていないユーザーと共有することも可能です。

写真を共有する

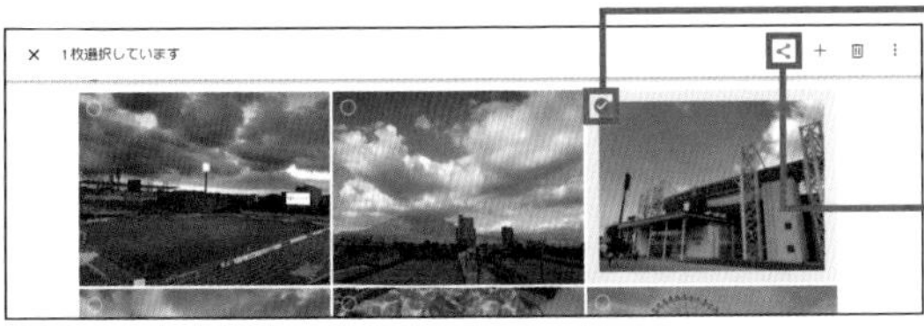

❶ 共有する写真にマウスカーソルを合わせ☑をクリックし、

❷ <をクリックします。

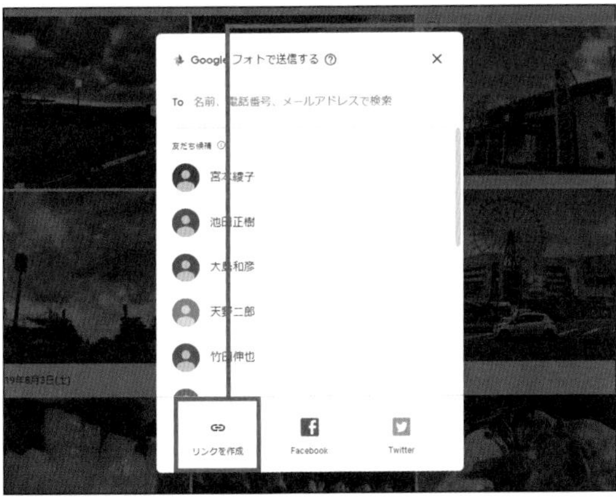

❸ 共有方法（ここでは、<リンクを作成>）をクリックします。

Memo そのほかの共有方法

「友だち候補」や「すべての連絡先」の下に表示されている人をクリックし、メッセージを入力して▶をクリックすると、送信先のユーザーだけに写真の共有ができます。送信先のユーザーはGoogleフォトの<共有>をクリックすると、共有した写真の閲覧やコメントを付けることができるようになります。

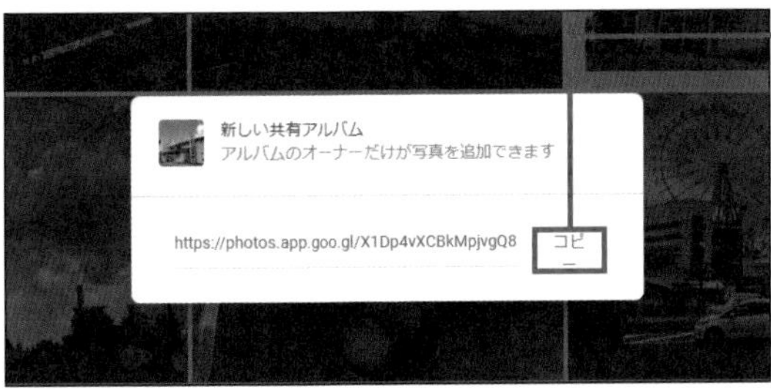

❹ <コピー>をクリックしてURLを人に教えると、アルバムを共有できます。

Section 148 写真の共有・管理

写真をダウンロードする

Googleフォトに保存した写真や動画は、任意のものを選択し、まとめてダウンロードすることができます。パソコンだけでなく、AndroidやiPhoneなどのスマートフォンやタブレット端末などにもダウンロードすることが可能です。

1枚の写真をダウンロードする

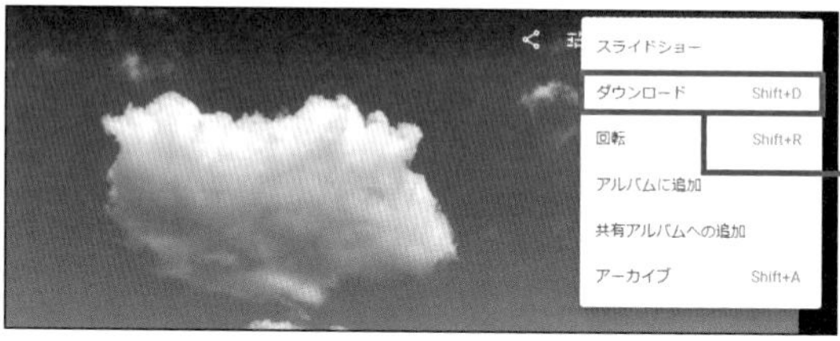

❶ P.192 手順❷～❸を参考にダウンロードしたい写真を表示して、

❷ ⋮→＜ダウンロード＞の順にクリックします。

写真をまとめてダウンロードする

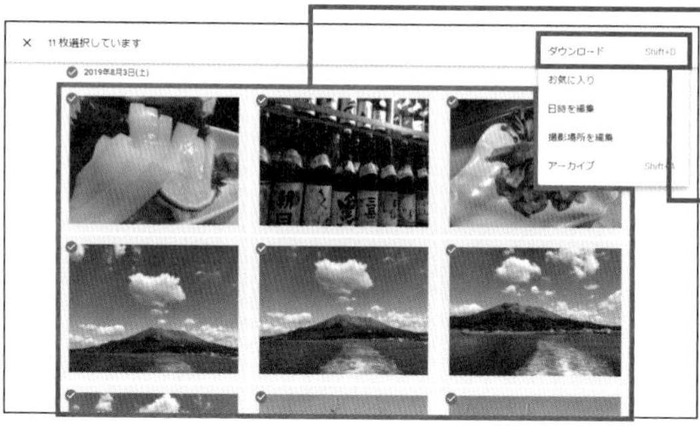

❶ ダウンロードしたい写真にマウスカーソルを合わせて☑をクリックし、

❷ ⋮→＜ダウンロード＞の順にクリックします。

Column

共有されたアルバムからダウンロードする

共有アルバムの写真をダウンロードするときは、P.195手順❶～❷を参考に共有アルバムを開き、⋮をクリックして、＜すべてダウンロード＞をクリックするとダウンロードすることができます。

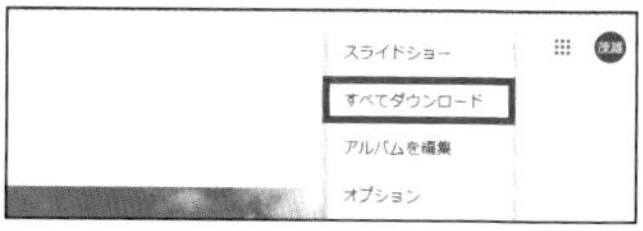

写真の共有・管理

写真を削除する

Googleフォトでは、不要になった写真を削除することができます。なお、削除した写真はゴミ箱内に60日間保存されたのち完全に削除されます。完全に削除される前であれば、もとに戻すことも可能です。

不要な写真を削除する

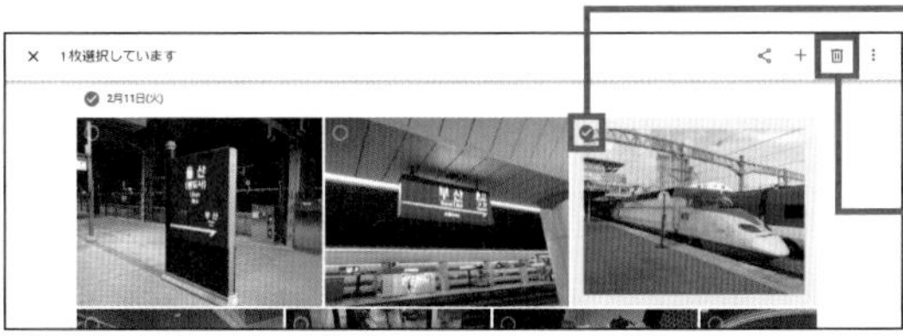

❶削除する写真にマウスカーソルを合わせ☑をクリックし、

❷🗑をクリックします。

❸<ゴミ箱に移動>をクリックすると削除されます。

❹≡をクリックし、

❺<ゴミ箱>をクリックします。

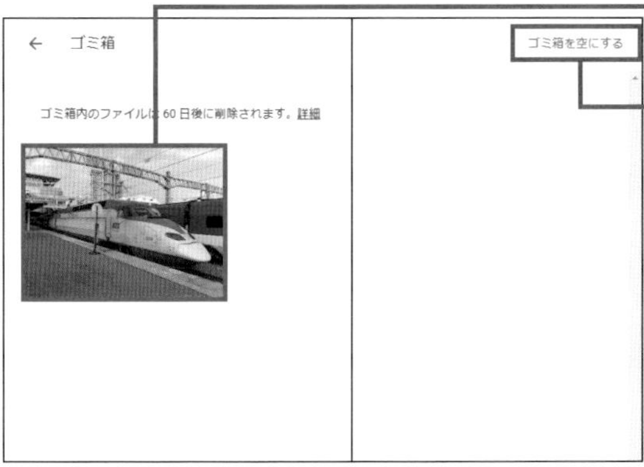

❻削除した写真が表示されます。

❼<ゴミ箱を空にする>をクリックするとゴミ箱内の写真が完全に削除されます。

Memo 写真の復元

削除した写真をもとに戻すには、≡→<ゴミ箱>の順にクリックし、復元したい写真にマウスカーソルを合わせ、☑をクリックし、<復元>をクリックします。

150 写真をアーカイブする

写真の共有・管理

Googleフォトに取り込んだ写真の中には、必要はなくなったが削除するほどでもないという写真があるかもしれません。そのような写真はアーカイブしておきましょう。アーカイブした写真は削除されることなく、トップページからは非表示になります。

G 写真をアーカイブする

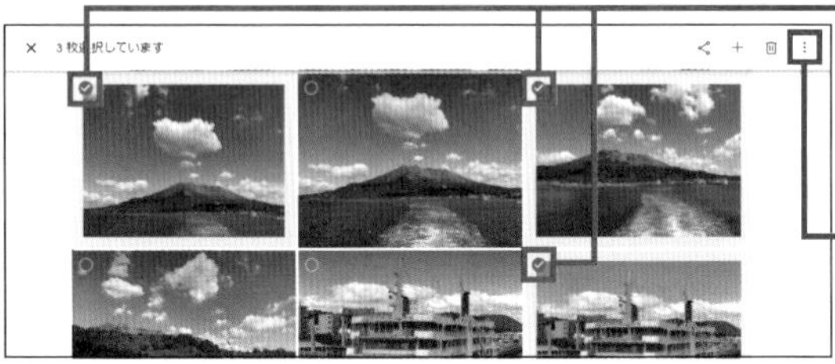

❶アーカイブする写真にマウスカーソルを合わせ✓をクリックし、

❷ ⋮ をクリックして、

❸<アーカイブ>をクリックするとアーカイブされ、非表示になります。

❹≡をクリックし、

❺<アーカイブ>をクリックします。

❻アーカイブした写真が表示されます。

第8章

動画をトコトン楽しむ! YouTube

YouTubeは、世界中のユーザーが投稿した動画を視聴できる、世界最大の動画投稿サイトです。映画などの有料コンテンツの視聴や、動画の投稿、投稿動画の編集などもできます。

151 動画の視聴

見たい動画を検索する

YouTubeでは、キーワードを入力して検索することで、見たい動画を探すことができます。また、フィルタを使用することで、詳細な条件を指定して検索結果を絞り込んだり、検索結果を並べ替えたりすることもできます。

G 動画をキーワード検索する

❶ Googleのトップページで ⠿ をクリックし、

❷ < YouTube >をクリックします。

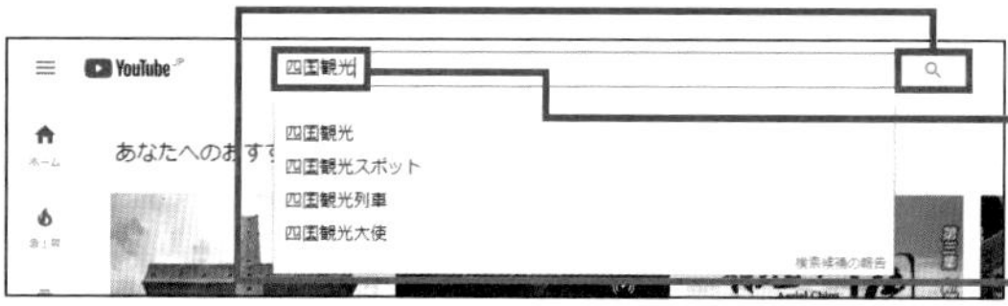

❸ 検索ボックスに検索したいキーワードを入力し、

❹ 🔍 をクリックします。

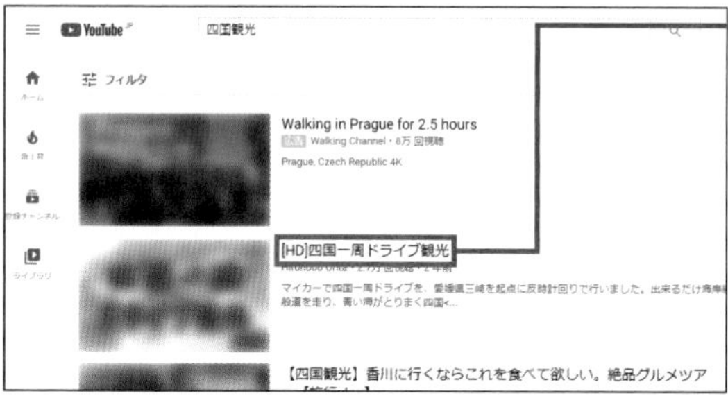

❺ 検索結果が表示されるので、見たい動画のタイトルをクリックすると、

Memo 検索結果を絞り込む

<フィルタ>をクリックすると、アップロード日や動画のタイプ、再生時間などで絞り込んだり、並び替えたりすることができます。

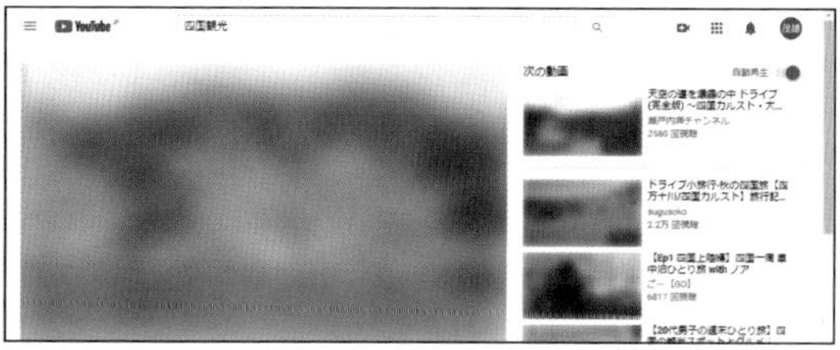

❻ 動画が再生されます。

Memo 「YouTube Premium」のウィンドウ

「YouTube Premium」に関するウィンドウが表示された場合は、<スキップ>をクリックするとウィンドウが閉じます。

152 動画の視聴
動画の再生画質やサイズを変更する

インターネットやパソコンの環境によっては、高画質の動画を再生するとスムーズな再生ができずにカクカクしてしまうことがあります。このような場合は、動画の再生画質を下げるとよいでしょう。また、画面サイズを変更することもできます。

G 動画の画質やサイズを変更する

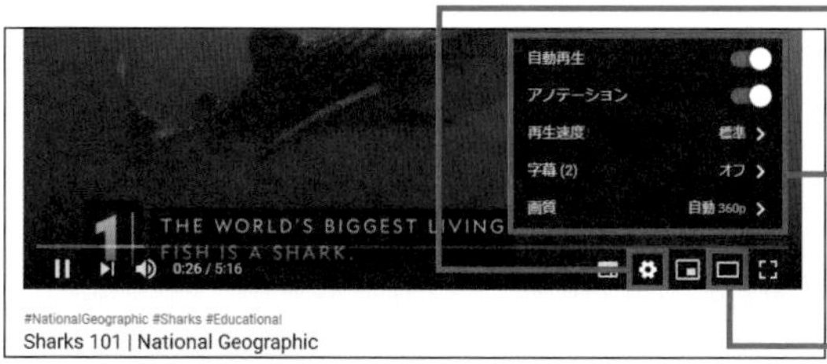

❶動画の再生画面で⚙をクリックすると、

❷画質や、次の動画を自動再生するかどうかなどの設定を変更できます。

❸▭をクリックすると、

❹シアターモードで再生されます。

❺もう一度▭をクリックすると、もとの画面サイズに戻ります。

❻⛶をクリックすると、

❼全画面モードで再生されます。

❽ Esc キーを押すと、もとの画面サイズに戻ります。

履歴から動画を探す

以前見た動画をもう一度再生したい場合、履歴機能によって再生履歴から探すことができます。再生履歴を削除したり、一時的に履歴を残さないように設定することもできます。また、すべての履歴を削除することも可能です。

履歴機能を利用する

❶画面左上の ≡ をクリックし、

❷＜履歴＞をクリックします。

❸再生履歴一覧が表示されます。

❹タイトルをクリックすると、動画が再生されます。

マウスカーソルを合わせて × をクリックすると、再生履歴が削除されます。

＜すべての再生履歴を削除＞をクリックすると、再生履歴がまとめて削除されます。

Column

再生履歴が残らないようにする

手順❸の画面で＜再生履歴を一時停止＞をクリックすると、再生履歴を残さずに、動画を閲覧できます。再度、再生履歴が残るようにするには、＜再生履歴を有効にする＞をクリックします。

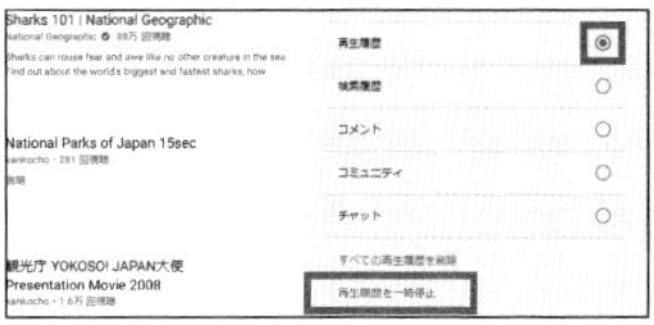

字幕を付けて動画を見る

動画の視聴

YouTubeの動画は、字幕自動生成機能を利用して字幕を表示して見ることができます。表示される字幕の色やサイズ、フォントなどは設定で変更することができます。なお、動画によっては字幕に対応していないものもあります。

G 動画に字幕を付けて再生する

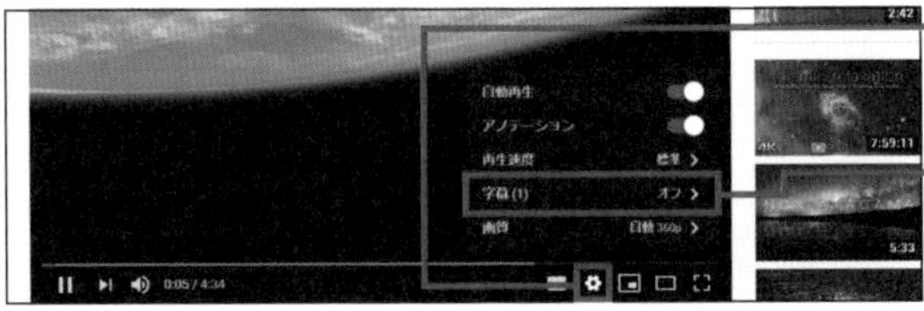

❶動画の再生画面で⚙をクリックし、

❷<字幕>をクリックします。

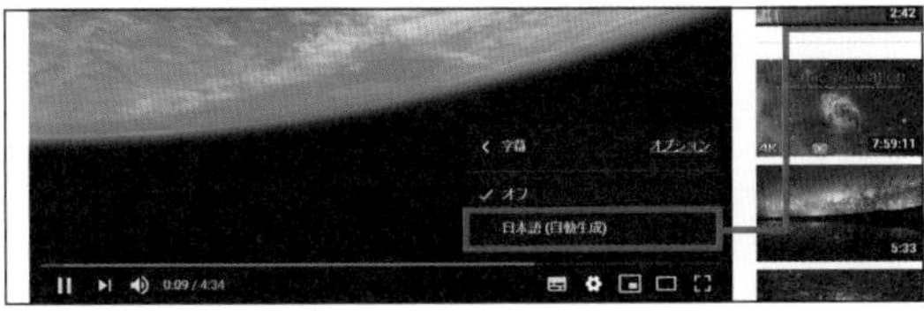

❸字幕の種類(ここでは<日本語(自動生成)>)をクリックすると、

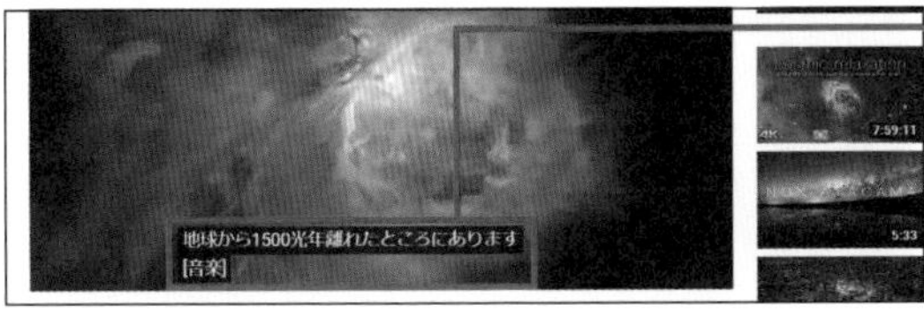

❹動画に字幕が表示されます。

Column 字幕を翻訳して表示する/字幕の詳細を設定する

手順❸の画面で「自動生成」と書かれた字幕を選択すると、音声を文字に起こした字幕が表示されます。外国語の音声でも翻訳して表示することが可能です。また、<オプション>をクリックすると、字幕のテキストの色やサイズ、フォントなどの詳細を設定することができます。

動画の視聴

倍速で動画を見る

YouTubeの動画の再生時間を早めたり、スローにしたりして再生することができます。動画の再生速度は2倍、1.75倍、1.5倍、1.25倍、0.75倍、0.5倍、0.25倍から選ぶことができるほか、0.25～2倍の間の自分の好きな速度をカスタム設定することもできます。

G 動画の再生速度を変更する

❶動画の再生画面で⚙をクリックし、

❷＜再生速度＞をクリックします。

❸変更したい再生速度をクリックします。

Column 再生速度を細かく設定する

手順❸の画面で＜カスタム＞をクリックすると、表示されている速度の選択項目よりも詳細に設定することができます。

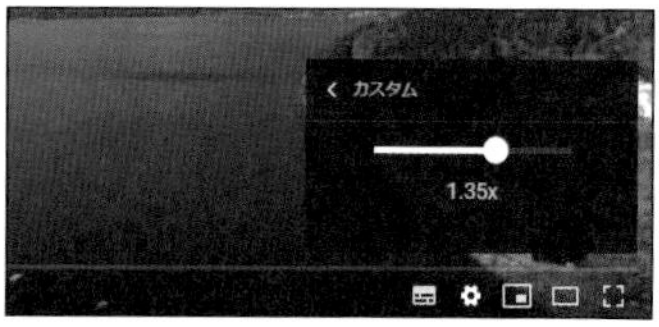

第6章
第7章
第8章 動画の視聴
第9章
第10章

Section 156 動画の視聴

映画などの有料レンタルコンテンツを視聴する

YouTubeでは、映画やDVDなどの有料コンテンツを視聴することもできます。ジャンル別にさまざまな映画が揃っており、視聴するには「レンタル」または「購入」の支払い手続きが必要になります。

G 有料コンテンツを視聴する

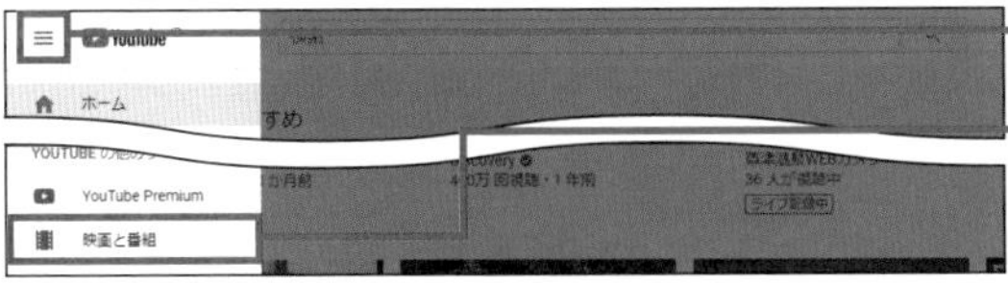

❶画面左上の≡をクリックし、

❷＜映画と番組＞をクリックします。

❸レンタルまたは購入する動画をクリックします。

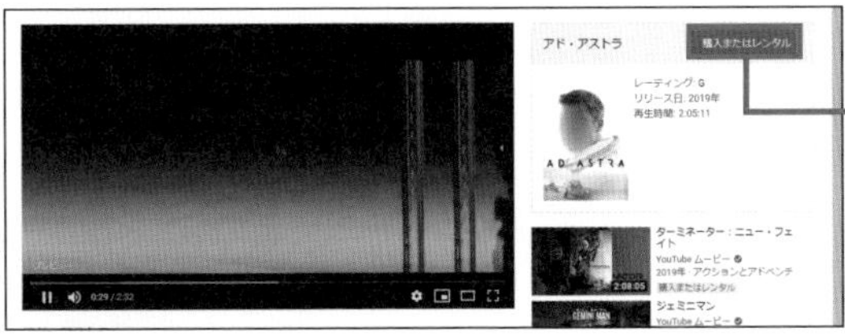

❹予告編が再生されます。

❺＜購入またはレンタル＞をクリックし、

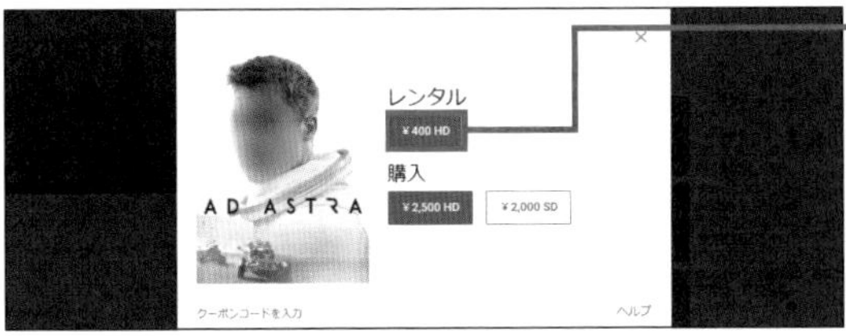

❻金額のボタン（ここでは＜¥400 HD＞）をクリックして、レンタルまたは購入の支払い手続きを行います。

「後で見る」機能を利用する

気になる動画を見つけた際に、あとでゆっくりと視聴したい場合は、「後で見る」リストに入れておきましょう。「後で見る」リストに追加した動画は、まとめて連続再生することができます。「後で見る」リストへの追加は、検索結果の一覧画面からでも可能です。

G 「後で見る」リストに動画を追加する

❶動画の再生画面下にある<保存>をクリックし、

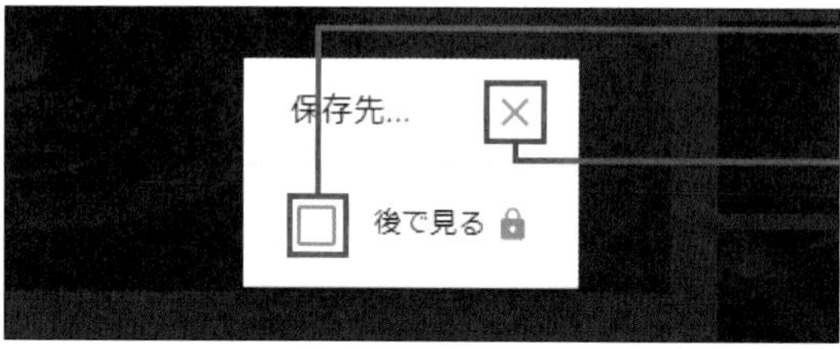

❷「後で見る」をクリックしてチェックを付けます。

❸ ×をクリックします。

Column

検索結果の一覧から追加する

Sec.151手順❶〜❹を参考に検索結果の一覧画面を表示し、サムネイルにマウスカーソルを合わせると表示される🕒をクリックすると、「後で見る」リストに追加されます。

G 「後で見る」リストから動画を再生する

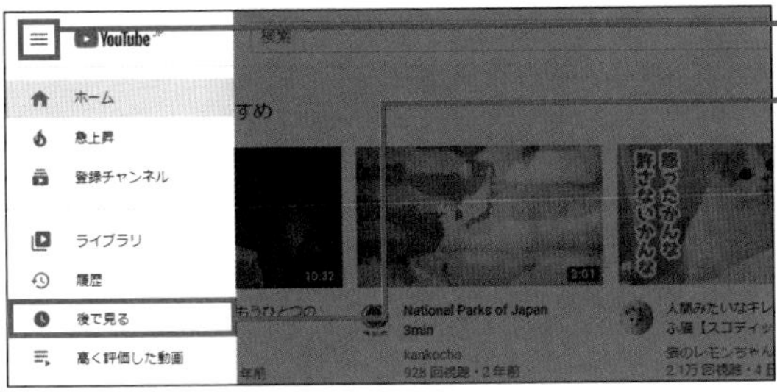

❶画面左上の≡をクリックし、

❷<後で見る>をクリックします。

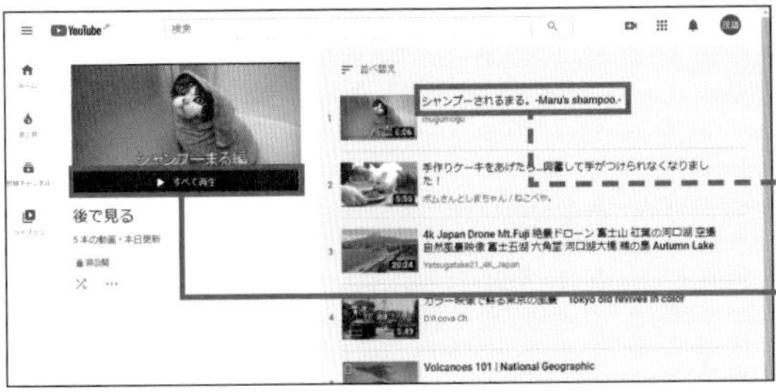

❸「後で見る」リストが表示されます。

動画のタイトルをクリックすると、動画が再生されます。

❹<すべて再生>をクリックすると、

❺動画が並び順に、連続再生されていきます。

右側の「後で見る」リストのタイトルをクリックすると、各動画を再生することができます。

❻動画にマウスカーソルを合わせて🗑をクリックすると、「後で見る」リストから削除されます。

Column

視聴済み動画を削除する

手順❸の画面で…→<視聴済みの動画を削除>の順にクリックすると、視聴済みの動画がリストから削除されます。

158 再生リスト お気に入りの動画を再生リストにまとめる

興味のある観光スポット、好きな著名人の名場面など、お気に入りの動画は「再生リスト」に保存しておきましょう。再生リストは、チャンネルを作成することで利用することができます。保存した動画のリストは、いつでも好きなときに、まとめて視聴することができます。

G チャンネルを作成する

❶ここをクリックし、

❷＜チャンネルを作成＞をクリックします。

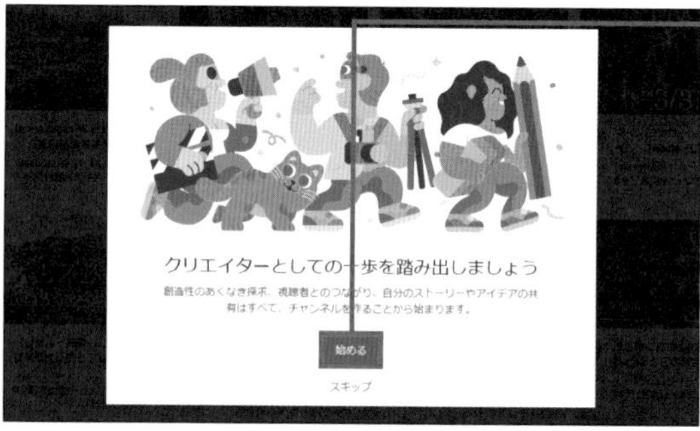

❸＜始める＞をクリックします。

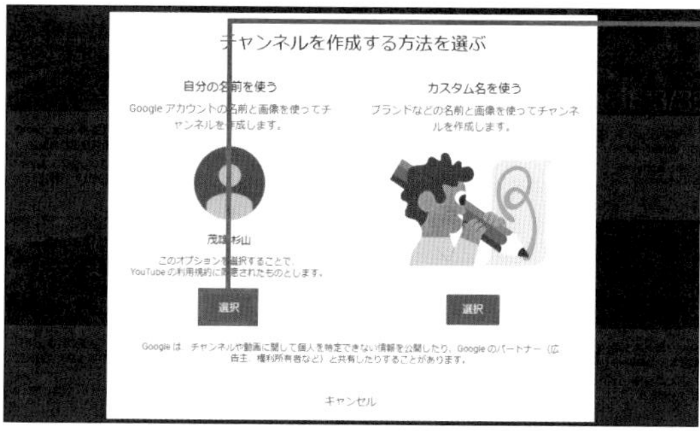

❹個人で利用しているアカウントであれば「自分の名前を使う」の＜選択＞をクリックします。

G 再生リストを作成する

❶動画の再生画面の下にある<保存>をクリックし、

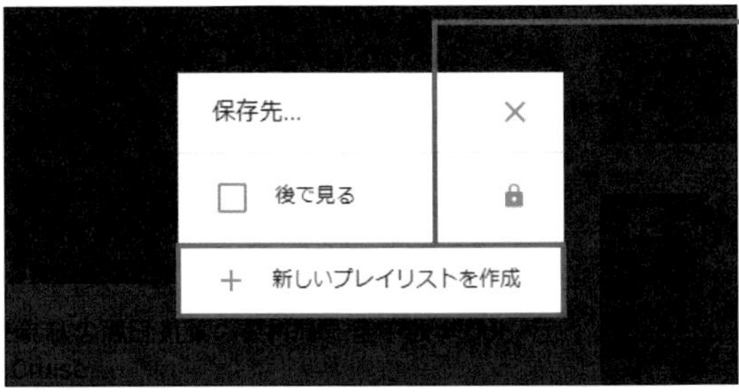

❷<新しいプレイリストを作成>をクリックします。

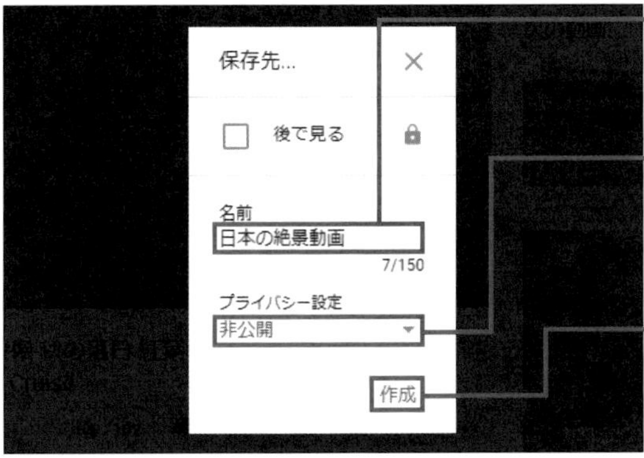

❸<再生リストの名前を入力>をクリックしてリスト名を入力し、

❹<公開>をクリックして、プルダウンメニューから公開範囲を選択（ここでは<非公開>）します。

❺<作成>をクリックします。

Column

再生リストに動画を追加する

作成した再生リストに動画を追加する場合は、動画の再生画面の下にある<保存>をクリックします。追加したい再生リストのタイトルをクリックしてチェックを付けると、動画が再生リストに追加されます。

159
再生リスト

再生リストの動画を再生する

作成した再生リストは、画面左のメニューから見ることができます。クリックすると再生リスト内の動画が一覧表示され、連続して再生したり、1つずつ個別に再生したりすることが可能です。

再生リストの動画を見る

❶ YouTube のトップ画面で ≡ をクリックし、

❷ 再生リストのタイトルをクリックします。

❸ 再生リストが表示されます。

❹ ＜すべて再生＞をクリックすると、動画が連続再生されます。

❺ 右側の動画のサムネイルをクリックすると、個別に動画が再生されます。

Column

再生リストや登録動画を削除する

再生リストを削除したい場合は、手順❸の画面で ⋮ をクリックします。＜再生リストを削除＞をクリックすると、再生リストが削除されます。再生リストに登録した動画を個別に削除するには、動画にマウスカーソルを合わせて ⋮ →＜［リスト名］から削除＞の順にクリックすると、動画を再生リストから削除できます。

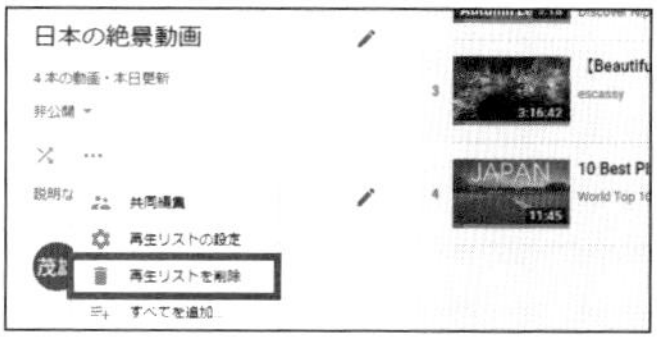

第6章
第7章
第8章
再生リスト
第9章
第10章

Section 160
チャンネル

好みのチャンネルを登録する

YouTubeでは、同じ投稿者からの動画は同じ「チャンネル」の中にまとめられます。好みのチャンネルを登録しておくと、見たい動画を見つけやすくなるでしょう。また、新しい動画が投稿された際に、通知されるように設定することができます。

G 動画からチャンネルを登録する

❶動画の再生画面の下にある＜チャンネル登録＞をクリックします。

❷「登録済み」と表示が変わり、動画の投稿元がチャンネルとして登録されます。

❸チャンネル通知を設定するときは🔔をクリックし、

❹通知を受け取る場合は＜すべて＞をクリックします、

❺YouTube のトップ画面で≡をクリックし、

❻登録したチャンネル名をクリックすると、チャンネルのトップページが表示されます。

161 チャンネル 登録したチャンネルの最新動画をチェックする

登録したチャンネルに新着動画がアップロードされた際に、見逃さずに視聴したい場合は、更新通知をメールで受け取れるように設定しましょう。動画が更新されるたびに通知が届くので、見逃すことなくチェックできます。

G メール通知から最新動画をチェックする

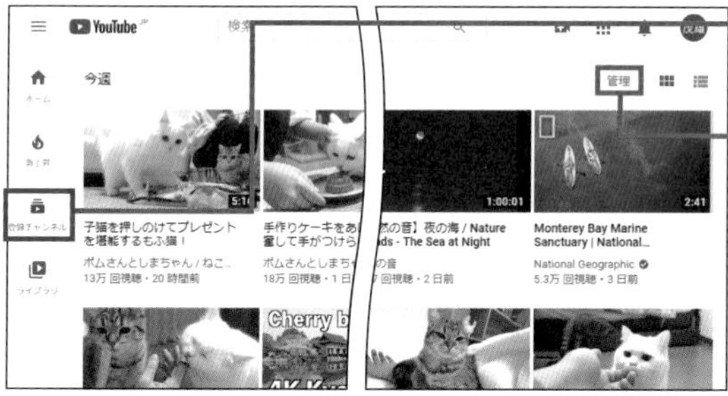

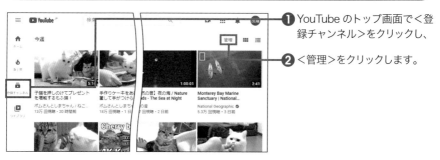

❶ YouTube のトップ画面で<登録チャンネル>をクリックし、

❷ <管理>をクリックします。

❸ 設定したいチャンネルの「登録済み」の右にあるアイコン（ここでは🔔）をクリックします。

❹ <すべて>をクリックします。

❺ 画面右上の🔔をクリックします。

❻ ⚙をクリックします。

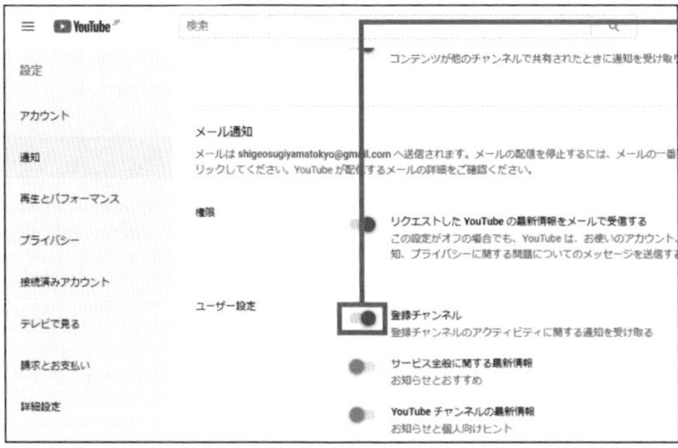

❼「通知」画面が表示されます。「メール通知」の「ユーザー設定」にある「登録チャンネル」をクリックして ● にします。

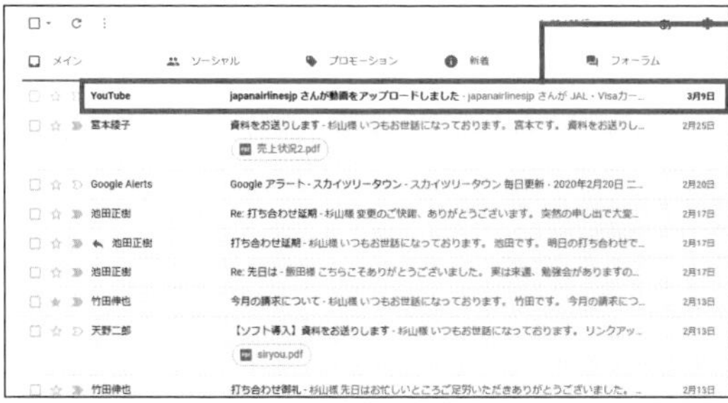

❽手順❻～❼の設定を行うと、最新動画の更新があった際に Google アカウントの Gmail に通知が届くようになります。

❾メールを開き、閲覧したい動画をクリックします。

❿ YouTube の Web ページが表示され、動画が再生されます。

Section 162 動画の投稿・編集

撮影した動画を投稿する

YouTubeでは、人が投稿した動画を見るだけでなく、自分が撮影した動画を投稿することもできます。動画には説明やタグを追加したり、動画を視聴できるユーザーを指定して友達どうしで楽しんだりと、さまざまな設定ができます。

動画を投稿する

❶ をクリックし、

❷ <動画をアップロード>をクリックします。

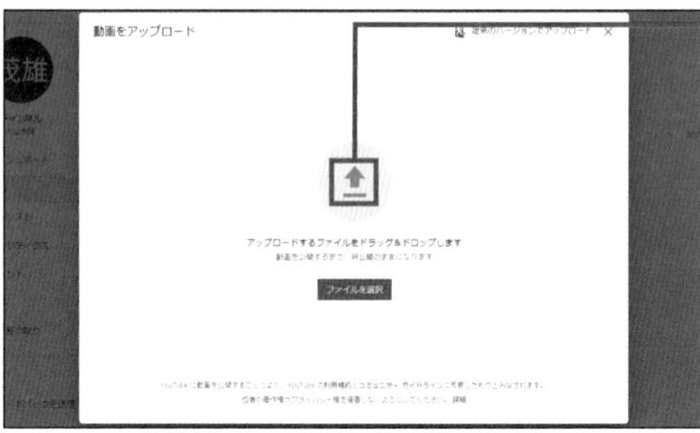

❸ をクリックします。

Column 投稿できる動画のファイル形式

サポートされている動画のファイル形式は、MOV、MPEG4、AVI、WMV、MPEGPS、FLV、3GPP、WebMです。サポートされていないファイル形式をアップロードするとエラーメッセージが表示されるので、ファイル形式を変換する必要があります。

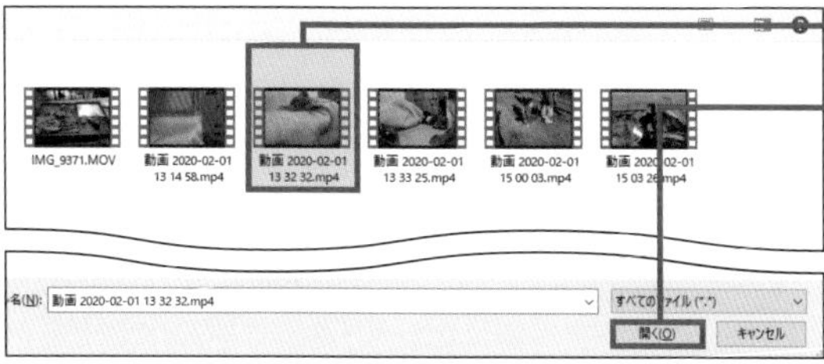

❹投稿する動画を選択し、

❺<開く>をクリックします。

❻アップロードが完了すると「処理が終了しました」と表示されます。

❼動画のタイトルや説明、視聴者の項目などを入力・設定します。

❽動画のサムネイルをクリックして選択し、

❾<次へ>→<次へ>の順にクリックします。

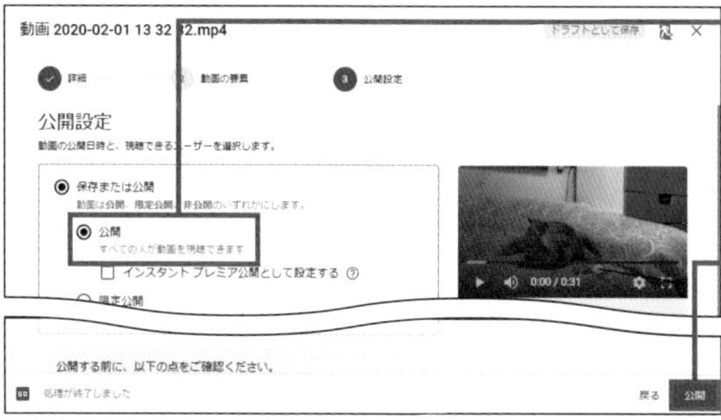

❿「公開設定」画面が表示されるので、<公開><限定公開><非公開>のいずれか（ここでは<公開>）をクリックして、

⓫<公開>をクリックします。

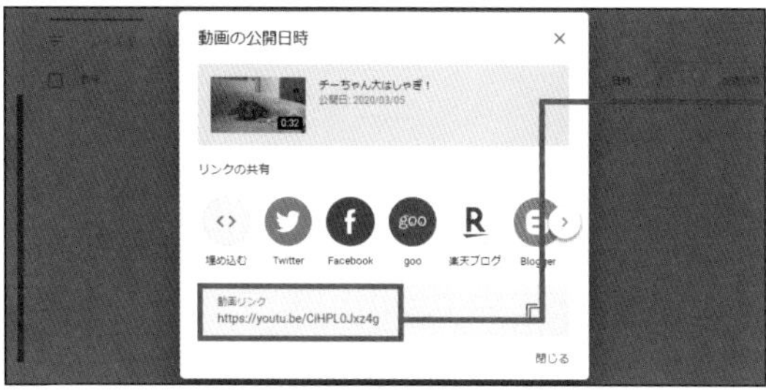

⓬動画の投稿が完了します。

⓭URLをクリックすると、投稿した動画が再生されます。

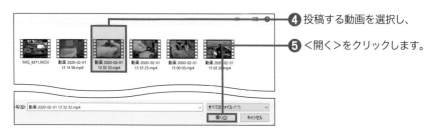

Section 163 動画の投稿・編集

投稿した動画の公開範囲を変更する

投稿した動画は、特定のユーザーだけに公開したり、リンクを知っているユーザーだけが視聴できるようにしたりと、公開範囲を設定することができます。公開範囲は、「公開」「非公開」「限定公開」から選択します。

G 動画の公開範囲を設定する

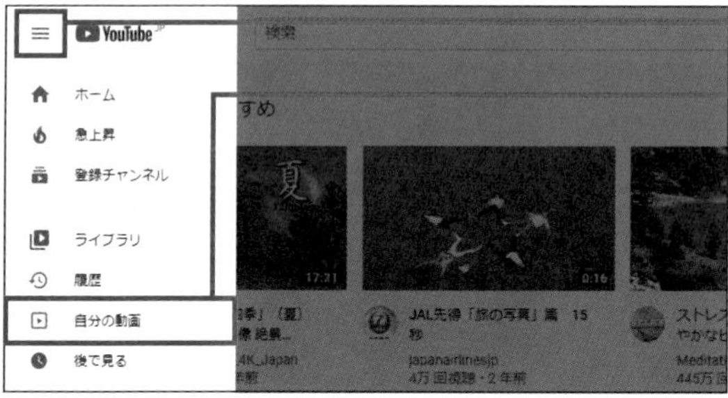

❶ ≡をクリックし、

❷ <自分の動画>をクリックします。

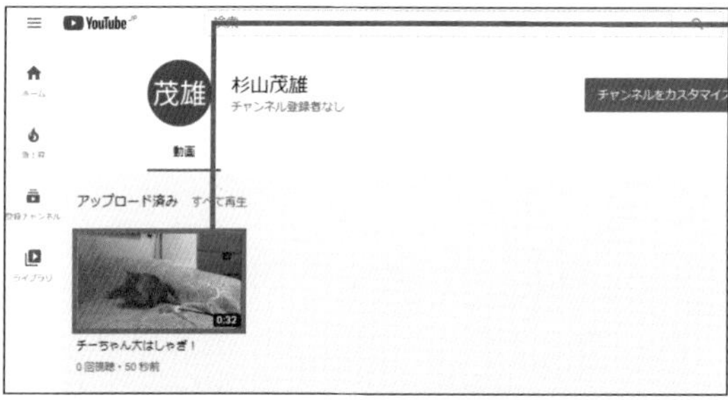

❸ 動画のサムネイルをクリックします。

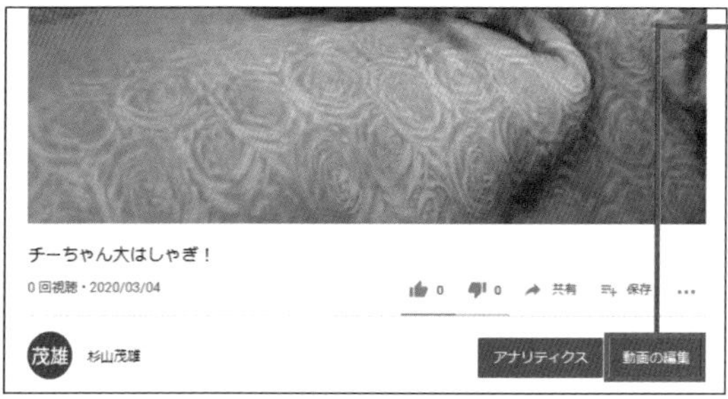

❹ <動画の編集>をクリックします。

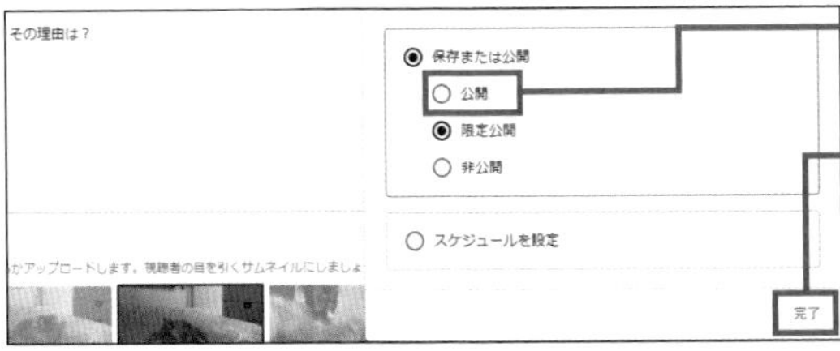

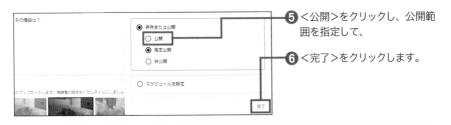

❺＜公開＞をクリックし、公開範囲を指定して、

❻＜完了＞をクリックします。

・＜公開＞を選択すると、YouTubeユーザー全員が視聴できます。
・＜限定公開＞を選択すると、動画のリンク（URL）を知っているユーザーだけが視聴できます。
・＜非公開＞を選択すると、自分が指定するユーザーだけが視聴できます。

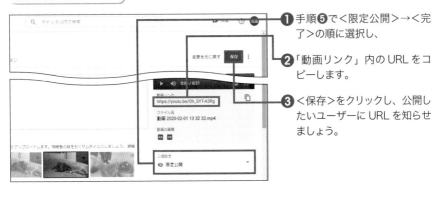

限定公開の設定をする

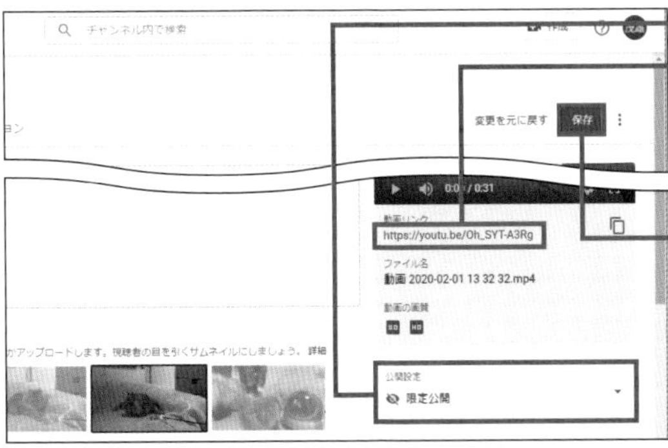

❶手順❺で＜限定公開＞→＜完了＞の順に選択し、

❷「動画リンク」内のURLをコピーします。

❸＜保存＞をクリックし、公開したいユーザーにURLを知らせましょう。

非公開の設定をする

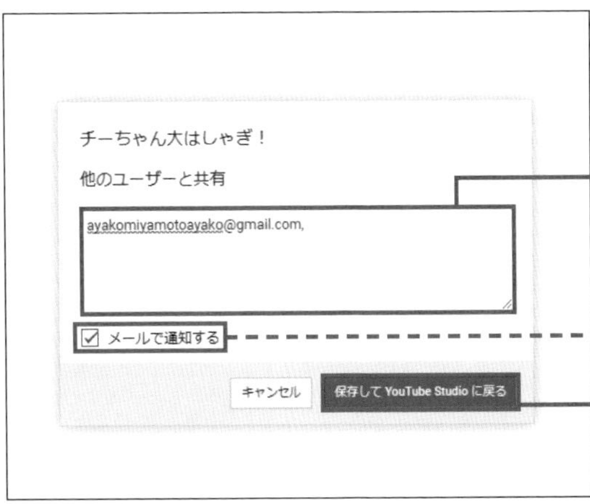

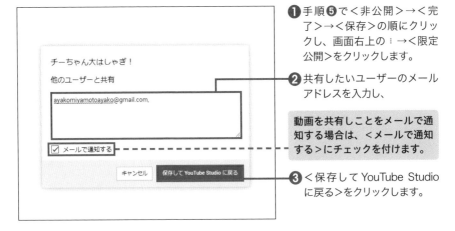

❶手順❺で＜非公開＞→＜完了＞→＜保存＞の順にクリックし、画面右上の ⁝ →＜限定公開＞をクリックします。

❷共有したいユーザーのメールアドレスを入力し、

動画を共有しことをメールで通知する場合は、＜メールで通知する＞にチェックを付けます。

❸＜保存して YouTube Studio に戻る＞をクリックします。

164 動画の投稿·編集

YouTube上で動画を編集する

YouTubeには動画を編集するためのツール「YouTube Studio」が搭載されており、投稿した動画をWebブラウザ上で編集することができます。動画のトリミングやタイトルの表示などができるほか、画質を調整したり、音声や字幕を挿入したりすることも可能です。

YouTube Studioで動画を編集する

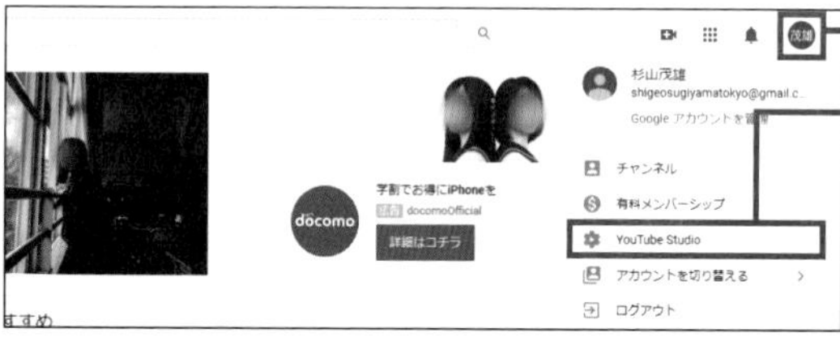

❶ここをクリックし、

❷＜YouTube Studio＞をクリックします。

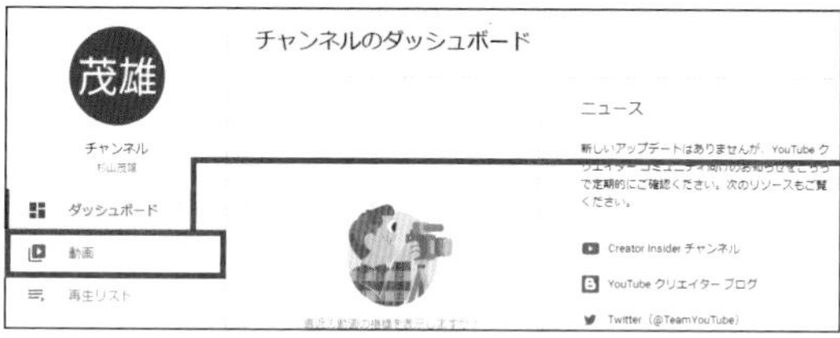

❸「チャンネルのダッシュボード」が表示されます。

❹＜動画＞をクリックし、

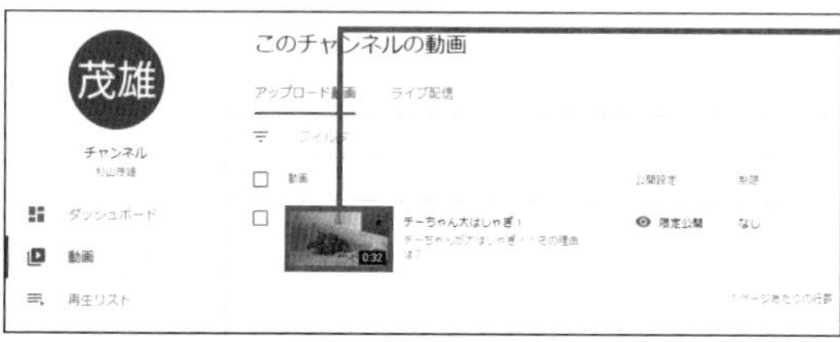

❺動画のサムネイルをクリックして、

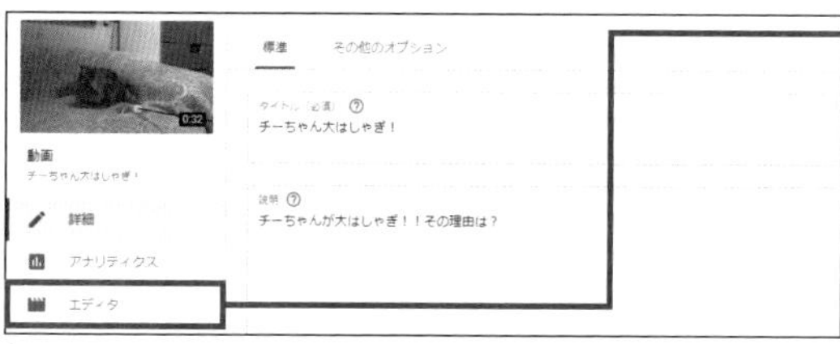

❻＜エディタ＞をクリックします。

❼「動画エディタ」画面が表示されます。

❽<カット>をクリックし、

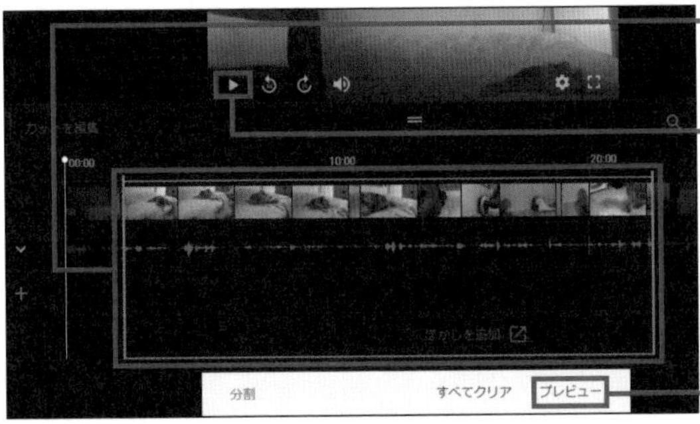

❾動画を残したい部分を青枠内に収めたら、

❿再生画面にマウスカーソルを合わせて▶をクリックし、動画の内容を確認します。

⓫<プレビュー>をクリックし、

⓬<保存>→<保存>の順にクリックすると、青枠以外の部分がカットされて保存されます。

Column

そのほかの編集項目

YouTubeの動画エディタで行うことのできる編集項目は以下の通りです。

・音声:動画用の音楽を著作権使用料無料の楽曲から検索し、BGMとして追加することができます。
・終了画面:25秒以上の動画の場合、動画の最後に5～20秒で表示することができる「終了画面」を、テンプレートを利用して作成することができます。

165 動画にBGMを追加する

動画の投稿・編集

YouTubeにアップロードした動画に、用意されている著作権使用料無料の楽曲の中から好きなものを選択して追加ができます。楽曲ともとの動画の音声のバランスを調整することができるので、動画にふさわしいように調整してみましょう。

G 動画に楽曲を追加する

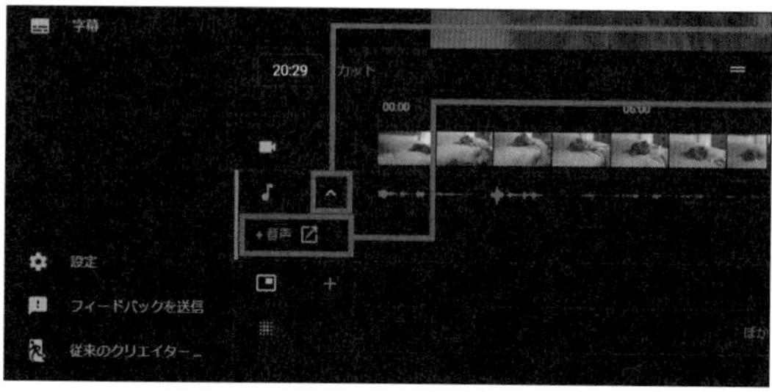

❶ ♪の右にある⌄をクリックし、

❷ <+音声>をクリックします。

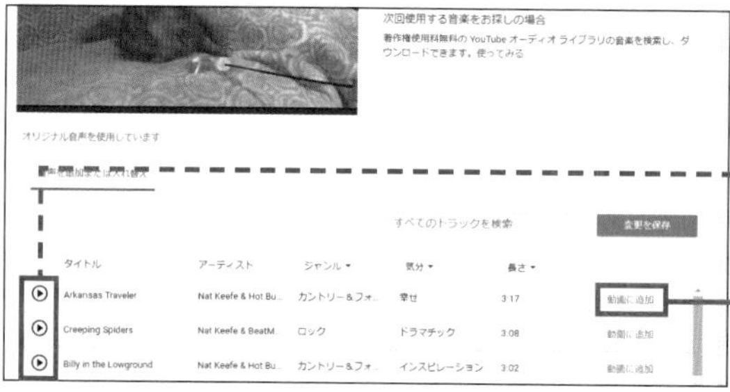

❸ 利用できるBGMが表示されます。

⊙をクリックすると試聴できます。

❹ 追加したいBGMの<動画に追加>をクリックし、

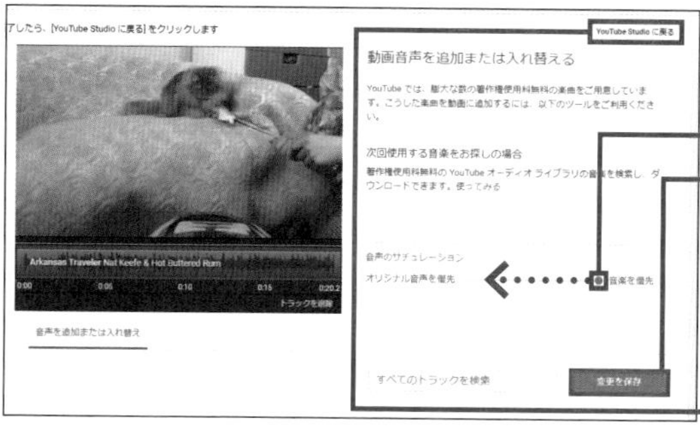

❺ ●を左右にドラッグしてもとの音声とBGMのバランスを調整して、

❻ <変更を保存>をクリックします。

❼ < YouTube Studio に戻る>をクリックします。

第9章

快適Webブラウジング！Google Chrome

Google Chromeは、Googleが提供しているWebブラウザです。通常のブラウジングを軽快に行えるだけでなく、搭載されているさまざまな機能によって、インターネットをより便利に、より楽しくすることができます。

Section 166
Chromeの基本

Google Chromeをパソコンにインストールする

Google ChromeはGoogleが提供しているWebブラウザです。さまざまな機能が使用でき、快適にブラウジングできます。まずは、Google ChromeをWindowsパソコンにインストールする手順を解説します。

Google Chromeをダウンロードしてインストールする

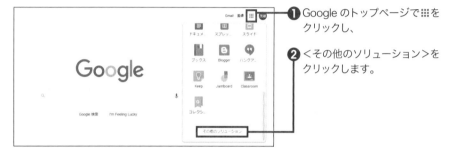

❶ Googleのトップページで⠿をクリックし、

❷ <その他のソリューション>をクリックします。

❸「Chrome」の<スタートガイド>→<パソコンにダウンロード>の順にクリックし、

❹ <Chromeをダウンロード>をクリックします。

❺<同意してインストール>をクリックすると、ダウンロードが開始されます。

❻ダウンロードが完了したら、<ファイルを開く>→<はい>の順にクリックし、インストールします。

❼インストールが完了すると、Google Chrome が起動します。

❽をクリックし、

❾<同期を有効にする>をクリックします。

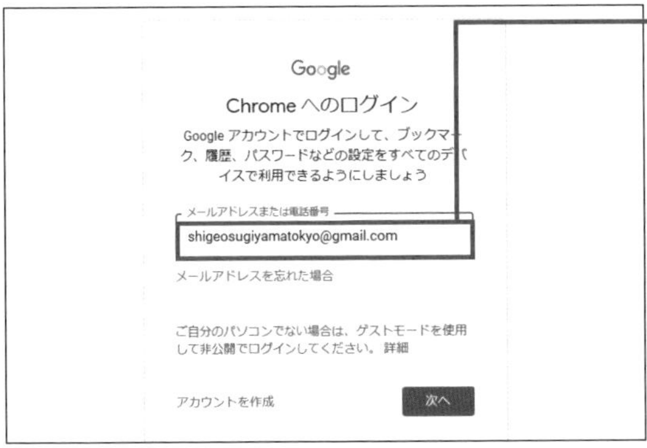

❿「Chrome へのログイン」画面で Google アカウントにログインし、<有効にする>をクリックします。

Memo ログインのメリット

Google Chromeにログインすると、Webサイトのパスワードを保存したり、Googleサービス全般に自動ログインしたりできます。

Section 167 Chromeの基本

アドレスバーで検索/計算する

アドレスバーにキーワードを入力すると、GoogleでのWebサイトの検索結果を表示することができます。また、アドレスバーに計算式を入力すると、計算結果が表示されます。アドレスバーではそのほかにも、天気を調べたり、通貨換算を行ったりすることができます。

アドレスバーで検索する

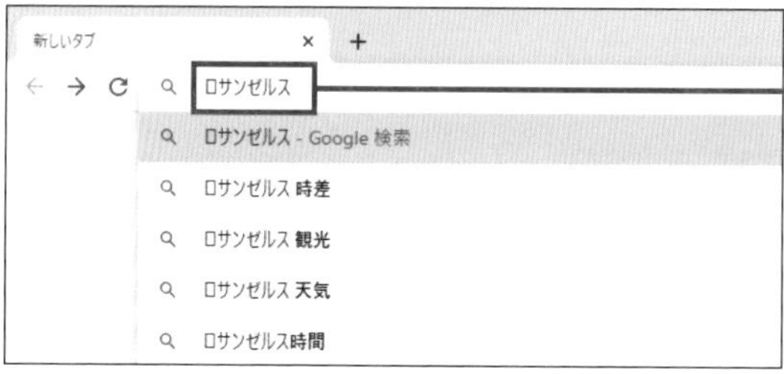

❶アドレスバーをクリックして検索したいキーワードを入力し、

❷ Enter キーを押します。

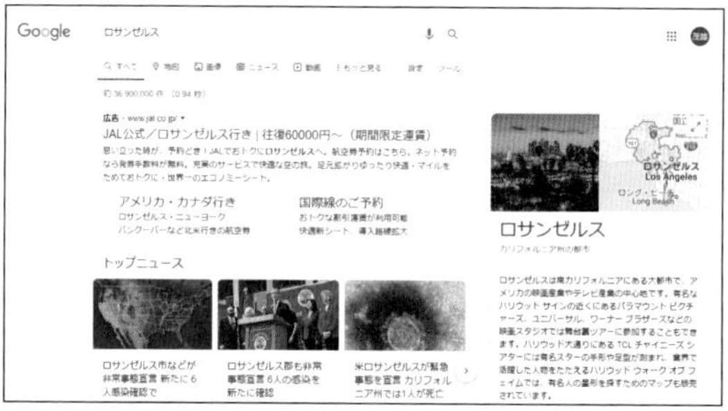

❸キーワードで検索され、検索結果の Web ページが表示されます。

Column 検索候補から検索する

手順❶でキーワードを入力すると、検索候補が表示されます。検索候補を↓ ↑キーで選択して Enter キーを押すか、クリックすると、その検索候補での検索結果が表示されます。

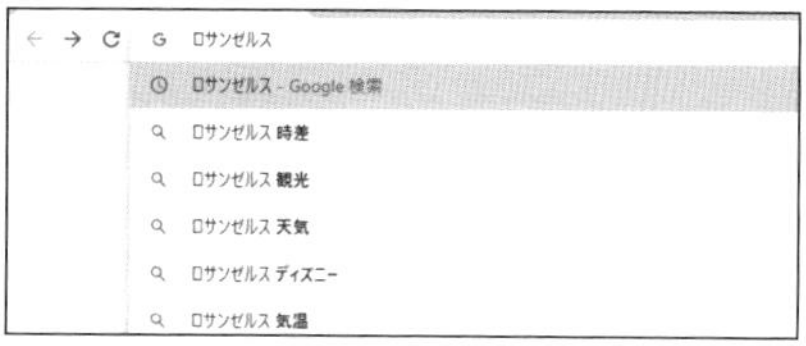

アドレスバーで計算する

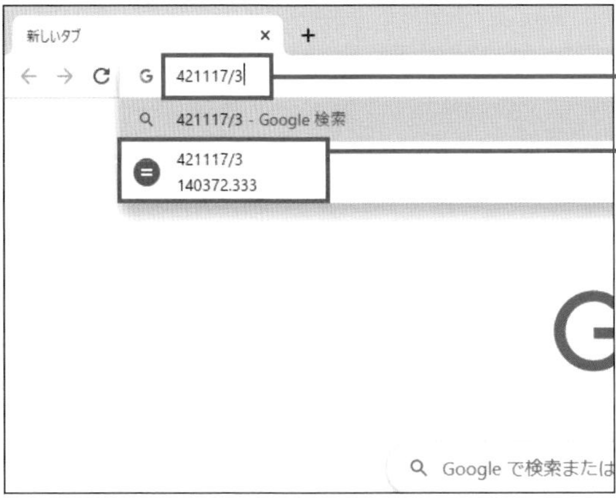

❶アドレスバーをクリックして計算式（ここでは「421117/3」）を入力すると、

❷検索候補の欄に計算式が表示されます。

❸ Enter キーを押します。

Memo 計算記号

アドレスバーで計算する際に使える記号は、以下の通りです。
・足す：「+」　・引く：「-」
・かける：「*」　・割る：「/」

❹電卓が表示され、計算式の計算結果が表示されます。

電卓のキーをクリックすることで、電卓上で計算することもできます。

Memo 電卓が表示されない

電卓が表示されない場合、画面右側に表示される<電卓>をクリックすると、電卓が表示されるようになります。

Column

そのほかの特殊検索

計算機能のほかに、天気や通貨換算、郵便番号による住所検索などの特殊検索を行うことができます。たとえば天気を調べたい場合、「天気 東京」などと地域名を含めて検索すると、その地域の天気情報が表示されます（Sec.017参照）。

Section 168 Chromeの基本 画面上のテキストから検索する

Webページを閲覧しているときに、わからない言葉や詳しく知りたい言葉があった場合、Google Chromeではその言葉をすばやく調べることができます。言葉をアドレスバーに入力する手間が省けるため、ぜひ検索方法を覚えておきましょう。

Ⓖ 画面上のテキストから検索する

❶ Webページを開き、画面上の調べたい言葉をドラッグして選択します。

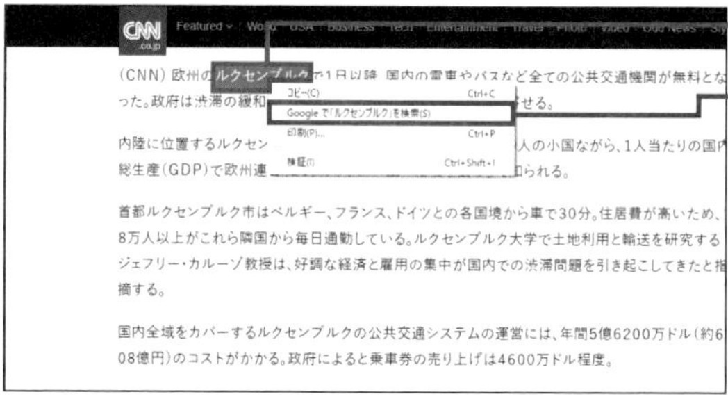

❷ 選択した言葉を右クリックし、

❸ ＜Googleで「○○」を検索＞をクリックします。

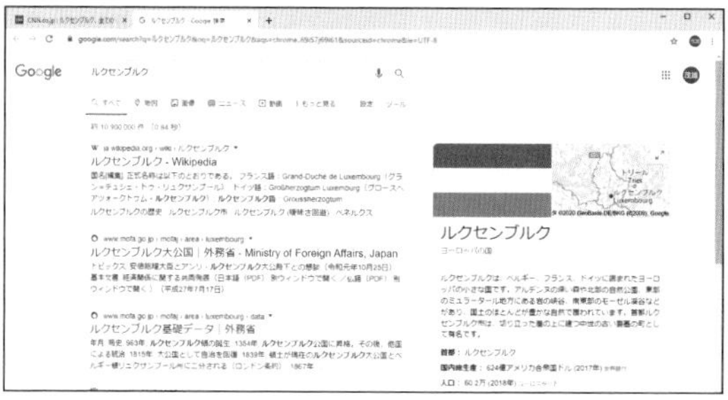

❹ 検索結果が新しいタブで表示されます。

Webページ内のキーワードを検索する

Google Chromeでは、Webページ内に含まれているキーワードを検索することができます。特定のキーワードについて調べたいときに検索すると便利です。検索されたキーワードはハイライト表示され、前後のキーワードへの移動もかんたんにできます。

Webページ内のキーワードを検索する

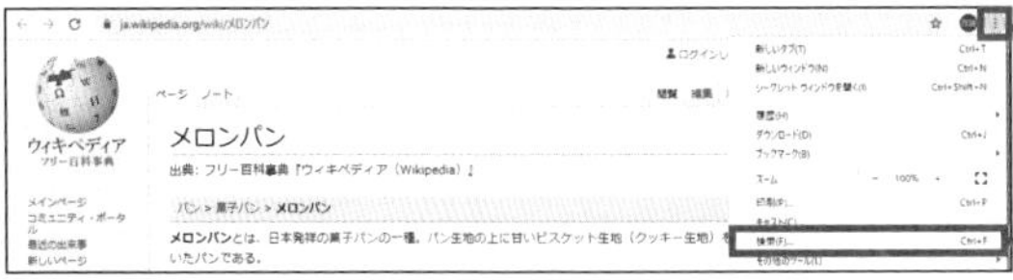

❶ ⋮をクリックし、

❷ <検索>をクリックします。

❸ 検索欄にキーワードを入力すると、

❹ 該当するキーワードがハイライト表示されます。

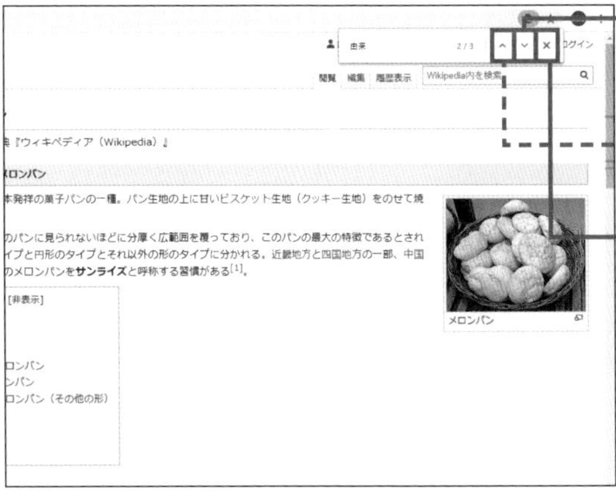

❺ ∨をクリックすると、該当する次のキーワードへ移動します。

∧をクリックすると、前のキーワードへ戻ります。

❻ ×をクリックして、検索を終了します。

Memo キーワードの位置

右側のスクロールバーには、該当するキーワードのある位置がハイライト表示されます。

Section 170 タブの操作

閉じたタブをもう一度開く

Google Chromeでは、閉じたタブをすぐに開くことができます。閲覧していたWebページを誤って閉じてしまった場合などに活用すると便利な機能です。ショートカットキーを使用すれば、閉じたタブをさらにすばやく開くことができます。

閉じたタブを開く

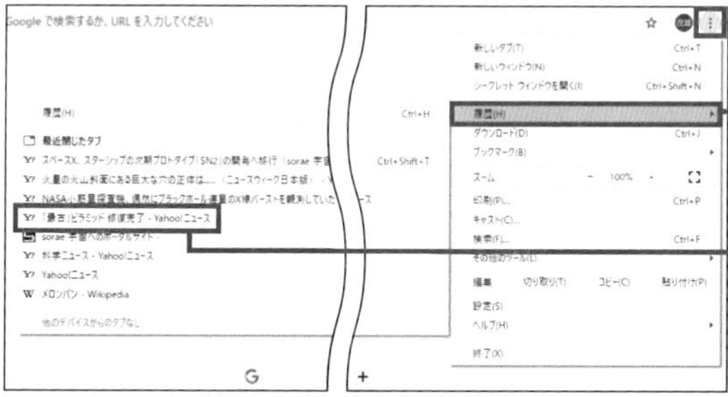

❶ ⋮をクリックし、

❷ <履歴>にマウスカーソルを合わせると、最近閉じたタブが一覧表示されます。

❸ 開きたいタブをクリックすると、

❹ タブが再び開きます。

Column

さらにすばやく閉じたタブを開く

タブの右側のタブのない部分を右クリックし、<閉じたタブを開く>をクリックすると、最後に閉じたタブをすばやく開くことができます。また、ショートカットキーで最後に閉じたタブを開く場合は、Ctrl + Shift + T キーを押します。

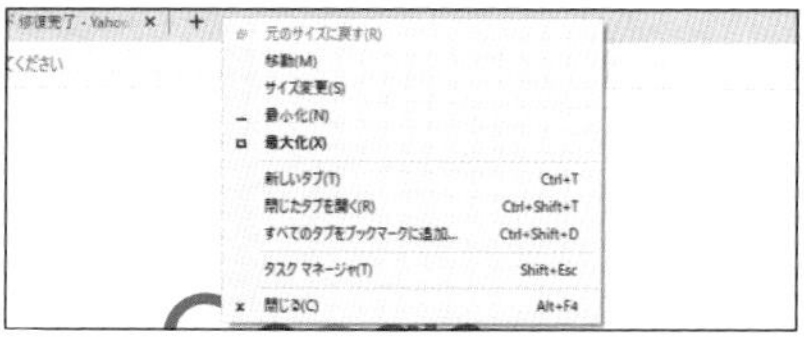

171 起動時に開くWebページを設定する

タブの操作

Google Chromeを起動したとき、初期状態ではGoogleのトップページが表示されるように設定されていますが、任意のWebページに変更することができます。インターネットの利用時に必ず閲覧するWebページや、利用頻度の高いWebページを設定しておくと便利です。

起動時に開くWebページを設定する

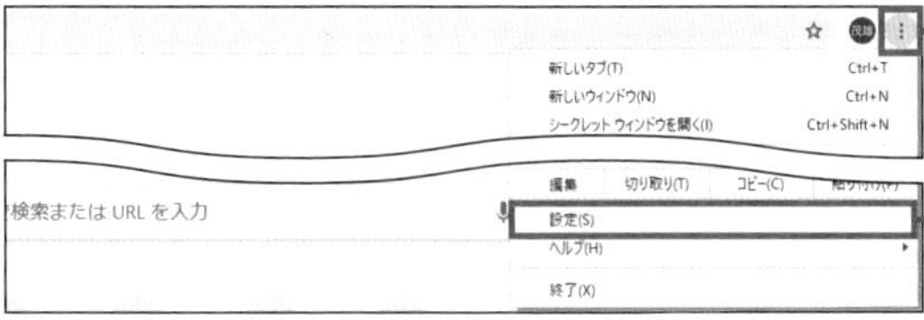

❶ ⋮をクリックし、

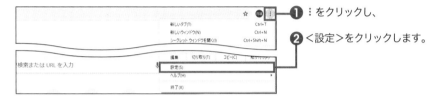

❷ <設定>をクリックします。

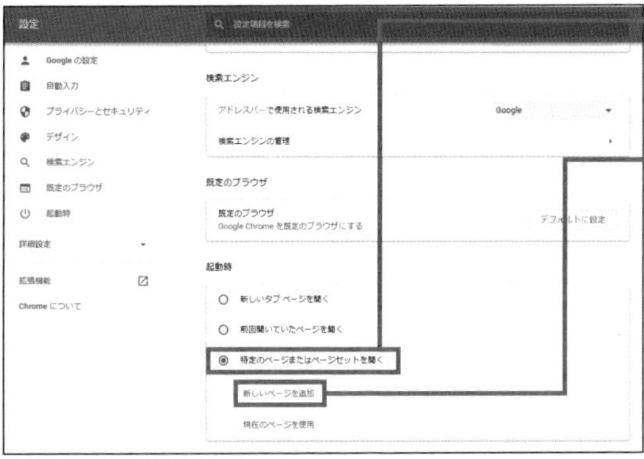

❸ <特定のページまたはページセットを開く>をクリックしてチェックを付け、

❹ <新しいページを追加>をクリックします。

Memo 前回終了時のWebページを開く

<前回開いていたページを開く>をクリックすると、前回終了時に開いていたWebページが開くようになります。

❺ 起動時に開く Web ページの URL を入力し、Enter キーを押します。

手順❺を複数回繰り返すことで、複数のWebページを設定することができます。

❻ <追加>をクリックすると、設定が完了します。

172 常に表示しておきたい Webページのタブを固定する

タブの操作

複数のタブを開いてWebページ閲覧している場合、任意のタブを左側に固定することができます。こうすることで、誤ってタブを閉じてしまうことを防ぐことができます。閲覧頻度の高いWebページなどがある場合に活用するとよいでしょう。

タブを固定する

❶固定したいタブを右クリックし、

❷<固定>をクリックします。

❸タブが小さくなり左側に固定されます。Google Chromeを終了して再起動しても、固定された状態で再表示されます。

Memo 複数のタブを固定

操作を繰り返すことで、複数のタブを固定することもできます。

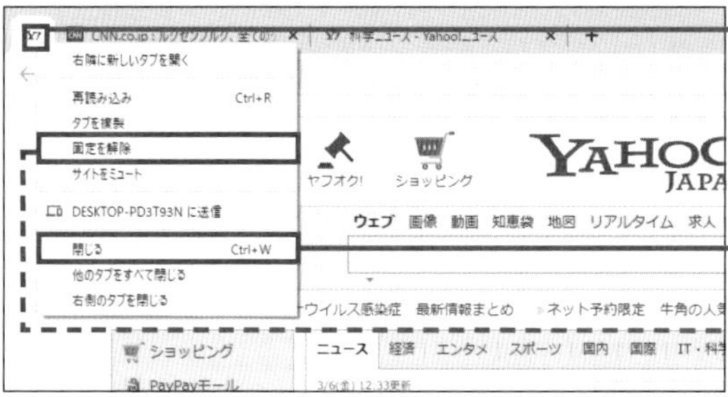

❹固定したタブを閉じる場合はタブを右クリックし、

❺<閉じる>をクリックします。

<固定を解除>をクリックすると、タブを閉じずに固定のみ解除できます。

気に入ったWebページをブックマークに登録する

ブックマーク

気に入ったWebページはブックマークに登録しておくと、忘れることがなく便利です。登録したWebページはテーマ別にフォルダ分けして管理することもできます。また、常時、ブックマークバーに表示しておくこともできます。

Webページをブックマークに登録する

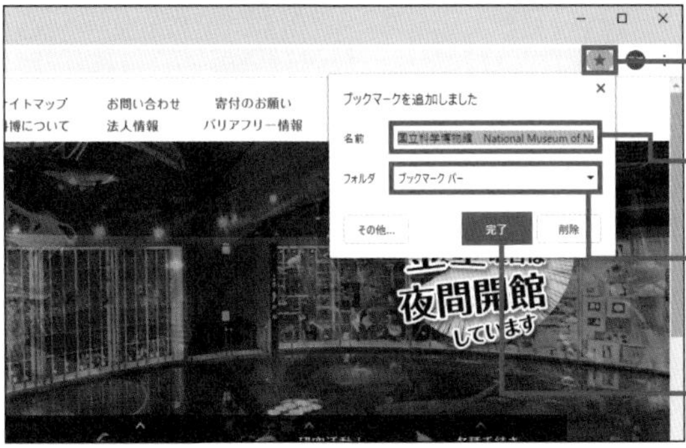

❶ブックマークに登録したいWebページを開き、☆をクリックし、

❷「名前」に登録したい名前を入力して、

❸<ブックマークバー>をクリックして保存するフォルダを指定し、

❹<完了>をクリックすると、登録が完了します。

<ブックマークバー>→<別のフォルダを選択>の順にクリックすると、新しいフォルダを作成できます。

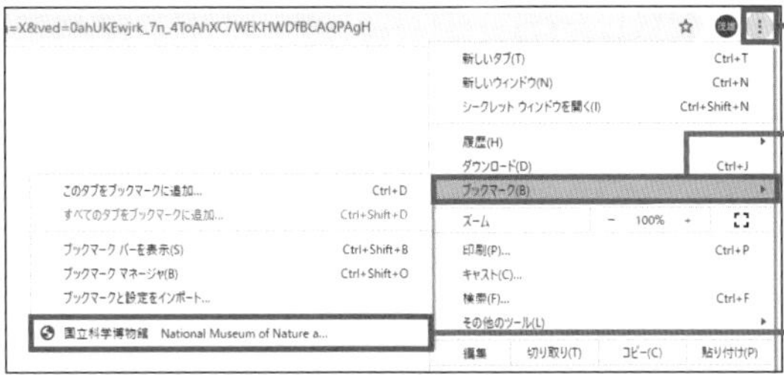

❺ブックマークを開くには、⋮をクリックし、

❻<ブックマーク>にマウスカーソルを合わせて、

❼閲覧したいWebページをクリックします。

❽Webページが表示されます。

Section 174 ブックマーク 開いているタブをまとめてブックマークに登録する

Google Chromeでは、開いているWebサイトのタブをまとめてブックマークに登録することができます。あるテーマを調べるために複数のWebサイトを閲覧しているときや、商品を比較するために複数のWebサイトを開いているときなどに便利です。

複数のタブをまとめてブックマークに登録する

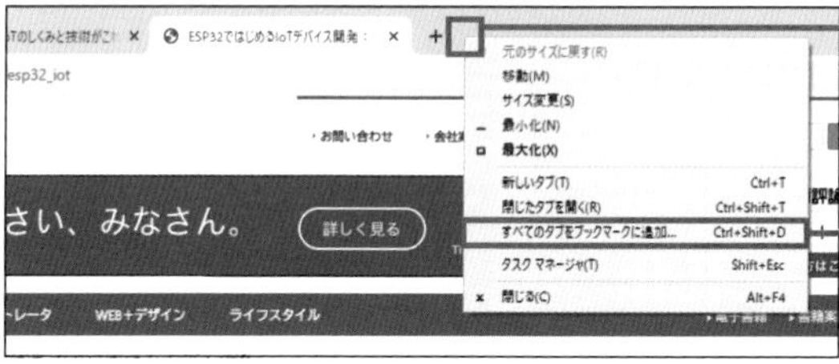

❶タブの右側のタブのない部分を右クリックし、

❷<すべてのタブをブックマークに追加>をクリックします。

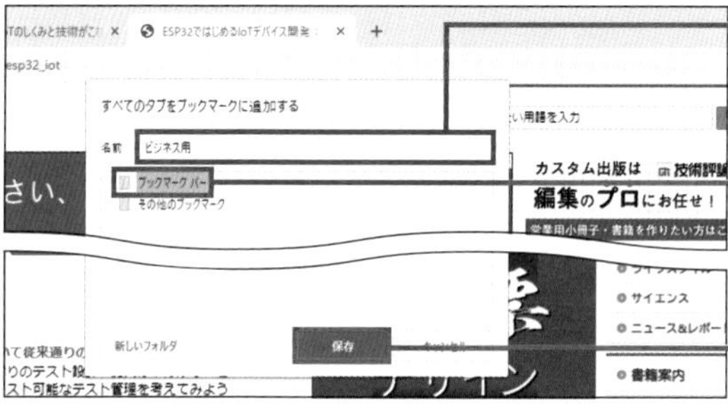

❸「名前」に作成するフォルダ名を入力し、

❹格納するフォルダをクリックして選択して、

❺<保存>をクリックすると登録が完了します。

Column ブックマークマネージャによるブックマークの管理

ブックマークが増えてきたら、ブックマークマネージャで管理すると便利です。⋮→<ブックマーク>→<ブックマークマネージャ>の順にクリックすると、ブックマークマネージャが開きます。右クリックするとフォルダを追加することができます。ブックマークやフォルダはドラッグすることで移動できます。

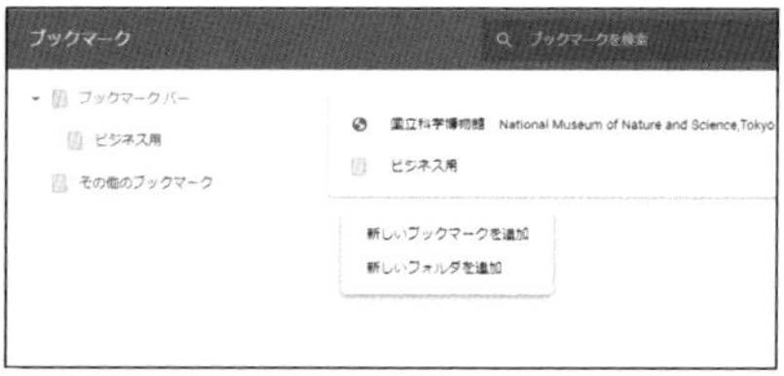

履歴からWebページを開く

過去に閲覧したWebページをもう一度見たい場合は、履歴を調べるとよいでしょう。履歴で目的のWebページをクリックするだけで、かんたんにWebページを開くことができます。過去に見たWebページをブックマークしていないなど、見つからないときに便利です。

G 履歴からWebページを開く

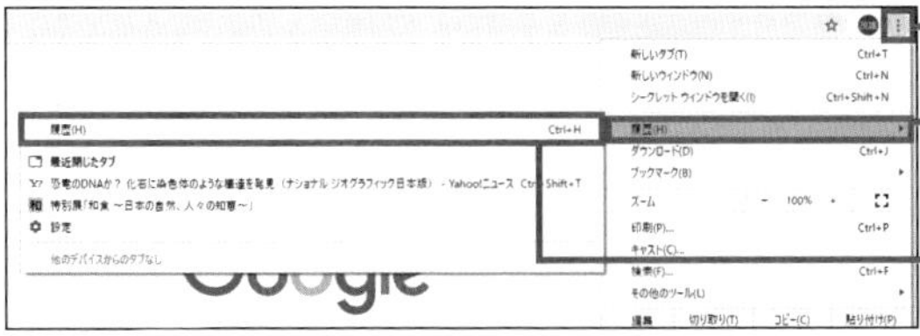

❶ ⋮をクリックし、

❷ <履歴>にマウスカーソルを合わせて、

❸ <履歴>をクリックします。

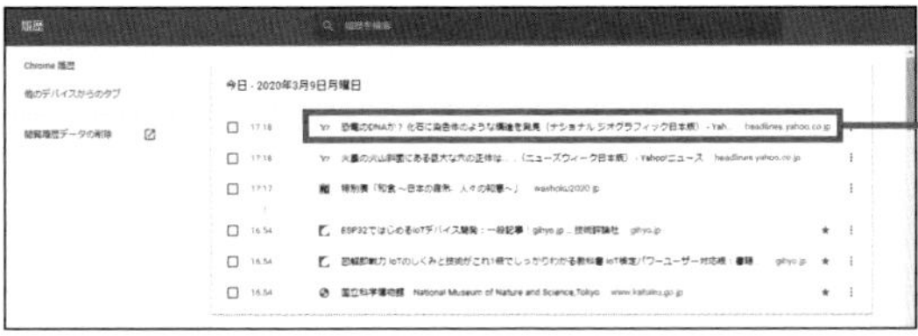

❹ 過去に閲覧したWebページの履歴が一覧表示されます。

❺ Webページをクリックします。

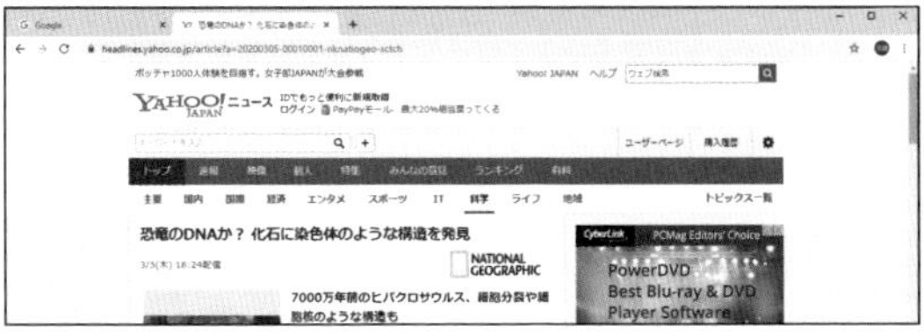

❻ Webページが表示されます。

Column

履歴を削除する

手順❹の画面でWebページのチェックボックスをクリックしてチェックを付け、<削除>をクリックすると、履歴を削除できます。また、<閲覧履歴データの削除>をクリックすると、ダウンロード履歴、Cookie、キャッシュされた画像とファイル、パスワードなど期間を選択して削除することができます。

Section 176 使いこなし

ほかのWebブラウザのブックマークを移行する

これまでにMicrosoft Edgeを使用していた場合、ブックマークをGoogle Chromeに移行することができます。Google Chromeで作成したブックマークが削除されることはなく、ブックマークが追加されることになるため、安心して移行しましょう。

Microsoft Edgeのブックマークをインポートする

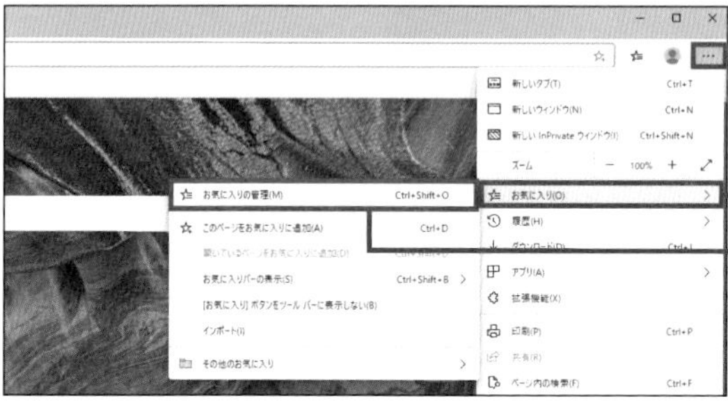

❶Microsoft Edgeの…をクリックし、

❷<お気に入り>にマウスカーソルを合わせ、

❸<お気に入りの管理>をクリックします。

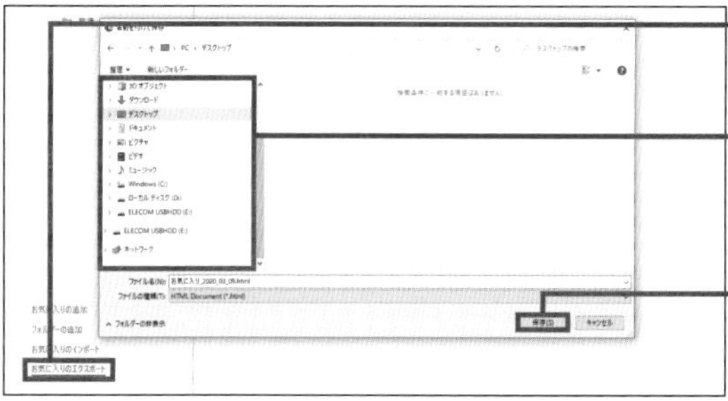

❹<お気に入りのエクスポート>をクリックし、

❺お気に入りのエクスポートファイルの保存場所を指定して、

❻<保存>をクリックします。

❼Google Chromeで⋮をクリックし、

❽<ブックマーク>にマウスカーソルを合わせ、

❾<ブックマークと設定をインポート>をクリックします。

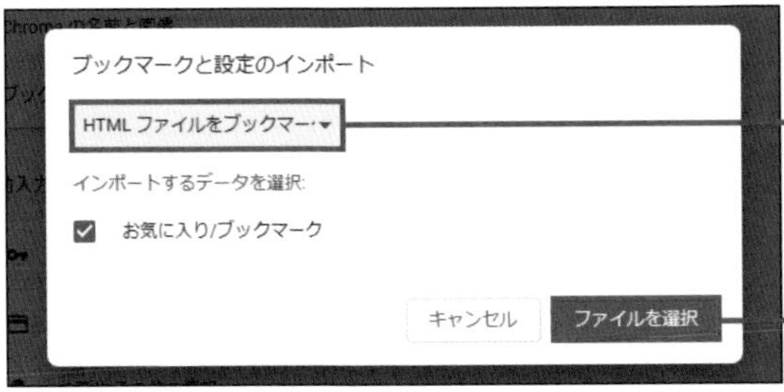

❿＜Microsoft Edge＞をクリックしてプルダウンメニューを表示し、＜HTMLファイルをブックマークに登録＞をクリックして、

⓫＜ファイルを選択＞をクリックします。

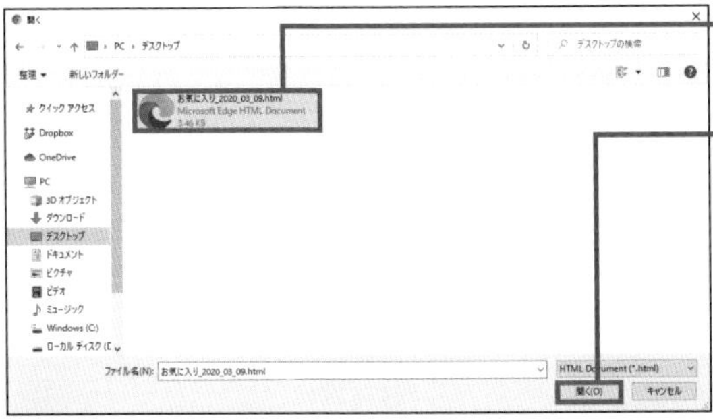

⓬手順❹～❻で保存したファイルを選択し、

⓭＜開く＞をクリックします。

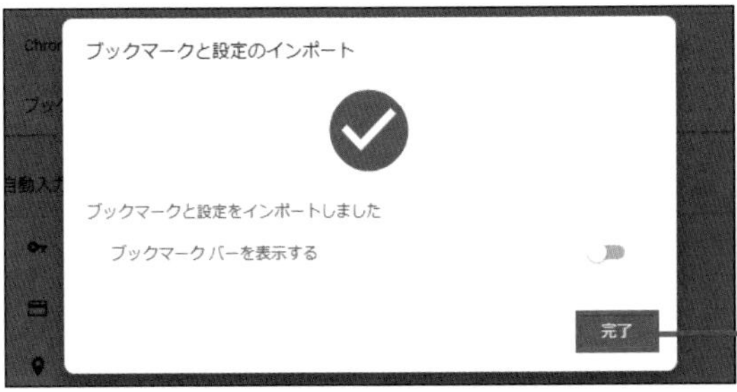

⓮「ブックマークと設定をインポートしました」と表示されます。

⓯＜完了＞をクリックします。

G インポートしたMicrosoft Edgeのブックマークを確認する

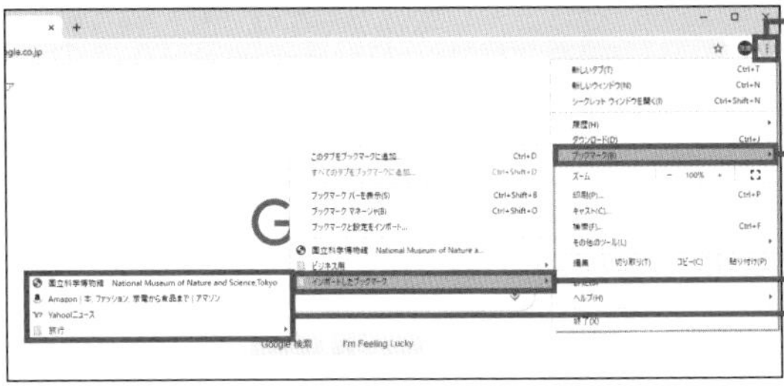

❶ ⋮ をクリックし、

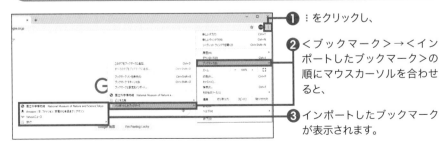

❷＜ブックマーク＞→＜インポートしたブックマーク＞の順にマウスカーソルを合わせると、

❸インポートしたブックマークが表示されます。

Section 177 使いこなし

ほかの端末で開いていたWebページを閲覧する

同じGoogleアカウントでログインすることで、AndroidスマートフォンやiPhoneなどの「Chrome」アプリで閲覧したWebサイト履歴を同期することができます。この同期を使用することで、ほかの端末で閲覧したWebページをパソコンで見ることができます。

ほかの端末の履歴を表示する

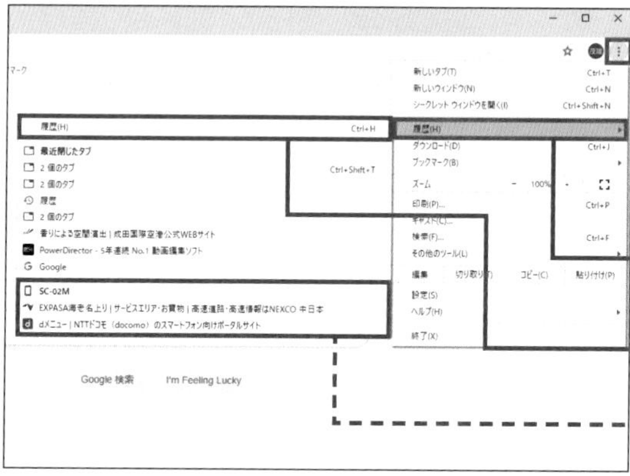

あらかじめ、履歴を同期したい端末で使用したGoogleアカウントでログインしておきます(Sec.215参照)。

❶ ⋮をクリックし、

❷ <履歴>にマウスカーソルを合わせて、

❸ <履歴>をクリックします。

ほかの端末で現在開いているタブが表示されます。

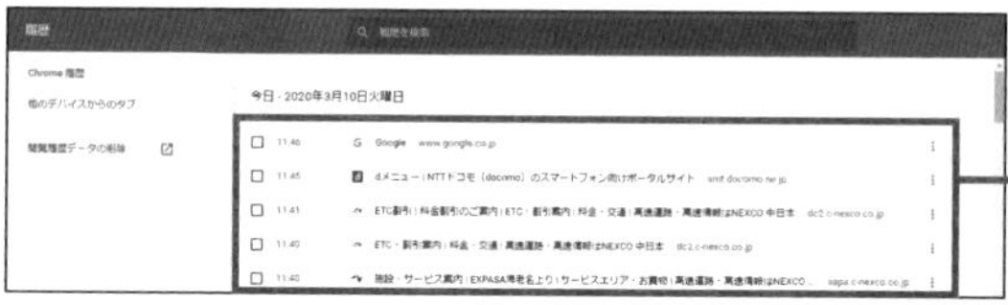

❹ ほかの端末の履歴もあわせて一覧表示されます。

❺ Webページをクリックすると、表示することができます。

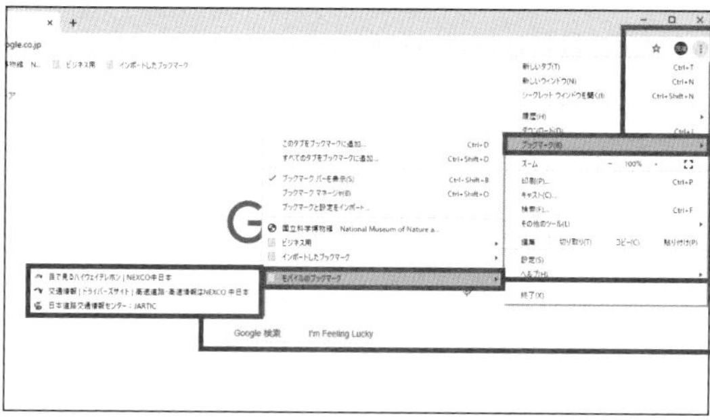

❻ 手順❶の画面で<ブックマーク>にマウスカーソルを合わせ、

❼ <モバイルのブックマーク>にマウスカーソルを合わせると、ほかの端末のブックマークが表示されます。

❽ ブックマークをクリックすると、表示できます。

Section 178 使いこなし シークレットモードで履歴を残さず利用する

Google Chromeでは、シークレットモードを使用することで、Webサイトの閲覧履歴やダウンロード履歴を残さないようにすることができます。パソコンを複数人で共用している場合などに利用するとよいでしょう。

G シークレットモードで閲覧する

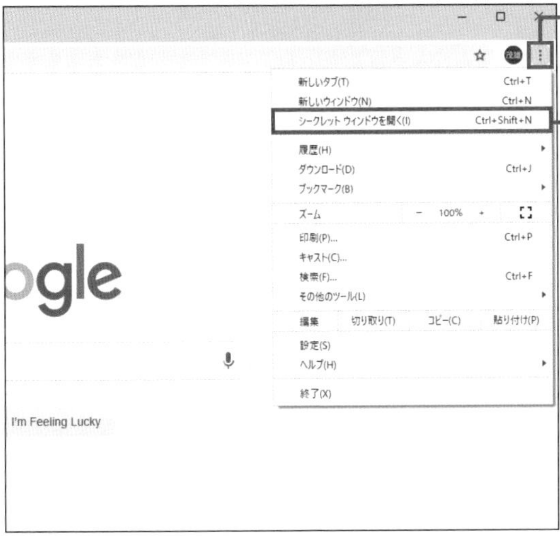

❶ ⋮をクリックし、

❷ <シークレットウィンドウを開く>をクリックします。

❸ 新しいウィンドウのシークレットモードが開き、ウィンドウの右上に「シークレット」と表示されます。シークレットモードを終了するには、ウィンドウを閉じます。

Webページを翻訳する

Google Chromeでは、外国語のWebページを自動的に日本語に翻訳して表示することができます。世界100以上の言語に対応しているため、閲覧できるWebページの幅がぐんと広がります。原文を参照することもかんたんにできるため、外国語の勉強にも役立ちます。

外国語のWebページを日本語で表示する

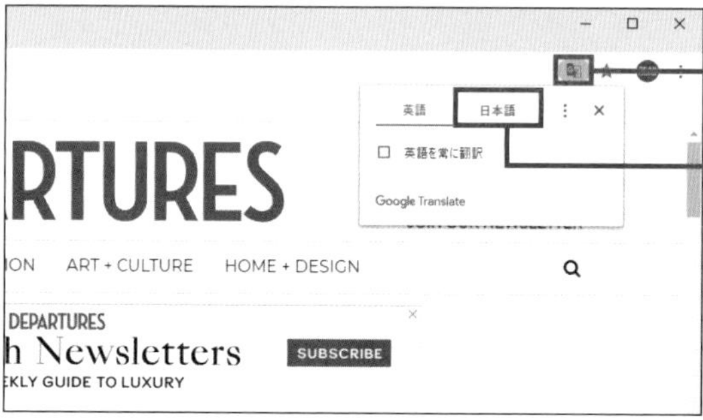

❶外国語のWebページを表示しているときにをクリックし、

❷<日本語>をクリックします。

Memo　が表示されない場合

ページを右クリックし、<日本語に翻訳>をクリックすることでも、翻訳ができます。

❸Webページが日本語に翻訳されて表示されます。

❹をクリックし、

❺<英語>をクリックすると、原文表示に戻ります。

G 自動的に翻訳するように設定する

❶ をクリックし、

❷ ⋮をクリックします。

❸ ここでは、＜英語を常に翻訳＞をクリックします。

❹ ×をクリックします。

❺ 手順❸で設定した言語の Web ページへアクセスすると、自動的に翻訳されて表示されます。

Section 180 使いこなし

保存したパスワードを確認／管理する

Google Chromeでは、Webサイトにログインしたときのパスワードを保存しておき、次回以降にログインするための入力の手間を省くことができます。保存したパスワードを確認したり、削除したりすることができます。

Ⓖ 保存したパスワードを表示する

❶ ⋮をクリックし、

❷ <設定>をクリックします。

❸ <パスワード>をクリックします。

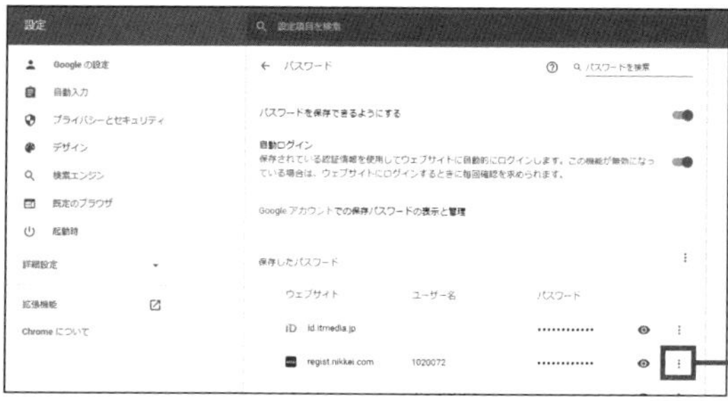

❹ パスワードを保存したWebサイトが一覧表示されます。

❺ 保存したパスワードを削除するには、⋮をクリックし、

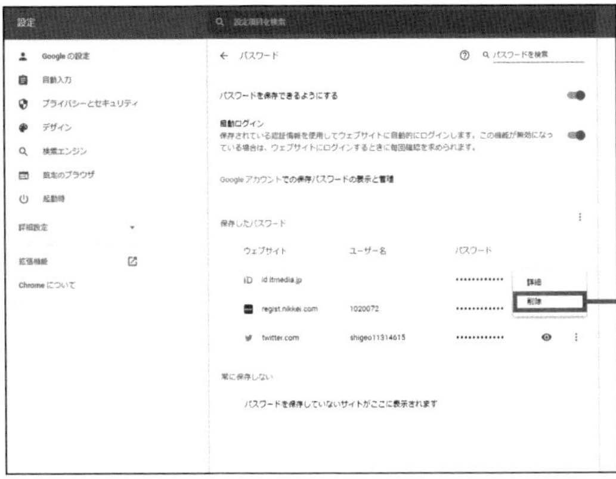

❻ <削除>をクリックします。

❼「パスワードを削除しました」と表示され、パスワードが削除されます。

Memo CSV形式で書き出す

「保存したパスワード」の右にある ⋮ →<パスワードをエクスポート>の順にクリックすると、パスワードの情報をCSV形式で書き出すことができます。

Column

パスワードを表示する

保存したパスワードを表示するには、P.252手順❺の画面で👁をクリックします。Windowsのパスワードを入力して<OK>をクリックすると、パスワードが表示されます。

第6章
第7章
第8章
使いこなし 第9章
第10章

Section 181 使いこなし

ダウンロードの保存先を変える

インターネット上からファイルをパソコンにダウンロードする場合、ダウンロード先のフォルダを変更することができます。保存先を自分の操作しやすい場所に設定すると、必要なときにすぐに見つけられて便利です。

G ダウンロード先のフォルダを変更する

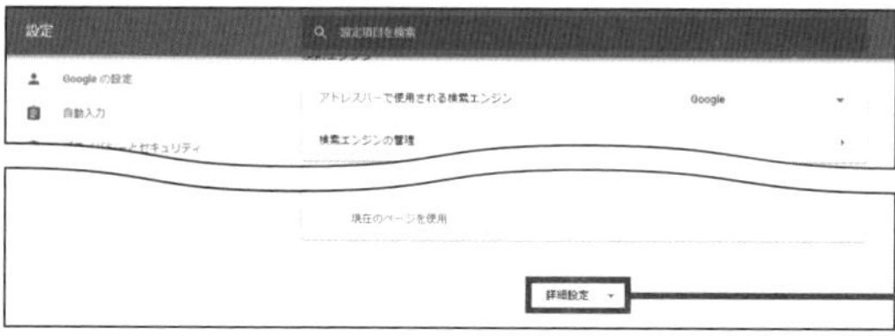

❶ ⋮→＜設定＞の順にクリックし、

❷ ＜詳細設定＞をクリックします。

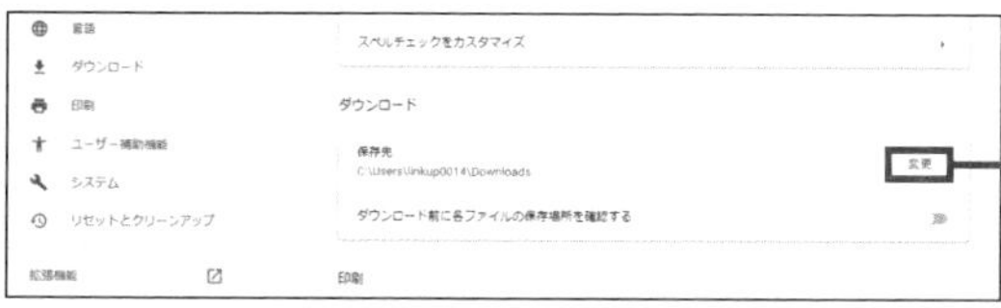

❸「保存先」の右にある＜変更＞をクリックします。

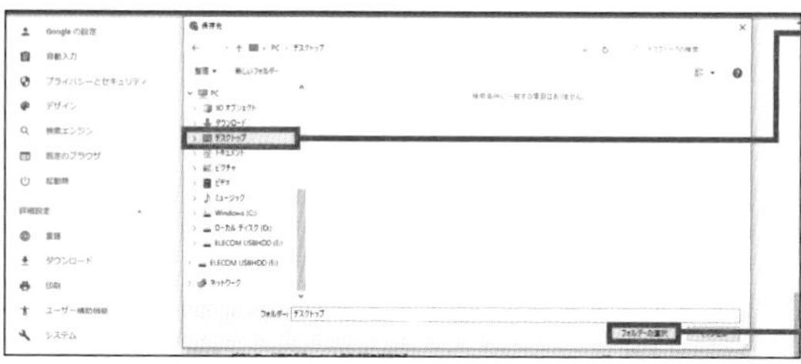

❹ 保存先のフォルダを指定し、

❺ ＜フォルダーの選択＞をクリックします。

Column

ダウンロードファイルの管理

≡→＜ダウンロード＞の順にクリックすると、ダウンロード履歴が表示されます。✕をクリックすると、リストの表示から削除することができます（ファイル自体は削除されません）。

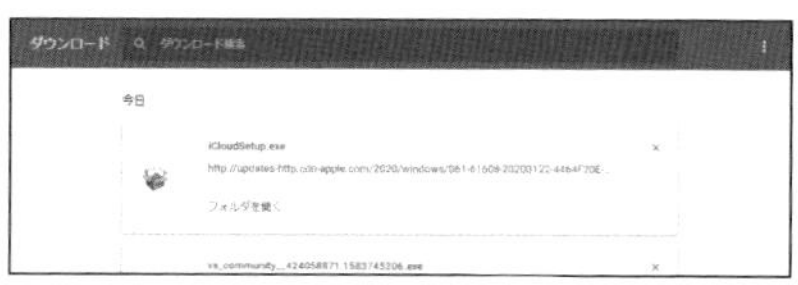

Section 182 使いこなし

ショートカットキーで快適に操作する

ショートカットキーを利用することで、マウスを使わずにすばやく操作することができます。ショートカットキーにはたくさんの種類がありますが、頻繁に操作するウィンドウやタブに関するショートカットキーは覚えておくと便利です。

タブとウィンドウのショートカットキー

ショートカットキー	機能
Ctrl＋T	新しいタブを開く
Ctrl＋N	新しいウィンドウを開く
Ctrl＋Shift＋N	新しいウィンドウをシークレットモードで開く（P.249参照）
Ctrlを押しながらリンクをクリック	現在のタブを開いたまま、新しいタブでリンクを開く
Ctrl＋Shiftを押しながらリンクをクリック	新しいタブでリンクを開き、新しく開いたタブに切り替える
Shiftを押しながらリンクをクリック	新しいウィンドウでリンクを開く
Ctrl＋Shift＋T	最近閉じたタブを新しいウィンドウで開く（P.240参照）
Ctrl＋TabまたはCtrl＋PgDn	次のタブに切り替える
Ctrl＋Shift＋TabまたはCtrl＋PgUp	前のタブに切り替える
Ctrl＋WまたはCtrl＋F4	現在のタブまたはポップアップを閉じる
Alt＋F4＋またはCtrl＋Shift＋W	現在のウィンドウを閉じる

機能のショートカットキー

ショートカットキー	機能
Ctrl＋H	「履歴」ページを開く（P.248参照）
Ctrl＋Shift＋Delete	「閲覧履歴データの削除」画面を表示する

Webページのショートカットキー

ショートカットキー	機能
Ctrl＋P	現在のWebページを印刷する
F5	現在のWebページを再読み込みする
Esc	現在のWebページの読み込みを停止する
Ctrl＋F	検索バーを開く（P.239参照）
Ctrl＋D	現在のWebページをブックマークに追加する（P.243参照）
Ctrl＋Shift＋D	開いているすべてのWebページを新しいフォルダにブックマークとして追加する（P.244参照）
Spaceバー	Webページを下にスクロールする
Home	Webページの先頭に移動する
End	Webページの最後に移動する

URLをほかのデバイスと共有する

パソコンで閲覧しているWebサイトのURLを、iPhoneやAndroidスマートフォン、タブレットなどのほかの端末に送信して共有することができます。その際、あらかじめ同じGoogleアカウントでログインしておく必要があります。

Webサイトのリンクを共有する

あらかじめ、URLを共有したい端末に同じGoogleアカウントでログインしておきます(Sec.215参照)。

❶アドレスバーの空白部分をクリックし、

❷表示された をクリックします。

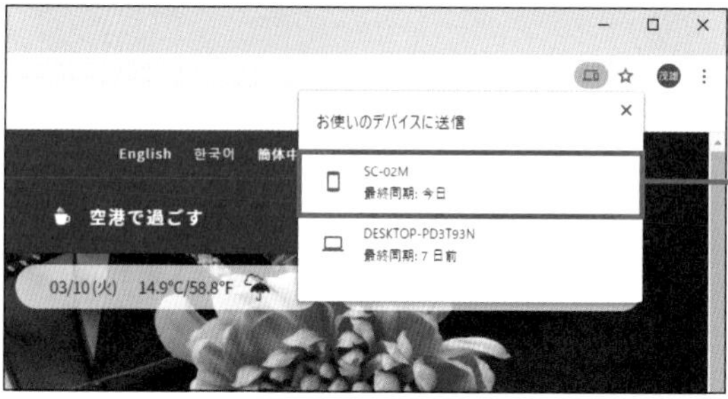

❸同じGoogleアカウントでログインしている端末が表示されます。

❹URLを送信したい端末をクリックします。

❺送信先の端末にURLが通知されます。

Section 184 使いこなし

拡張機能でGoogle Chromeをパワーアップする

拡張機能とは、Google Chromeを自分用に使い勝手よくする簡易プログラムのことです。自分好みの便利な機能をインストールして、作業効率がアップするようGoogle Chromeをカスタマイズすることができます。

G 拡張機能をインストールする

❶「https://chrome.google.com/webstore/」にアクセスし、

❷キーワードやアプリ名を入力して Enter キーを押します。

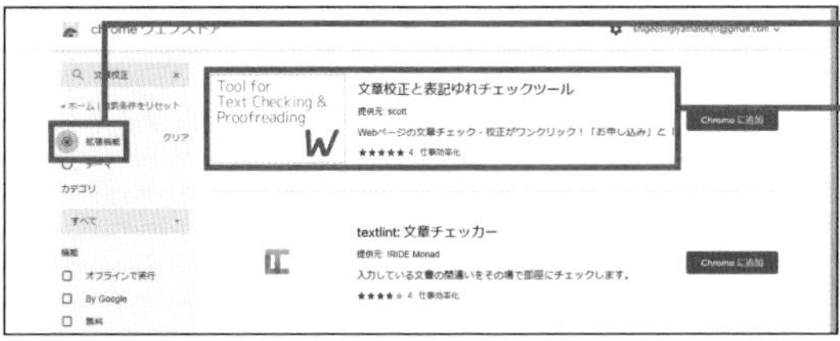

❸<拡張機能>をクリックし、

❹インストールしたい拡張機能をクリックします。

❺<Chrome に追加>をクリックし、

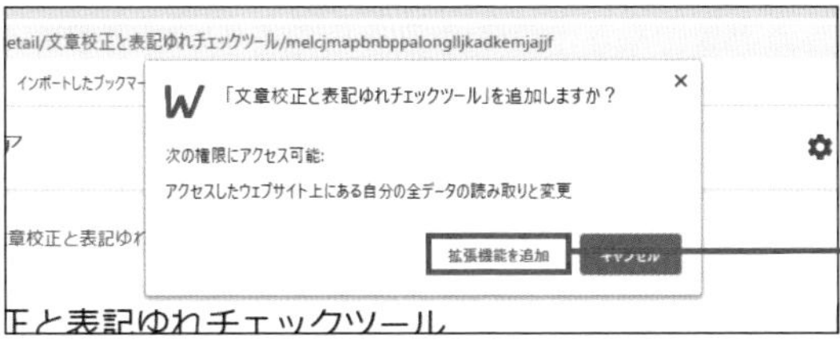

❻<拡張機能を追加>をクリックすると、拡張機能がインストールされます。

Section 185 使いこなし

Google Chromeを既定のWebブラウザにする

よく使うWebブラウザは、既定のアプリにしておくと便利です。PDFファイルやメールソフトの受信メールなどにリンクされているURLをクリックすると、既定のWebブラウザが起動してWebページが表示されるようになります。

Google Chromeを既定のWebブラウザに設定する

❶ ⋮ →<設定>の順にクリックし、

❷「既定のブラウザ」の右にある<デフォルトに設定>をクリックします。

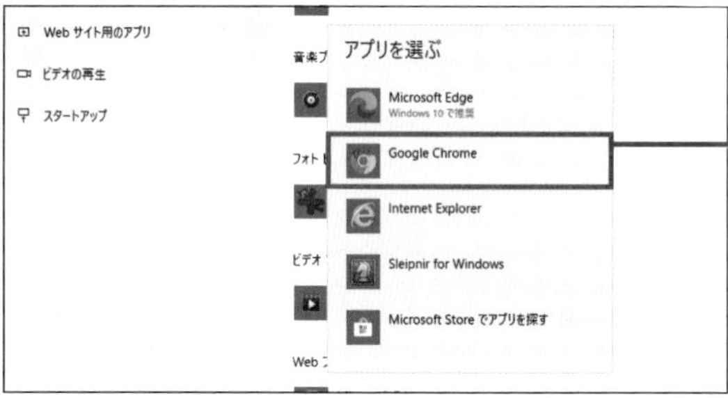

❸「設定」アプリが起動し、「アプリを選ぶ」画面が表示されます。

❹< Google Chrome >をクリックします。

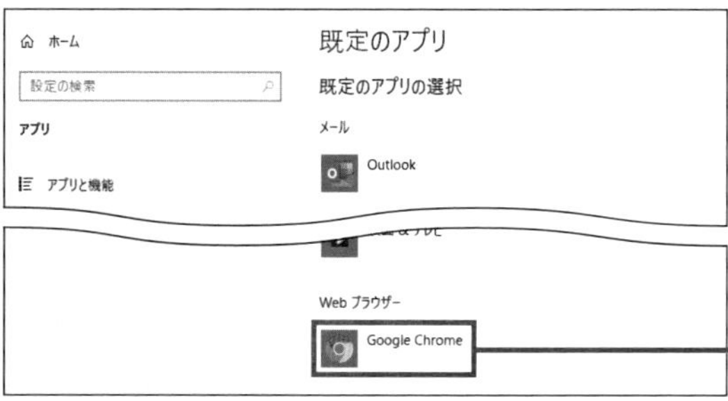

❺ Chrome が既定の Web ブラウザに設定されます。

第10章

外出先でも使える!
スマートフォン
活用テクニック

Googleの各サービスには、スマートフォン向けにアプリが用意されています。インストールして利用することで、外出先でもスマートフォンからGoogleのサービスを便利に利用できます。

Gooooooooooogle ›
1 2 3 4 5 6 7 8 9 10

Section 186 アカウント設定 スマートフォンにGoogleアカウントを設定するには?

AndroidやiPhoneなどのスマートフォンでも、Googleアカウントを登録すればGoogleのサービスを利用することができます。アカウントを設定すると、メールや連絡先などの情報を、スマートフォンで同期できます。なお、AndroidとiPhoneで設定方法が異なります。

Ⓖ AndroidスマートフォンでGoogleアカウントを設定する

❶アプリ画面から＜設定＞→＜アカウント＞→＜アカウントを追加＞の順にタップし、＜Google＞をタップします。

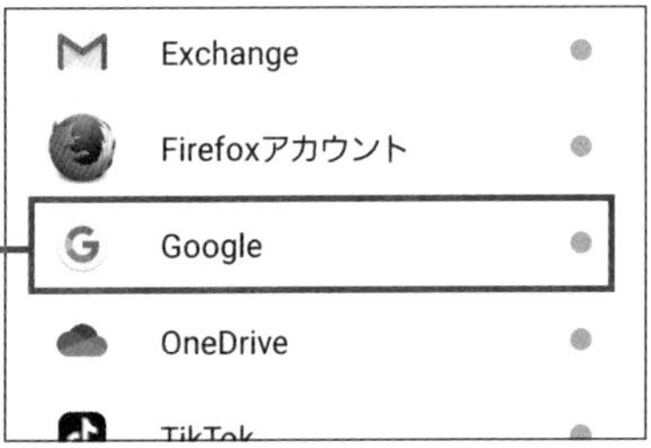

❷Google アカウントのメールアドレスを入力し、

❸＜次へ＞をタップします。

❹パスワードを入力し、

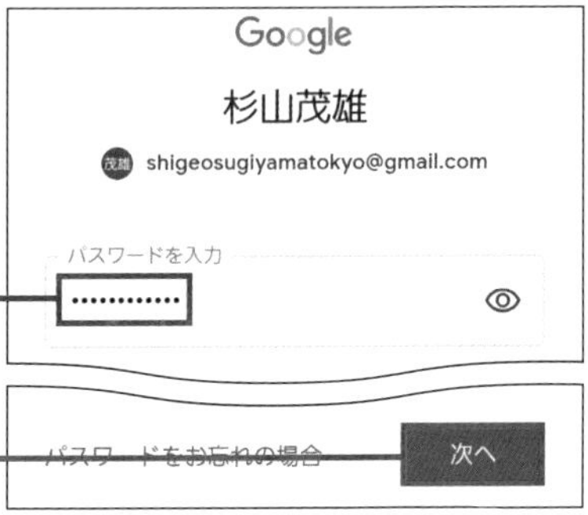

❺＜次へ＞をタップします。

❻「電話番号を追加しますか?」と表示されたらここでは＜スキップ＞をタップし、

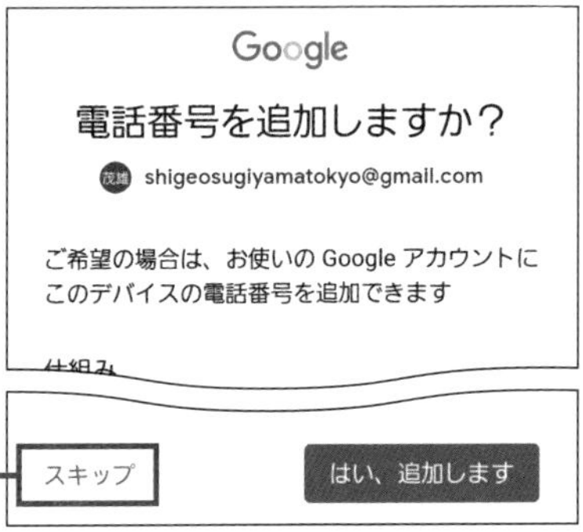

❼画面の指示に従ってアカウントを設定します。

Ⓖ iPhoneでGoogleアカウントを設定する

❶ホーム画面から<設定>→<パスワードとアカウント>の順にタップし、<アカウントを追加>をタップします。

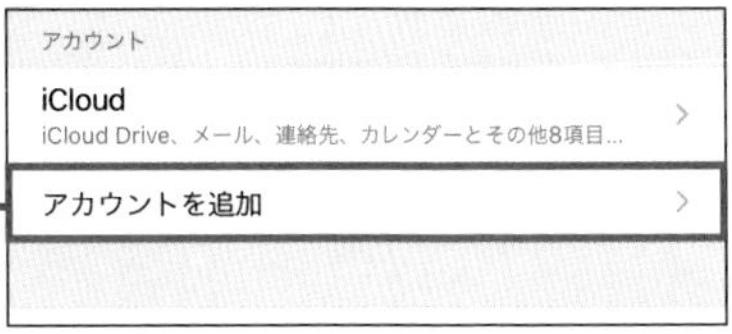

❷< Google >→<続ける>の順にタップします。

❸Google アカウントのメールアドレスを入力し、

❹<次へ>をタップします。

❺パスワードを入力し、

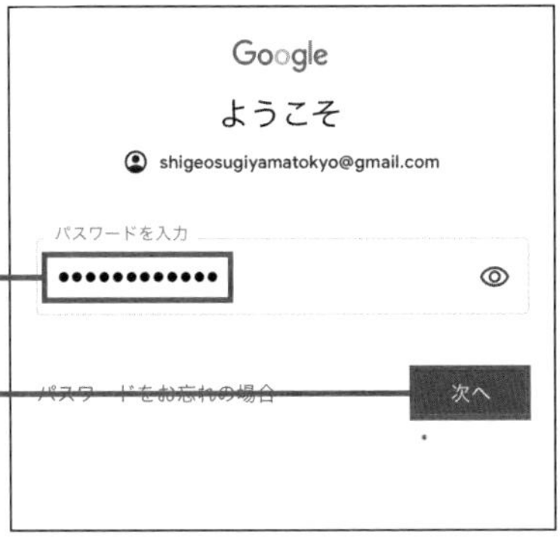

❻<次へ>をタップします。

❼各種項目の同期設定を行い、

❽<保存>をタップします。

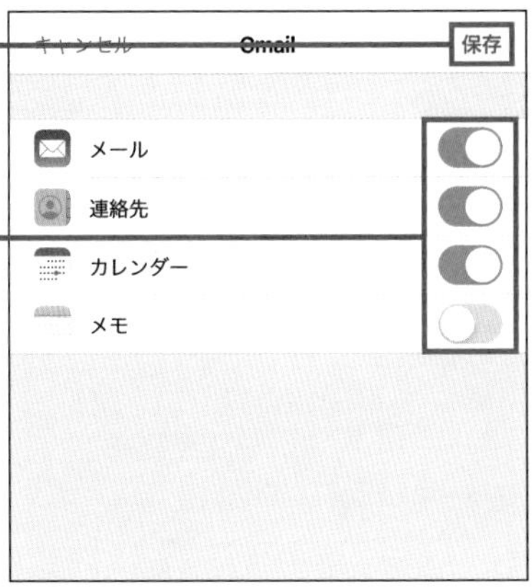

Column

新規アカウントを作成する

Androidスマートフォンで新規のGoogleアカウントを作成する場合は、P.260手順❷で<アカウントを作成>をタップし、次の画面で希望のメールアドレスを入力します。iPhoneの場合は手順❸で<アカウントを作成>をタップし、画面の指示に従って設定しましょう。

Section 187 Gmailアプリ
「Gmail」のメールをスマートフォンで送受信する

スマートフォンからでもGmailを利用することができます。スマートフォンでの利用に最適化された「Gmail」アプリを利用すると、パソコンと同じようにメールの送受信や管理をすることができます。なお、iPhoneではアプリのインストールが必要です。

使用するアプリ

Gmail

メールの送受信のほか、削除やアーカイブ、移動、スターを付けるなどの管理もできます。新着メールを受信すると通知されるので、すぐに確認が可能です。移動中のスキマ時間などに返信することもできます。

G メールを受信する

❶「Gmail」アプリを起動すると、受信トレイの「メイン」が開きます。読みたいメールをタップすると、

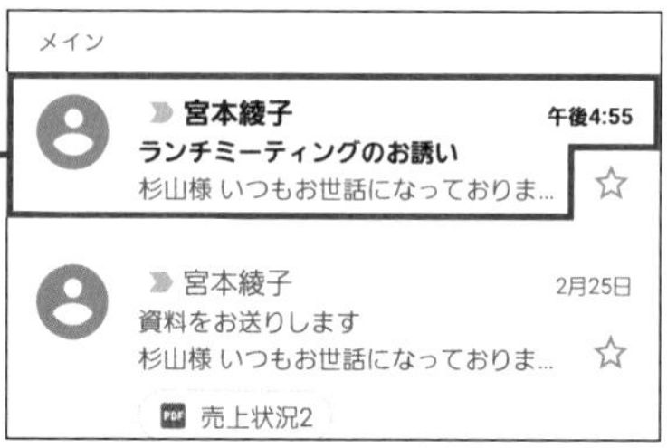

❷メール本文が表示されます。↩をタップすると、

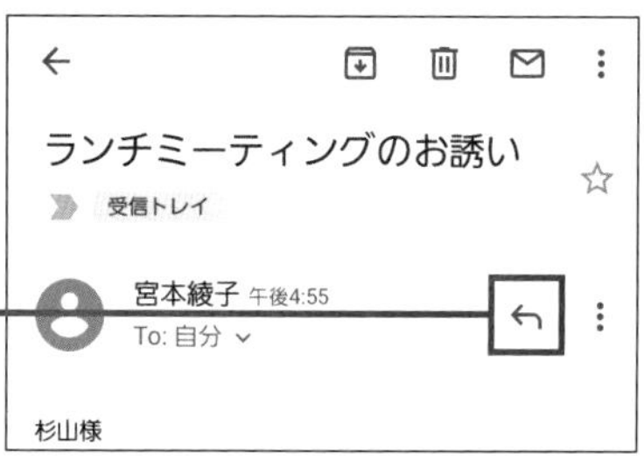

❸返信画面が開きます。本文を入力して、

❹ ▷をタップすると、メールが送信されます。

❺受信メールを表示して↩の右にある⋮をタップすると、

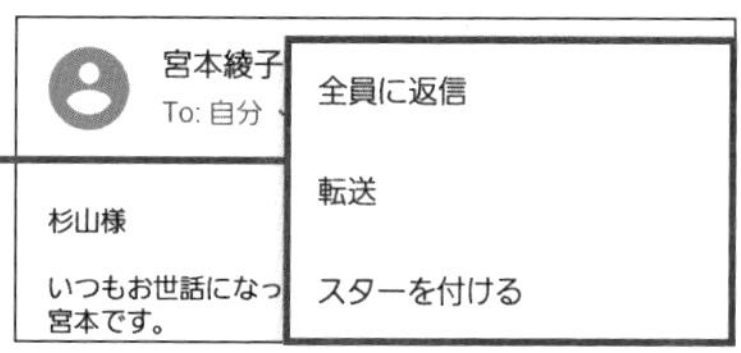

❻<転送>や<スターを付ける>といった操作を行えます。iPhoneでは、スターを付ける場合は☆をタップします。

G メールを送信する

❶受信トレイで右下の＋をタップすると、

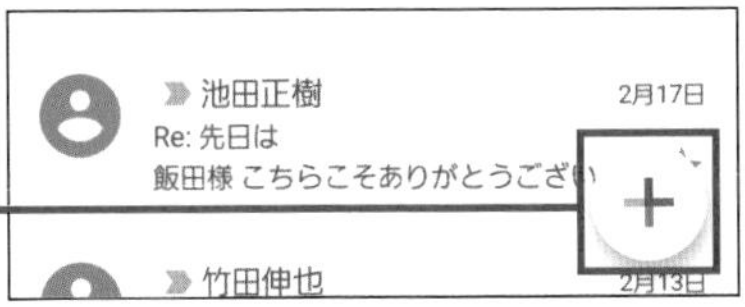
池田正樹
2月17日
Re: 先日は
飯田様 こちらこそありがとうござい
竹田伸也
2月13日

❷メールの作成画面が開きます。宛先のメールアドレス、件名、本文を入力し、

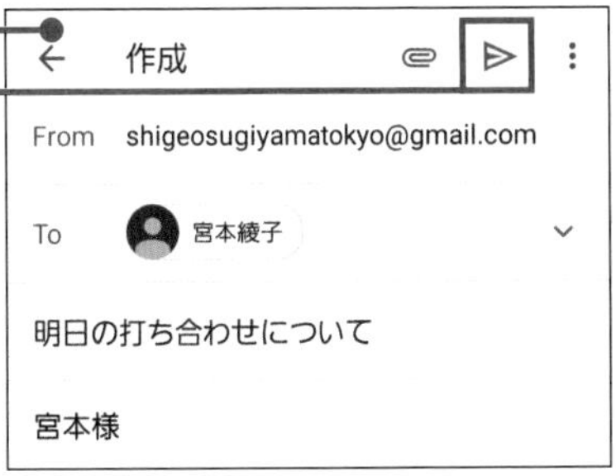
作成
From shigeosugiyamatokyo@gmail.com
To 宮本綾子
明日の打ち合わせについて
宮本様

❸▷をタップすると、メールが送信されます。

❹メール作成画面で⊂⊃をタップして、

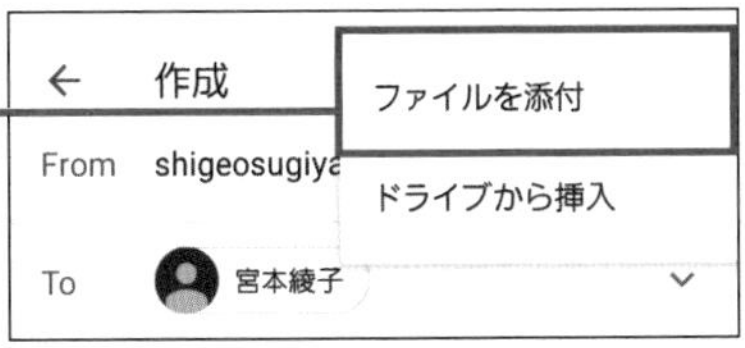
作成
ファイルを添付
From shigeosugiya
ドライブから挿入
To 宮本綾子

❺＜ファイルを添付＞をタップすると、

❻ファイルの添付画面が表示されるので、≡をタップして添付するファイルを選択します。

次から開く:
画像
オーディオ
最近
ダウンロード
Galaxy A20
空き容量: 21.07 GB
ドライブ
shigeosugiyamatokyo@g...

❼メールにファイルが添付されます。

From shigeosugiyamatokyo@gmail.com
To 宮本綾子
明日の打ち合わせについて
説明会資料.pptx
32KB

Column
iPhoneでは「メール」アプリからでも使える

iPhoneでは、はじめからインストールされている「メール」アプリでも、Gmailを利用できます（Sec.191参照）。P.261手順❼で「メール」をオンに設定していれば、「メール」アプリを起動すると「メールボックス」画面が表示されます。＜Gmail＞をタップするとGmailの受信トレイが表示され、メールの受信や送信、転送などを行うことができます。

Section 188

Gmailアプリ

「Gmail」のメールを検索・整理する

スマートフォンで、Gmailのメール検索や整理をしてみましょう。検索は、受信メールだけでなく、送信メールや下書きも検索対象です。また、アーカイブや削除、移動、スターを付けるなどもかんたんに行うことができます。

メールを検索・管理する

メールを検索

トップ画面上部の＜メールを検索＞をタップし、検索したいワードを入力すると、すべてのメールからワードを検索します。

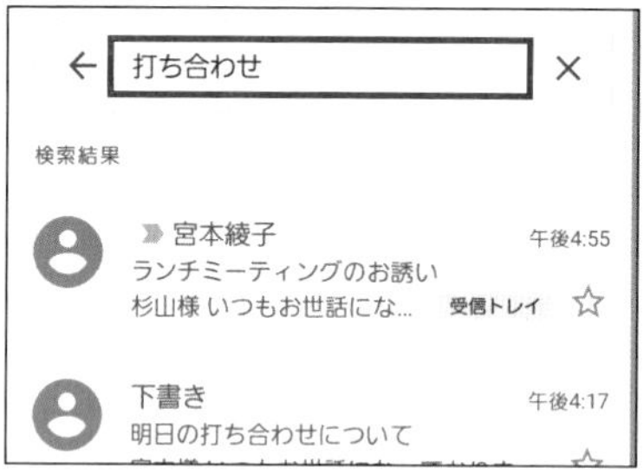

アーカイブ

メールを左右どちらかへスワイプすると、アーカイブされます。

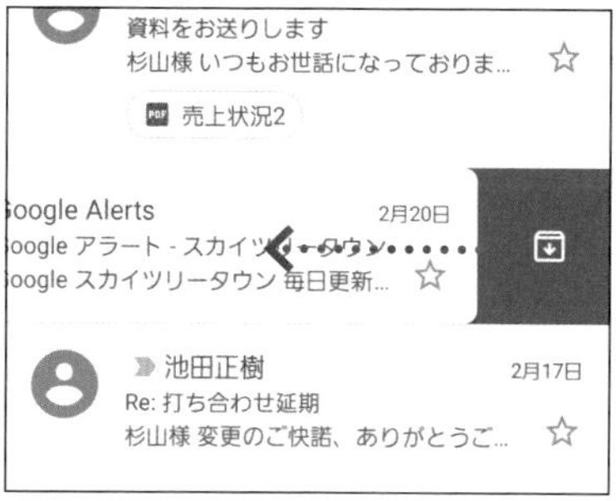

メールを削除

開いたメールで🗑をタップすると、メールが削除されます。

複数メールを一括操作

左のアイコンをタップし、⋮をタップすると、一括操作ができます。

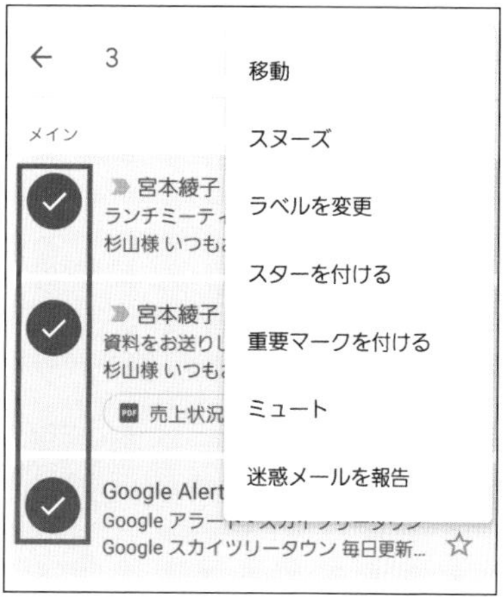

Section 189 Gmailアプリ

「Gmail」の通知方法を変更する

新規メールを受信した際の通知の設定の確認や変更は、「設定」から行うことができます。頻繁に通知されると感じたら、「高優先度のみ」や「なし」に設定を変更しましょう。「高優先度のみ」では、重要なメール（Sec.043参照）の受信のみ通知されます。

通知の設定を変更する

❶ ≡→<設定>の順にタップし、

❷ Google アカウントをタップします。

❸ <通知>をタップし、

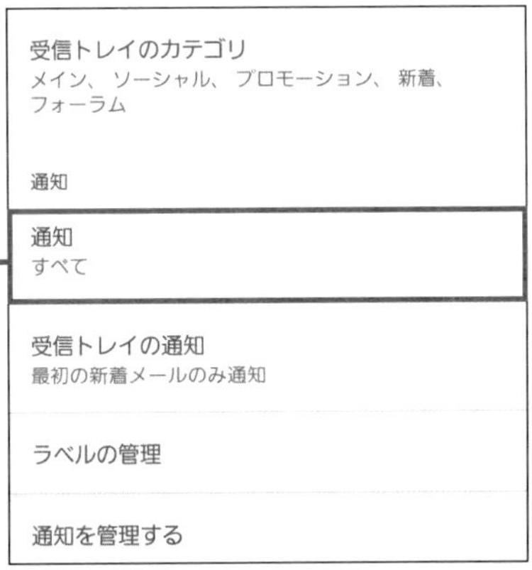

❹ 通知の種類をタップして設定します。

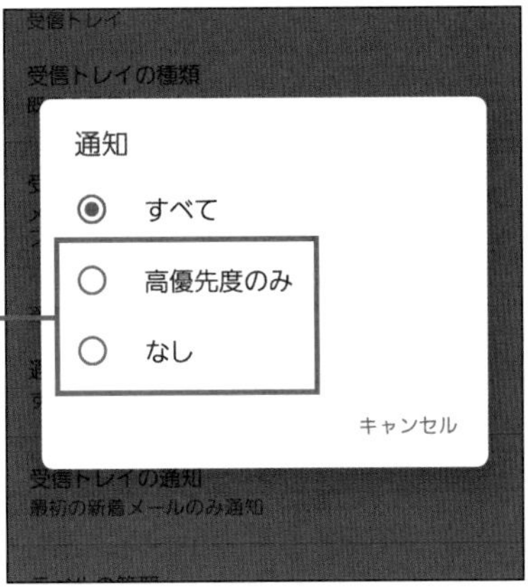

第6章
第7章
第8章
第9章
●Gmailアプリ 第10章

Section 190
Gmailアプリ

「Gmail」の連絡先と電話帳を同期する

Gmailの連絡先に登録している情報を、スマートフォンの電話帳（連絡先）と同期することができます。「設定」アプリの項目名はスマートフォンの機種により異なる場合がありますが、おおよその手順は同じです。

連絡先をスマートフォンの電話帳と同期する

❶ホーム画面から「設定」アプリを起動し、<アカウントとバックアップ>→<アカウント>の順にタップし、

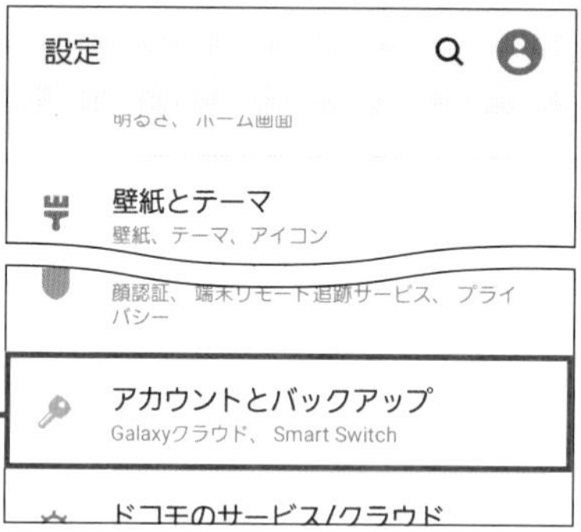

❷Google アカウントをタップします。

❸<アカウントを同期>をタップし、

❹「連絡先」のをタップすると、Gmailの連絡先とスマートフォンの電話帳が同期されます。

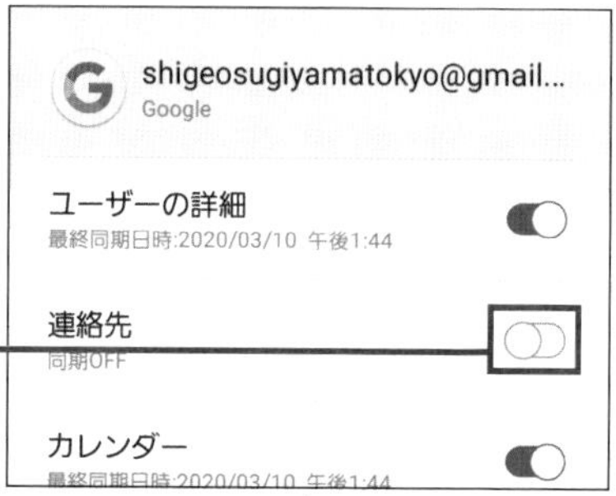

Memo iPhoneの場合

iPhoneでは、P.261手順❼の画面で<連絡先>をオンに設定します。

第6章 第7章 第8章 第9章 第10章 Gmailアプリ

Section 191 Gmailアプリ

iPhoneの「メール」アプリでGmailを使う

P.261を参考にiPhoneにGoogleアカウントを登録し、iPhoneの「メール」アプリと同期することで、iPhoneの「メール」アプリでGmailが使えるようになります。ここでは、メールを作成して送信する手順を解説します。

G メールを作成／送信する

❶ホーム画面から「メール」アプリを起動し、をタップします。

❷差出人を2回タップします。

❸Gmail アドレスをタップし、

❹宛先、件名、本文を入力して、

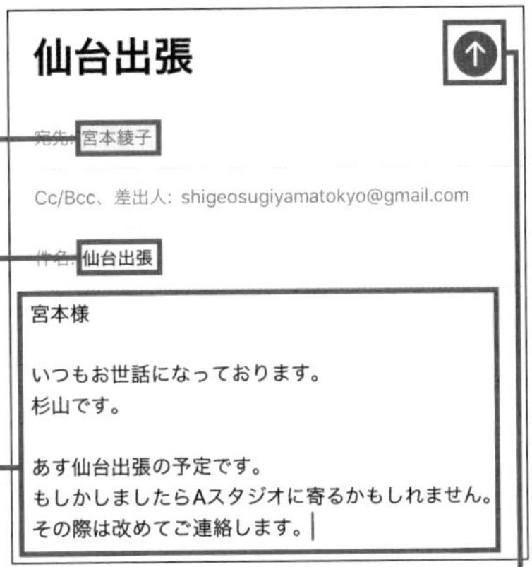

❺をタップして送信します。

Section 192 「Googleカレンダー」の予定を確認する

カレンダーアプリ

パソコンで作成したGoogleカレンダーの予定は、スマートフォンの「Googleカレンダー」アプリに同期されます。外出先から閲覧できるだけでなく、予定の追加や変更があった場合は編集も可能です。なお、iPhoneではアプリのインストールが必要です。

使用するアプリ

Google カレンダー

パソコンから登録したGoogleカレンダーの予定が自動的に同期され、また、スマートフォンから新しい予定を追加することもできるカレンダーアプリです。予定の一覧や週表示、月表示など、カレンダーの表示を切り替えて利用できます。

予定を表示する

❶「Google カレンダー」アプリを起動すると、カレンダーが表示されます。

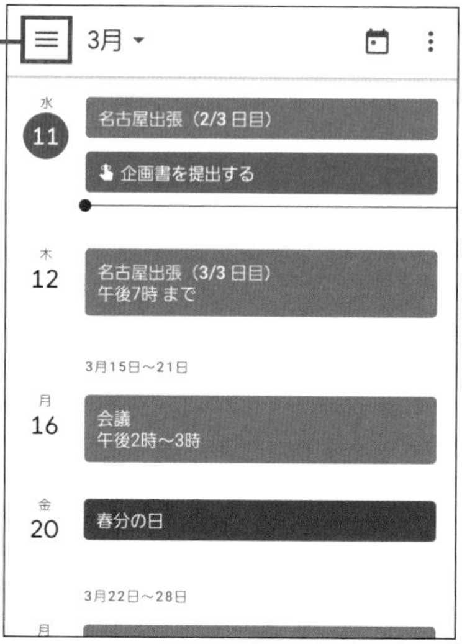

❷月のカレンダーを表示したい場合は、≡→<月>の順にタップ（iPhone では画面左上の<○月>をタップ）します。

❸月のカレンダーが表示されます。予定が登録されている日をタップすると、

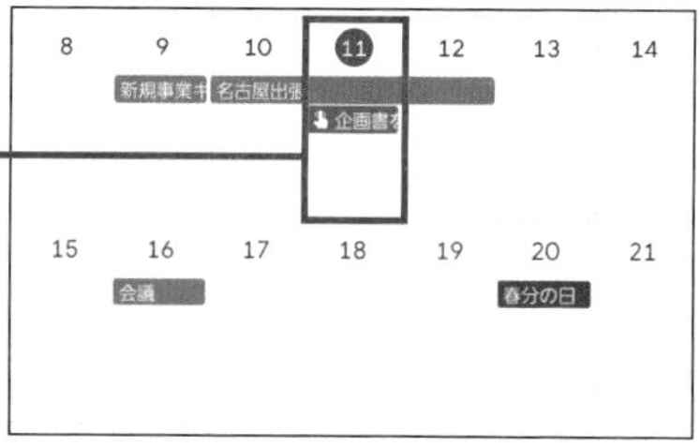

❹予定の一覧が表示されます。予定をタップすると、詳細が表示されます。

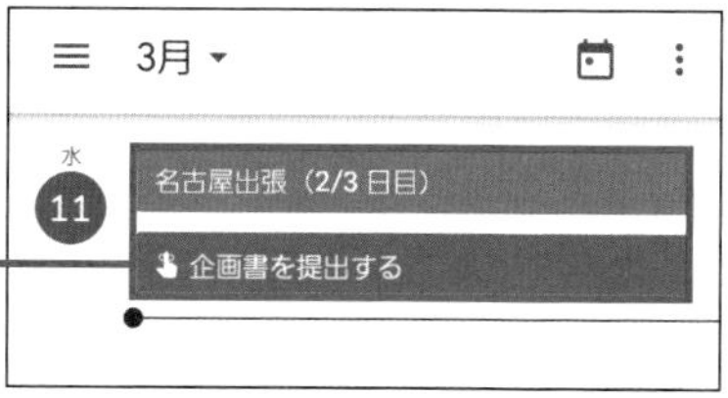

同じGoogleアカウントでパソコンから登録した予定も、同期されて表示されます。

G 予定を作成する

❶ +→<予定>の順にタップします。

❷ 予定の作成画面が表示されます。

❸ タイトルや開始日時、終了日時などを設定します。

❹ <○分前>または<通知を追加>をタップすると、予定の事前通知を設定できます。

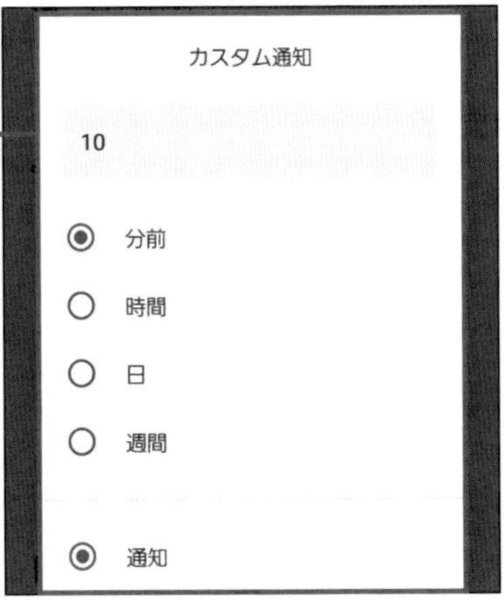

❺ 設定が終了したら、<保存>をタップします。

❻ 作成した予定がカレンダーに表示されます。

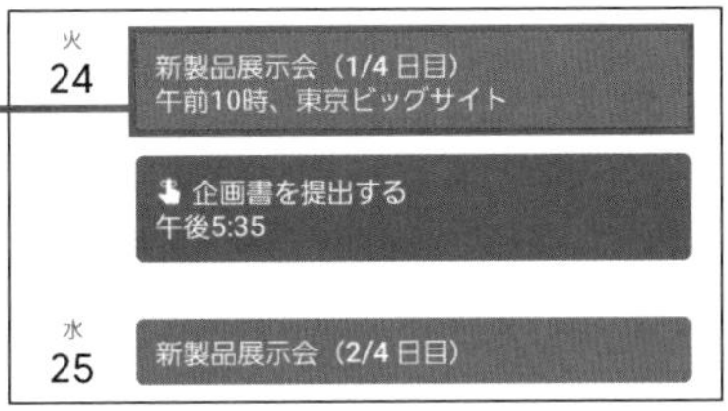

❼ 予定を修正するには、カレンダーから予定をタップし、

❽ をタップすると、予定の修正画面が表示されます。

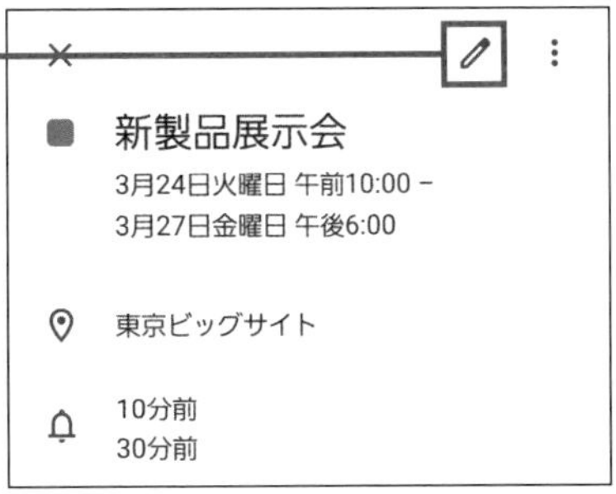

「Googleカレンダー」の通知方法を変更する

Googleカレンダーの通知に関する設定を変更することができます。通知音やバイブ、ホーム画面のアプリアイコンのバッジ、ロック画面の表示などが個別に設定できるほか、すべての通知を一括してオフにすることもできます。

カレンダーの通知を変更する

❶ ≡→<設定>の順にタップし、

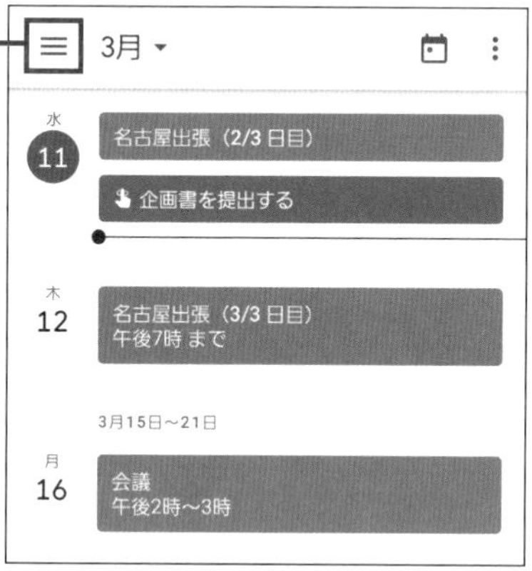

❷ <全般>をタップします。

❸ <カレンダーの通知>をタップすると、

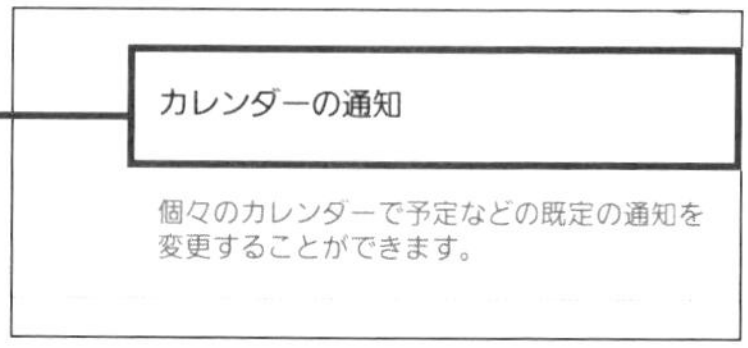

❹ カレンダーの通知に関する設定が行えます。

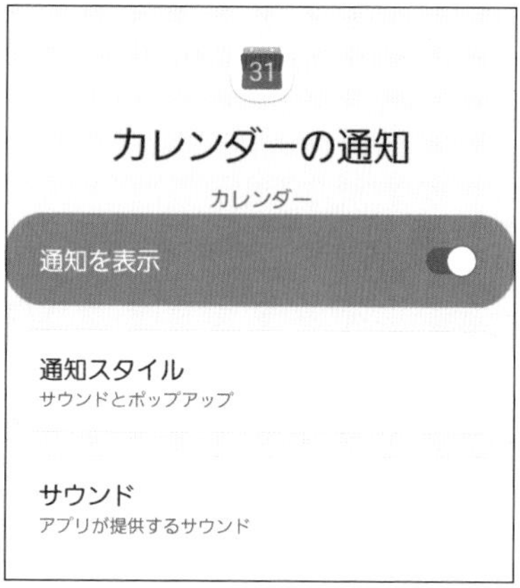

Memo iPhoneの場合

iPhoneでは、「設定」アプリを起動し、<通知>→<Googleカレンダー>の順にタップすると、通知に関する設定が行えます。

「Googleカレンダー」にGmailからの予定を取り込む

Androidスマートフォンでは、Gmailのメールをもとに、Googleカレンダーに予定を取り込むことができます。なお「設定」で「Gmailから予定を作成」をオンにすると、航空券の予約などの受信メールをもとに予定が追加されます。

Androidスマートフォンでカレンダーに予定を取り込む

❶「Gmail」アプリでメールを開き、予定を追加したい日時を選択し、

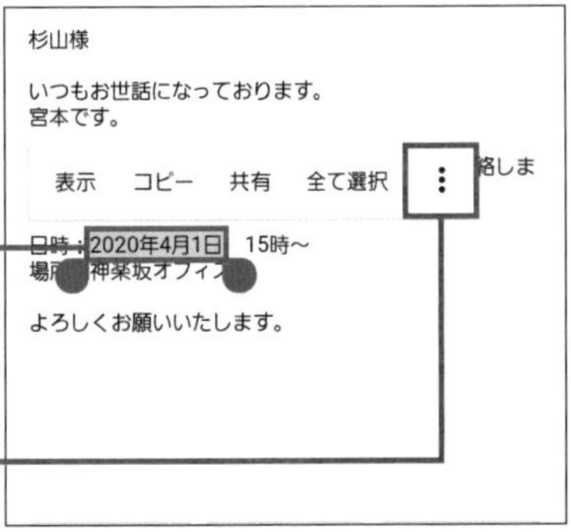

❷ ⋮ をタップします。

❸ ＜スケジュール＞をタップします。

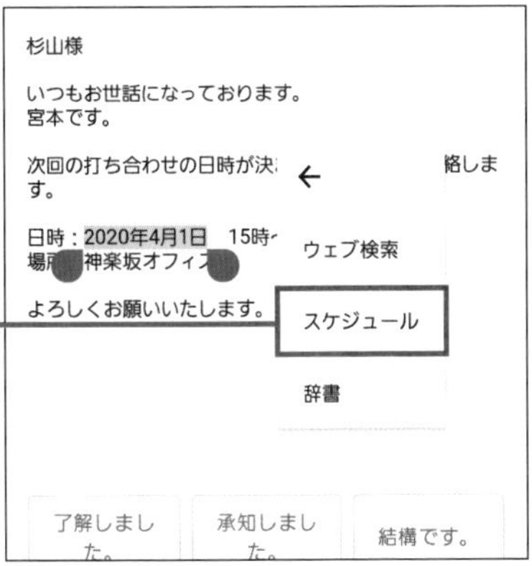

❹ Google カレンダーのアイコン（＜カレンダー＞）をタップし、

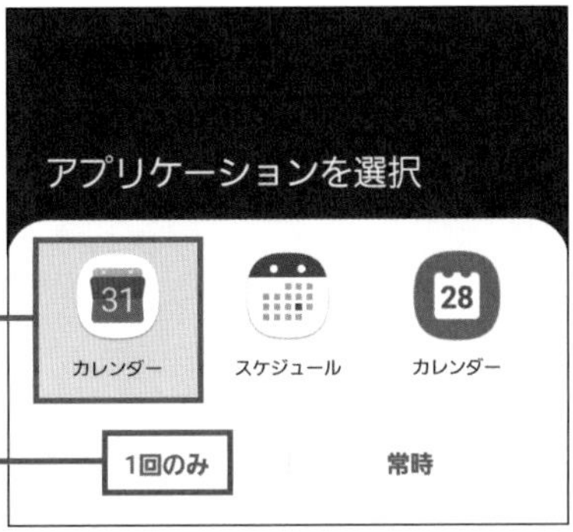

❺ ＜１回のみ＞をタップします。

❻ 予定作成画面が表示されるので、P.269を参考に作成します。

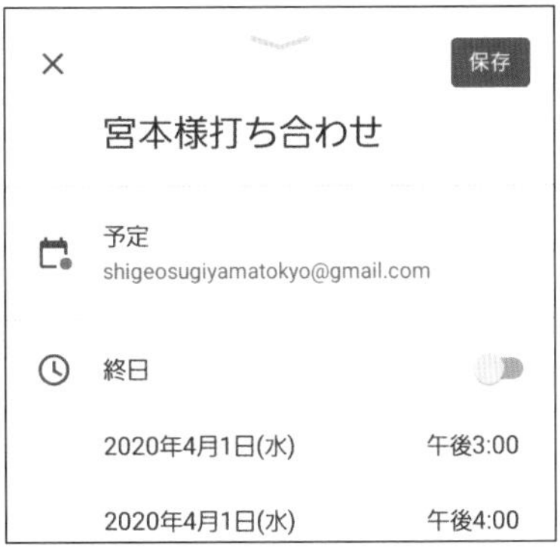

195 カレンダーアプリ

「Googleカレンダー」でリマインダーを管理する

Googleカレンダーのリマインダーの機能は、スマートフォンで利用することでより効率的に利用することができます。登録したリマインダーはカレンダーにも表示され、タップすると編集や削除することができます。

リマインダーを登録する

❶ +→<リマインダー>の順にタップし、

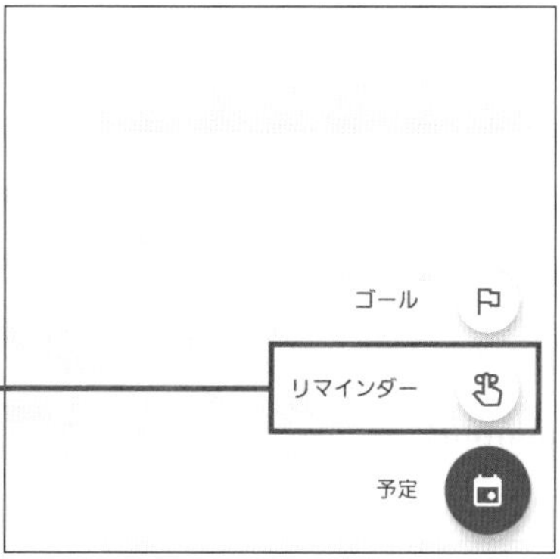

❷ リマインダーの名前を入力します。

❸ 「終日」の をタップして、時間をタップします。

❹ 時計を選択して時間を設定し、

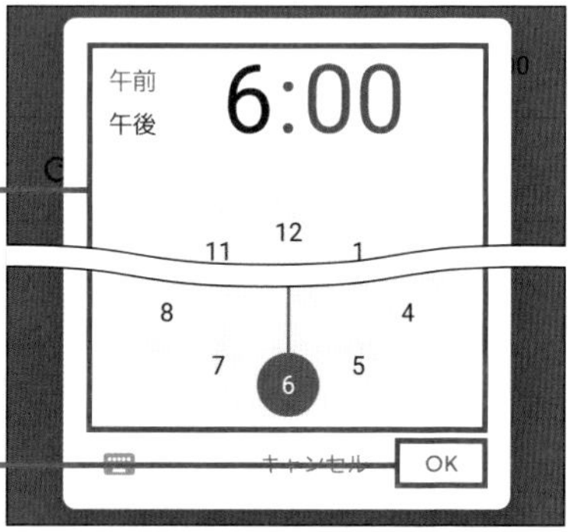

❺ Android スマートフォンでは< OK >をタップします。

❻ <繰り返さない>をタップして任意の時間を設定し、

❼ <保存>をタップします。

196
カレンダーアプリ

iPhoneの「カレンダー」アプリでGoogleカレンダーを使う

Gmailと同様にiPhoneにGoogleアカウントを同期することで(P.261参照)、iPhoneの「カレンダー」アプリでGoogleカレンダーを利用することができます。ここでは、予定の登録方法を解説します。

G iPhoneの「カレンダー」アプリで予定を登録する

❶ホーム画面で「カレンダー」アプリ起動し、＋をタップします。

❷タイトルや場所、時間などを入力し、

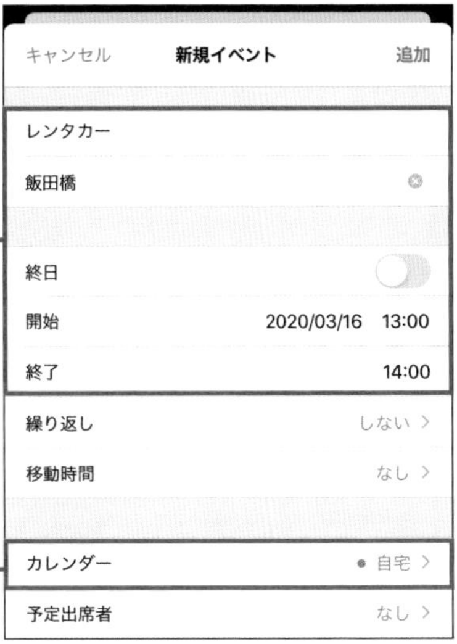

❸<カレンダー>をタップします。

❹Gmail アドレスをタップし、

❺予定出席者や通知などを設定して、

❻<追加>をタップします。

マップアプリ

「Googleマップ」でルート検索を行う

Googleマップをスマートフォンで利用すれば、外出先で目的地までの経路や、電車の乗り換え時間などを調べることができます。また、周辺にあるコンビニや飲食店など、さまざまなスポットの情報を調べられます。なお、iPhoneではアプリのインストールが必要です。

使用するアプリ

Google マップ

世界中の地図やストリートビューを閲覧できるアプリです。スマートフォンの位置情報を使うことで、現在地の表示や目的地までのルート検索、ナビ案内などの機能も利用できるため、旅先などでとても便利です。

目的地と経路を調べる

❶「Google マップ」アプリを起動します。

❷画面上部の検索ボックスをタップします。

◎をタップすると、現在地周辺の地図が表示されます。

❸検索したいキーワードを入力し、

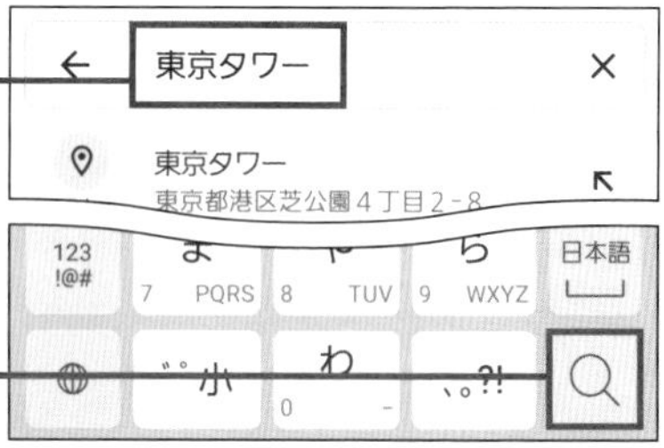

❹🔍（iPhoneでは＜検索＞）をタップします。

❺目的地周辺の地図が表示されます。行き方を調べたい場合は、＜経路＞をタップします。

❻ 出発地を入力すると、自動車の経路と時間、距離が表示されます。

⇅ をタップすると、出発地と目的地が逆になります。

❼ 🚇をタップします。

❽ 電車・バスの交通機関の経路と時間が表示されます。

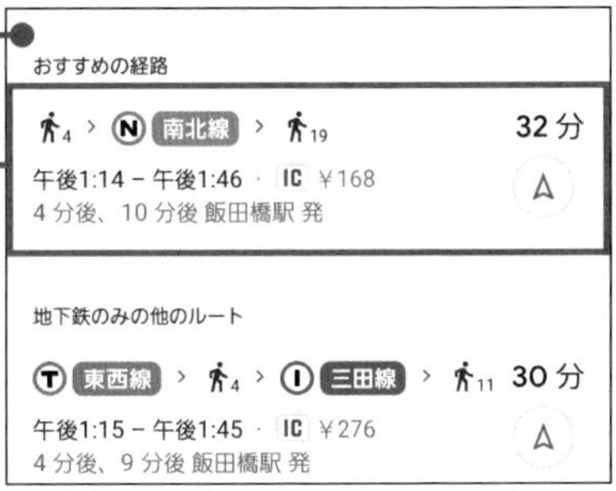

❾ 経路をタップすると、

❿ 電車の出発時間、乗り換え駅の到着時間と出発時間、運賃などが表示されます。

⓫ 手順❼の画面で🚶をタップすると、

⓬ 徒歩による経路と時間、距離が表示されます。

Memo 道路の交通状況を確認する

検索ボックスの右下にある◈をタップすると、メニューが表示されます。<交通状況>をタップすると、周辺道路の混雑状況が色で表示されます。

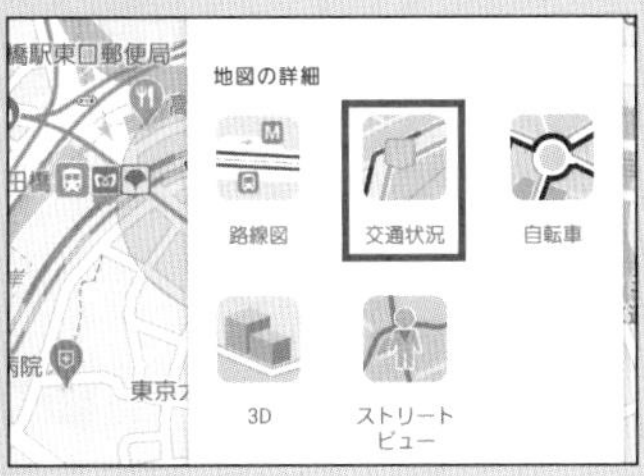

198 マップアプリ

「Googleマップ」でスポットの情報を見る

Googleマップにスポット登録されている場所の営業時間や電話番号などの詳細な情報やクチコミ、写真などを見ることができます。出先で気になる場所があった場合、すぐにスマートフォンから確認することができます。

Ⓖ スポットの情報を見る

❶ P.274 手順❺の画面でスポット名をタップします。

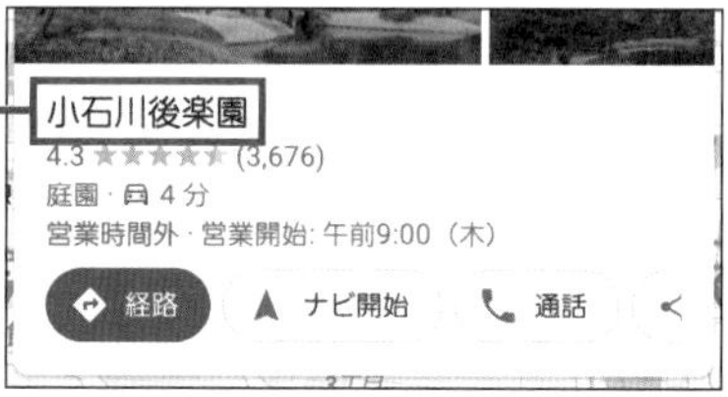

❷ スポットの住所や電話番号、URL などの情報が表示されます。

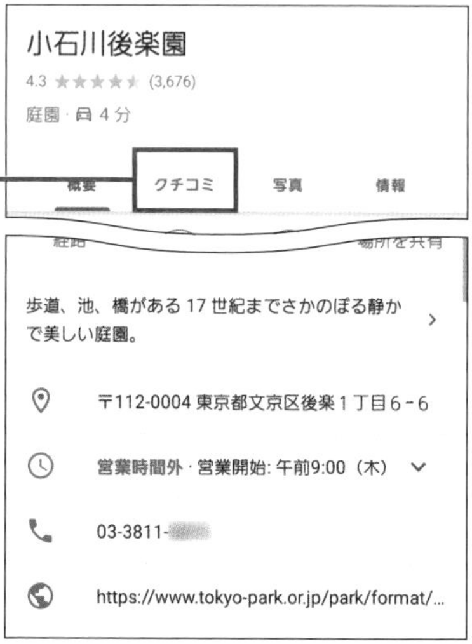

❸ ＜クチコミ＞をタップします。

❹ スポットのクチコミを読むことができます。

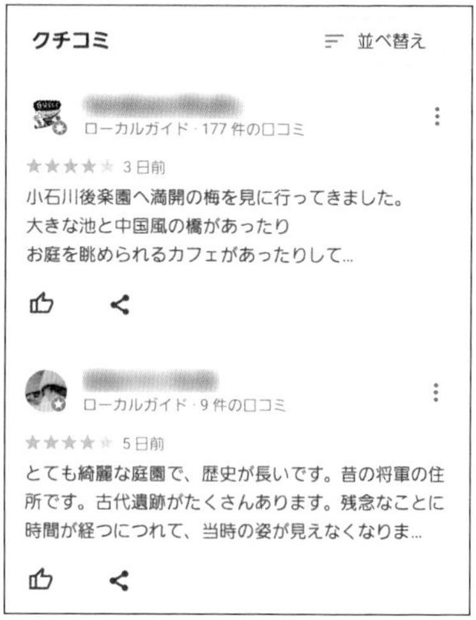

❺ 手順❸で＜写真＞をタップすると、スポットの写真が閲覧できます。

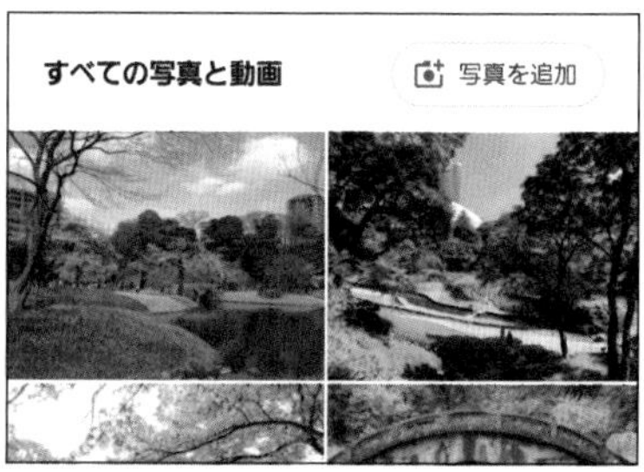

第6章 第7章 第8章 第9章 第10章 マップアプリ

Section 199 マップアプリ 「Googleマップ」で周辺のスポットを調べる

現在地の周辺にある公園や美術館、駅や役所などの施設や、ATMやレストラン、コンビニなどのお店などのスポットを調べることができます。検索結果はリスト表示のほか、地図で見ることもできます。

現在地周辺のスポットを調べる

❶ P.274 手順❸で周辺に探している場所のジャンル（ここでは「カフェ」）を入力し、

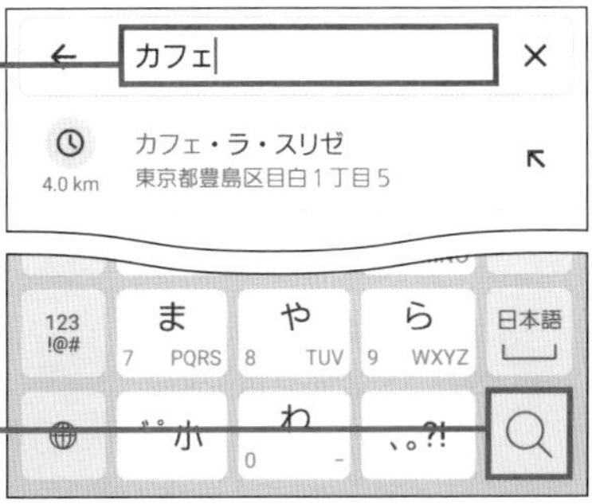

❷ 🔍をタップします。

❸ 周辺に該当するスポットがリストで表示されます。<地図を表示>をタップします。

❹ 地図が大きく表示されます。

❺ フィルタの項目（ここでは<現在営業中>）をタップすると、

❻ 該当スポットが絞られて表示されます。

Section 200 マップアプリ

「Googleマップ」をカーナビ代わりに使う

Googleマップのルート案内は、カーナビのように画面表示と音声案内でナビゲーションすることもできます。なお、ナビ機能はあくまでも自動車のルートを想定しているため、徒歩では通行できない場所もあるので注意してください。

Ⓖ ナビゲーションを利用する

❶ Sec.197を参考に経路検索を行い、車か徒歩を選択して<ナビ開始>をタップします。

❷ 初回は「Google マップナビへようこそ」画面が表示されるので、<利用規約>をタップして内容を確認し、

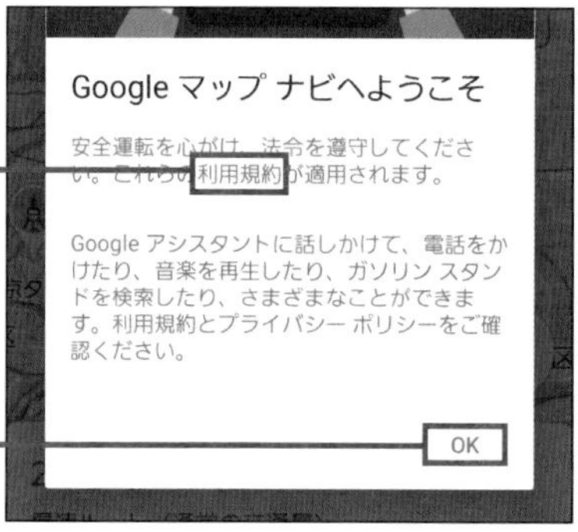

❸ < OK >をタップします。

❹ ナビゲーションが開始されたら、音声に従って進みます。

❺ をタップすると、全体のルートが確認できます。

をタップしたあと、<現在地に戻る>をタップすると手順❹の画面に戻ります。

201 「Googleマップ」で友達と居場所を共有する

マップアプリ

友達がスマートフォンでGoogleマップを利用していれば、現在地をお互いに共有することができます。現在地を共有すると、今いるスポットに自分の名前のピンが表示されて確認することができます。

G 現在地を共有する

❶ ここをタップし、<現在地の共有>をタップします。

❷ <共有を開始>（iPhoneでは<使ってみる>）をタップします。

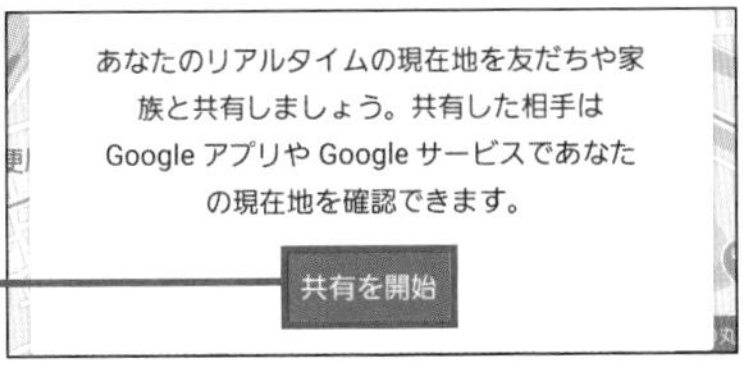

❸ 共有する時間をタップして設定します。

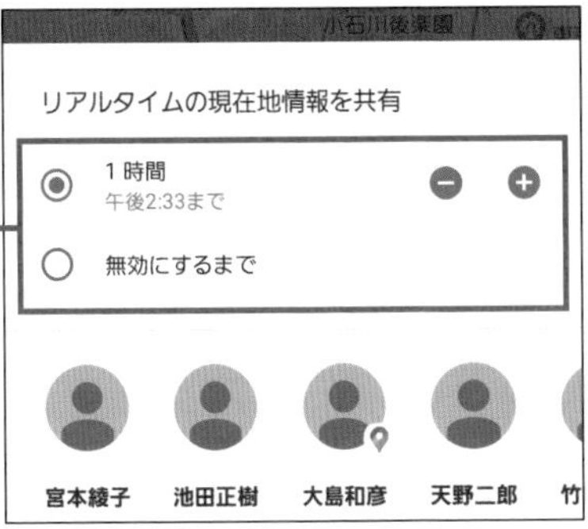

❹ （iPhoneでは<ユーザーを選択>をタップしてから）共有する相手をタップし、

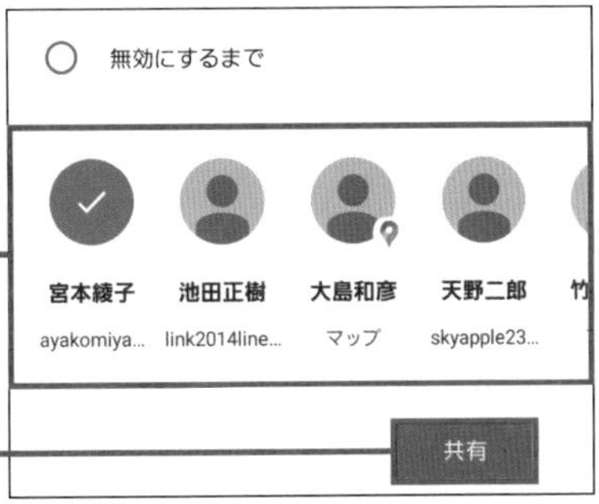

❺ <共有>をタップします。

❻ 初回は「現在地を共有しますか？」と表示されるので、<有効にする>をタップします。

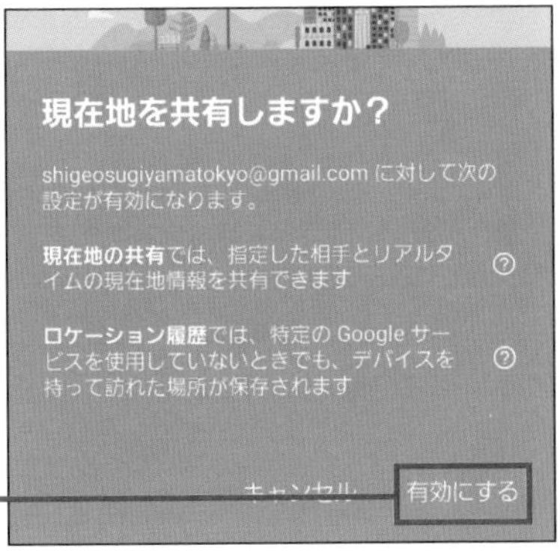

現在地を共有しますか？
shigeosugiyamatokyo@gmail.com に対して次の設定が有効になります。
現在地の共有では、指定した相手とリアルタイムの現在地情報を共有できます
ロケーション履歴では、特定の Google サービスを使用していないときでも、デバイスを持って訪れた場所が保存されます
キャンセル
有効にする

第6章 第7章 第8章 第9章 マップアプリ 第10章

Section **202** マップアプリ

「Googleマップ」をオフラインで使う

Googleマップでは、あらかじめ地図データをダウンロードしておくことで、インターネットに接続していないオフラインの状態でも利用することができます。使える機能は制限されますが、地図の閲覧や自動車の経路検索などを使うことができます。

オフラインデータをダウンロードする

❶ここをタップし、

❷<オフラインマップ>→<自分の地図を選択>の順にタップします。

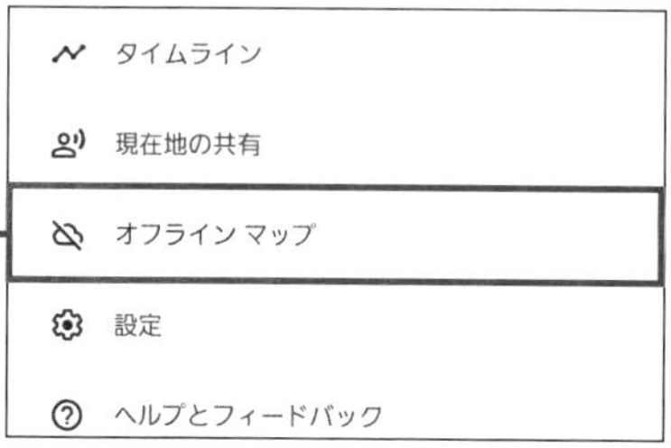

❸オフラインで利用したいエリアを青枠内に入るよう調整し、

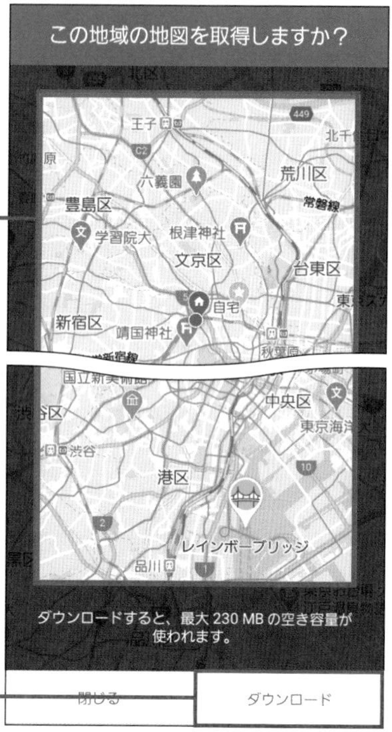

❹<ダウンロード>をタップします。

ダウンロードしたエリアのデータは、Wi-Fi接続時に自動的に更新されます。

Memo オフラインでできること

ダウンロードしたエリアは、オフラインで経路やスポットの検索、ナビなどの利用ができます。ただし、スポット情報は限られたもののみの表示となり、また、公共交通機関や徒歩の経路検索はできません。なお、自動車の経路検索には交通情報や別の経路、車線案内は含まれません。

Section 203 マップアプリ

「Googleマップ」を履歴を残さず利用する

Googleマップで検索履歴を残したくないときなどは、シークレットモードをオンにして利用しましょう。なお、シークレットモードを利用すると、検索や閲覧の履歴が保存されなくなります。また、P.279の現在地の共有も行えません。

シークレットモードをオンにする

❶ここをタップし、

❷＜シークレットモードをオンにする＞をタップします。

❸「シークレットモードをオンにしました」と表示されるので、＜閉じる＞をタップします。

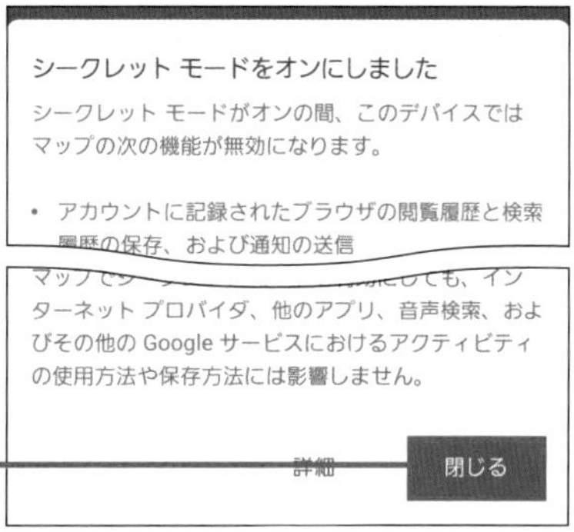

シークレット モードをオンにしました
シークレット モードがオンの間、このデバイスでは
マップの次の機能が無効になります。
• アカウントに記録されたブラウザの閲覧履歴と検索
ターネット プロバイダ、他のアプリ、音声検索、およ
びその他の Google サービスにおけるアクティビティ
の使用方法や保存方法には影響しません。
詳細
閉じる

❹シークレットモードで利用ができます。

❺シークレットモードをオフにするには、🕶→＜シークレットモードをオフにする＞の順にタップします。

「Googleドライブ」のファイルを確認する

パソコンからGoogleドライブに保存した動画や写真、ドキュメントなどのファイルに、スマートフォンからアクセスして閲覧や共有を行うことができます。端末内のファイルをアップロードすることもできます。なお、iPhoneではアプリのインストールが必要です。

使用するアプリ

Google ドライブ

Googleドライブに保存したファイルに、スマートフォンからかんたんにアクセスできるアプリです。スマートフォン内のファイルのアップロードもかんたんにでき、ファイルの編集やコメントの追加といった操作も可能です。

ファイルを確認する

❶「Googleドライブ」アプリを起動します。

❷ 🗀をタップします。

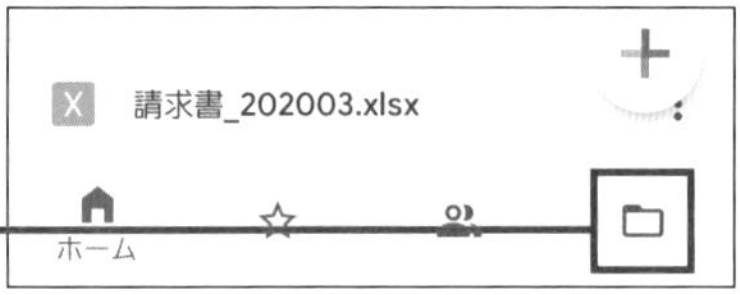

❸ 確認したいファイルをタップします。

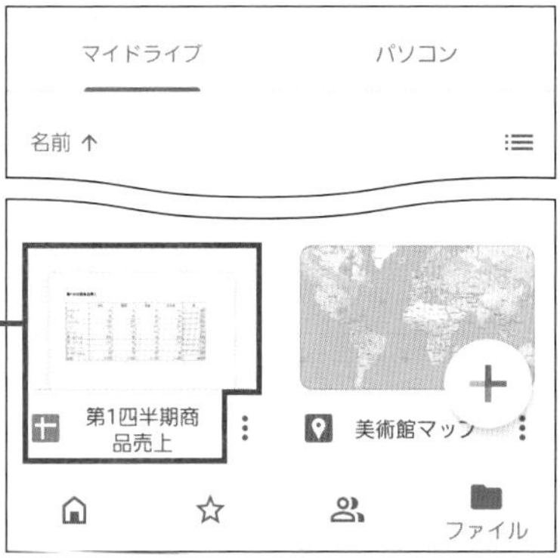

❹ ファイルが開き、内容が確認できます。

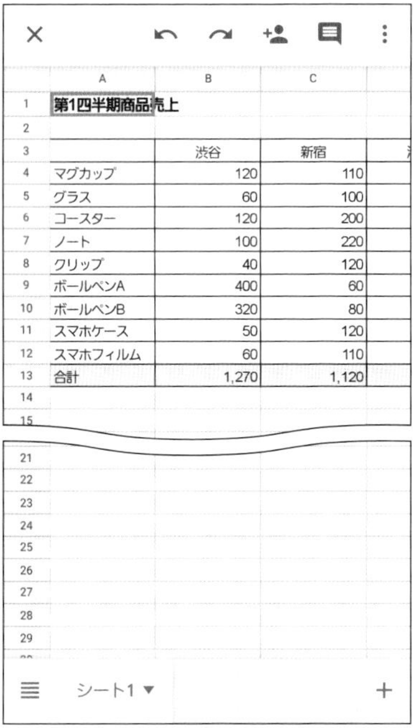

	A	B	C
1	第1四半期商品売上		
2			
3		渋谷	新宿
4	マグカップ	120	110
5	グラス	60	100
6	コースター	120	200
7	ノート	100	220
8	クリップ	40	120
9	ボールペンA	400	60
10	ボールペンB	320	80
11	スマホケース	50	120
12	スマホフィルム	60	110
13	合計	1,270	1,120

Ⓖ ファイルをアップロードする

❶ ＋をタップし、

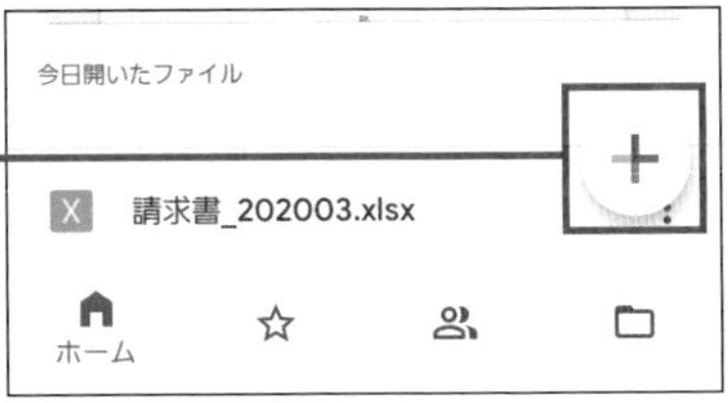

❷ ＜アップロード＞をタップします。

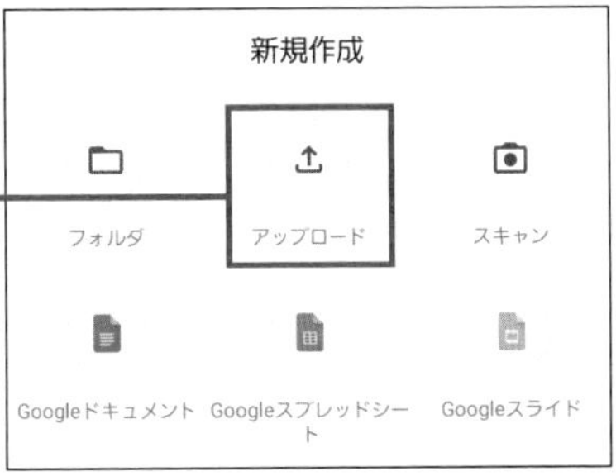

❸ 画面左上の☰（iPhoneでは＜写真と動画＞もしくは＜参照＞）をタップして、アップロードするファイルのある場所を選択します。

❹ アップロードするファイルのアイコンをタップします。

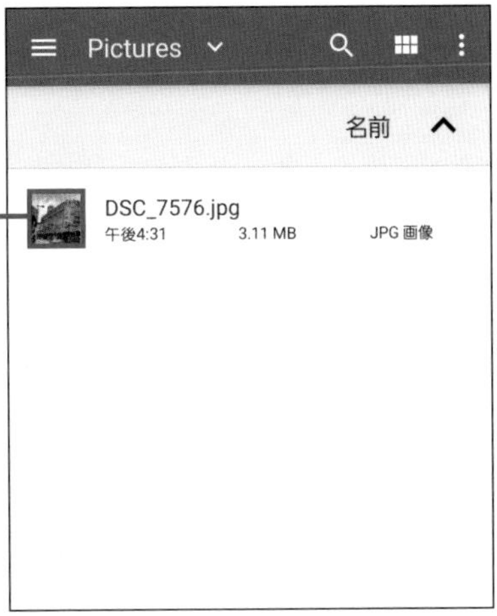

複数のファイルをタップすると同時にアップロードができます。

❺ ＜開く＞（iPhoneでは＜アップロード＞）をタップすると、ファイルがアップロードされます。

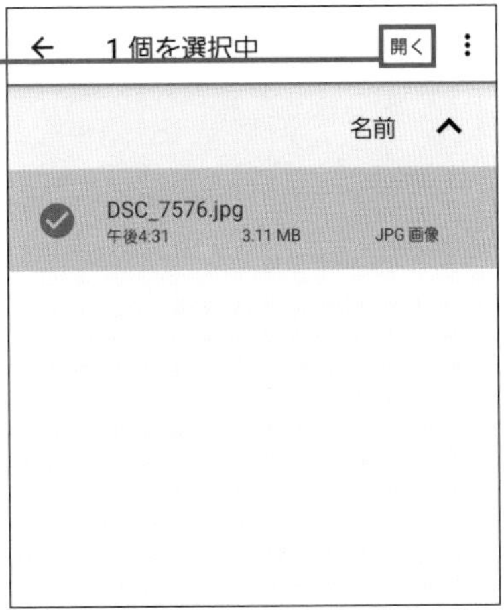

「Googleドライブ」で資料をカメラスキャンして保存する

紙の資料をスマートフォンのカメラでスキャンすることで、GoogleドライブにPDFファイルとしてアップロードすることができます。資料は1枚だけでなく、追加をして複数枚を1ファイルとすることも可能です。なお、この機能はAndroidスマートフォンのみで利用できます。

Androidスマートフォンで資料をスキャンしてPDFで保存する

❶ ＋をタップし、<スキャン>→< OK >の順にタップします。

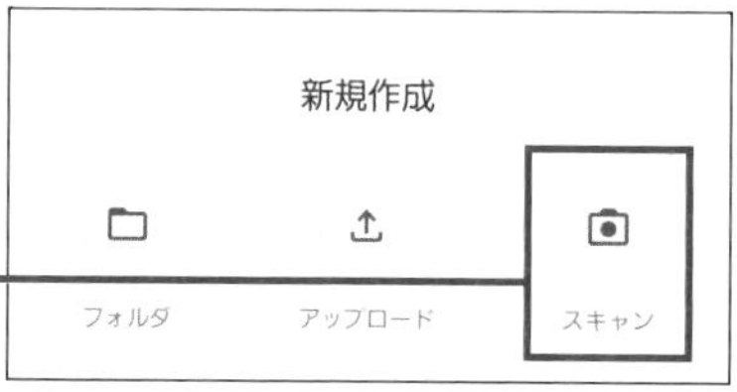

❷ カメラで資料を撮影し、◯→< OK >の順にタップします。

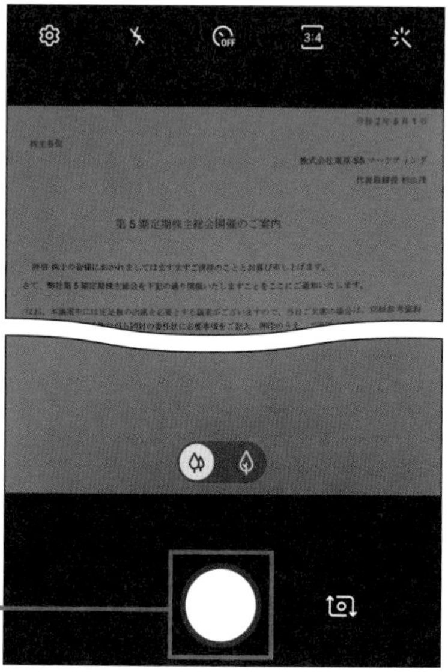

❸ 問題なければ☑（追加で撮影する場合は➕）をタップします。

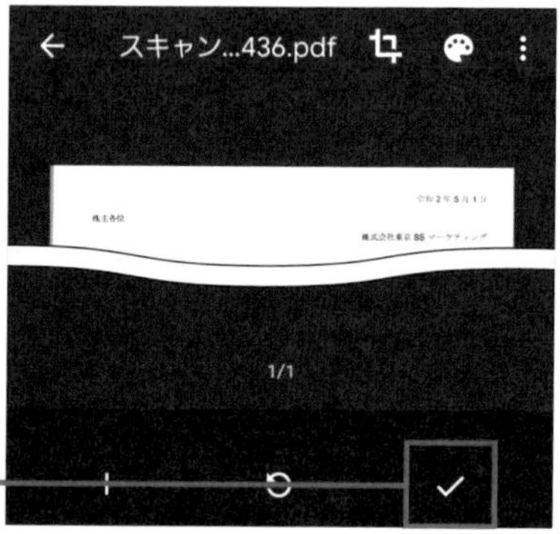

❹ 名前を変更する場合はタップして変更し、

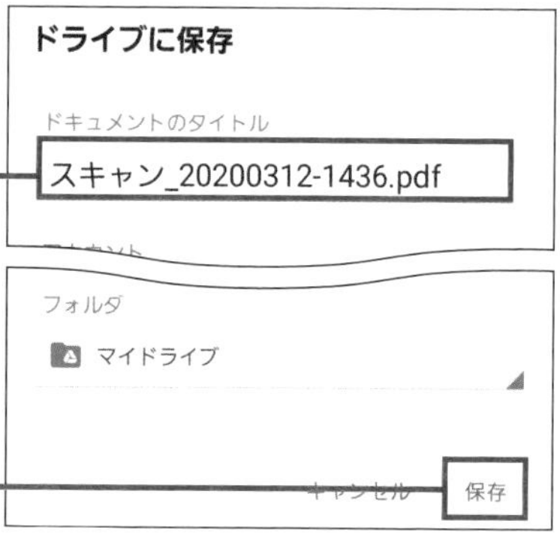

❺ <保存>をタップします。

「Googleドライブ」でファイルをオフライン保存する

Googleドライブのファイルは、オフラインで利用できるように設定ができます。スマートフォンのインターネット回線がない場所や不安定な場所などでも、ファイルの編集をすることが可能になります。

ファイルをオフラインで使用できるようにする

❶オフラインで利用したいファイルの ⋮ (iPhone では⋯) をタップします。

❷<オフラインで使用できるようにする>をタップします。

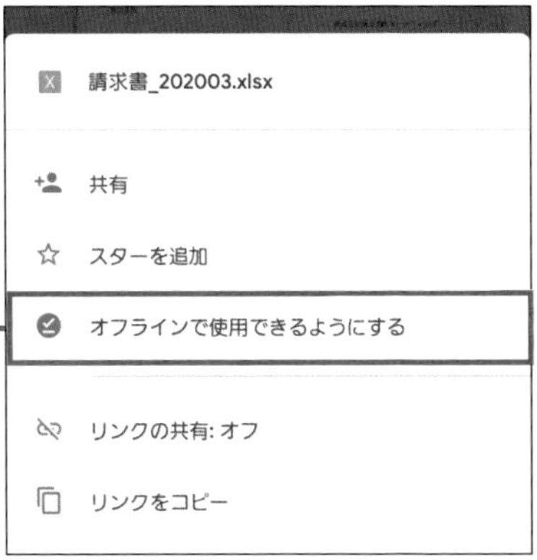

❸≡をタップし、<デバイス内>をタップすると、

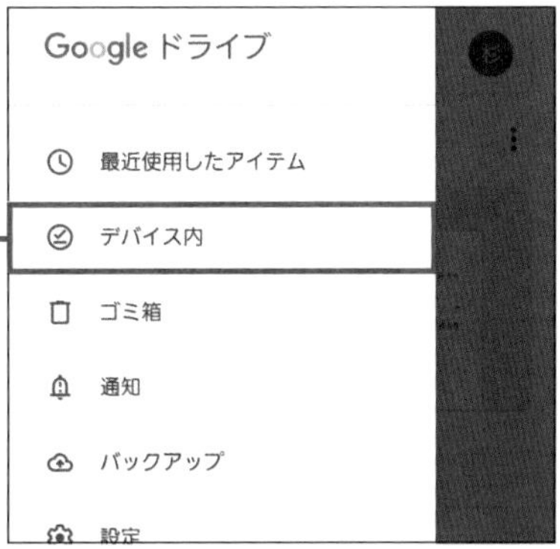

❹オフラインで利用できるファイルが表示されます。

「Googleドキュメント」のファイルを編集する

ドキュメントアプリ

Googleドキュメントでは、Googleドライブに保存されているGoogle形式やWord形式のファイルをスマートフォンで編集することができます。文書ファイルの新規作成や、ほかのユーザーとの共同編集も可能です。なお、iPhoneではアプリのインストールが必要です。

使用するアプリ

Google ドキュメント

スマートフォンから新しいドキュメントを作成したり、パソコンで作成したドキュメントを編集したりできます。また、Microsoft Wordのファイルも閲覧・編集でき、インターネットに接続されていないときでも作業を継続することができます。

ドキュメントを編集する

❶「Google ドキュメント」アプリを起動し、

❷ ■をタップして、

❸ Android スマートフォンでは< Google ドライブ>をタップします。

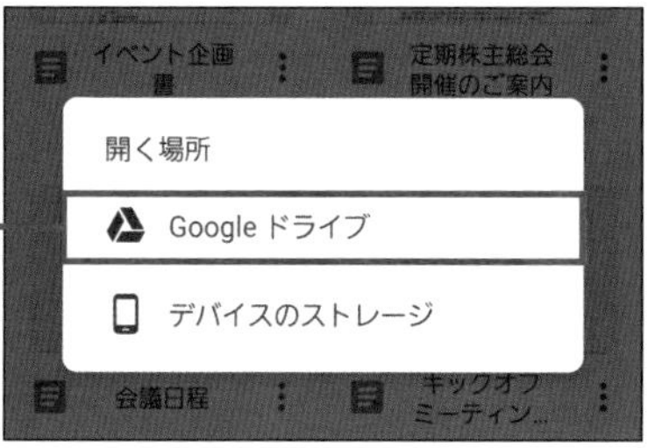

❹「マイドライブ」内のファイルが表示されるので、編集したいドキュメントファイルをタップし、

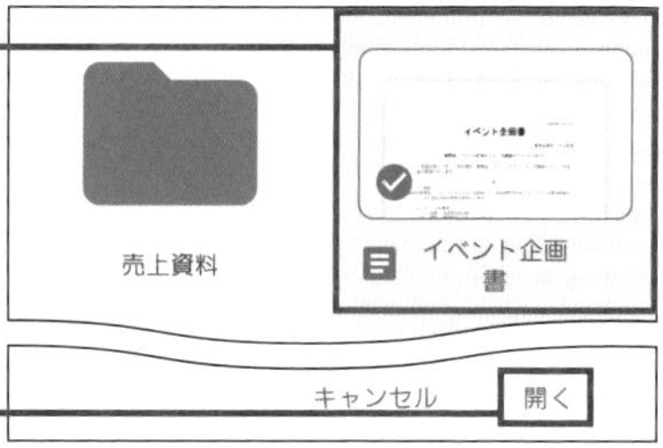

❺ Android スマートフォンでは<開く>をタップします。

❻ ファイルの内容が表示されます。

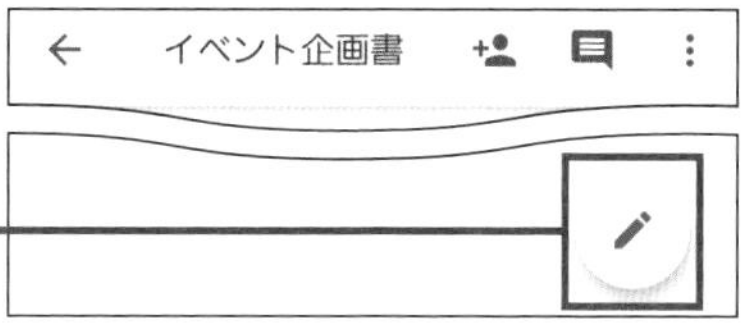

❼ ✎をタップします。

❽ファイルを編集できます。

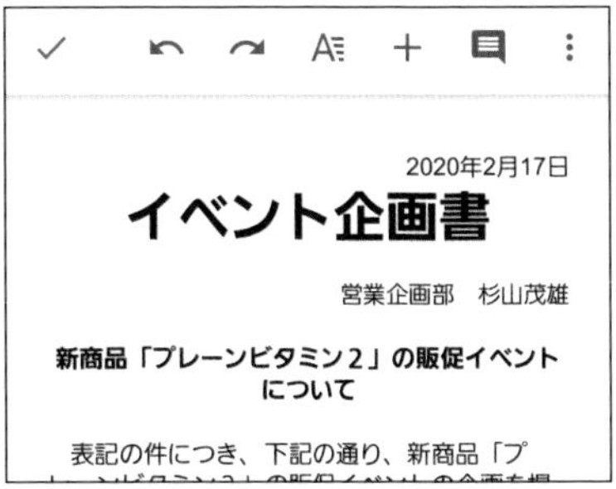

❾テキストを長押しして選択（iPhoneでは長押しして<選択>をタップ）すると、

❿メニューが表示され、テキストのコピーや切り取り操作を行えます。

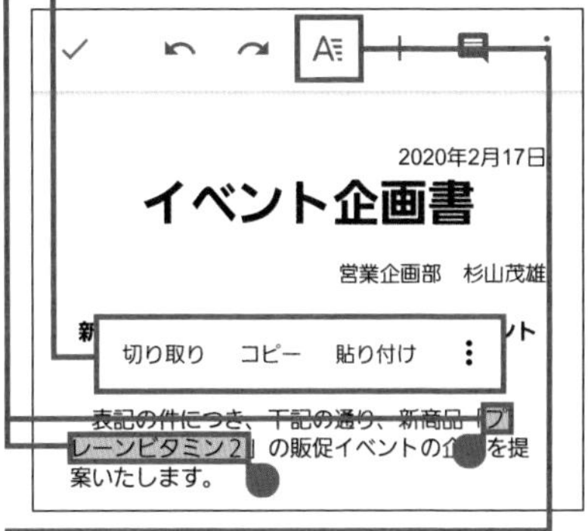

⓫A☰をタップすると、

⓬文字のフォントやサイズを変更できます。

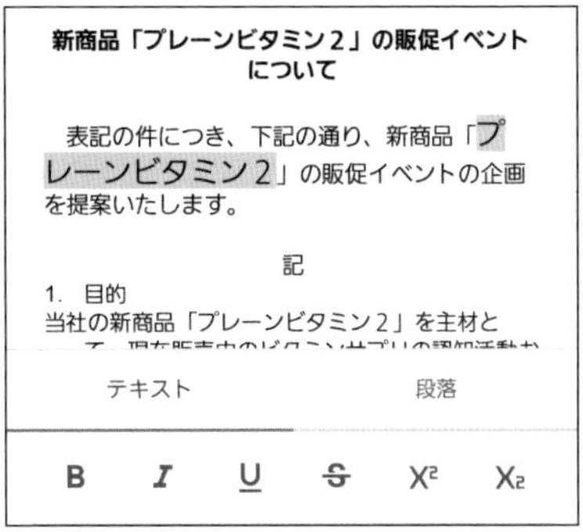

⓭手順❽の画面で+をタップすると、

⓮コメントや画像、表などを挿入できます。

Column

ファイルを共有する

P.286手順❻の画面で⋮（iPhoneでは⋯）をタップすると、メニューが表示され各種の操作を行うことができます。<共有とエクスポート>→<共有>（iPhoneでは<共有>）の順にタップし、ユーザー名（メールアドレス）を入力して⊳をタップすると、ファイルを共有することができます。

スプレッドシートアプリ

「Googleスプレッドシート」のファイルを編集する

Googleスプレッドシートでは、Google ドライブに保存されているGoogle形式やExcel形式のファイルを、スマートフォンから閲覧、編集できます。新規ファイルの作成やファイル共有、共同編集もでき、関数入力も可能です。iPhoneではアプリのインストールが必要です。

使用するアプリ

Google スプレッドシート

スマートフォンから新しいスプレッドシートを作成したり、パソコンで作成したスプレッドシートを編集したりできます。また、Microsoft Excelのファイルも閲覧・編集でき、インターネットに接続されていないときでも作業を継続することができます。

Ⓖ スプレッドシートを編集する

❶「Google スプレッドシート」アプリを起動し、

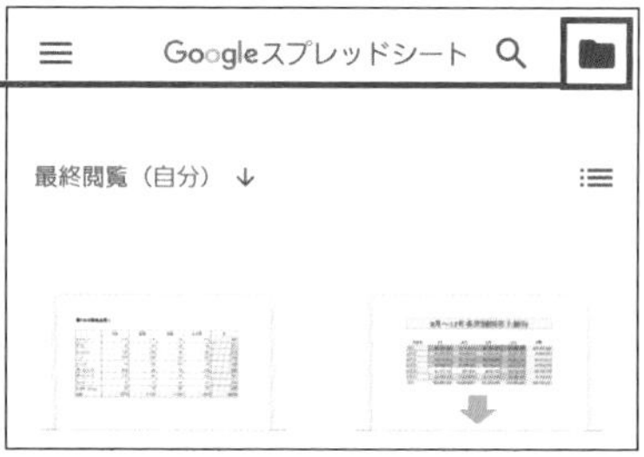

❷ ■をタップします。

❸ Android スマートフォンでは< Google ドライブ>をタップします。

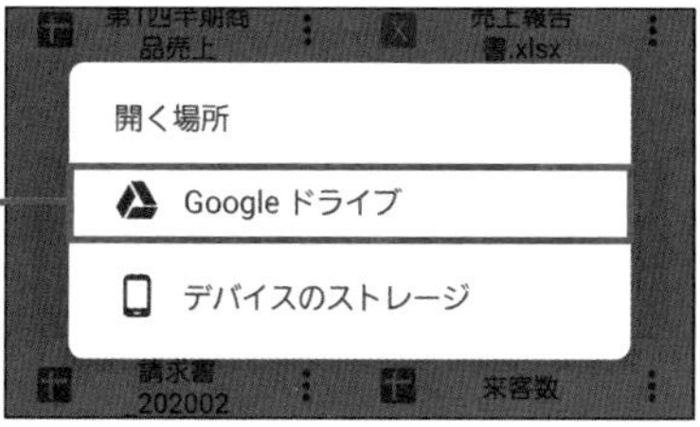

❹「マイドライブ」内のファイルが表示されるので、編集したいスプレッドシートのファイルをタップし、

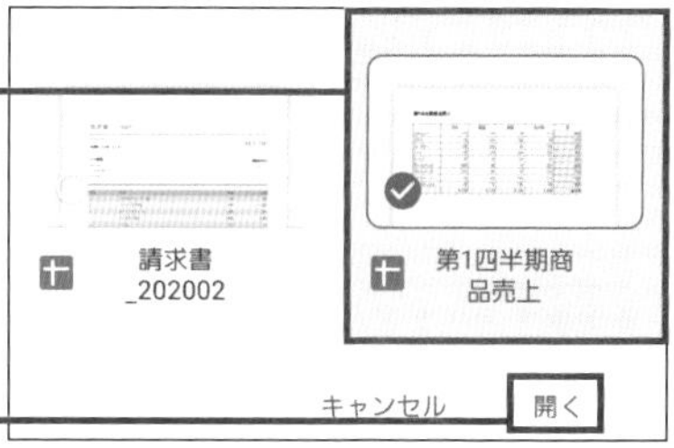

❺ Android スマートフォンでは<開く>をタップします。

❻ ファイルの内容が表示されます。

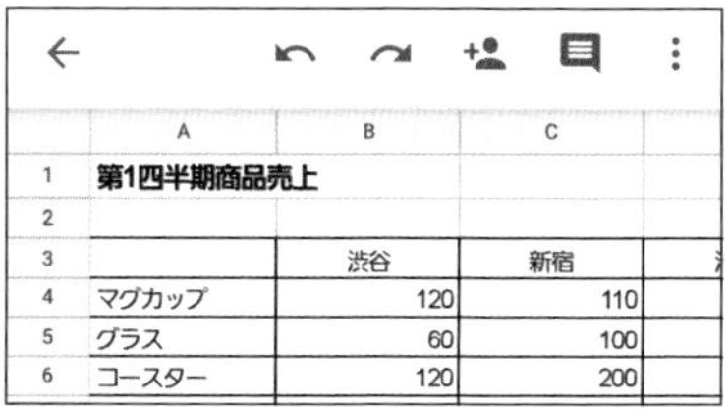

A
B
C
1 第1四半期商品売上
3 渋谷 新宿
4 マグカップ 120 110
5 グラス 60 100
6 コースター 120 200

❼セルを1度タップするとセルを選択でき、セルを2度タップするとテキスト入力ができる編集画面になります。

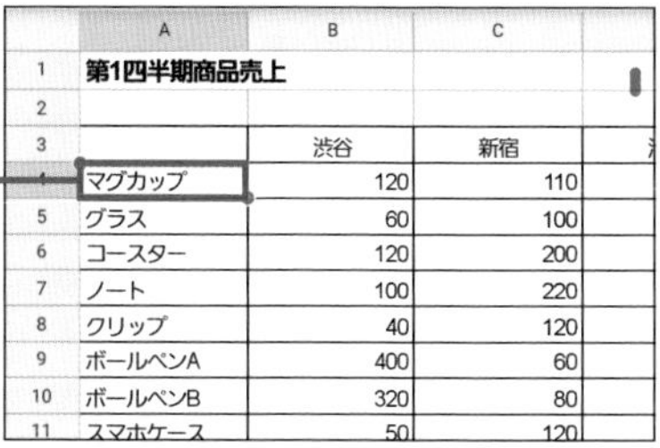

第1四半期商品売上
渋谷
新宿
マグカップ
グラス
コースター
ノート
クリップ
ボールペンA
ボールペンB
スマホケース

❽ここではセルに色を付けます。起点となるセルをタップして、

❾セルの右端をドラッグして範囲を選択し、

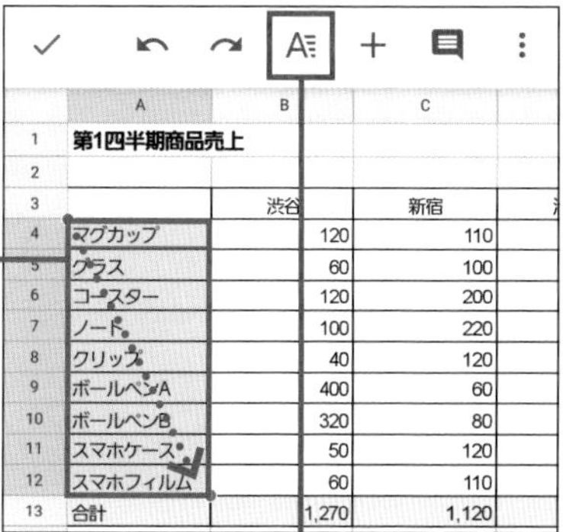

第1四半期商品売上
渋谷
新宿
マグカップ
グラス
コースター
ノート
クリップ
ボールペンA
ボールペンB
スマホケース
スマホフィルム
合計

❿ A≡をタップします。

⓫<セル>をタップして、

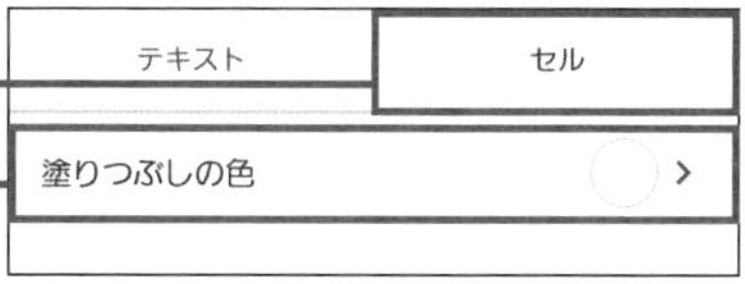

⓬<塗りつぶしの色>をタップします。

⓭付けたい色をタップすると、セルに色が付きます。

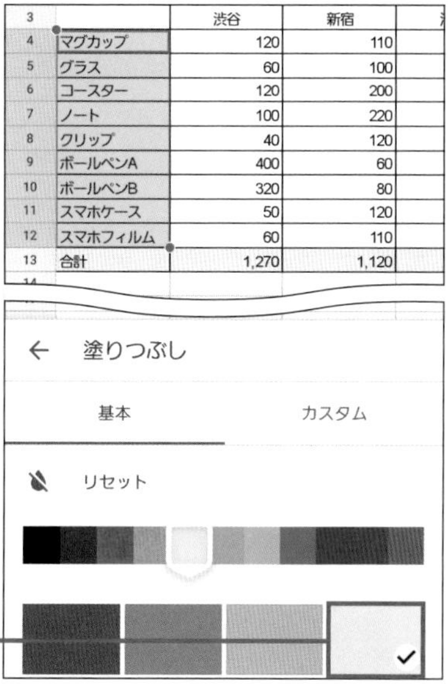

Column

関数を入力する

セルを選択して*fx*をタップすると、関数を入力できます。「関数を挿入」画面で関数のカテゴリを選択し、入力したい関数をタップします。そのあとは関数によって操作が異なりますが、SUM関数の場合は関数の対象となるセル範囲をドラッグして選択します。最後に✓をタップすると、関数の計算結果が表示されます。

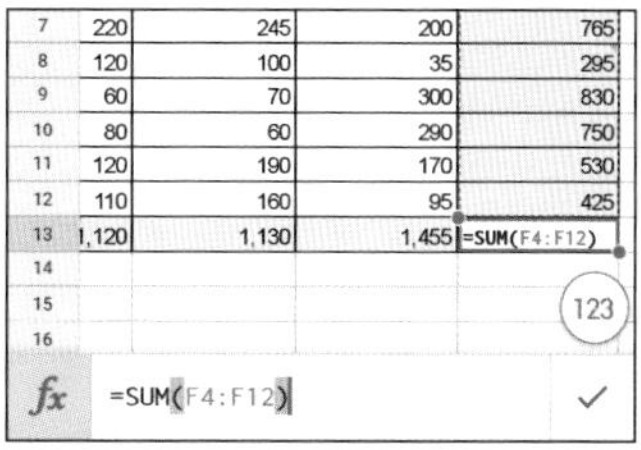

Section 209 スライドアプリ

「Googleスライド」でプレゼン資料を作る

Googleスライドでは、Googleドライブに保存されているGoogle形式やPowerPoint形式のファイルを、スマートフォンから閲覧、編集できます。新規ファイルの作成やファイル共有、共同編集もでき、テーマ変更も可能です。iPhoneではアプリのインストールが必要です。

使用するアプリ

Google スライド

スマートフォンから新しいスライドを作成したり、パソコンで作成したスライドを編集したりできます。また、Microsoft PowerPointのファイルも閲覧・編集でき、インターネットに接続されていないときでも作業を継続することができます。

スライドを編集する

❶「Google スライド」アプリを起動し、

❷ ■をタップします。

❸ Android スマートフォンでは< Google ドライブ>をタップします。

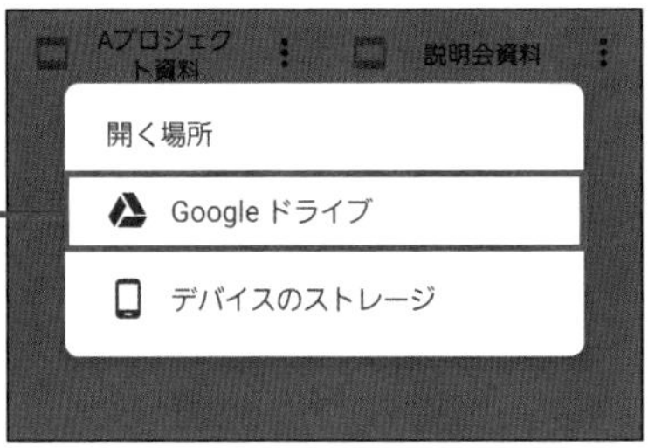

❹「マイドライブ」内のファイルが表示されるので、編集したいスライドのファイルをタップし、

❺ Android スマートフォンでは<開く>をタップします。

❻ ファイルの内容が表示されます。

❼編集したい文字をタップし、

❽テキストボックス内をダブルタップすると、文字の編集ができます。

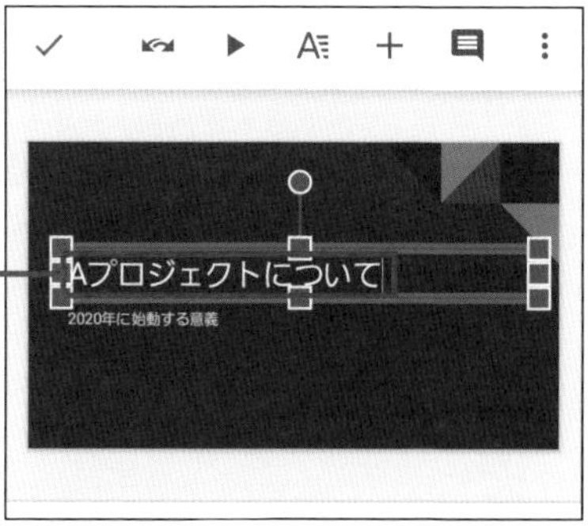

❾移動したい文字をタップし、

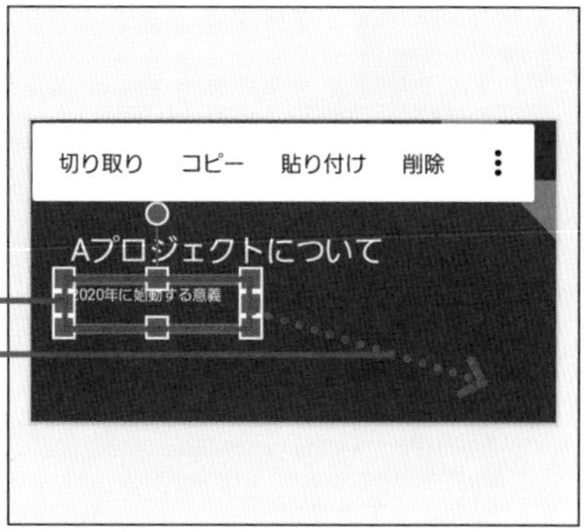

❿テキストボックスをドラッグすると、

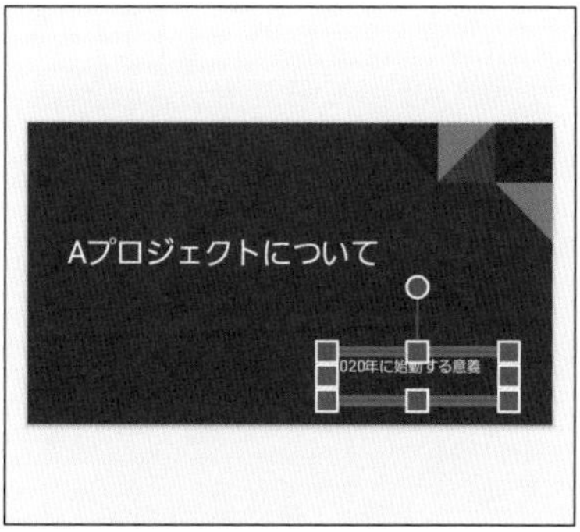

⓫テキストボックスが移動します。

Column

デザインテーマを変更する

Googleスライドで設定したテーマを変更するには、P.290手順❻の画面で⋮（iPhoneでは…）をタップし、<テーマを変更>をタップします。表示されているテーマをタップすると、テーマのデザインが変更されます。新規にテーマを設定する場合もこちらから行います。

「Googleフォト」でスマートフォンの写真をバックアップする

Googleフォトでは、スマートフォンで撮影した写真や動画を自動的にバックアップすることができます。アップロードサイズを高画質に設定しておくと、データ容量を無制限にバックアップが可能です。なお、iPhoneではアプリのインストールが必要です。

使用するアプリ

Googleフォト

スマートフォンで撮影した写真や動画を自動的にアップロードできるほか、写真の閲覧や検索、編集、共有なども行えます。バックアップした写真はスマートフォン内から削除ができ、容量の節約ができます。

バックアップを設定する

❶「Google フォト」アプリを起動します。ここをタップし、

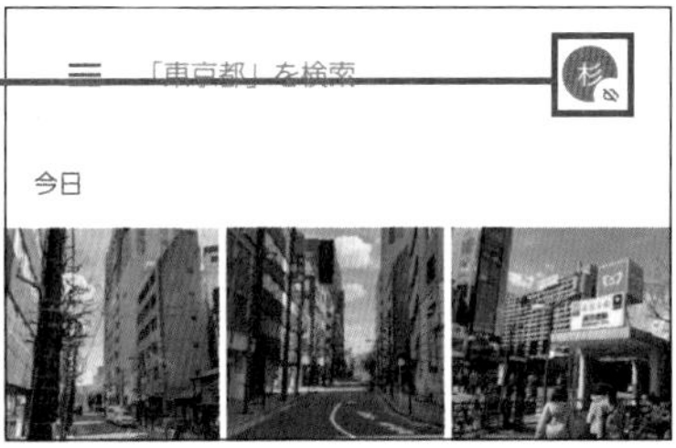

❷ <バックアップをオンにする>をタップします。

❸ アップロードサイズ（ここでは<高画質>）をタップして設定し、

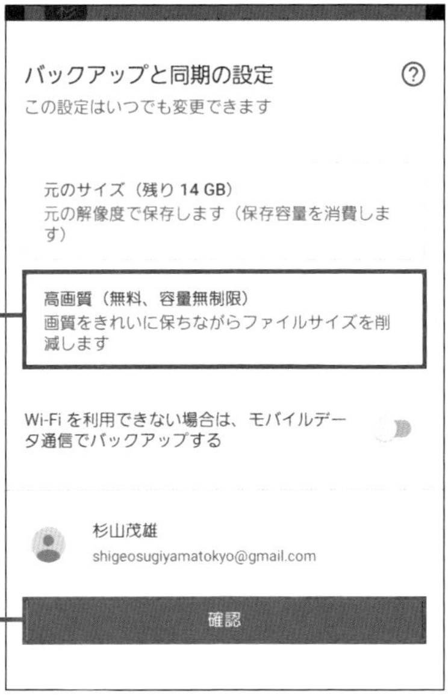

❹ <確認>をタップします。

❺写真や動画のバックアップがはじまります。

❻あとからバックアップの設定を変更するには、≡をタップし、

❼<設定>をタップします。

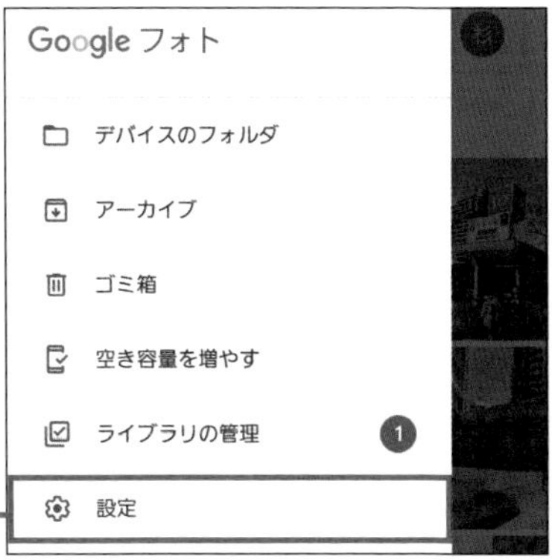

❽<バックアップと同期>をタップします。

❾バックアップに関する設定の変更ができます。

「Googleフォト」でスマートフォンの写真を閲覧・検索する

Googleフォトの写真を閲覧するのは、トップ画面の見たい写真をタップするだけとかんたんです。また、バックアップした写真は、「海」「山」「空」などのキーワードで検索することで、絞り込んで表示することができます。

G 写真を閲覧・検索する

写真を閲覧

❶「Google フォト」アプリを起動します。見たい写真をタップすると、

❷写真が大きく表示されます。

写真を検索

❶左の手順❶の画面で検索ボックスをタップし、もう一度検索ボックスをタップしてキーワードを入力すると、

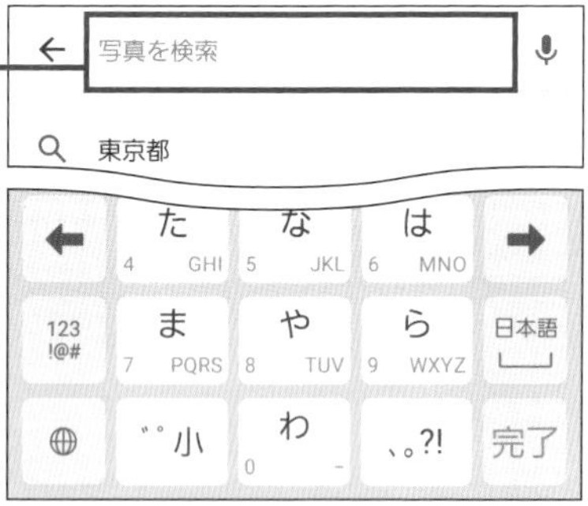

❷キーワードに関連する写真が表示されます。

「Googleフォト」でスマートフォンの写真を共有する

Googleフォトにバックアップしている写真はメールなどでかんたんに共有することができます。リンクを作成してメールを送るだけなので、アルバムごと共有することも可能です。友達や家族と行った旅行の思い出の写真などを共有しましょう。

写真を共有する

1 「Google フォト」アプリを起動し、＜アルバム＞をタップします。

2 共有したいアルバムをタップします。

3 （iPhone では→＜共有相手＞）をタップします。

4 ＜リンクを取得＞（iPhone では＜リンクを作成＞）をタップすると、リンクがスマートフォンのクリップボードにコピーされます。メールなどに貼り付け、リンクにアクセスしてもらいましょう。

Section 213 YouTubeアプリ

「YouTube」で動画を楽しむ

「YouTube」アプリでは、スマートフォンから世界中の動画を視聴することができます。動画の検索やお気に入りチャンネルの登録、再生リストの作成など、スマートフォンからでも操作しやすくなっています。なお、iPhoneではアプリのインストールが必要です。

使用するアプリ

YouTube

スマートフォンで、YouTubeの動画を快適に視聴するためのアプリです。再生履歴の管理や再生リストへの追加も可能です。また、スマートフォンで撮影した動画を編集し、YouTubeに投稿することもできます。

G 動画を検索する

❶「YouTube」アプリを起動します。右上の🔍をタップします。

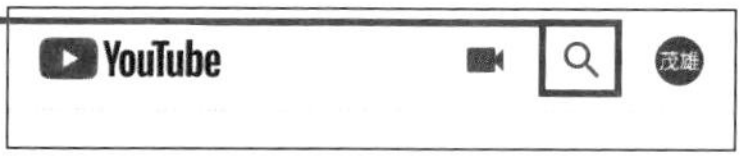

❷キーワードを入力し、

❸🔍（iPhoneでは＜検索＞）をタップすると、

❹検索結果が表示されます。タイトルをタップすると、動画が再生されます。

G 動画を再生リストに追加する

❶動画タイトルの右にある︙をタップして、

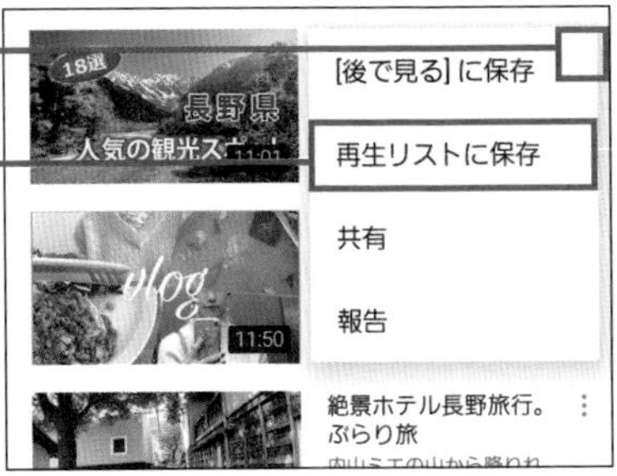

❷<再生リストに保存>→<新しいプレイリスト>の順にタップします。

❸タイトルを入力し、

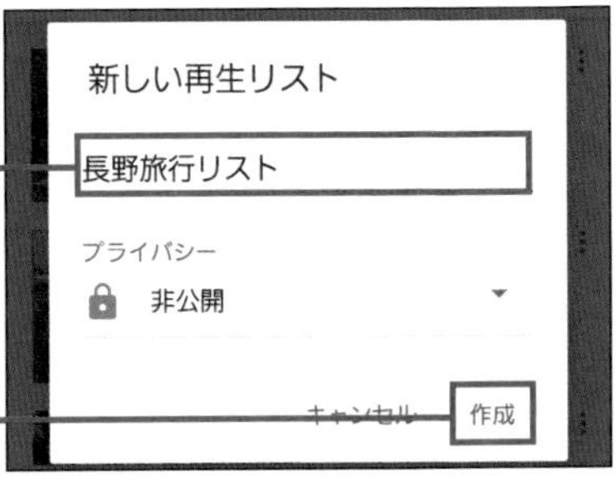

❹<作成>をタップすると、「再生リスト」に追加されます。

❺<ライブラリ>をタップすると、

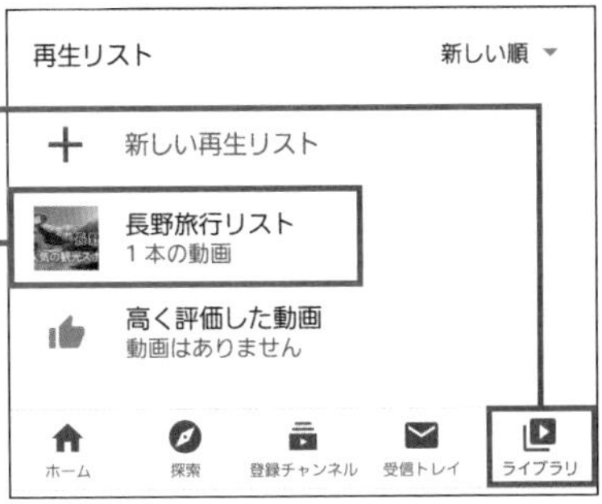

❻「ライブラリ」内に、作成した再生リストが表示されるのでタップします。

❼手順❶〜❹の方法で追加した、再生リストの動画を視聴することができます。

Column

再生リストの作成にはチャンネルが必要

YouTubeで自分のチャンネルを作成していない場合、手順❷のあとに「新しい再生リスト」画面は表示されません。再生リストを作成するには自分のチャンネルを作成する必要があるので（Sec.158参照）、画面に従って名前を入力し、<チャンネルを作成>をタップしましょう。

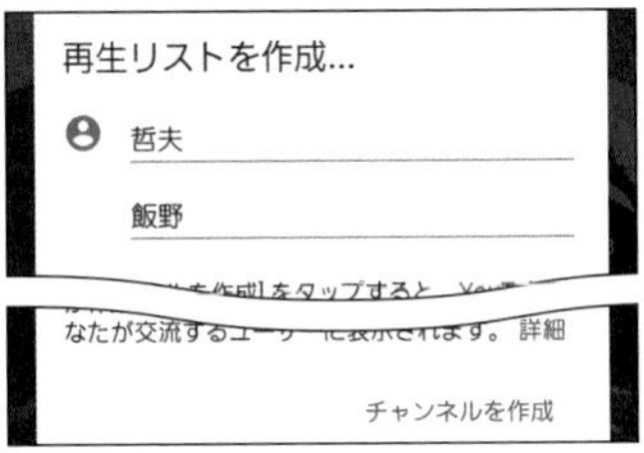

Section 214 YouTubeアプリ

「YouTube」にスマートフォンで撮影した動画をアップロードする

YouTubeは、動画を見るだけでなく、自分の動画をスマートフォンからもアップロードすることができます。アップロードした動画はすべての人が見れるほか、特定の人だけが見れるように設定することもできます。

動画をアップロードする

❶「YouTube」アプリを起動し、■をタップします。

❷アップロードする動画をタップします。iPhoneでは<次へ>をタップします。

❸「詳細の追加」画面が表示されます。

❹動画の前後の不要な部分があれば、|をドラッグしてトリミングします。

Memo 再生してトリミングする

手順❹で動画のトリミングを行う際に、▶をタップすると動画が再生されるので、トリミングの作業がしやすくなります。

5 ＜タイトル＞と＜説明＞をそれぞれタップして、必要な情報を入力し、

6 ＜公開＞をタップします。

7 設定したい公開範囲（ここでは＜限定公開＞）をタップし、

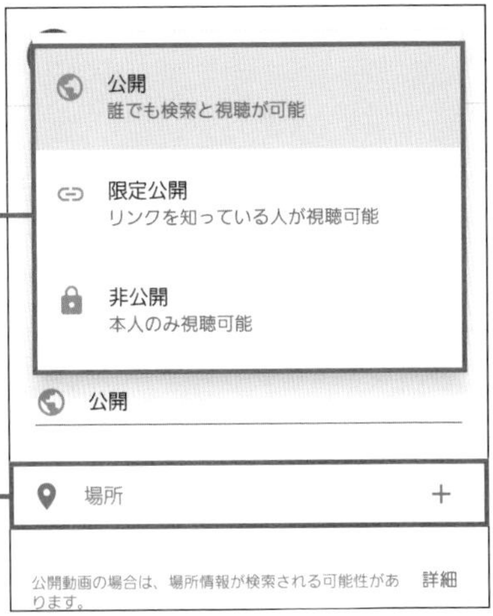

8 必要であれば＜場所＞をタップして設定します。

9 ＜アップロード＞をタップすると、動画がアップロードされます。

Section 215 Chromeアプリ 「Google Chrome」をパソコンと連携する

パソコンと同じアカウントでGoogle Chromeにログインすることで、スマートフォンとパソコンを同期できます。パソコンで見たWebページのタブやブックマークなどを、スマートフォンからも利用できるので、家で見ていたWebページを外でも閲覧できます。

使用するアプリ

Google Chrome

Androidスマートフォンでは、Webブラウザとして最初から「Chrome」アプリがインストールされています。iPhoneのWebブラウザは「Safari」が基本ですが、App Storeから「Chrome」アプリをインストールして利用することもできます。

Ⓖ パソコンとスマートフォンを同期する

❶「Chrome」アプリを起動します。

❷ ⋮（iPhoneでは…）をタップし、

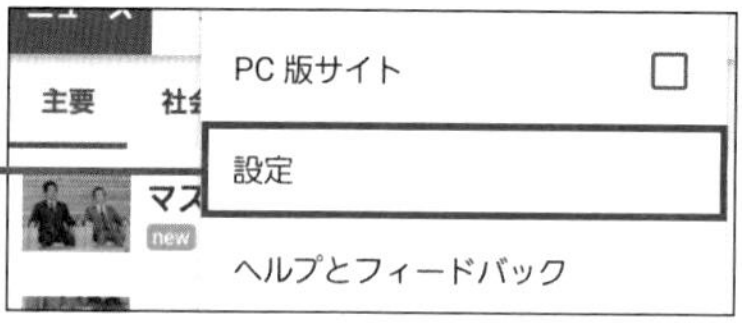

❸ <設定>をタップします。

❹ <同期と Google サービス>をタップします。

アカウント名が表示されない場合は、<Chromeにログイン>をタップしてGoogleアカウントでログインします。

❺ < Chrome データを同期>（iPhone では< Chrome のデータを同期する>）をタップしてオンにすると、スマートフォンとパソコンが同期されます。

❻ 手順❸の画面で＜ブックマーク＞をタップすると、

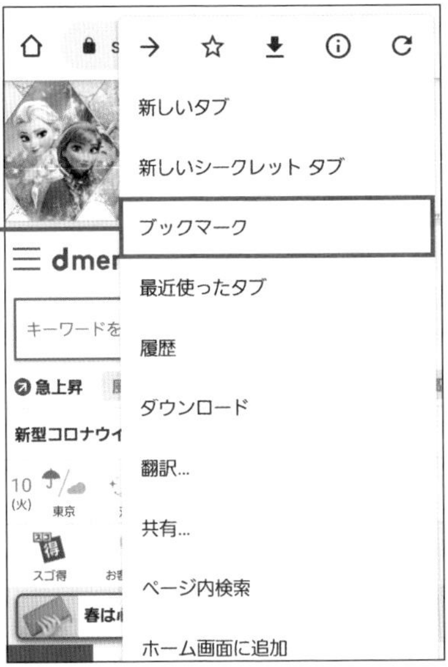

❼ すべてのブックマークが表示されます。

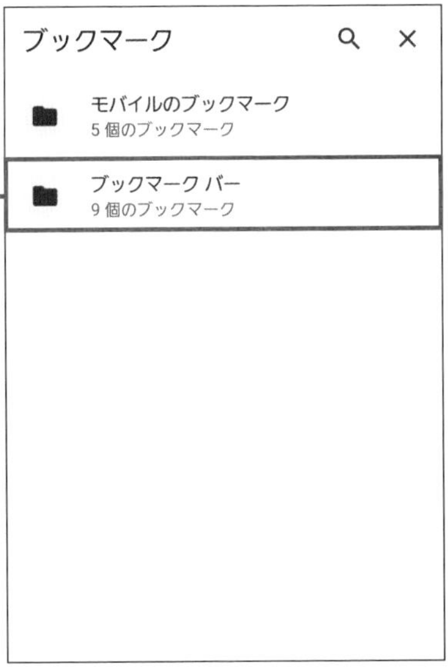

❽ ＜ブックマークバー＞をタップすると、

❾ パソコンのブックマークバーが表示されます。

❿ 手順❸の画面で＜最近使ったタブ＞をタップすると、すべてのデバイスで使ったタブが表示され、タップしてアクセスできます。

Memo　シークレットモードを利用する

手順❸の画面で＜新しいシークレットタブ＞をタップすると、シークレットモード（Sec.178参照）が利用できます。

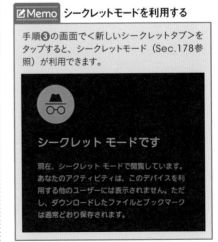

Section 216 Chromeアプリ パソコンで閲覧したWebページを見る

パソコンとスマートフォンで同じGoogleアカウントでログインして同期している場合、Webページの閲覧履歴をそれぞれのGoogle Chromeから見ることができ、Webページの閲覧もできます。

パソコンで閲覧したページを見る

❶「Chrome」アプリを起動し、⋮（iPhoneでは…）をタップします。

❷＜履歴＞をタップします。

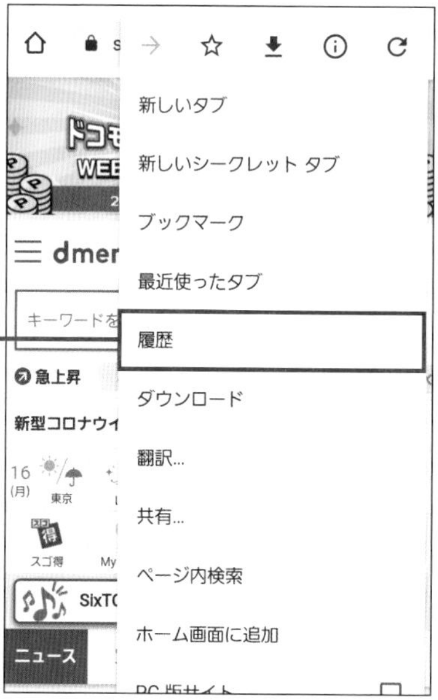

❸「履歴」画面が表示され、すべてのデバイスの履歴が表示されます。見たい履歴をタップすると、

❹Web ページが表示されます。

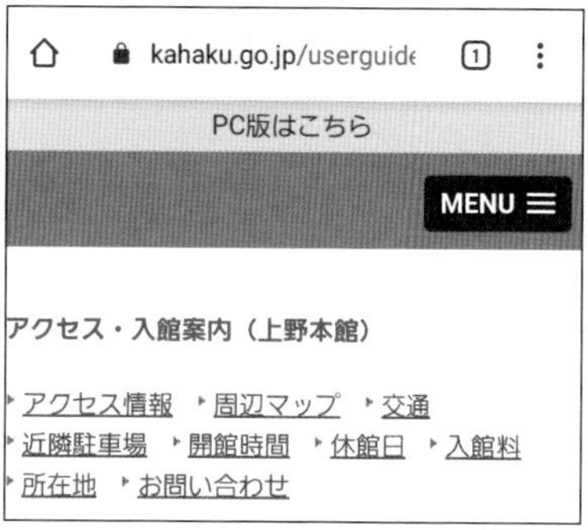

Section 217 Chromeアプリ

スマートフォンでGoogle検索をする

Google ChromeでのGoogle検索は、Googleの検索ページを表示することなく、パソコンと同様にアドレスバーから行うことができます。スマートフォンでも画像検索などの第2章で紹介した技のほとんどを利用することができます。

Google検索を行う

❶アドレスバーをタップし、

❷検索したいキーワードを入力して、

❸<移動>(iPhoneでは<開く>)をタップします。

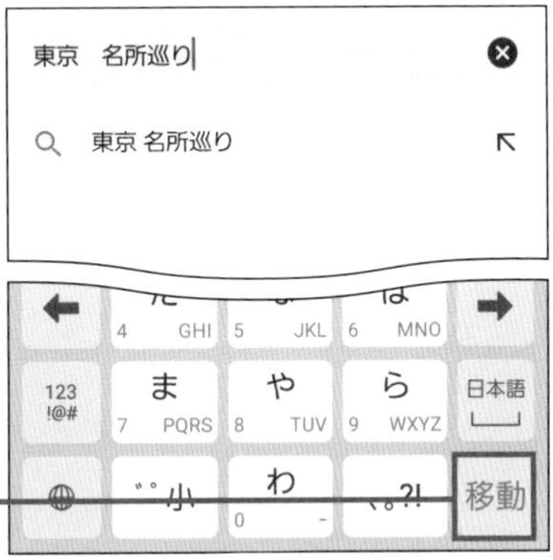

❹キーワードで検索され、検索結果のWebページが表示されます。

Section 218 検索結果をパソコンに送る

Chromeアプリ

スマートフォンで検索した検索結果ページなどのWebページを、パソコンへ送信することができます。なおパソコン側では、Google Chromeアプリの通知という形で送信されます。この機能は、Androidスマートフォンでのみ利用できます。

Ⓖ 検索結果をパソコンに送る

❶ ⋮をタップし、<共有>をタップします。

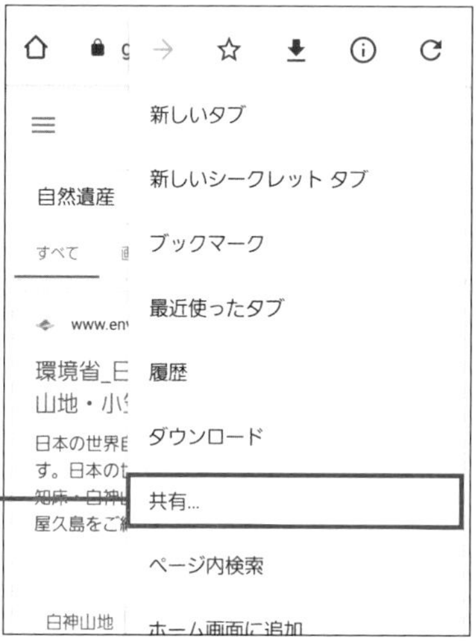

❷ <お使いのデバイスに送信>をタップします。

❸ 送信先のデバイスをタップします。

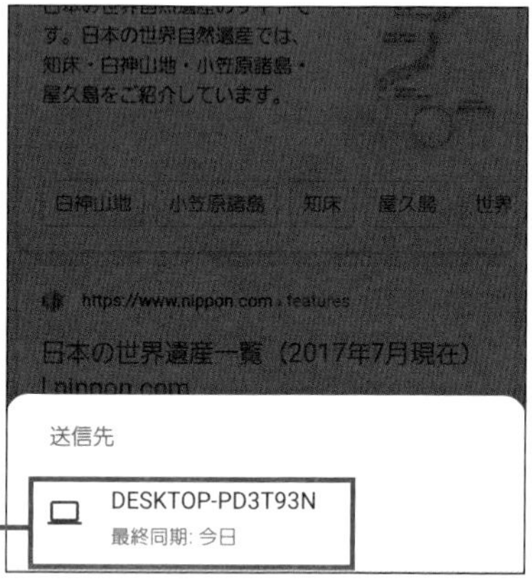

❹ パソコンに検索結果の Web ページが送信されます。

219 Chromeアプリ 手書き入力や音声入力で検索する

Google Chromeでは手書きや音声による検索をすることができます。読み方のわからない漢字や、さっと書けるキーワードなどは、手書きで検索してみましょう。また、入力するよりも声に出したほうがはやいキーワードは、音声で検索すると便利です。

手書き入力や音声入力で検索する

手書き入力で検索

❶ Google のトップページで、≡→<設定>の順にタップし、「手書き入力」の下の<有効にする>をタップして、

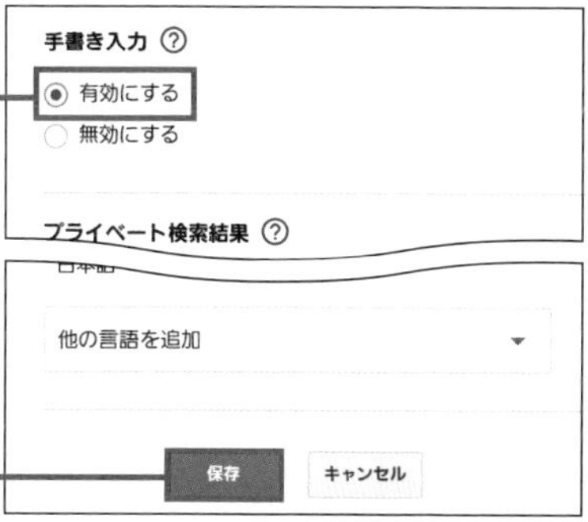

❷ <保存>→< OK >の順にタップします。

❸ Google のトップページで、手書きで検索するキーワードを手書きで入力すると、検索結果ページが表示されます。

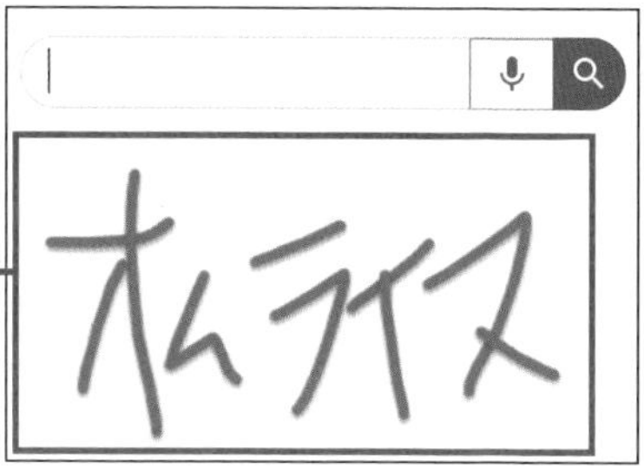

音声入力で検索

❶ P.303 手順❷の画面で、🎙をタップします。iPhone ではキーボードの上に表示されています。

❷「なんでも話してみてください」(iPhoneでは「お話ください」)と表示されるので、スマートフォンに向かって検索するキーワードを話すと、検索結果ページが表示されます。

220 そのほかのアプリ

「Google Keep」に思い付いたことをメモする

Google Keepはテキストや音声、手描きの図形などでメモを残せるアプリです。アイデアを思い付いたときや忘れたくないタスクが発生した際に、いつでもメモを残すことができます。なお、iPhoneではアプリのインストールが必要です。

使用するアプリ

Google Keep

思いついたことなどを、スマートフォンですばやくメモしておけるアプリです。スマートフォンの音声入力機能を利用すれば、メモを音声で入力して文字に変換してくれます。なお、作成したメモは同期されるため、あとからパソコンで確認することもできます。

メモを入力する

❶「Google Keep」アプリを起動します。

❷ ＋をタップします。

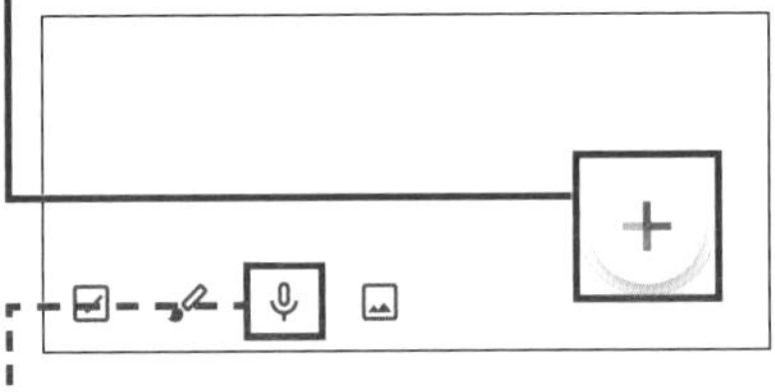

🎙をタップすると、音声で入力できます。

❸ メモの内容を入力します。

❹ 入力が終了したら画面左上の←（iPhoneでは＜）をタップします。

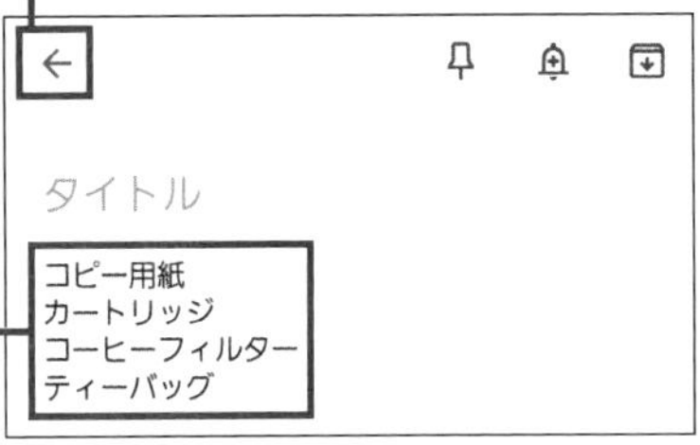

❺ 作成したメモがホーム画面に表示されます。

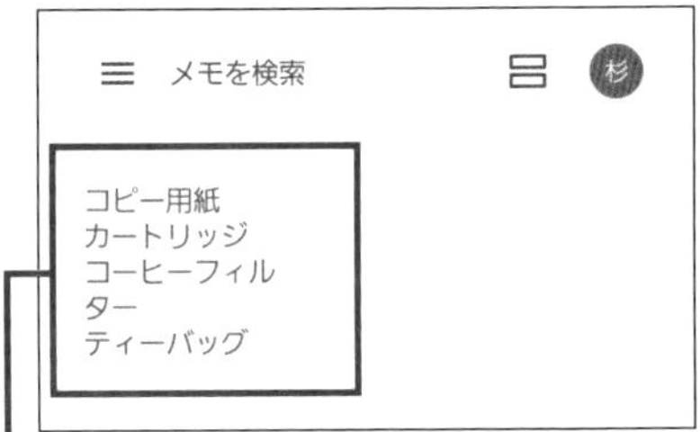

❻ メモをタップすると、メモを編集できます。

Memo メモを検索する

ホーム画面で検索ボックスをタップし、キーワードを入力すると、メモを検索することができます。

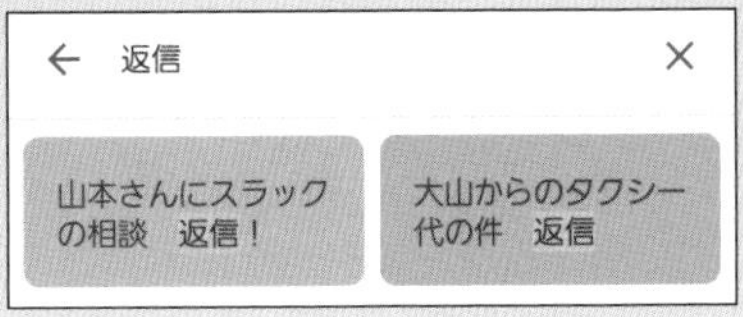

G メモにチェックボックスを付ける

❶ メモを表示して画面左下の⊞をタップし、

❷ <チェックボックス>をタップします。

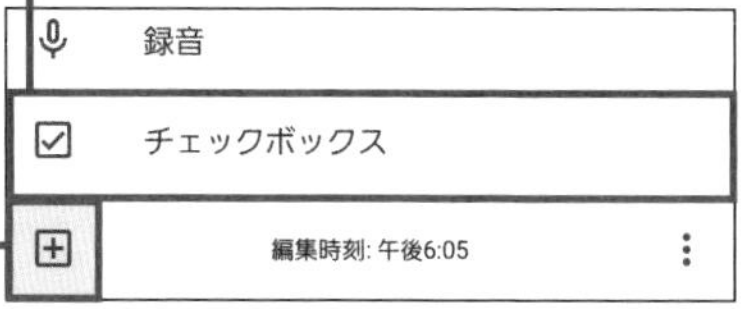

❸ テキストの先頭にチェックボックスが表示されます。

❹ ⋮をタップし、

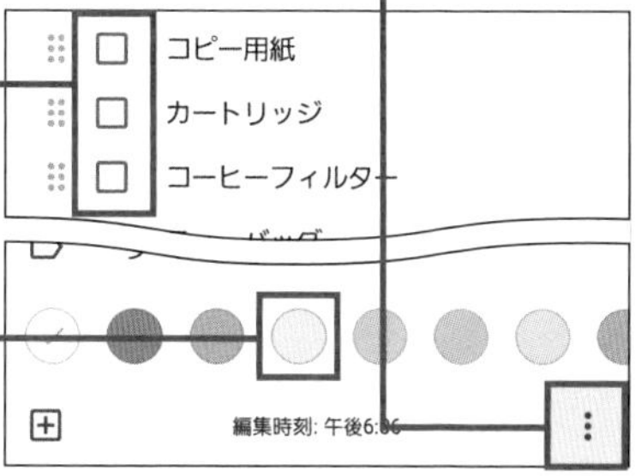

❺ 色をタップすると、

❻ メモに色が付きます。

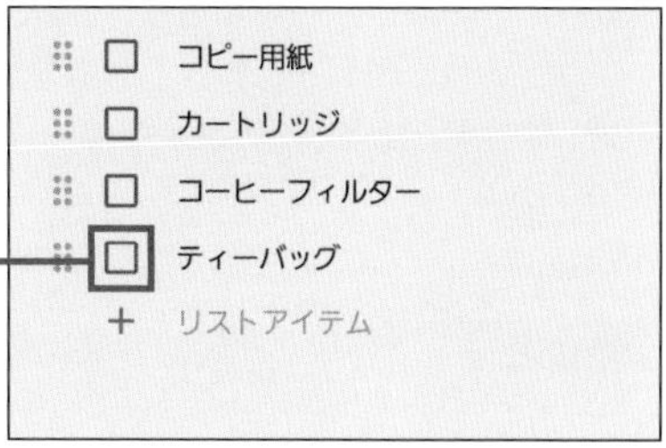

❼ 作業が済んだ項目はチェックボックスをタップすると、

❽ 「選択済み」に移動します。

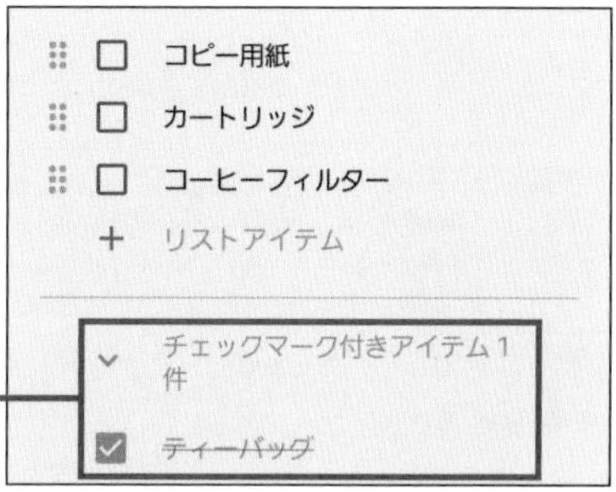

Column

メモに図形や画像を追加する

メモを表示して⊞→<図形描画>の順にタップすると、図形を描くことができます。画面下部の✎/✎/✎/✎をタップして選択し、画面をドラッグして自由に描けます。画像を追加したいときは、⊞→<画像>の順にタップしましょう。画像の上に図形を描くことも可能です。

Section 221 そのほかのアプリ

「Google Playミュージック」で音楽を管理する

Google Playミュージックでは、最新のヒット曲やベストセラーのほか、さまざまなジャンルの曲を聴くことができます。定期購入すれば、月額980円（30日間無料）で3,500万曲以上の音楽を聴き放題で楽しめます。なお、iPhoneではアプリのインストールが必要です。

使用するアプリ

Google Play ミュージック

Google Playミュージックは3,500万曲以上の音楽が月額980円で聞き放題の、音楽ストリーミングサービスです。なお、Google Playミュージックは将来的に「YouTube Music」にサービス統合されることが発表されています。

G 月額サービスに加入する

iPhone版のアプリでは加入できません。iPhoneの場合は、Webブラウザから定期購入を行いましょう。

❶「Google Play ミュージック」アプリを起動します。

❷ ▤をタップします。

❸ ＜定期購入＞をタップします。

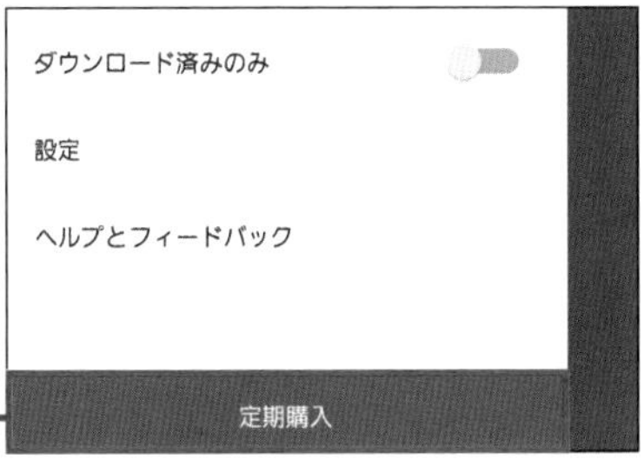

❹ ＜個人＞または＜家族＞をタップします。

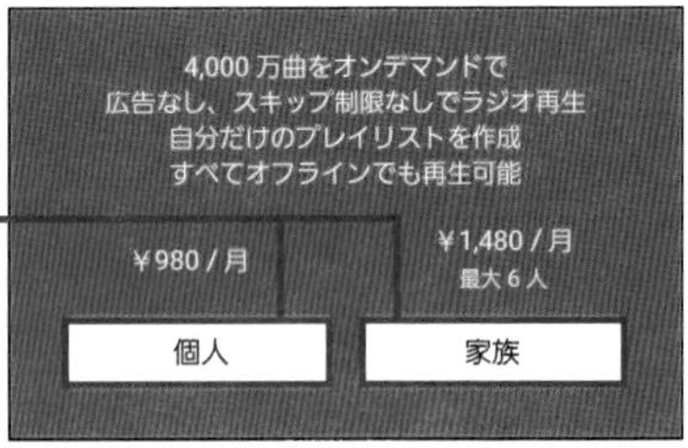

❺ ＜次へ＞をタップし、画面の指示に従って購入を完了します。

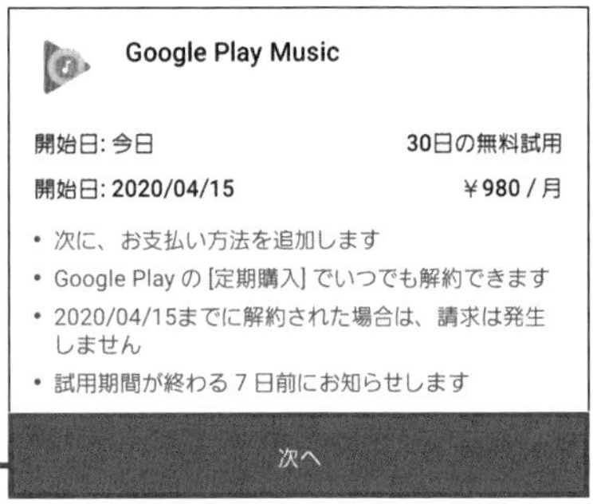

Google Play Music
開始日: 今日
30日の無料試用
開始日: 2020/04/15
¥980 / 月
• 次に、お支払い方法を追加します
• Google Play の [定期購入] でいつでも解約できます
• 2020/04/15までに解約された場合は、請求は発生しません
• 試用期間が終わる 7 日前にお知らせします
次へ

G 曲を検索する

❶曲名やアーティスト名で検索するには検索ボックスをタップし、

❷キーワードを入力して、

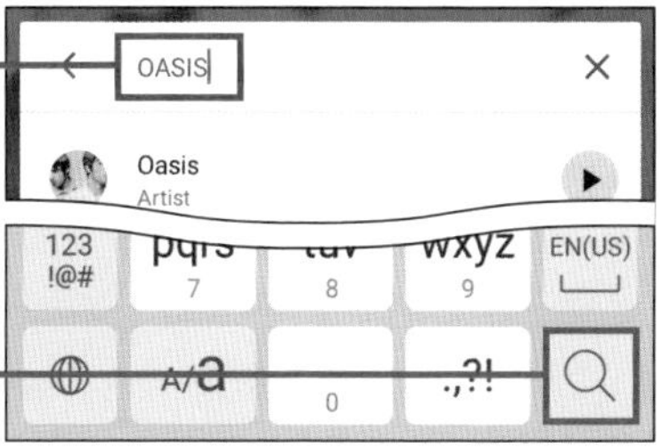

❸ 🔍（iPhone では＜検索＞）をタップします。

❹聴きたいアルバムや曲をタップします。

❺聴きたい曲をタップすると、曲が再生されます。画面下のミニプレイヤーをタップすると、再生画面が表示されます。

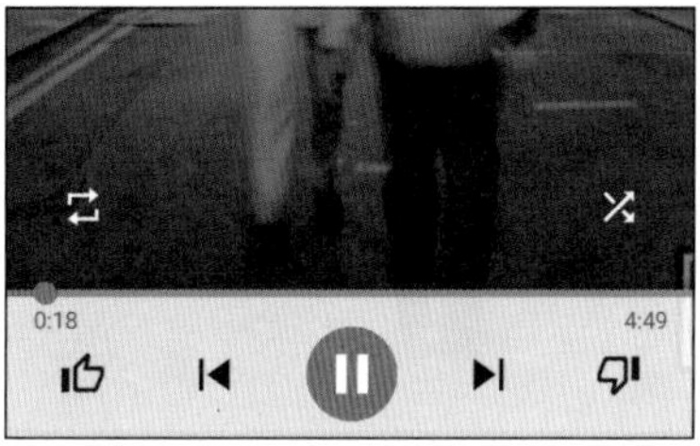

G 定期購入を解約する

❶P.308 手順❸の画面で＜設定＞→＜定期購入の解約＞の順にタップします。次の画面で解約理由を選択し＜続行＞をタップします。

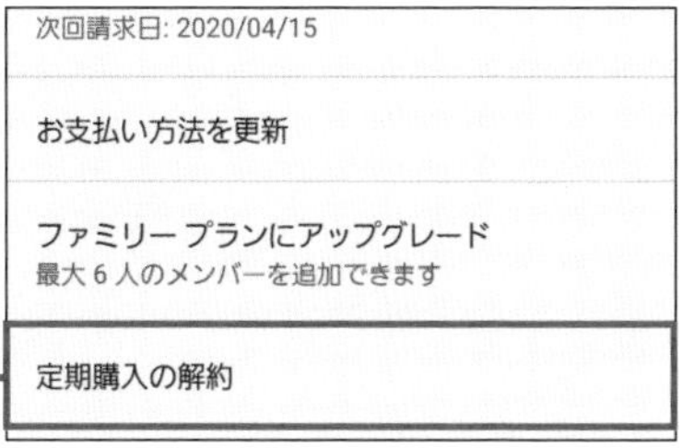

❷＜ Google Play Music ＞→＜定期購入の解約＞→＜定期購入の解約＞の順にタップします。なお、解約しても購入から 1 ヶ月間は引き続きサービスを利用可能です。

「Google Playブックス」で電子書籍を読む

Google Playブックスでは、電子書籍を購入して、読むことができます。新刊や名作など幅広いジャンルの電子書籍の購入が可能です。無料で試し読みができたり、期間限定のキャンペーンで割安で購入もできたりします。なお、iPhoneではアプリのインストールが必要です。

使用するアプリ

Google Playブックス

電子書籍を購入したり読んだりすることができます。購入した電子書籍は「ライブラリ」に一覧表示され、購入順や書籍名、著者名で並べることも可能です。なお、iPhone版のアプリからは電子書籍の購入はできません。Webブラウザから購入しましょう。

G 電子書籍を購入して読む

❶「Play ブックス」アプリを起動し、検索ボックスにキーワードを検索するなどして、購入したい電子書籍を探します。

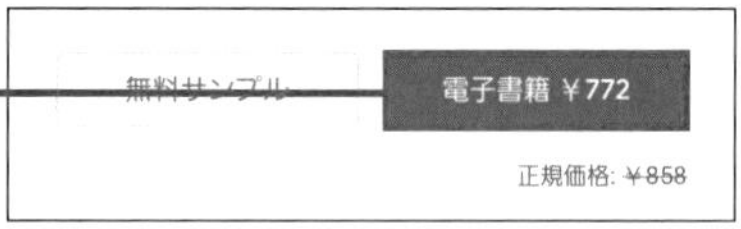

❷購入したい電子書籍の<電子書籍 ¥○○○>をタップします。

❸支払い方法を設定し、

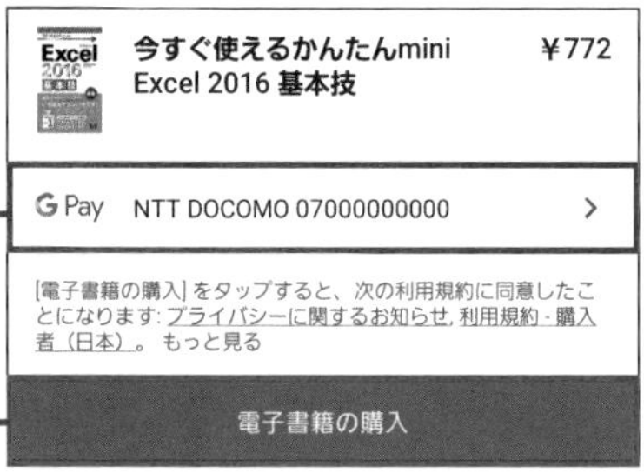

❹<電子書籍の購入>をタップして画面の指示に従い購入します。

❺<ライブラリ>をタップし、

❻読みたい電子書籍をタップすると、電子書籍がダウンロードされ、読むことができます。

画面の左右をタップすると、ページが移動します。

「Google Playムービー&TV」で映画を見る

Google Playムービー＆TVでは、作品を購入やレンタルして、鑑賞することができます。新作や名作など幅広いジャンルの作品の購入・レンタルが可能です。なお、iPhoneではアプリのインストールが必要です。

使用するアプリ

Google Play ムービー&TV

映画などの映像作品を､購入やレンタルして鑑賞することができます。なお、レンタルした作品は再生後、48時間以内であれば何度でも見ることができます。スキマ時間などに、スマートフォンで映画が気軽に楽しめます。

G レンタルした作品を視聴する

iPhone版のアプリからは作品のレンタルや購入はできません。iPhoneの場合は、Webブラウザからレンタルおよび購入しましょう。

❶「Play ムービー &TV」アプリを起動し、P.310 手順❶～❹を参考に作品をレンタルして、<ライブラリ>をタップします。

❷レンタルした作品をタップします。

❸ダウンロードの設定を行い、

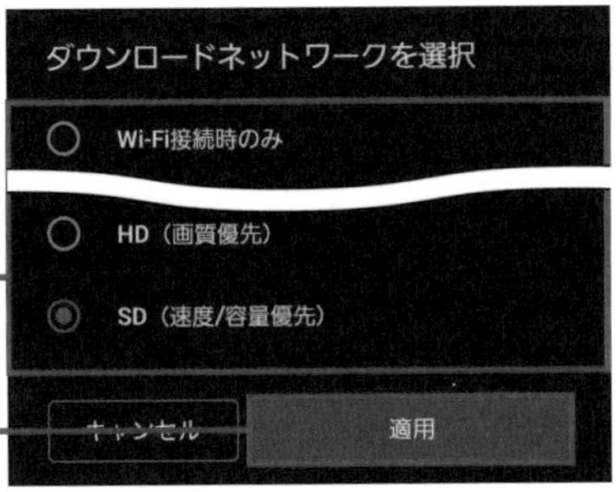

❹<適用>をタップします。

❺< OK >をタップすると、ダウンロードがはじまり、作品が再生されます。

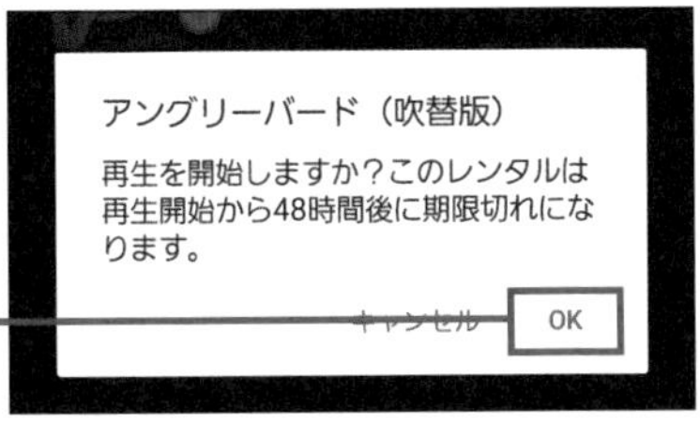

Section 224 そのほかのアプリ

「Googleアシスタント」で何でも調べる

Googleアシスタントを利用すると、スマートフォンに話しかけることで調べ物ができます。また、調べ物のほか「○○さんに電話をかけて」や「5分のタイマーをかけて」といったかんたんな操作の指示も可能です。なお、iPhoneではアプリのインストールが必要です。

使用するアプリ

Google アシスタント

Googleアシスタントは音声で調べ物ができるアプリです。キーワード検索や天気、ニュース、レシピなどのほか、位置情報を利用して現在地周辺のレストランや上映している映画などを知ることができます。

Googleアシスタントを利用する

1. 「Google アシスタント」アプリを起動し、<使ってみる>をタップして、画面に指示に従って設定を行います。

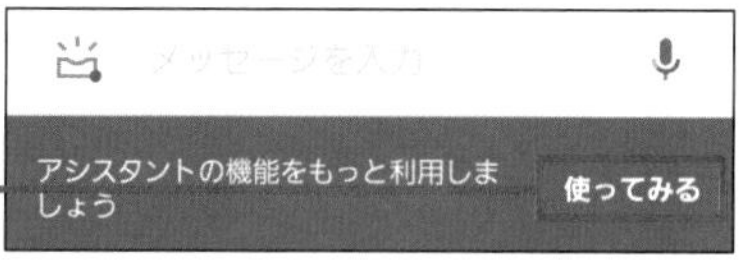

2. スマートフォンのロックを解除した状態(iPhoneの場合はアプリ起動時)で「オーケー、グーグル。明日の天気は?」と話すと、明日の天気を画面と音声で教えてくれます。

Memo Googleアシスタントのコマンド例

手順2以外にも、さまざまなコマンドを話すことで、調べ物などをすることができます。

・近くのレストランを教えて
・ラーメンのカロリーを教えて
・最新のニュースを教えて
・カレーのレシピを教えて
・近くで上映している映画を教えて
・姫路城について教えて
・イタリアはいま何時?
・傘を英語でなんていうか教えて
・21×39は?

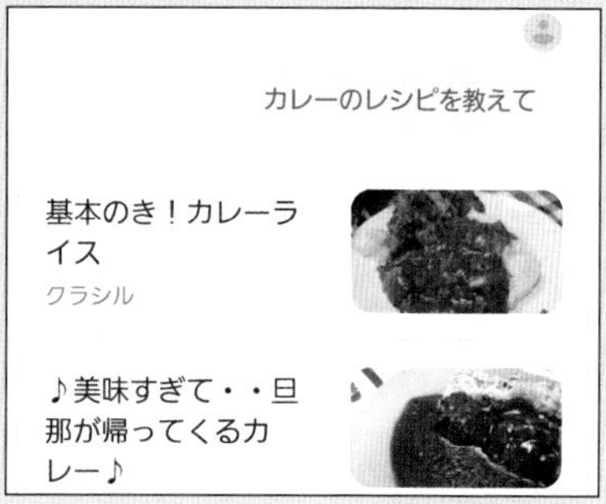

225 そのほかのアプリ

「Googleレンズ」で目の前のものを調べる

Googleレンズを利用すると、植物や動物、ランドマークなどのスポット、ファッション商品などについてカメラを向けることで調べることができます。iPhoneで利用するには、「Google」アプリをインストールし、トップ画面で◎をタップすることで利用できます。

使用するアプリ

Google レンズ

目の前にあるものについて、スマートフォンを向けることで被写体を解析し、さまざまな情報を知ることができるアプリです。また被写体にある文字を翻訳したり、文字情報を集取してコピーしたり検索したりすることもできます。

Ⓖ Googleレンズで植物を調べる

❶「Google レンズ」アプリを起動し、調べたいものにスマートフォンを向けます。

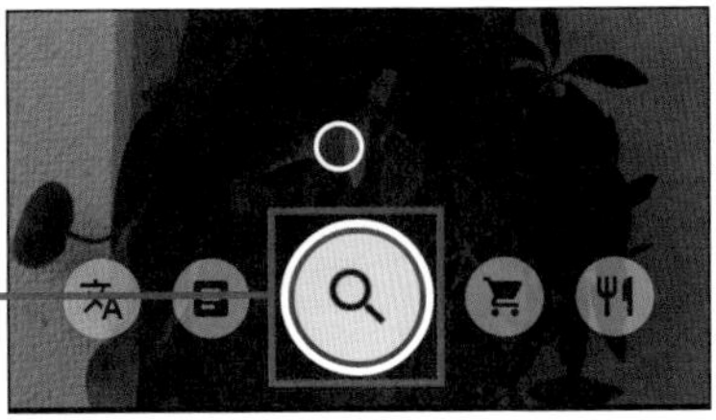

❷◎をタップします。

❸被写体と近いものが表示されます。ここでは＜Cissus striata＞をタップします。

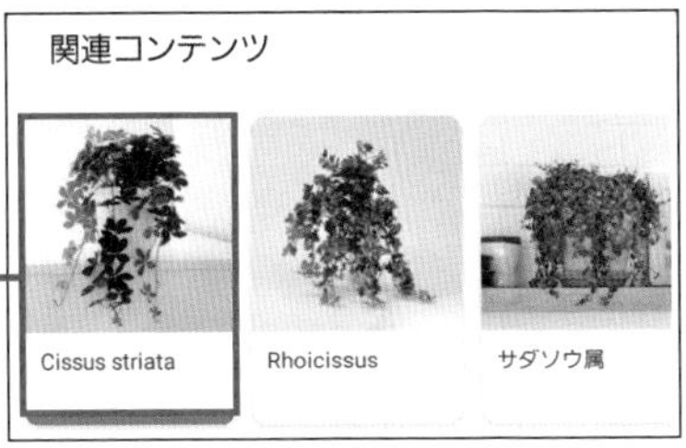

❹＜検索＞をタップすると、検索結果のWebページが表示されます。

❺画像をタップすると、関連画像が一覧表示されます。

Section 226 そのほかのアプリ

「Google翻訳」で外国人と会話する

Google翻訳を利用すると、日本語を100以上の外国語にかんたんに翻訳することができます。音声による翻訳のほか、文字の入力によっても翻訳可能です。また、カメラで写したテキストを翻訳する機能もあります。なお、iPhoneではアプリのインストールが必要です。

使用するアプリ

Google翻訳

日本語の音声や入力した文字を外国語に翻訳するアプリです。対応している言語は100以上とほとんどの言語をカバーしています。カメラで写したテキストを翻訳したり、手書き入力の文字を翻訳したりと、機能は多岐に及びます。

翻訳して外国人と会話する

❶「Google 翻訳」アプリを起動し、利用する言語をタップして設定します。

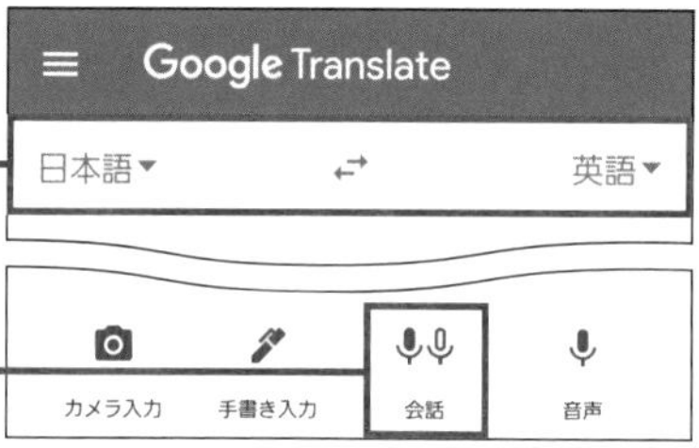

❷<会話>をタップします。

❸翻訳元の言語をタップして、

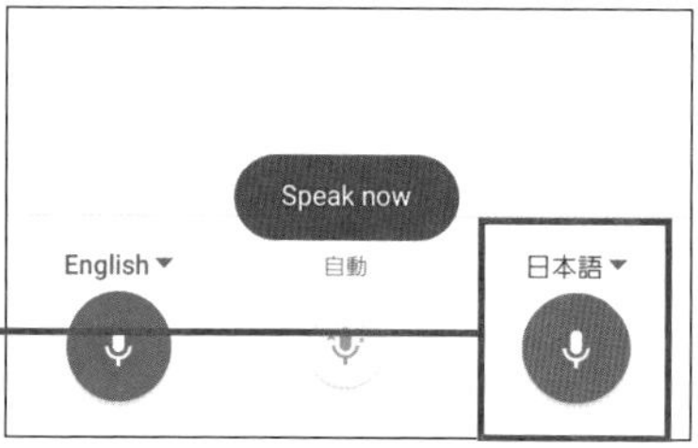

❹スマートフォンに向かって話します。

❺手順❹で話した言葉が翻訳されて表示され、音声が流れます。

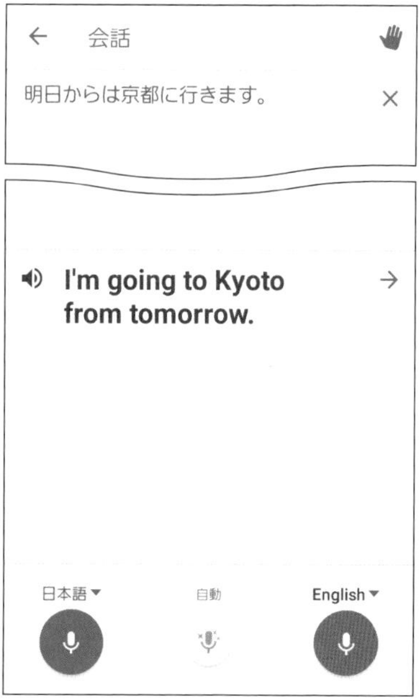

G 文字を入力して翻訳した音声を流す

❶「Google 翻訳」アプリを起動し、利用する言語をタップして設定します。

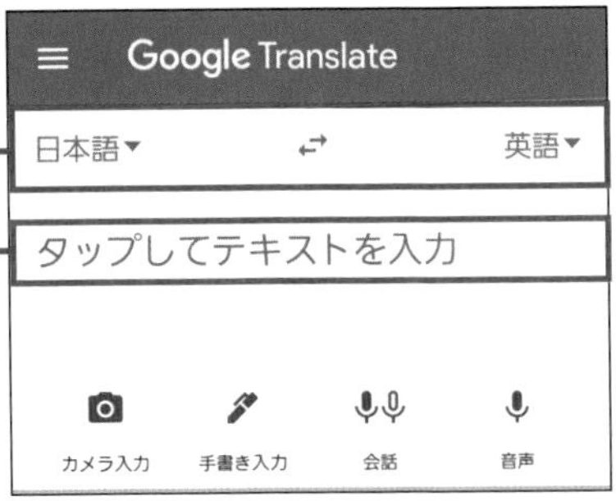

❷<タップしてテキストを入力>をタップします。

❸翻訳したい言葉を入力すると、

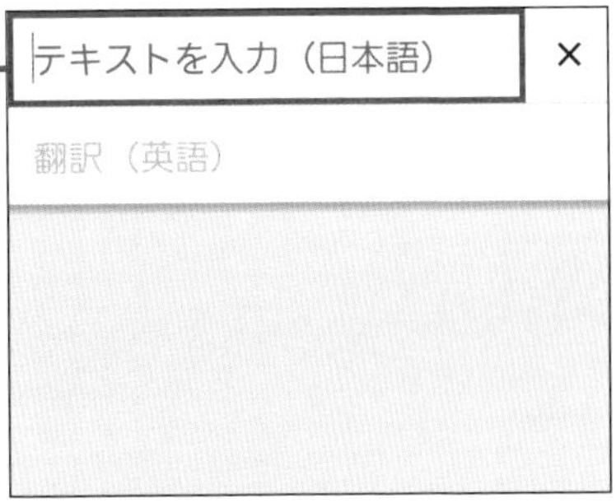

❹青字で翻訳が表示されるので、タップします。

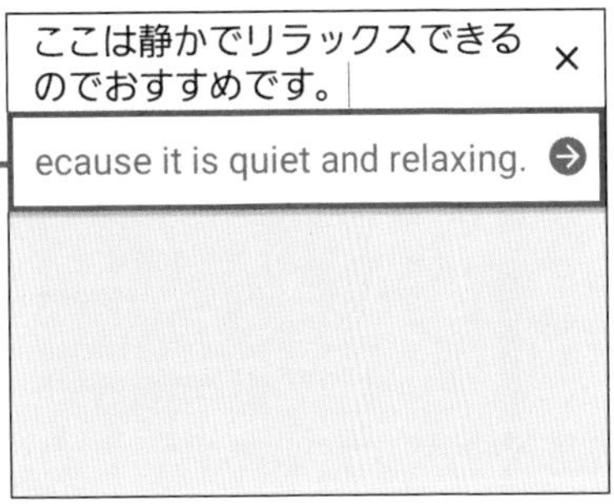

❺翻訳が表示されます。🔊をタップすると、音声が流れます。

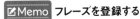

Memo フレーズを登録する

手順❺の画面で☆をタップすると、「フレーズ集」に登録することができます。フレーズ集はトップ画面で☰→<フレーズ集>の順にタップ（iPhoneでは<保存済み>をタップ）すると、一覧で表示されます。

227 そのほかのアプリ 「Chromeリモートデスクトップ」でパソコンをリモート操作する

「Chromeリモートデスクトップ」を利用すると、スマートフォンからパソコンにアクセスし、操作をすることができます。ファイルの編集やダウンロード、アップロードなども可能です。なお、アクセス先のパソコンは電源がオンかつスリープしていない状態である必要があります。

使用するアプリ

Chrome リモート デスクトップ

スマートフォンからパソコンにアクセスして操作ができるアプリです。あらかじめパソコン側にGoogle Chromeの拡張機能をインストールし、設定しておきます。パソコンがスリープすると使えないため、スリープ設定は変更しておきましょう。

G パソコンにChromeリモートデスクトップを設定する

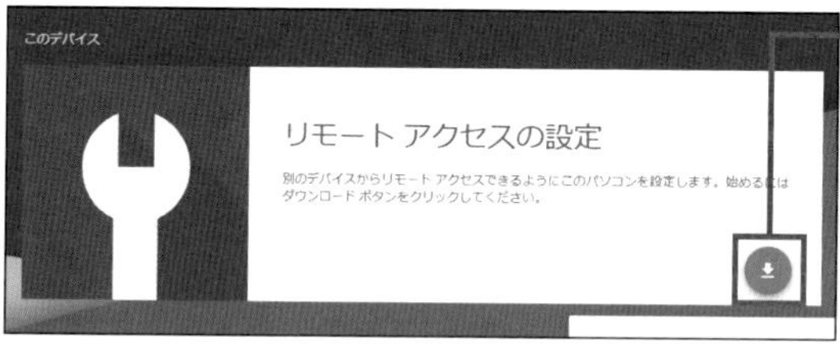

❶ Google Chrome で「https://remotedesktop.google.com/access」にアクセスし、⬇をクリックして、＜拡張機能を追加＞→＜同意してインストール＞→＜はい＞の順にクリックします。

❷ パソコンの名前を入力し、

❸「次へ」をクリックします。

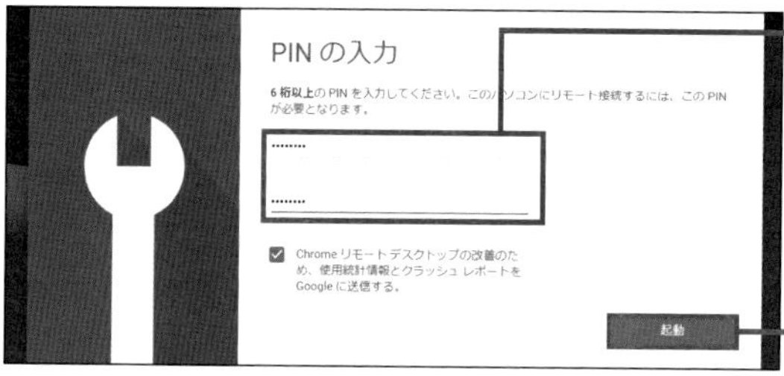

❹ 6桁以上のPINコードを2回入力し、

❺ ＜起動＞→＜はい＞の順にクリックします。

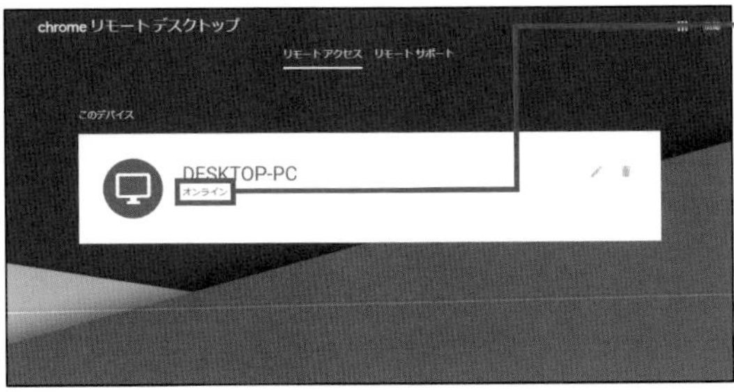

❻設定が完了すると、「オンライン」と表示されます。

Memo パソコンから接続を解除

🗑→<はい>の順にクリックすると、接続が解除されます。解除後、<オンにする>をクリックすると、P.316手順❷の画面が表示されるので、再度設定します。

Ⓖ スマートフォンからパソコンにアクセスする

❶「Chrome リモートデスクトップ」アプリを起動して Google アカウントでログインし、パソコン名をタップします。

❷PIN コードを入力し、

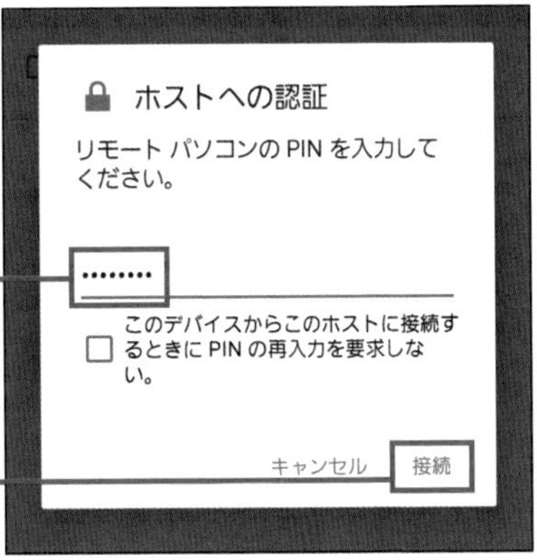

❸<接続>（iPhone では➡）をタップします。

❹パソコンにアクセスされ、デスクトップ画面が表示されます。仮想マウスポインタで操作するトラックパッドモードや、タップで操作するタップモードでパソコンを操作することができます。

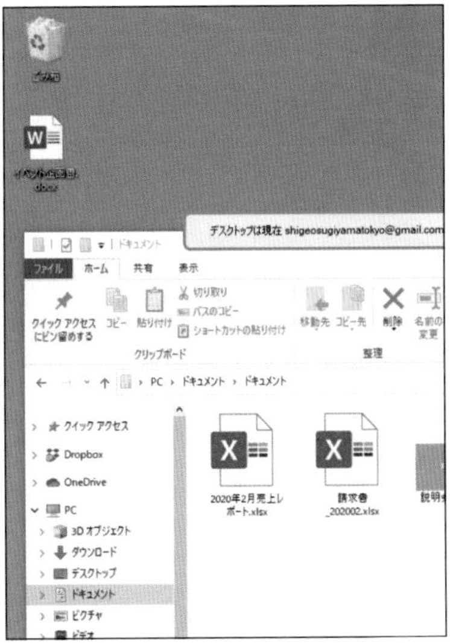

Memo スマートフォンから接続を解除

アクセス中は、画面上に「デスクトップは現在〇〇と共有されています」と表示されます。その右にある<共有を停止>をタップすると、アクセスが解除されます。

索引

英数字

2段階認証でログイン …… 028
AND検索 …… 033
Chromeリモートデスクトップ …… 316
Gmail …… 058, 262
Google Chrome …… 234, 300
Google Keep …… 306
Google Playブックス …… 310
Google Playミュージック …… 308
Google Playムービー&TV …… 311
Googleアカウントを作成 …… 018
Googleアシスタント …… 312
Googleアラート …… 056
Googleカレンダー …… 102, 268
Googleサービス …… 014
Googleスプレッドシート …… 176, 288
Googleスライド …… 178, 290
Googleドキュメント …… 174, 286
Googleドライブ …… 160, 282
Googleにアクセス …… 016
Googleニュース …… 051
Googleフォト …… 190, 292
Google翻訳 …… 052, 314
Googleマップ …… 136, 274
Googleマップナビ …… 278
Googleレンズ …… 313
iPhone …… 261
Microsoft Edgeのブックマークを
　インポート …… 246
NOT検索 …… 035
OCR機能 …… 181
OfficeファイルをGoogle形式に変換 …… 179
OR検索 …… 034
URLをほかのデバイスと共有 …… 256
Webページ内のキーワードを検索 …… 239
YouTube …… 212, 296
YouTube Studio …… 230

あ

アーカイブ …… 071
「後で見る」リスト …… 218
アドレスバーで検索 …… 236
アルバム …… 194
印刷 …… 128, 152, 187

か

拡張機能 …… 257
画像検索 …… 044
画像をアップロードして検索 …… 046
カレンダーを共有 …… 120
カレンダーを公開 …… 119
カレンダーを作成 …… 110
完全一致検索 …… 037
関連するキーワードから検索 …… 033
キーワード検索 …… 032
期間を指定して検索 …… 040
既定のWebブラウザに設定 …… 258
キャッシュ検索 …… 043
繰り返しの予定 …… 105
グループ …… 094
経路を検索 …… 146
経路を比較 …… 150
検索履歴を削除 …… 048

さ

再生リストの動画を見る …… 222
再生リストを作成 …… 221
シークレットモード …… 249, 281
写真を閲覧 …… 192
写真を共有 …… 207
写真を削除 …… 209
写真をダウンロード …… 208
写真を取り込む …… 190
写真をトリミング …… 197

重要なメール……………………………… 068
受信メールを見る ………………………… 058
ショートカットキー ………… 100, 131, 255
スターを付ける(Gmail) ……………… 072
スターを付ける(Googleマップ)……… 144
スターを付ける(Googleドライブ)…… 166
ストリートビュー ………………………… 141
スレッド …………………………………… 098

た

チャンネルを作成 ………………………… 220
チャンネルを登録 ………………………… 223
動画を検索………………………………… 212
動画を投稿………………………………… 226
動画を編集………………………………… 230
閉じたタブを開く ………………………… 240

な

ニックネーム ……………………………… 024
ニュースを調べる ………………………… 051
乗り換え経路を検索 ……………………… 149

は

パスワードを再設定 ……………………… 022
パスワードを変更 ………………………… 020
バックアップと同期 ……………… 170, 191
ファイルをアップロード ………………… 160
ファイルを閲覧…………………………… 162
ファイルを共有 …………………………… 184
ファイルを作成 …………………………… 172
ファイルをダウンロード ………………… 161
フィルタ…………………………………… 076
フェイスグルーピング …………………… 204
ブックマーク ……………………………… 243
ブックマークマネージャ ………………… 244
プライベート検索結果 …………………… 032
プレーンテキストモード ………………… 061
保存したパスワード ……………………… 252

ま

マイマップ ………………………………… 154
未読／既読………………………………… 080
ミュート …………………………………… 082
迷惑メール………………………………… 081
メールアカウントを追加 ………………… 084
メールにファイルを添付 ………………… 059
メールを検索……………………………… 070
メールを削除……………………………… 058
メールを送信……………………………… 059
メールを返信・転送 ……………………… 059
目的地の地図を表示 ……………………… 136

や

よく行く場所を登録 ……………………… 153
予定を検索………………………………… 127
予定を登録………………………………… 102
予定を変更／削除………………………… 116

ら

ラベル……………………………………… 074
リマインダー ……………………………… 112
履歴(Google Chrome) ………………… 245
履歴(Google検索) ……………………… 047
履歴(YouTube) ………………………… 214
連絡先……………………………………… 088
ログインしているデバイスを確認 …… 029

わ

ワイルドカード検索 ……………………… 036

お問い合わせについて

本書に関するご質問については、本書に記載されている内容に関するもののみとさせていただきます。本書の内容と関係のないご質問につきましては、一切お答えできませんので、あらかじめご了承ください。また、電話でのご質問は受け付けておりませんので、必ず FAX か書面にて下記までお送りください。
なお、ご質問の際には、必ず以下の項目を明記していただきますよう、お願いいたします。

① お名前
② 返信先の住所または FAX 番号
③ 書名（今すぐ使えるかんたん Ex　Google サービス プロ技 BEST セレクション）
④ 本書の該当ページ
⑤ ご使用の OS やソフトウェア
⑥ ご質問内容

なお、お送りいただいたご質問には、できる限り迅速にお答えできるよう努力いたしておりますが、場合によってはお答えするまでに時間がかかることがあります。また、回答の期日をご指定なさっても、ご希望にお応えできるとは限りません。あらかじめご了承くださいますよう、お願いいたします。

問い合わせ先

〒162-0846
東京都新宿区市谷左内町 21-13
株式会社技術評論社　書籍編集部
「今すぐ使えるかんたんEx　Googleサービス
プロ技BESTセレクション」質問係
FAX 番号　03-3513-6167　URL：https://book.gihyo.jp/116

お問い合わせの例

FAX

①お名前
技術　太郎
②返信先の住所または FAX 番号
03-××××-××××
③書名
今すぐ使えるかんたん Ex
Google サービス
プロ技 BEST セレクション
④本書の該当ページ
101 ページ
⑤ご使用の OS やソフトウェア
Windows 10
Google Chrome
⑥ご質問内容
手順 10 の操作ができない

※ご質問の際に記載いただきました個人情報は、回答後速やかに破棄させていただきます。

今すぐ使えるかんたんEx Googleサービス プロ技BESTセレクション

2020 年　5 月 26 日　初版　第 1 刷発行
2020 年 12 月 29 日　初版　第 2 刷発行

著者…………………………　リンクアップ
発行者………………………　片岡　巌
発行所………………………　株式会社 技術評論社
東京都新宿区市谷左内町 21-13
電話　03-3513-6150　販売促進部
03-3513-6160　書籍編集部
装丁デザイン………………　神永　愛子（primary inc.,）
カバーイラスト……………　©koti-Fotolia
本文デザイン………………　リンクアップ
編集／DTP　………………　リンクアップ
担当…………………………　田中　秀春
製本／印刷…………………　日経印刷株式会社

定価はカバーに表示してあります。

ISBN978-4-297-11309-4 C3055
Printed in Japan